이동통신시스템

강경인 · 박경배 공저

오성미디어

머리말

인간은 끊임없이 편리한 의사소통방법을 추구해왔으며 현대정보통신 사회에서 사람들은 고품질의 다양한 서비스를 요구함으로써 정보에 대한 욕구를 충족하고자한다. 이러한 사용자들의 욕구를 충족하기 위한 많은 다양한 통신시스템 중 가장 중요한 통신 중의 하나가 복잡하고 다양한 사회 속에서 이동 중에 언제 어디서나 누구와도 정보의 교류를 가능하게 하는 이동통신 분야라고 할 수 있다. 이동통신은 근래에 들어 이동통신 혁명이라 할 만큼 눈부신 발전을 하였다. 역사적으로 이동통신은 기술 개발과 더불어 꾸준히 발전하여 왔으며 1960년대와 70년대에 벨(Bell)연구소에서 셀룰러(cellular)개념을 소개한 이후로 고도의 신뢰성과 소형화 그리고 하드웨어의 발전과 더불어 현대 이동통신의 본격적인 개발이 이루어졌다.

정보통신 분야에서 요즘 가장 각광받고 있는 이동통신은 사용자의 사용 편리성과 다양한 서비스를 제공함으로써 더욱 더 발전할 것이라 생각된다. 사람들은 언제, 어디서나, 누구와도 편리하게 서로 정보를 주고받고 개개인이 원하는 다양한 서비스를 제공받을 수 있는 이동통신에 열광하게 될 것이다.

이 책은 이동통신의 운영과 관리 분야에 대한 세부적인 사항들을 다루게 되며 이동통신 주파수 대역의 전파를 전송매체로 이용하여 음성, 문자, 데이터, 영상 등 모든 종류의 정보를 송·수신하는 서비스를 제공하기 위하여 이동통신서비스 검사, 시험 및 유지보수를 수행하는 업무를 위한 내용을 다루고 또한 운영과 관리를 위해 필수적인 이동통신에 사용되어지고 있는 중요한 이동통신 알고리즘들을 학습하고 분석함으로써 알고리즘에 대한 기본적인 이해와 함께 추가적으로 논리적인 사고력과 창의력을 배양하는데 목적을 두고 저술되었다.

이 책을 통해서 학습하는 독자들의 무궁한 발전을 기원하며, 이 책의 출판을 위해 노력해주신 모든 분들에게 고마움을 보내고 출판의 기쁨을 함께 나누고자 한다.

2015년 바람 부는 어느 날

목 차

제1장 이동통신 소개

요즘 언제 어디서나 누구와도 통화하며 다양한 정보를 필요한 다른 사람에게 전달하고 나에게 필요한 다양한 정보를 얻을 수 있는 휴대폰의 사용을 가능하게 해주는 이동통신은 우리의 삶에서 아주 중요한 부분이 되었다. 휴대폰은 우리들의 생활과 아주 밀접하게 연관되어 우리에게 많은 편리한 서비스를 제공하고 있다.

우리에게 다양한 서비스를 편리하게 제공하는 이동통신서비스에 대한 개념이 상당히 중요하다. 이동통신서비스는 이동통신 주파수 대역의 전파를 전송매체로 이용하여 음성, 문자, 음악, 사진과 영상 등 모든 종류의 정보를 송·수신하는 서비스를 제공하기 위하여 이동통신서비스 검사, 이동통신서비스 시험, 이동통신시스템과 이동통신무선망 유지보수, 이동통신시스템과 이동통신무선망 최적화, 이동통신서비스 운용, 이동통신망 관리, 이동통신서비스 설계와 이동통신서비스 기획을 수행하는 업무에 종사하는 분야를 말한다.

이동통신서비스를 생각하면 여러분들은 무엇이 떠오르는 가? 모바일 게임, SNS(Social Network Service), 가상현실, 무선인터넷, 영상통화, 음악파일, 영상파일, 전자책, WIFI(Wireless Fidelity), Wibro(Wireless Broadband), 위치정보서비스, 인터넷 교육, 인터넷 방송, 전자결재, 자동차 제어, 전자제품 제어, VOD(Video On Demand) 등 많은 서비스들이 존재하며 앞으로 더욱더 많은 종류의 서비스들이 개발될 것이다. 앞으로 새롭고 다양한 사용자들의 이동통신서비스 요구에 따라 창의적이고 획기적인 이동통신서비스 개발이 무엇보다도 필요한 시대가 될 것이다.

1.1 이동통신 기술의 발전과정

지난 10년 간 디지털에 바탕을 둔 정보통신기술 발전은 획기적인 것이었다. 우리는 휴대전화와 인터넷이 펼쳐 보여주는 정보 혁신의 시대에 살고 있으며, 휴대전화와 인터넷의 결합인 이동무선 인터넷서비스가 이미 젊은 세대를 중심으로 점점 그 활용범위를 넓히고 있다.

일반적으로 이동통신은 여러 가지 기술사항에 따라 1G(Generation)부터 4G 이동통신으로 나뉘어 분류되어진다.

1) 1G 이동통신

1G 이동통신 방식은 아날로그 통신이다. 즉, 음성을 그대로 전송하는 방식이기 때문에 전송하는 데이터양이 컸을 뿐만 아니라 전송속도의 한계도 있었다. 게다가 사용자가 많이 몰릴 경우 주파수가 부족해 아예 통화가 되지 않는 경우도 발생하는 등 문제점이 많았다.

1G 이동통신은 국내에는 1988년부터 1996년까지 적용되었다. 한편, AMPS(Advanced Mobile Phone Service)는 아날로그방식으로 1G이다. 미국 AT&T의 벨연구소는 83년부터 상업적으로 서비스를 실시해오고 있는 AMPS라 불린 아날로그 프로토콜의 휴대폰 1세대 이동전화의 한 방식. 표준형 아날로그 휴대폰을 한 번이라도 소유한 적 있다면, 그 휴대폰은 바로 AMPS를 사용한 휴대폰 이었다. AMPS 이전에는 라디오폰과 워키토키, 삐삐만이 있었다. AT&T는 1983년, 일곱 군데의 베이지 벨로 나뉜다. 연방통신위원회(FCC)는 AT&T 그룹을 해체하여 미국 전역에 걸쳐서 주파수 두 영역을 라이센스하여 휴대폰 시장에 경쟁을 일으키려 하였다. 즉, 한 영역은 원래의 AT&T가 해체된 지역 내 벨 회사, 다른 영역은 다른 독립 회사에게 나눠준 것이며, 이용자들은 이 두 회사 간 이동이 자유로워서 심지어 다른 통신망으로 넘나들 때에는 다른 기업이 제공하는 로밍도 사용이 가능했었다. 주파수 폭을 30kHz 간격으로 분할, 그 하나의 폭을 하나의 음성채널로 사용한다. 하나의 채널로는 한 번에 한 통화밖에 하지 못하고 주파수자원은 한정돼 있으므로 가입자 수용에 한계가 있을 수밖에 없었다. 또한, 보안에 취약한 문제가 생겼다. 누구라도 라디오 스캐너가 있다면 감청이 가능했으며, 게다가 다른 가입자의 전화기를 가로채는 것도 꽤 쉬웠다. 즉, 휴대폰을 복제하여, 희생자의 요금에 자기 통신 요금 부과가 가능했다. 이 문제를 해결하기 위해 개발된 방식이 디지털 방식이다.

2) 2G 이동통신

2G 이동통신 방식은 기존 아날로그 방식인 1G 이동통신의 단점을 개선해 음성을 디지털 데이터 형태로 변환해 전송하는 디지털 통신이다. 통신 방식이 디지털로 전환됨에 따라 1G 이동통신 방식보다 적은 데이터 용량으로 훨씬 더 깨끗한 품질로 통화할 수 있게 되었다. 데이터 전송속도는 14.4~64Kbps이고, 1996년 국내에 도입된 이래 현재까지 사용되고 있다. 대체로 휴대폰 번호 앞자리가 010이 아닌, 01X(011,017,019 등)가 2G 이동통신 규격이라고 보면 된다. 참고로 2G 이동통신 규격은 유럽방식인 GSM(Global System for Mobile communications)과 미국방식인 CDMA(Code Division Multiple Access)로 나뉜

다. 전 세계적으로 GSM을 더 많이 사용하는 데, 국내는 모두 CDMA 방식을 채택했다. 위에서 언급한 GSM과 CDMA의 아주 큰 차이점은 주파수를 어떻게 사용하여 사용자에게 서비스를 제공하느냐 이다. GSM은 기본적으로 TDMA(Time Division Multiple Access) 방식이고 CDMA는 코드분할 다중접속 방식이다.

(1) GSM

GSM은 유럽 전기 통신 표준화 기관인 ETSI에서 제정한 디지털 셀룰러 이동통신 시스템 표준으로서 상호 호환성이 없는 북유럽 각국의 NMT(Nordic Mobile Telephone), 영국의 TACS(Total Access Coverage Service), 프랑스의 RADIOCOM 등 유럽 각국의 다양한 아날로그 시스템을 단일 시스템으로 표준화하기 위해 1982년에 당시 유럽 전기 통신 표준 기관인 CEPT 산하에 설치된 이동 통신 기술 위원회(Group Special Mobile)의 이름을 따서 GSM 시스템이라고 하였다. 1989년에 유럽 연합의 방침에 따라 CEPT의 표준화 업무를 이관 받아 계승한 ETSI는 통일 표준의 이름을 범 유럽 셀룰러 디지털 시스템(Pan-European Digital System)이라고 하였다가 다시 GSM이라는 현재의 이름으로 변경하였다. GSM은 당초에는 900MHz대의 주파수를 사용하는 TDMA 방식의 디지털 셀룰러 시스템으로 1991년부터 상용화가 개시되었다. 이 방식은 아날로그 방식과는 호환성이 없고 ISDN과의 연동성을 중시한 시스템이다. 유럽 전지역에서의 로밍(roaming)이나 데이터 및 팩스 전송 등 여러 가지 특성을 가지고 있다. 1989년 영국 정부의 주도로 1.8GHz대의 150MHz를 유럽 개인 휴대 통신망(PCN)용으로 할당하고 GSM 개념을 유럽 PCN 표준으로 채택하였다. DCS 1800이라고 불리는 이 시스템은 GSM 표준을 새로운 주파수대에 적용하여 큰 셀과 작은 셀의 오버레이(overlay)를 수용하여 셀룰러 자동차/휴대 통신 서비스와 PCS인 개인 휴대통신 서비스를 위한 망을 구성할 수 있게 한다.

GSM(Global System for Mobile communication)은 유럽표준통화방식으로서 사실상 유럽에서는 무선 통신방식의 표준이라 할 수 있다. 이 통신방식은 TDMA(시분할접속방식)의 변종으로서, CDMA와 더불어 가장 널리 사용되는 디지탈 무선전화기술 중 하나이다. GSM은 송신할 데이터를 디지털화 하고 압축한 다음 그것을 두 개의 커다란 사용자 데이터와 함께 한 채널을 통해 보내는데 각각의 데이터는 약간의 시간차를 두어 고유한 시간대에 보내지는 방식이다. 유럽표준통화방식은 약 120개국에서 사용되고 있으며, 각 GSM 네트워크 운영자들은 외국의 운영자들과 연계를 통해 로밍 규약을 맺고 있기 때문에, 외국을 여행할 때에도 가입자들은 자신의 휴대폰을 계속 사용할 수 있는 장점이 있다.

(2) CDMA

CDMA(Code Division Multiple Access)는 미국 퀄컴사에서 북미의 디지털 셀룰라 자동차/휴대 전화의 표준 방식으로 대역폭 1.25MHz의 CDMA 방식을 제안하였으며, 1993년 7월 미국 전자 공업 협회(TIA)의 자율 표준 IS-95로 제정되었다. CDMA는 여러 사용자가 동일한 주파수를 동시에 사용하고 각 송신자의 통화에 특별한 확산코드를 더하여 주파수 대역을 넓혀 송신하며, 부여된 코드에 따라 수신 측에서도 부여된 것과 동일한 코드에 의해 자기에게 오는 통화를 구별해 내는 방식이다. CDMA의 특징은 첫째, 아날로그 TDMA 방식에 비해 대역폭 당 사용자 채널을 최대 10~20배 증가시킬 수 있고, 둘째, 송신주파수가 광 대역이므로 다중 경로 신호에 의한 주파수 선택성 페이딩에 강하며, 셋째, 비화성이 확보된다. 음성 비화(voice privacy) 및 신호 암호화(signaling encryption)에 관련된 내용이다. 일반적으로 전화를 할때 음성이 전달되어 상대방이 전화 건 사람의 목소리를 들을 수 있다. 그러나 중간에 도청이 가능하다. 이러한 도청을 방지하기 위해 음성을 비화하여 무선 구간에서 도청을 할 수 없게 만드는 기술이 음성 비화이다. CDMA는 기본적으로 군사적으로 먼저 이용되었기 때문에 다른 통신 방법보다 비화성이 보장된다. 이와 같이 기존 방식보다 가입자 수용 용량을 증대시킬 수 있는 대용량이므로 대도시에 적합하고, 또한 서비스 지역의 광역화에 따른 셀 수의 감소와 주파수 계획이 간단한 장점이 있다. CDMA 방식은 확산대역 기술을 이용한 디지털 자동차 휴대전화에 쓰이는 미국 표준기술의 하나로서, 사용자는 사용자 통신 채널 고유의 PN(Pseudo-Noise:유사 잡음) 부호를 사용해 구별한다.

CDMA의 특징은. CDMA 즉 코드분할접속방식은 FDMA(주파수분할접속방식)와 TDMA(시분할접속방식)와 함께 3대 무선전화 송신기술 중 하나로써, GSM 또는 그와 비슷한 TDMA와는 전혀 다른 접근방식이다. 우리나라는 1993년 11월에 체신부 고시를 통해 디지털 이동전화방식의 표준이 CDMA로 공식 결정되었으며, 세계 최초로 CDMA 상용화에 성공한 나라가 되었다. CDMA를 개발한 회사가 미국의 퀄컴 회사이다. SK텔레콤은 800MHz의 신호를 사용하여 잘 끊어지지 않고, KTF, LG텔레콤은 1.8Ghz의 신호를 사용하고 있어서 SK텔레콤보다 음영지역이 많다고 볼 수 있다. 때문에 같은 CDMA 방식이지만 주파수 대역에 의한 차이로 CDMA에서는 SK텔레콤이 통화품질이 우수하다고 볼 수 있다.

CDMA는 무엇보다도 주파수 효율이 다른 통신 방식에 비해 월등히 높다는 점과 서로 다른 코드를 사용하여 통신하기 때문에 무선 구간의 통신 비밀 보호 특성이 매우 우수하다는 장점이 있다. 아날로그 FDMA 방식에 비해 대역폭 당 사용자 채널을 최대 10~20 배 증가시킬 수 있고 송신 주파수가 광대역이므로 다중 경로 신호에 의한 주파수 선택성 페이딩에 강하며 비화성이 확보된다. 이와 같이 기존 방식보다 가입자 수용 용량을 증대시킬 수 있는 대용량이므로 대도시에 적합하고, 또한 서비스 지역의 광역화에 따른 셀 수의 감소와 주파수 계획이 간단한 장점이 있다. 미국 퀄컴사에서 북미의 디지털 셀룰러 전화의 표준 방식으로 대역폭 1.25 MHz의 CDMA 방식을 제안하였는데, 이것은 1993년 7월 미국 전자 공업 협회(TIA)의 자율 표준 IS-95로 제정 되었다.

FDMA(frequency division multiple access)는 주파수분할 다중접속으로서 2G이다. FDMA는 무선 셀룰러 통신에 할당된 주파수 대역을 30개의 채널로 분할한 것이며, 각 채널은 음성 대화나 디지털 데이터를 옮기는 서비스에 사용될 수 있다. FDMA는 북미에 가장 광범위하게 설치된 셀룰러폰 시스템인 아날로그 AMPS의 기본 기술이다. FDMA에서는 각 채널이 한 번에 오직 단 한 명의 사용자에게만 할당될 수 있다. FDMA는 TACS (Total Access Communication System)에도 역시 사용될 수 있다.

D-AMPS(Digital-Advanced Mobile Phone Service)는 2G로서 역시 FDMA를 사용하지만, 시분할 다중접속 기술을 가미함으로써 각 FDMA 채널당 3개의 채널을 가질 수 있어, 종전에 비해 채널당 3배 더 많은 통화량을 감당할 수 있게 된다.

TDMA(time division multiple access)는 시분할 다중접속으로서 2G이며 TDMA는 디지털 셀룰러폰 통신에 사용되는 기술로서, 전송할 수 있는 데이터 량을 늘리기 위해 각 셀룰러 채널을 3개의 시간대로 나누기 위한 기술이다. TDMA는 D-AMPS (Digital-American Mobile Phone Service), GSM 및 PDC (Personal Digital Cellular)에 의해 사용된다. 그러나 이러한 각 시스템들은 서로간에 다소 다르고 호환성이 없도록 TDMA를 구현하였으며, TDMA의 대안으로 제시되고 있는 다중화 개념으로 코드분할 다중접속 즉 CDMA가 있는데, 이는 주어진 서비스에 할당된 전체 주파수 범위를 가지고 모든 사용자들의 정보를 광범위하게 동시에 다중화 한다. TDMA는 처음 EIA/TIA 임시표준 54 (IS-54)에 표준으로 규정 되었다. IS-54에서 진보된 버전인 IS-136이 850 MHz 주파수대역을 이용하는 셀룰러와 1.9 GHz 대역을 쓰는 PCS 둘 모두에 대한 미국의 TDMA 표준이다. TDMA는 또한 DECT (Digital Enhanced Cordless Telecommunications)에도 사용된다.

3) 3G 이동통신

3G 이동통신 규격은 2002년 12월부터 상용화되어 현재까지 보편적으로 사용되고 있다. 처음에는 IMT-2000(International Mobile Telecommunication 2000)이라고 명명되었던 프로젝트로 진행되어, 2000년부터 1,800~2,200MHz 주파수

대역을 전 세계 공통으로 적용하려 했으나 제대로 시행되지는 않았다. 유럽식 GSM은 WCDMA(Wideband CDMA)로, 미국식 CDMA는 CDMA 2000으로 각각 나뉘어 발전됐기 때문이다. 3G 이동통신규격의 전송속도는 144K~2.4Mbps로 실시간으로 동영상, 사진 등을 전송할 수 있을 만큼 속도가 향상되었다. 이후 3G 이동통신은 각자의 방식대로 지속적인 발전을 거듭했다. 미국식 CDMA 2000은 CDMA 2000 EV-DO(Evolution-Data Optimized 또는 Evolution-Data Only, CDMA 1xEV-DO), 리비전(Rev.) A/B 등으로, 유럽식 WCDMA는 HSPA(HSDPA/HSUPA), HSPA+ 등으로 발전하며 데이터 전송속도가 향상되었다. 전 세계적으로 보면 WCDMA 방식이 70%이상 차지하고 있으며, 현재 국내에는 SK텔레콤과 KT가 HSPA, HSPA+ 방식으로, LG U+는 CDMA 2000 EV-DO 리비전 A 방식으로 서비스하고 있다.

(1) CDMA2000

CDMA2000은 2.5G와 3G의 혼합형 기술로 CDMA을 사용한다. CDMA2000은 1xRTT(Radio Transmission Technology)에서는 2.5G 기술로 고려되며, EV-DO에서는 3G 기술로 고려된다. CDMA는 모바일 디지털 무선 기술로 코드(PN sequence)를 통해 채널이 정의된다. CDMA는 동일한 주파수 채널에서 여러 전송이 동시에 일어날 수 있으며, 이는 GSM, D-AMPS((Digital-Advanced Mobile Phone Service)에서 사용되는 TDMA나 AMPS에서 사용되는 FDMA와는 다르다. 더 작은 수의 cell 사이트에서 더 많은 수의 무선 단말을 사용할 수 있어 CDMA 기반의 표준은 TDMA, FDMA 기반의 표준보다 경제성을 갖는다. CDMA2000은 상대적으로 오랜 기술적 역사를 가지고 있으며 퀄컴에서 개발한 CDMAOne과 같은 과거의 CDMA 통신 기법과의 호환성을 갖는다. CDMA2000 표준인 CDMA2000 1xRTT, CDMA2000 EV-DO 그리고 CDMA2000 EV-DV(Evolution-Data and Voice)는 ITU의 IMT-2000 표준에서 승인되었고, 2G CDMA, IS-95(CDMAOne)을 계승하는 표준이다. CDMA2000은 3GPP2(3rd Generation Partnership Project 2)에서 표준화가 진행되었다. CDMA2000은 TIA-USA의 공인 트레이드마크이며 CDMA와 같은 일반적인 용어가 아니다. CDMA2000은 3G 표준인 UMTS와 호환되지 않으며, 450 MHz, 700 MHz, 800 MHz, 900 MHz, 1700 MHz, 1800 MHz, 1900 MHz, 2100 MHz 대역에서 동작한다.

(2) EV-DO

EV-DO(Evolution-Data Optimized 또는 Evolution-Data Only, CDMA

1xEV-DO)는 퀄컴이 개발한 CDMA 기반의 무선 데이터 통신 기술이다. 각 사용자의 데이터 레이트(data rate)와 전체 시스템 데이터 레이트 모두를 극대화하기 위해 시간 분할 다중 접속(TDMA, Time Division Multiple Access)은 물론 코드 분할 다중 접속(CDMA, Code Division Multiple Access)를 포함한 다중화 기술을 이용한다. CDMA2000 계열 규격의 일부분으로 3GPP2(3rd Generation Partnership Project 2)에서 표준화하였고, 특히 이전에 CDMA 네트워크를 구축한 세계 여러 곳의 이동전화 서비스 사업자에 의해 채택되었으며, 글로벌스타 위성 전화 네트워크에서도 사용된다. CDMA 기술은 IS-95A 방식부터 시작되어 IS-95B, IS-95C(CDMA1x-2000)를 거쳐 현재는 EV-DO 방식이 많이 사용되고 있으며, W-CDMA 방식도 현재 서비스되고 있다. 이런 방식의 차이는 통신 속도의 차이로 설명되는데, 무선인터넷 사용 시 초기 95A 방식의 경우 최대 64Kbps로 사용이 가능했지만, EV-DO 방식의 경우 최대 2.4Mbps(=2400Kbps)의 속도로 사용이 가능하다. 이렇게 사용할 수 있는 무선인터넷의 속도가 증가함에 따라 제공되는 서비스의 종류와 성격도 많이 변했다. EV-DO는 높은 데이터 레이트를 지원하고 무선 사업자의 음성 서비스와 함께 활용될 수 있도록 CDMA2000(IS-2000) 표준의 진화 형태로 고안되었다. 하나의 EV-DO 채널은 IS-95 계열이 사용하는 것과 같은 1.25MHz의 주파수 대역폭을 갖는다. 반면, 채널 구조는 매우 다르다. 또한, 완전한 패킷 기반 네트워크로 운영되기 때문에 서킷 스위치 네트워크에 전형적으로 존재하는 제약을 받지 않는다. 그러다 3.9G의 LTE로 넘어와서는 LTE와의 연동 및 3G서비스를 하는 CDMA 사업자들에게 VOLTE가 나오기 전의 음성통화를 EV-DO로 할 수 있도록 나온 EV-DO 규격인 eHRPD로써 EV-DO Rev.A eHRPD 와 EV-DO Rev.B eHRPD 이 있는데 다음과 같이 구분할 수 있다.

(3) Rev.A

Rev.A는 지금까지 국내에서 써 온 2세대(2G) 부호분할다주접속(CDMA) 방식을 개량한 기술이다. 올해 전국 서비스를 시작한 HSDPA보다 성능은 약간 뒤지지만 화상통화와 고속데이터 통신이 가능하다. 또 유럽식 이동통신(GSM) 기술인 HSDPA와 달리 기존 CDMA 주파수를 그대로 쓸 수 있어 통신망 투자비용이 상대적으로 저렴하다. 2세대 기술인 동기식 CDMA EV-DO를 개량, 광대역 부호분할 다중 접속(W-CDMA), 고속 하향 패킷 접속(HSDPA) 등 3세대 이동 통신 서비스에 해당하는 빠른 데이터 전송과 화상 통화 등을 가능하게 하는 기술. CDMA 2000 EV-DO 리비전A를 가리키는 것으로, 막대한 신규 투자 없이 현재 사용 중인 주파수와 기술을 활용하여 3세대 이동 통신이 목표로 하는 동영상 휴대 전화에 버금가는 서비스를 구현할 수 있는 기술이다. 현재 한국에서 사용되는 것은 EV-DO 리비전 0입니다. 이에 미국 등은 속도가 좀 더 빠른 Rev A를 채택했다. EV-DO 장비는 단말기가 아닌 이동통신 시스템에서 전통적인 교환기를 바탕으로 한 통신장비 망에 EV-DO를 위한 패킷장비를 추가하여 EV-DO 서비스를 제공하는데 이 장비를 흔히 EV-DO 장비라고 한다.

(4) WCDMA

WCDMA(Wideband CDMA)는 3세대 이동통신서비스 기술로 기존 CDMA 방식에 비해 대역폭이 크며 데이터 전송속도가 빠르다. 이 기술을 적용하면 데이터 통신 속도가 빨라져 동영상 보기, 음악 다운로드, 양방향 화상통화 등 멀티미디어 기능이 강화된다. 최근 WCDMA 기술을 채택하는 국가들이 늘어나 LG전자, 삼성전자 등 핸드폰 제조업체들이 단말기를 많이 출시하고 있다. 이러한 CDMA 방식에 견줘 wideband CDMA를 사용함으로써 여러 장점들이 있다. 첫째 광대역일수록 주파수 선택적 페이딩에 강하고, 동일한 데이터를 전송하는 경우 대역폭이 증가함으로써 처리이득이 증가하기 때문에 그 만큼의 간섭이 감소하여 용량이 증가한다. 둘째 RAKE 수신기를 이용하여 다중경로를 분해할 수 있기 때문에 마이크로 셀일 경우에도 실내 환경에서의 전파지연을 극복할 수 있다. 셋째 1MHz 대역폭 당 대역폭 효율이 우수하여 가입자 용량 면에서 유리하며 처리이득이 증가하여 전력증폭기의 용량을 작게 함으로써 구현 시 비용이 절감되고, 전력증폭기의 크기를 작게 함으로써 단말기의 소비전력과 크기를 줄일 수 있다. 한국에서는 한국전자통신연구원에서 이 방식을 이용한 WLL 표준 초안을 작성해 한국통신기술협회(TTA)에 1996년 11월 제출한 이래로 수차례 보완 개정 작업을 벌여왔으며, 현재 국가표준을 위한 마무리 준비단계에 와 있다. WLL 서비스의 국내 도입을 위한 사용주파수는 1995년 12월에 할당되었으며, 사업자별 주파수 할당은 1997년 3월에 이루어졌다. 이 방식을 이용하는 대표적 WLL 시스템은 인터디지털, 지멘스 및 삼성전자(주)가 공동 개발 중인 CDMALink 시스템과 DSC가 개발한 AirSpan 시스템, 루슨트 테크놀로지의 AirLoop 시스템 등이 있다.

WCDMA는 TDMA 대신에 CDMA를 사용함으로써, 기존 GSM 시스템의 데이터 전송속도를 높이기 위한 기술이다. 이 통신 방식은 기존 1세대 아날로그 셀룰러폰과 2세대 GSM, CDMA, TDMA와 달리 영상과 음성을 합친 멀티미디어 전송을 위해 개발되었으며 가장 많은 국가가 채택하고 있는 3세대 이동통신이다. 2세대는 문자와 음성통화, 데이터 통신만 가능했지만 3세대는 문자, 음성통화, 영상통화, 데이터 통신, 멀티태스킹 등 다양한 메뉴가 추가되었다. WCDMA란 신호는 모두 같은 주파수를 사용기 때문에 3세대 이동통신은 통화품질이 거의 비슷하다고 볼 수 있다.

(5) HSPA

HSPA(High Speed Packet Access)은 HSDPA(High Speed Down Packet Access)와 HSUPA(High Speed Down Packet Access)을 결합한 용어이다. 3GPP 진영에서는 W-CDMA의 데이터 전송률을 증가시키기 위해서 하향링크를 14.4Mbps까지 향상시킨 HSDPA를 우선 개발한 뒤, 상향링크도 5.76Mbps까지 향상시킨 HSUPA를 표준화하고 HSPA라는 용어로 대치하여 사용한다.

HSPA+(High Speed Packet Access+)는 현재의 3세대 이동통신인 HSPA(하향 14.4Mbps, 상향 5~6Mbps)을 개량한 것으로 HSPA보다 속도가 두 배 이상 빠른 기술을 말한다. 하향 42Mbps, 상향 11Mbps를 지원한다. 기존의 HSPA가 인터넷전화 서비스를 안정적으로 지원하기 힘든 것과 달리, HSPA+는 향상된 속도와 용량을 바탕으로 상용 망에서 인터넷전화를 성공적으로 지원할 것으로 예상된다. 4세대 이동통신기술 전단계로 간주된다. HSPA+는 WCDMA(Wideband CDMA)를 확장한 이동통신모듈의 규격이다. 3GPP 규격인 HSDPA와 HSUPA보다 뒤에 나온 규격인 3GPP 기술표준 Release 7에 기술되어 있다. MIMO와 더 높은 모듈 연산 (64QAM)을 이용해서 같은 3GPP 규격인 HSDPA와 HSUPA보다 더 높은 속도를 낼 수 있다. 이론적인 최대 다운로드 속도는 168 Mbps이다.

4) 이동통신회사 3G 서비스

LGT에서 3G 서비스라고 칭하면서 내놓은 서비스인 오즈는 리비전 A랑 같은 개념이다. 리비전 A, 뜻대로 해석하면 개정, 즉 기존에 국내에서 써오던 2G의 CDMA 방식을 살짝 개량해서 3G에서 가능하던 화상통화와 고속데이터 통신을 가능하도록 한 서비스이다. SHOW와 3G+에서 내놓은 3G와 개념이 다르다. 타회사의 3G서비스는 새로 광대역 폭이 큰 회선을 설치함으로써 하드웨어적인 측면에서 3G를 실행했다면 리비전 A는 소프트웨어적인 면에서 약간의 개량을 통해서 3G에서만 실현가능했던 서비스들을 실행 가능하도록 했다. 성능 면에서 당연히 HSDPA 기술보다 떨어질 수밖에 없다. LGT 입장에서는 리비전 A가 예산이 없는 상황에서 설비에 들어가는 비용은 줄이고 고객들을 모으기 위해서 선택한 최적의 시도라고 생각된다. 기존 1.8GHz 대역의 리비전A 망을 데이터 전송속도를 3배 높인 CDMA2000 1x EV-DO 리비전B(이하 리비전B) 기술방식으로 전국망 업그레이드를 완료했다. 구축한 리비전B 기술방식은 기존 리비전A가 휴대폰에서 하나의 주파수 채널(FA)만을 선택해 사용했던 것과는 달리, 주파수 채널을 2~3개까지 동시에 잡아 사용할 수 있는 기술로, 리비전A 보다 데이터 전송속도가 빨라져 고객들의 데이터 서비스가 크게 개선될 것으로 기대된다. 가령 기존의 리비전A가 데이터를 이용하는 경우 데이터 주파수를 1차선만 이용하는 것이라면, 리비전B는 3차선을 동시에 이용할 수 있는 것과 같아, 기존 리비전A 대비 데이터 전송속도가 최대 3배 빨라진 것이다. 기존 리비전A는 다운로드 속도 3.1Mbps(업로드 1.8Mbps)를 지원하지만, 리비전B는 주파수 채널을 3개 사용할 경우 9.3Mbps(업로드 5.4Mbps)까지 전송속도가 가능해져 리비전B 기능이 탑재된 스마트폰을 이용하는 고객은 한 차원 높은 서비스 품질을 제공받게 된다.

현재 LG 유플러스는 1.8GHz 주파수 대역에서 총 7개 주파수 채널(FA) 중에서 4개 채널은 음성용으로 쓰고 있고, 나머지 3개 채널은 데이터 전용으로 사용하고 있는데, 이번 데이터 전용 채널을 리비전B 기술로 업그레이드해 경쟁사의 WCDMA(HSDPA)와 대등한 양질의 데이터 품질 및 서비스를 제공할 수 있게 되었다. CDMA 2000 EV-DO Revision C는 비동기식 이동 전화 표준화 기구인 3GPP2에서 표준화한 4세대(4G) 후보 기술. UMB(ultra mobile broadband)는 MIMO/OFDM 기반 기술로 상향은 275Mbps, 하향은 75 Mbps를 목표로 하고 있다. 2011년 기준으로 3G네트워크 서비스로 EV-DO를 전반적으로 서비스하는 네트워크 사업자는 LG유플러스뿐이며(Rev.A , Rev.B , Rev.A eHRPD를 함께 사용한다.), SK텔레콤과 KT는 W-CDMA 기반인 HSDPA와 HSPA+를 전반적으로 서비스하고 있다. 특히 SK 텔레콤은 아직까지는 EV-DO의 서비스를 Rev.0으로 유지하고 있다. KT는 최근 서비스 종료를 방송통신위원회로 부터 승인을 받아 2012년 1월 3일 서울로 시작해 3월 19일 그 외 기타 전국망 종료를 하였다. 현재 EV-DO서비스를 전반적으로 하고 있는 LG유플러스의 경우 Cdma x.1(음성망),Rev.0, Rev.A, Rev.B로 모두 서비스 중에 있다. 그리고 LTE 도입 초반에는 eHRPD가 적용된 경우는 EV-DO Rev.A eHRPD으로만 사용하였다. 하지만 전반적으로 EV-DO로 국내에서 유일하게 서비스 중인 LG 유플러스의 경우 2013년 7월 100% LTE라는 이름으로 싱글LTE 혹은 LTE Only(음성, 문자, 데이터 모두 LTE로만 처리)로 전환하면서 부터는 이후 단말 모두 현재까지 GSM계열의 LTE 단말로만 출시함으로써 VOLTE 유심 이동까지 적용된 단말의 경우 이동통신 3사간 호환이 가능(SM-N910S/K/L기종부터 가능)해지면서, LTE단말에는 더 이상 Rev.A eHRPD를 사용하지 않게 되어 EV-DO서비스가 적용되는 단말은 LTE단말은 LG-F310L(LG GX)이후로는 전혀 없으며, LG유플러스의 GSM계열의 LTE단말(싱글LTE단말)은 SHV-E330L(갤럭시 S4 LTE-A)부터 LG-F310L을 제외한 전체 단말이 되며, LG유플러스가 LTE단말에 EV-DO를 더 이상 사용하지 않게 되자 국내의 VOLTE유심이동제도에 의해서 이동통신사의 국내 3사 기기 모두 동일하게 갤럭시노트4(SM-N910)부터 3사가 모두 호환이 되게 되고, 아이폰의 경우도 아이폰6부터 LG유플러스로 사용이 가능해졌으며 해당통신사의 아이폰은 다른통신사와 동일하게 GSM 모델로 출시하였다. 그리하여 전반적으로 EV-DO를 활용하는 LG유플러스의 경우 EV-DO가 가능한 단말기를 더 이상 출시하지도 않고 특히 LTE단말기도 EV-DO를 빼버리고 SK텔레콤이나 kt와 같은 GSM계열의 LTE 단말로만 내 놓으면서 , EV-DO 서비스를 점점 축소시키고 있는 실정이며, 반대로 3GPP2 의 CDMA주력 사업자에서 싱글LTE 도입으로 인하여 3GPP계열의 GSM 주력 통신사업자로 변모하였다. 미국에서 EV-DO를 활용하는 통신사는 크게 버라이즌과 스프린트 통신사 등으로 있다. 물론 CDMA 본거지가 미국이기는 하지만, 미국의 통신사 중에서 AT&T , 티모바일은 3GPP계열의 WCDMA로 사용한다는 점으로 EV-DO는 사용하지 않는 점이 있어, 본거지인 미국조차도 CDMA로 전반적으로 하는 통신사는 많지 않다. 하지만, CDMA로 인하여 로밍시에 문제가 많아 특히 버라이즌의 경우 VOLTE를 시작하면서 LG유플러스의 사례를 보고 버라이즌도 역시 CDMA를 정리함과 동시에 싱글LTE로도 전환을 위한 준비를 하고 있다. 차후 버라이즌이 CDMA종료 혹은 싱글LTE로 전환하거나 VOLTE가 고도화가 된다면 LG유플러스와 VOLTE 직접연동도 할 것으로도 보인다.

여기서는 통신사에 대한 이야기와 주관적인 내용이 아닌 순수하게 기술적인 이야기로 접근해보려고 한다. 요즘 흔히 한통신사에서 100%라고 강조하는 부분이 있는데 백퍼센트 LTE가 도대체 무엇인지 잘 알지 못하거나 이야기는 많이 들었어도 잘못된 지식으로 접근하는 경우가 많아 정리하려고 한다.

100% LTE란 말 그대로 데이터, 통화, 문자(SMS, IMS)등을 모두 기존 네트워크는 전혀 이용하지 않고 LTE망으로 이용하는 것을 뜻한다. 다시 말해서 통신업계에서는 싱글LTE(Single LTE)라고 부르기도 하며, 또는 Only LTE나 LTE All이라고 하기도 한다. 이동통신사 기존 단말기와 SKT와 KT로 나온 LTE-A 단말기는 100%가 아니다. 왜냐하면 기존 단말기부터 말하면 VOLTE(HD보이스)지원단말기 위주로 말하면 기존 WCDMA계열로 비동기식 3G 서비스를 했던 SKT와 KT의 경우 HD보이스를 활성화 하더라도 통화와 문자는 3G로 이용되는 경우가 있기 때문이다. SKT와 KT의 경우는 APN(공급자연결설정) 데이터 APN과 IMS APN에서 3G의 Apn과 LTE의 Apn를 동시에 활용하기 때문이다. SKT와 KT등 세계 대다수 LTE 사업자의 경우 HD보이스 통신연결방식은 HD보이스로 전화 걸면 일단은 LTE신호로 나간다. 이것은 어느 통신사나 동일하다. 그리고 LTE신호로 음성신호를 보낸 뒤 해당 통신사의 기지국을 거치게 되는데 기지국에서는 상대방이 자기네 통신사의 HD보이스 이용자 여부를 판별한 뒤, 자기네 통신사의 HD보이스 이용자인 경우는 그대로 LTE로 통화되는 것이다. 반면 기지국에서 상대방이 다른 통신사의 HD보이스 사용자이거나 자신 통신사의 기존네트워크(2g,3g)사용자의 경우 그리고 다른 통신사 사용자, 유선, 해외전화, 가입자망 특수전화(1577,1588등), 인터넷전화 등은 해당통신사 기지국에서 3G로 전환하여 3G로

통화하게 되는 것이다. 이 방식은 해외에서 LTE를 서비스 하는 대부분의 통신사가 택한 방식으로 음성 3G를 같이 이용하는 것이다.(해당 통신사들은 LTE-A 단말기도 해당) 하지만 자신의 단말기에는 그대로 HD보이스 이용 시 LTE로 뜬것은 일단은 자신의 단말기에서는 LTE로 음성신호를 보냈기 때문에 LTE로 뜨는 것이고, SKT 사용자의 경우 설정->네트워크(더보기)->모바일네트워크->네크워크 상태표시에서 사용 망으로 표시로 설정하는 경우 hd보이스 이용 시라도 데이터는 통화 시에 3G로 바뀌는 경우도 있으며, KT사용자의 경우도 hd보이스를 활성화 하더라도 통화 시 3G로 바뀐 경우도 있다. 설령 LTE로 표시하더라도 해당 통신사의 기지국에서 3G로 전환하기 때문에 3G로 이용할 수도 있다는 이야기이다. SKT 사용자의 경우 대다수 LTE 단말기에는 망 표시방식을 설정할 수 있도록 되어 있으며, 기본설정은 서비스지역으로 표시로 되어 있어 자신이 실제로는 3G로 연결되어도 위에는 계속 LTE로 뜨게 만들어 놓았다.

5) 3.5G 이동통신

HSDPA와 Wibro(와이브로)는 3.5G이며 현재 국내에서는 WCDMA를 기반으로 업그레이드된 3.5세대 무선통신 규격 HSDPA와 국내 순수 기술로 개발한 Wibro(와이브로)간 어느 것이 더 우수하냐에 대한 소모적 논쟁이 계속되고 있다. HSDPA란 WCDMA의 전송 속도를 약 7.2Mbps로 올린 거라고 볼 수 있다. 이 신호를 쓰면 무선 인터넷이 더욱 빠르게 되고 컴퓨터와 핸드폰을 연결하여 데이터 통신을 해도 하드디스크 못지않게 속도가 빠르다. 2세대 이동통신(CDMA)은 문자 발신 속도는 10개전송시 약 1분이 소요되지만 3세대 이동통신(HSDPA)은 10개전송시 약 15초가 걸린다. 국내 순수 기술로 개발한 Wibro(와이브로)가 역시 3세대로 주목 받고 있다.

6) 4G 이동통신

4세대(IMT-Advanced)는 3GPP 계열은 LTE 어드밴스트 등이 있고 와이맥스 계열은 와이브로 에볼루션 (IEEE 802.16m) 등이 있다.

지난 2008년 ITU(International Telecommunication Union, 국제 전기통신 연합)에서 4세대 이동통신 규격을 정의하면서, 저속 이동 시 1Gbps, 고속 이동 시 100Mbps의 속도로 데이터를 전송할 수 있어야 한다고 규정했다. 이에 따르면 현재 국내 및 해외에 적용된 LTE, 와이브로(Wibro)는 엄밀히 말해 4세대 이동통신 규격이라 할 수 없다. 또한, 당시 ITU는 4세대 이동통신 규격의 선정 후보로 LTE(Long Term Evolution)를 개선한 LTE-Advanced와 와이브로를 개선한 와이브로-에볼루션(Wibro-Evolution, 와이맥스2)을 언급한 바 있다. 그래도 LTE와 와이브로는 기존 3G 규격에 비해 기술적으로 상당히 발전한 규격인 점은 분명하다. 따라서 LTE와 와이브로는 'pre-4G' 혹은 '3.9세대'로, 진정한 4G 규격은 각각이 발전한 LTE-Advanced와 와이브로-에볼루션(와이맥스2)으로 보는 것이 대체적인 견해였다. 그런데, 2010년 12월 ITU에서 LTE, 와이브로, 다른 진화한 3G 망(예: HSPA+) 등도 4G라고 부를 수 있다고 하지만 현재 명확한 세대 구분은 할 수 없는 상황이다. 따라서 각 국의 이동통신사는 이를 4G라고 부르고 있다.

LTE(Long Term Evolution)는 일반적으로 4G에 속하는 하나의 통신기술이며, 4세대 이동통신이라고 하면 하향링크 최대속도 100Mbps 여야하고 상향링크 최대속도가 50Mbps가 되야 4G(4세대 이동통신)이라고 불릴 수 있으나 LTE는 그에 못 미치기 때문에 4G라고 불리는 데에는 조금 부족하지만 확실한 구분이 없기 때문에 이동통신사들은 LTE도 4G라고 칭하고 있습니다. 또한 LTE는 기존 3G망 대비 5배 빠른 속도를 가지고 있다. 국내 이동통신사들 모두 같은 LTE를 서비스하고 있지만 속내를 들여다보면 서로 다르다는 것을 알 수 있습니다. 통신사들만의 PETA, WARP, FAST 기술을 사용하고 있으며 서로 지향하는 바가 조금 다르다.

(1) SKT LTE

PETA는 용량 단위인 페타(PETA)에서 나온 말이다. SKT의 PETA 기술은 스마트폰 보급이 점점 상승하는 추세에 트래픽이 점점 늘어나서 매일 1PB의 트래픽이 부과될 것으로 보아 이에 맞춘 좋은 품질의 서비스를 제공하는 의미를 지니고 있다. PETA는 각 글자마다 의미를 지니고 있는데요. 이제 그 의미를 알아보자. P는Premium Quality를 의미하며 이는 음영지역이나 트래픽 과 부화 지역에서도 우수한 품질의 서비스를 제공한다는 의미를 지니고 있다. 이를 위해 LTE Femto-cel(LTE 펨토셀) 과 업그레이드 중계기(Upgraded Repeater)를 이용하여 실현시킨다는 것이다. E는 Excellent Speed를 의미하며 기존 SKT 3G 망에 적용되었던 Advanced SCAN(Smart Cloud Access Network) 기술을 대략 4배 높여 더 빠르고 안정적인 서비스를 제공하게 된다. Advanced SCAN은 DU(Digital Unit : 디지털 기지국)을 한곳에 집중화하여 데이터 효율성을 높이고 RU(Radio Unit : 안테나 기지국)은 여러 개를 설치하여 데이터의 속도와 용량을 기존 기지국 대비 2배 이상 늘리는 기술이다. 이를 적용하게 되면 LTE망에서 빠른 속도를 제공하게 되고 기지국간의 협력으로 경계 지역의 통화품질 또한 향상시킬 수 있다. T는 Total Stability라는 의미로 안정성을 높인다는 뜻으로 SON(Self

Organizing Network) 기술이 적용되며 어떠한 원인으로 인해 영향을 받는 전파를 보완하기 위해서 인공지능을 통신장비에 접목시켜 문제를 스스로 파악하고 해결방법을 찾아 복구할 수 있는 똑똑한 기술이다. A는 Advanced Tech로 SKT(SK텔레콤)가 앞선 기술력으로 좋은 품질의 LTE 서비스를 제공하겠다는 의미를 담고 있다. 앞에서 소개한 LTE Femto-cel(LTE 펨토셀) 과 Advanced SCAN 기술 외에도 반송파 결합(Carrier Aggregation) 기술과 IPv6 등의 기술들이 있다.

(2) KT LTE

KT는 삼성전자와 협력하여 기존의 가상화 기술인 CCC(Cloud comunuication center) 를 발전시켜 새로운 LTE Warp 라는 기술을 선보이고 있다. Warp 기술은 144개 기지국을 하나의 가상의 기지국처럼 운용하여 경계지역의 전파 간섭을 최소화하여 이동 중에도 최적의 성능으로 사용할 수 있도록 하는 기술입니다.
KT는 Warp(워프) 하는 것처럼 시공간을 넘나드는 빠른 속도로 LTE를 서비스하겠다는 마음가짐으로 LTE를 서비스 중이다. 또한 Warp기술은 서버를 통한 가상화를 사용하여 트래픽 양과 이용자 수에 따라 소프트웨어(S/W)로 조절하여 언제 어디서나 안정적인 이동통신 서비스를 받을 수 있도록 한다. 특정한 기지국에 이용자가 집중되어 있으면 Warp 기술로 해당 기지국에서 가장 가까운 기지국으로 접속하도록 할 수 있다.

(3) U+ LTE

U+는 SKT 와 KT와는 달리 품질(기술력) 보다는 보다 빠른 전국망 구축을 지향합니다. 빠른 구축으로 더 많은 가입자를 확보한다는 것이며 이로 인해 U+의 FAST(First All-IP Seamless Total network) 기술은 언제 어디서나 끊어짐 없이 인터넷이 되는 종합 네트워크라는 의미를 담고 있다. 전국 100만 여개가 넘은 유선 Wi-Fi(와이파이) Zone(U+ zone) 과 LTE 망을 결합하여 음성, 데이터, 영상 등을 통합하여 처리할 수 있는 "All-IP" 네트워크를 구축하는 것이다. 음성과 데이터를 함께 결합하는 것을 VoLTE(Voice over LTE) 라고 하며 3G망을 통해 제공되는 통화를 LTE망으로 제공받을 수 있다. 이렇게 되면 음성통화 중에도 다른 기능을 사용할 수 있으며 휴대전화를 거치지 않아도 PC 혹은 TV(네트워크가 연결이 되어있는)로도 통화가 가능해지는 것이다.

1.2 이동통신시스템

이동통신시스템의 구조에 대해 세부적으로 살펴보자. 먼저, 이동통신시스템에 대해 알아보기 전에 먼저 정보통신시스템에 대해서 알아보고 나서 이동통신시스템에 대해서 학습해 보자. 또한 정보통신시스템과 이동통신시스템과의 공통점과 차이점을 분석해 보도록 하자.

1.2.1 정보통신시스템

정보통신시스템 또는 정보통신기기에 대해 학습하기에 앞서 먼저 정보통신시스템에 대한 정확한 정의가 필요하다. 우리가 일상생활에서 사용하고 있는 정보통신시스템들은 상당히 다양하다. 정보통신시스템이라고 하면 바로 떠오르는 시스템은 현재 일반사람들이 가장 많이 사용하고 있는 휴대폰 또는 컴퓨터를 생각할 것이다. 스마트 폰을 비롯한 휴대폰도 아주 다양하게 출시되고 있으며 컴퓨터도 데스크 탑 컴퓨터, 노트북 컴퓨터, 넷 북, 태블릿 PC 등 아주 다양한 제품들을 접할 수 있다. 그렇지만 여러분들이 생각하는 휴대폰과 컴퓨터는 정보통신시스템의 아주 작은 일부에 지나지 않는다는 사실을 이번 장에서 확인하게 될 것이다. 정보통신시스템의 세상으로 들어가 보기로 하자.

이번 절에서는 정보통신시스템의 정확한 정의를 이해하고 정보통신시스템을 구성하는 각각의 시스템에 대한 기능과 세부적인 사항에 대해 살펴보기로 하자.

휴대폰과 컴퓨터를 통해서 정보통신시스템을 정의해보자. 두 사람이 각각 휴대폰을 가지고 있고 서로 통신하고자 하는 경우를 생각해보자. 과연 휴대폰만 있다면 서로 통신할 수 있을까 당연히 불가능하다. 우리는 휴대폰을 구입함과 동시에 특정 통신회사에 가입을 하게 될 것이다. 일단 간단한 경우를 설명하기 위해서 두 명이 같은 통신회사에 가입되어 있다고 가정하자. 한 사람이 다른 사람에게 전화를 건다는 것은 실제로 두 사람의 휴대폰끼리 직접적으로 통신하는 것이 아니라 가입한 통신회사의 통신 인프라(communication infrastructure)를 통해서 통신하는 것이다. 이동통신에서의 통신 인프라는 기지국, 위치서버, 이동교환국, 전송매체 등 많은 통신시스템들을 포함한다. 당연히 휴대폰을 포함하여 이러한 통신시스템을 통칭해서 정보통신시스템이라고 하는 것이 일반적이다. 하지만 일반사람들은 자신이 가지고 있는 것만을 정보통신시스템 또는 정보통신기기라고 생각하는 경향이 있다. 정보통신을 정확히 이해하기 위해서는 정보통신시스템에 대한 정확한 정의를 기본으로 해서 가능하기 때문에 정보통신을 위해 사용되는 모든 시스템을 정보통신시스템이라고 정의하고 다양한 정보통신시스템을 학습함으로써 정보통신을 정확히 이해할 수 있도록 해야 하겠다.

정보통신시스템은 컴퓨터나 단말기 장치를 통신 회선으로 상호 접속하여 정보를 주고받는 시스템 전체를 말한다. 정보통신시스템의 구성 요소는 DTE(Data Terminal Equipment), DCE(Data Circuit-terminating Equipment), CCE(Communication Control Equipment) 또는 CCU(Communication Control Unit)와 메인 컴퓨터(Main Computer) 등이 있다. 정보통신시스템의 구성 요소는 정보통신망 구성 요소와 거의 유사하다.

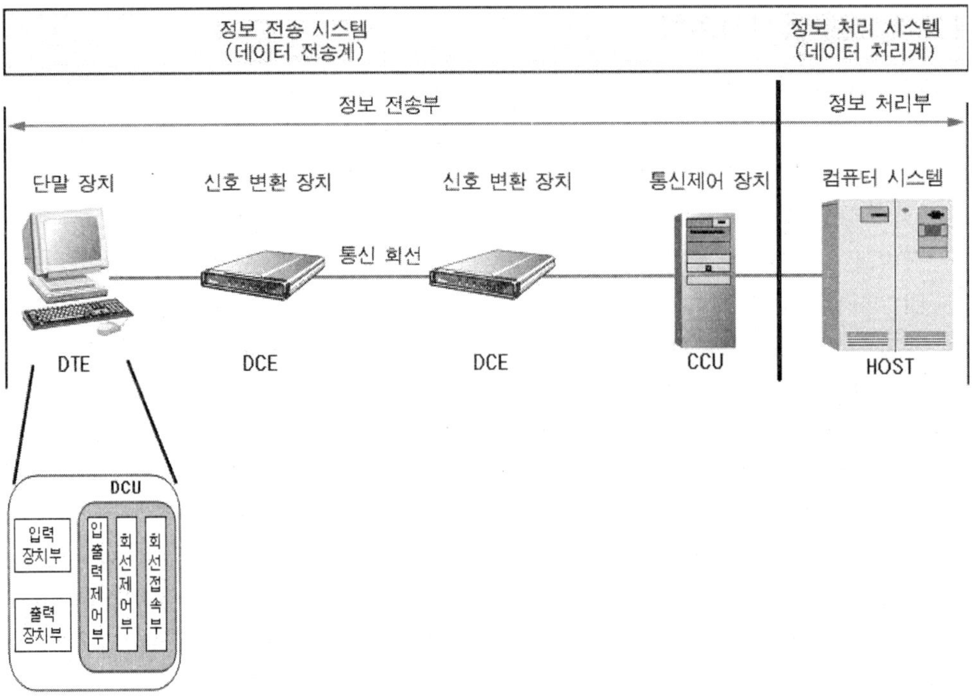

그림 1.1 정보통신시스템의 일반적인 구조

그림 1.1에서 HOST는 메인 컴퓨터를 말하며 DCU(Data Control Unit)는 데이터 제어 장치라고 하며 입출력 제어 부, 회선 제어 부, 회선 접속부로 구성되며 DTE에 포함된 장치이다. 또한 DCU에는 직병렬 변환기가 포함되기도 한다. 한편, 입출력 제어 부는 앞쪽에 위치해 있는 입력 장치부와 출력장치부의 동작을 직접적으로 제어하고 감시하는 역할을 수행한다. 회선 제어 부는 전송제어를 통해서 송신 제어 과정과 수신 제어 과정을 전체적으로 제어하고 유지하는 기능을 수행한다. 회선 접속 부는 회선 제어부와 연관되어 있으며 DTE 내부에서 신호 레벨 수행을 담당한다. 직병렬 변환기는 DTE에서 전송매체로 나가는 데이터에

대한 직렬을 병렬로 또는 병렬을 직렬로 변환시켜 주는 역할을 수행한다.

정보통신시스템을 정의하는 또 다른 방법은 기능적인 측면에 따라 두 가지 시스템 즉 정보처리시스템과 정보전송시스템으로 구분하는 방법도 있다. 간단히 표현하면 정보통신시스템은 데이터를 전송하기 위해서 처리하고 데이터를 전송 받아서 저장매체에 저장하기 위해서 처리하는 과정에 관련되는 시스템과 처리된 데이터를 전송하는 시스템으로 분류된다. 데이터를 전송하기 전에 송신 DTE에서 처리되는 과정을 전 처리(preprocessing) 과정이라고 하고 전송된 데이터를 수신하여 수신 DTE에서 처리되는 과정을 후처리(postprocessing) 과정이라고 한다. 이러한 전처리와 후처리를 담당하는 전 처리기와 후처리기를 따로 구분하기도 한다.

정보통신시스템의 기능은 크게 정보처리기능과 정보전송기능으로 나누어진다. 정보처리기능은 일반적으로 정보전송기능을 지원하기 위한 기본적인 기능들로 구성되어진다. 앞에서 설명한대로 간략하게 살펴보면 전처리기능과 후처리기능으로 분류된다.

전처리기능은 송신 터미널에서 데이터를 전송하기 이전에 처리하는 과정으로서 예를 들면 데이터를 전송하기 위해서 신호로 변환하는 과정, 데이터 량을 줄여 데이터를 신속하게 보내기 위한 목적을 달성하기 위해서 데이터 압축을 수행하는 과정, 데이터를 송신 단말기에서 수신 단말기로 안전하게 전송하기 위해서 데이터 암호화를 수행하는 과정과 데이터 에러를 감지하고 수정하기 위해 데이터 코드를 삽입하는 과정, 데이터를 신속하게 보내는 경로를 결정하는 경로 설정 과정 등 우리가 앞으로 학습해야 하는 많은 부분들이 포함된다.

후처리기능은 송신 터미널에서 데이터를 전송하고 수신 터미널에서 데이터를 수신한 이후에 수신 터미널에서 처리하는 과정으로서 송신 터미널에서 데이터를 전송하기 위한 목적으로 변환된 신호를 다시 원래의 형태인 데이터로 변환시키는 과정, 압축된 데이터를 원래 데이터로 복원하는 과정, 암호화된 데이터를 원래 데이터로 복호화 하는 과정, 전송된 데이터의 에러를 감지하고 수정하는 과정 등 역시 우리가 앞으로 학습해야 하는 부분들이다.

한편 정보전송기능은 앞에서 설명한 정보처리기능 즉 전 처리기능과 후처리기능을 바탕으로 해서 정보전송에 관련된 모든 기능들을 포함한다. 일반적으로 정보전송기능은 정보처리기능을 포함하는 것으로 정의되기 때문에 우리가 대체로 알고 있는 정보통신시스템을 지원하는 모든 기능이라고 생각해도 무방하다. 앞으로 정보통신을 이해하기 위해서는 반드시 필요한 것이라고 할 수 있다.

1.2.2 정보통신시스템 구성 요소

정보통신시스템의 구성 요소는 앞 절에서 살펴본 바와 일반적으로 DTE(Data Terminal Equipment), DCE(Data Circuit-terminating Equipment), CCE(Communication Control Equipment) 또는 CCU(Communication Control Unit)와 메인 컴퓨터(Main Computer) 등으로 이루어진다. 물론 다양한 정보통신시스템의 형태가 네 가지 형태로 국한되는 것은 아니다. 하지만 서로 다른 이름을 가지고 약간 서로 다른 기능을 수행하기도 하지만 대체적으로 위의 네 가지 형태의 기본 틀 속에서 정보통신시스템을 구성하고 있다. 지금부터는 네 가지 형태의 구성 요소를 통해서 정보통신시스템을 이해하고 분석하도록 하자.

1) DTE

DTE(Data Terminal Equipment)는 영어 의미 그대로 데이터 터미널 장비 또는 데이터 단말기 장비라고 하며 일반적으로 사용자 단말기를 가리킨다. 사용자 단말기란 우리가 일상생활에서 사용하고 있는 휴대폰, 컴퓨터 등을 말한다. 정보통신의 서비스 관점에서 고려하면 전송매체(transmission media) 즉 전송선로의 양끝에 위치하며, 기본적으로 다음과 같은 네 가지 기능 즉 데이터 입력 기능, 데이터 송신 기능, 데이터 수신 기능, 데이터 출력 기능을 수행한다. 우리가 일상생활에서 가장 많이 사용하고 있는 컴퓨터와 휴대폰을 통해서 각각의 기능에 대해 간략하게 설명하면 다음과 같다.

(1) 데이터 입력 기능

데이터 송신 또는 데이터 정보처리 DTE 사용자가 직접적으로 데이터 입력 장치 즉 키보드, 마우스, 단말기 버튼, 화면 터치 기능, 음성 인식 기능, 화면 문자 쓰기 기능 등을 이용해서 DTE에 각종 데이터를 입력할 수 기능을 말한다. 요즘 휴대폰에 사용되고 있는 화면 터치 기능, 음성 인식 기능 등은 최근에 적용된 기술들로 사용자들에게 상당한 편리함을 제공하고 있다. 사용자의 편리성을 추구하는 현상이 요즈음 정보통신 분야의 중요한 목적 중의 하나도 대두되고 있는 실정이다.

(2) 데이터 송신 기능

데이터 송신 DTE 사용자가 DTE의 데이터 입력 기능을 통해서 입력한 데이터나 DTE 저장장치에 저장되어 있는 각종 데이터를 적당하고 정해진 방법으로 전 처리한 이후 전송매체를 통해 데이터 수신 DTE 사용자에게 송신할 수 있게 하는 기능이다. 물론 앞으로 우리가 학습할 내용이지만 데이터 송신 DTE 사용자와 데이터 수신 DTE 사용자가 직접적으로 통신하는 경우는 거의 드물고 실제로는 중간에 다양한 통신제어시스템을 통해서 통신하게 된다. 데이터 송신 기능은 당연히 송신기가 그 역할을 수행하며 일반적으로 데이터를 전송하기 위해서 발진(oscillation), 증폭(amplification), 변조(modulation), 재 증폭(re-amplification) 등의 과정을 거쳐 송신 안테나를 통해서 송신하게 된다. 나중에 학습하겠지만 발진, 증폭, 변조에 대해서 간단히 살펴보도록 하자. 여기서 발진이란 정보를 전송하는 신호인 반송파(carrier frequency)를 생성시키는 과정을 말하며 증폭은 크기가 작은 반송파나 전송 중에 약해진 반송파를 크기를 크게 하는 과정을 말하며 변조란 어떤 신호를 특정한 목적에 따라 다른 형태의 신호로 변화시키는 과정을 말한다.

(3) 데이터 수신 기능

데이터 송신 또는 데이터 정보처리 DTE 사용자가 직접적으로 데이터 입력 장치 즉 키보드, 마우스, 단말기 버튼, 화면 터치 기능, 음성 인식 기능, 화면 문자쓰기 기능 등을 이용해서 DTE에 각종 데이터를 입력할 수 기능을 말한다. 요즘 휴대폰에 사용되고 있는 화면 터치 기능, 음성 인식 기능 등은 최근에 적용된 기술들로 사용자들에게 상당한 편리함을 제공하고 있다. 사용자의 편리성을 추구하는 현상이 요즈음 정보통신 분야의 중요한 목적 중의 하나도 대두되고 있는 실정이다. 데이터 송신 DTE 사용자가 DTE의 데이터 입력 기능을 통해서 입력한 데이터나 DTE 저장장치에 저장되어 있는 각종 데이터를 적당하고 정해진 방법으로 전 처리한 이후 전송매체를 통해 전송한 데이터를 수신 안테나를 통해서 데이터를 수신한 후 다양한 후처리과정을 통해서 데이터 수신 DTE 사용자가 데이터를 수신할 수 있게 하는 기능이다. 데이터 수신 기능은 수신기가 그 역할을 수행하며 일반적으로 데이터를 수신하기 위해서 증폭, 주파수변환(frequency transform), 국부발진(local oscillation), 복조(demodulation) 등의 과정을 거쳐 수신 안테나를 통해서 송신하게 된다. 역시 나중에 학습하겠지만 주파수변환, 국부발진, 복조에 대해서 간단히 살펴보도록 하자. 여기서 주파수변환은 어떤 주파수 영역을 가지고 있는 신호를 특별한 목적을 위해서 다른 주파수 영역을 가지는 신호로 변환시키는 것을 말하고 국부발진이란 주파수변환과 함께 송신기에서 생성된 신호인 반송파(carrier frequency)에서 원래 데이터를 생성시킬 목적으로 반송파를 제거하는 과정을 말하며 복조란 어떤 신호를 특정한 목적에 따라 다른 형태의 신호로 변화시키는 과정인 변조의 반대과정을 의미한다. 즉 다른 형태의 신호로 변한된 것을 원래의 신호로 복원하는 과정을 말한다.

(4) 데이터 출력 기능

수신된 데이터 또는 일반 사용자가 자체적으로 처리한 데이터를 DTE에 출력할 수 있도록 하는 기능을 말한다. 요즘 휴대폰에 사용되고 있는 화면 터치 기능이나 음성 인식 기능에 의해 바로 바로 휴대폰 화면에 출력되는 형태는 사용자의 편리성을 극대화한 기능으로 일반화되어지고 있다.

2) DCE

DCE(Data Circuit-terminating Equipment)란 데이터 전송 장치로서 송신 DTE부터 CCE와 CCE부터 수신 DTE까지의 전송 회선과 전송 장비를 말하는 것이다. 데이터의 전송 회선에는 우리가 앞으로 학습하게 될 유선전송매체인 이중나선케이블(twisted pair cable), 동축 케이블(coaxial cable), 광섬유 케이블(optical fiber cable)과 무선전송매체인 방송 통신회선, 마이크로파 통신회선, 위성 통신회선, 이동 통신회선 등이 사용된다. 그리고 DTE를 전송 선로에 접속시키기 위한 전송 장비로는 주로 모뎀(MODEM : Modulator & Demodulator)과 DSU(Digital Service Unit)가 사용된다.

모뎀과 DSU는 한마디로 표현하면 신호변환장치이다. 신호변환장치란 데이터를 신호로 또는 신호를 데이터로 변환시켜주는 장치이다. 정보통신시스템을 수행하는 과정에서 데이터를 신호로 또는 신호를 데이터로 변환시켜야 하는 경우는 아주 다양하게 존재한다. 앞으로 데이터와 신호에 대한 개념을 학습하겠지만 간단히 설명하면 저장의 개념에서는 데이터로 표현하고 전송의 개념에서는 신호로 표현한다. 즉 하나의 DTE의 저장장치에 저장되어 있는 데이터를 또 다른 DTE에게 전송하기 위해서는 데이터를 신호로 변환시켜야 할 필요가 있고 전송 받은 신호를 저장장치에 저장하기 위해서는 데이터로 변환시켜야 할 필요가 있다.

모뎀은 DTE 또는 메인 컴퓨터에서 발생한 디지털 데이터를 아날로그 신호로 변환(modulation)하여 전송 선로에 실어주고, 반대로 전송 선로를 통해 들어오는 아날로그 신호를 디지털 데이터로 복원(demodulation)하여 데이터 단말기 장치나 메인 컴퓨터로 보내는 기능을 한다. 또한 아날로그 데이터를 아날로그 신호로 또는 아날로그 신호를 아날로그 데이터로 변환시켜주는 형태도 모뎀의 일종이라고 할 수 있다.

한편, DSU는 디지털 데이터를 디지털 신호로 또는 디지털 신호를 디지털 데이터로 변환 시켜주는 형태와 아날로그 데이터를 디지털 신호로 또는 디지털 신호를 아날로그 데이터로 변환 시켜주는 형태가 있다. 모뎀과 DSU에 대한 세부적인 내용은 좀 더 복잡하고 다양한 형태를 가지고 있기 때문에 이 후에 학습하기로 하자.

3) DTE와 DCE 인터페이스

DTE와 DCE에 대한 내용은 앞에서 간략하게 설명했다. 이번에는 DTE와 DCE 각각에 대한 내용이 아니라 정상적인 정보통신을 위해서 DTE와 DCE 사이에 요구되는 사항 즉 DTE와 DCE 인터페이스(interface) 또는 접속 규격에 대해 고찰해 보기로 하자.

컴퓨터나 터미널 등의 DTE가 만들어낸 정보를 보다 먼 거리의 상대에게 전달하기 위해서는 정보를 다른 형태의 신호로 변환하여야 한다. 그리고 이 신호 변환의 역할을 담당하는 기기를 DCE라 하며, 그 대표적인 예가 모뎀이라는 사실에 대해서는 지금까지 언급되었던 사항이다. 그러나 정보를 정확하게 잘 전달하기 위해서는 또 다른 기술이 요구된다. 먼저 DTE와 DCE가 서로 잘 조화되어 동작하여야만 할 것이다. 그러기 위해서는 DTE와 DCE 간에 미리 정의된 인터페이스(interface) 또는 접속 규격이 요구된다.

세계 시장에는 여러 제조업자들이 생산한 수많은 종류의 DTE나 DCE가 나와 있다. 그런데 만일 이들 DTE난 DCE 간을 상호 연결하기 위한 접속 규격이 정의되어 있지 않다면 이들을 접속하는데 상당한 혼란이 야기될 것이다. 따라서 이를 막기 위해 현재 국제적 표준 기구들인 ITU-T(CCITT), ISO, EIA(Electronics Industrial Association) 등에서는 DTE와 DCE 사이의 접속 규격에 관한 표준들을 제정, 권고하고 있다.

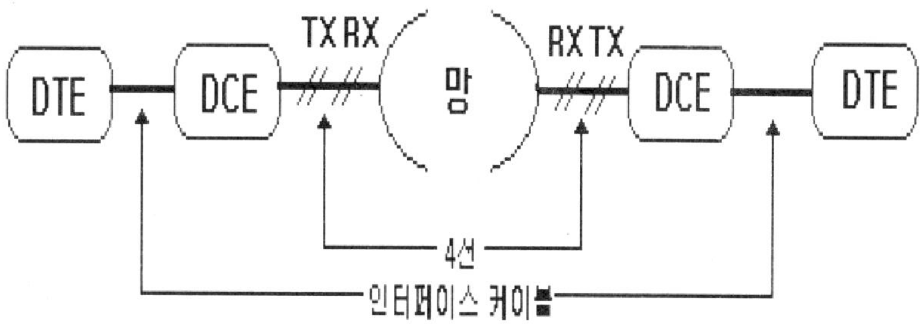

그림 1.2 DTE와 DCE 인터페이스

그림 1.2는 일반적인 DTE와 DCE 인터페이스구성을 보여준다. 여기서 TX는 트랜스미터(transmitter)로서 송신 부를 의미하며 RX는 리시버(receiver)로서 수신 부를 의미한다. DCE와 망간의 연결은 4선으로, 송/수신 각각 2선으로 구성된다. DTE와 DCE 간의 연결은 전용 인터페이스 규약에 따라 각각에 맞는 케이블로 연결된다. DTE는 단극 성(unipolar) NRZ(Not Return to Zero) 신호를 사용하고,

전송 유효거리는 약 20~30m 정도이며, DCE는 DTE의 양극 성(bipolar) RZ(Return to Zero) 신호로 코딩해서 망으로 전송하고 전송 유효거리는 5~6Km 정도이다.

RS-232C는 원래 DTE와 DCE 간의 데이터전송 방법을 정하기 위한 것으로 각 방향에 따라 별개의 신호선이 준비되어 있다. 따라서 DTE와 DCE를 접속하는 경우에는 서로 같은 핀 번호를 갖는 것끼리 접속하면 된다. 실제 RS-232C 접속규격을 갖는 프린터나 플로터등 대부분의 주변기기들은 DTE로서 만들어져 있다. 따라서 컴퓨터를 이들 기기와 접속하려면 앞의 경우보다 더 주의를 기울이지 않으면 안 된다. 왜냐하면 DTE 측의 2번 핀은 데이터를 송신하기 위한 것이므로 DTE와 DCE 접속처럼 2번 핀끼리 서로 연결하면 양쪽에서 모두 데이터를 송신하려고만 하기 때문에 혼란이 야기된다. 따라서 DTE와 DTE간 접속의 경우에는 서로 반대되는 기능을 갖는 핀끼리 연결해야 한다.

간혹 퍼스널 컴퓨터 중에는 DCE로서 설계된 것도 있다. 이러한 퍼스널 컴퓨터와 모뎀의 접속은 DCE와 DCE의 접속이 된다. 이 경우도 DTE와 DTE 간 접속과 마찬가지로 케이블과 커넥터를 해체하여 서로 반대 기능을 갖는 핀끼리 접속한다. 그런데 이 경우에는 서로 받을 필요가 없는 신호는 끊어버리면 된다.

4) CCE

CCE(Communication Control Equipment)는 통신제어장치로서 정보통신시스템에서 아주 중요한 역할을 담당하고 있는 장치이다. 이전에는 통신제어장치와 메인컴퓨터를 구분하지 않고 주로 메인컴퓨터로만 구분되었다. 그렇지만 정보통신시스템에 관련된 기능과 역할이 다양화되고 복잡해지면서 메인컴퓨터의 역할과 기능 중에서 일정부분을 분담하는 통신제어장치에 대한 필요성이 대두되었다.

이러한 통신제어장치는 일반적으로 메인컴퓨터 앞쪽에 설치되어 메인컴퓨터의 기능을 보조하고 분담하여 정보통신시스템의 기능적인 효율성을 증대시키는 역할을 수행한다. 통신제어장치는 역할과 기능에 따라 FEP(Front End Processor), BEP(Back End Processor), CCP(Communication Control Processor) 등이 있다.

여기서 FEP는 일반적으로 메인컴퓨터와 보조기억장치 사이에 위치하며 메인컴퓨터가 데이터를 처리하기 전에 필요한 모든 작업을 가공처리 함으로써 메인컴퓨터가 필요한 작업에 더 많은 시간을 할당할 수 있도록 보조하는 역할을 수행하고 BEP는 대규모의 데이터베이스 처리나 파일관리 등의 기능을 수행하며 CCP는 식섭석인 프로그램 세어 기능을 수행하게 된다.

CCE의 일반적이고도 중요한 기능은 메인 컴퓨터와 DCE 사이에 위치하여

DCE로부터 들어오는 데이터에 오류가 있는지를 조사하고, 메인 컴퓨터의 처리 속도와 DCE의 전송 속도를 맞추어 주는 역할을 수행한다. 또한, 메인 컴퓨터의 처리 방식에 맞추기 위해 직렬(serial) 데이터를 병렬(parallel) 형태로 바꾸어 주는 역할도 수행한다. 직병렬 변환, 데이터 오류 검사 및 제어, 전송 흐름 제어에 대해 살펴보기로 하자.

(1) 직병렬 변환

디지털 정보를 전송하는 데는 직렬 전송과 병렬 전송의 두 가지 방법이 있다. 직렬 전송은 하나의 문자를 구성하는 각 비트들이 하나의 전송선을 통하여 순서적으로 전송되며 병렬 전송에서는 각 비트들이 여러 개의 전송선을 통하여 동시에 전송된다. 가령 하나의 문자가 8비트로 구성되어 있다면 병렬 전송에 필요한 전송선은 최소한 8개 있어야 한다. 병렬 전송방식은 일반적으로 컴퓨터와 주변기기 사이의 데이터 전송을 위해서 사용되며, 거리가 멀어지면 전송로의 비용부담 때문에 거의 이용되지 않고 있다. 따라서 정보통신에 있어서는 대부분 직렬 전송 방식을 그 대상으로 하고 있다.

그림 1.3에는 직렬 전송과 병렬 전송에 대해서 간단히 표현하였다.

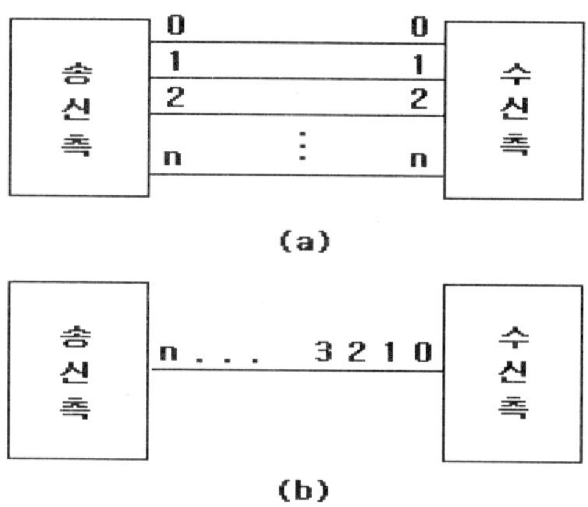

그림 1.3 (a) 병렬 전송 (b) 직렬 전송

직렬 전송(serial transmission)은복수개의 비트를 복수개의 전송로를 통해서 동시에 전송하는 방식으로 주로 단거리 전송에 이용된다. 직렬 전송은 하나의 전송 선로를 통해 1비트씩 순차적으로 데이터를 전송하는 방식을 말한다. 일반적으로 컴퓨터 내부에서의 데이터의 처리는 병렬로 수행되기 때문에 직렬 전송을 하기 위해서는 송신 측에서 병렬 데이터를 직렬 신호로 변환하여 전송해야 한다. 그리고 수신 측에서는 수신된 직렬 신호를 병렬 데이터로 변환하여 처리하게 된다. 병렬 전송과 비교해 볼 때, 직렬 전송의 장점은 하나의 전송 선로만을 이용하기 때문에 회선 설치비용이 낮다는 것이며, 전송 속도가 느리다는 단점을 가지고 있다. 일반적인 데이터 전송에서 직렬 전송 방식을 많이 사용한다.

병렬 전송(parallel transmission)은한 비트씩 한 개의 전송로를 통해 순차적으로 전송하는 방식으로 주로 장거리 전송에 이용된다. 병렬 전송은 여러 개의 전송 선로를 통해 여러 개의 비트들을 동시에 전송하는 방식을 말한다. 일반적으로 하나의 문자는 컴퓨터에서 8비트로 표현되는데, 이와 같이 8비트로 구성되는 하나의 문자를 병렬 전송하기 위해서는 최소한 8개의 전송 선로가 필요하다. 병렬 전송은 컴퓨터와 주변기기 사이에 데이터 전송을 위해 사용하거나 고속 전송이 필요한 컴퓨터에 사용되는 방식이다. 직렬 전송과 비교해 볼 때, 병렬 전송의 장점은 여러 개의 전송 선로를 통해 데이터를 동시에 전송하기 때문에 전송 속도가 빠르다는 것이며, 회선 설치비용이 높다는 단점을 가지고 있다. 일반적인 데이터 전송에 서 병렬 전송 방식은 거의 사용되지 않는다.

(2) 데이터 오류 검사 및 제어

정보 통신 시스템에서 가장 중요한 사항 중의 하나는 송신 측에서 수신 측으로 오류가 없는 정확한 데이터를 전송하는 것이다. 그러나 오류가 발생할 수 있는 상황은 항상 존재하게 된다. 정보 통신 시스템에서 오류를 일으키는 주요한 원인에는 순간적인 정전, 주파수 간섭, 감쇠 현상, 잡음 등이 있다. 이러한 불가피한 상황으로 인해 발생된 오류를 검출하는 일반적인 기법에는 수직 패리티 검사(vertical parity check), 수평 중복 검사(LRC : Longitudinal Redundancy Check), 순환 중복 검사(CRC : Cyclic Redundancy Check)가 있다.

수직 패리티 검사(vertical parity check)는 가장 간단한 오류 검출 방식으로, 전송하고자 하는 문자의 마지막 비트에 패리티 비트(parity bit)를 추가하여 전송하는 방식을 말한다. 수직 패리티 검사는 짝수 패리티(even parity)와 홀수 패리티(odd parity)를 이용하는 방법이 있다. 짝수 패리티의 경우에는 전송 문자를 구성하는 비트 1의 개수가 짝수개가 되도록 하는 것이고, 홀수 패리티의 경우에는 비트 1의 개수가 홀수개가 되도록 하는 것이다.

예를 들어, ASCII 코드 1010101을 홀수 패리티를 이용하여 전송한다면 10101011을 전송하면 된다. 수신 측에서는 전송되어온 데이터를 조사하여 비트 1의 전체 개수가 홀수가 되면 오류가 발생하지 않은 것으로 판단하고, 짝수 개이면 오류가 발생한 것으로 판단하게 된다.

이와 같은 수직 패리티 검사 방법은 전송 도중 홀수개의 비트가 바뀌면 오류 검출이 가능하지만, 짝수개의 비트가 바뀌면 오류 검출이 불가능하다는 단점을 가지고 있다.

수평 중복 검사(LRC : Longitudinal Redundancy Check)는 수직 패리티 검사의 단점을 개선하기 위해 만든 오류 검출 방법으로 수직 패리티 검사와 동시에 수평 패리티 검사까지 수행함으로서 비교적 높은 비율로 오류를 검출할 수 있다. 수평 패리티 검사를 위해 블록 검사 문자(block check character)를 생성한다. 이는 수평 방향으로 배타적 논리합(exclusive-OR) 연산을 수행함으로서 생성된다.

수평 중복 검사는 수평 및 수직을 모두 검사하므로 수평·수직 패리티 검사 방식이라고도 부른다. 다음 그림 1.4는 수평 중복 검사(짝수 패리티의 사용)의 예를 나타낸 것이다.

수평 패리티 ↑

parity	**1**	**1**	**0**	**0**	**0**	**1**	**1**	**1**	**1** ← 수직 패리티
b_7	1	1	1	1	1	1	1	1	**0**
b_6	0	0	0	0	0	0	0	0	**0**
b_5	0	0	0	1	1	1	0	1	**0**
b_4	0	1	1	0	0	0	0	0	**0**
b_3	0	1	1	0	1	1	1	0	**1**
b_2	1	1	0	0	0	0	0	1	**1**
b_1	1	1	1	0	1	0	1	0	**1**
	C	O	M	P	U	T	E	R	← 캐릭터

그림 1.4 짝수 패리티를 사용한 수평 중복 검사

순환 중복 검사(CRC : Cyclic Redundancy Check)는 비교적 간단하면서도 오류 검출 율이 대단히 높은 우수한 방식으로서 정보 통신 오류 검출 프로토콜에서 많이 사용되는 방식이다.

k비트의 데이터를 전송한다고 할 때, 송신기는 먼저 프레임 검사 시퀀스(FCS : Frame Check Sequence) 라는 n개의 비트를 생성하여 k+n 개의 비트로 이루어진 전송 프레임을 구성한다. 이 때, k+n 비트로 구성된 전송 프레임이 미리 정해져 있는 숫자로 나누어 떨어 질 수 있도록 n을 정한다. 수신기는 수신된 프레임을 미리 정해진 수로 나누어 나머지가 없으면 에러 없이 수신된 것으로 간

주한다.

많이 사용되는 순환 중복 검사의 유형은 CRC-12(12 비트의 FCS 사용), CRC-16(16 비트 FCS 사용), CRC-CCITT(16 비트의 FCS 사용), CRC-32(32 비트의 FCS 사용)가 있다.

송신한 데이터가 각종 잡음원에 의해 오류가 유발되어 데이터가 틀리게 되면 오류를 검출하고 올바른 데이터로 정정해야만 정확한 데이터를 송신할 수 있다. 이러한 오류 발생을 검출하고, 검출된 오류를 정정하는 일을 오류제어(error control)라 한다.

오류 제어의 대표적인 기술에는 오류 검출(error detection) 기법과 자동 반복 요청(Automatic Repeat reQuest : ARQ) 기법이 있다. 오류 검출 기법은 순환 중복 검사(CRC) 방법이 주로 사용되고 있으며, 자동 반복 요청 기법에는 정지-대기(Stop-and-wait) 자동 반복 요청, Go-back-N 자동 반복 요청, 선별적 반복(Selective repeat) 자동반복 요청의 3가지가 있다.

정지-대기 자동 반복 요청 방식은 송신 터미널이 한 개의 프레임을 전송하고 정지-대기 상태로 있다가 수신 터미널에서 ACK가 오면 그 다음 프레임을 전송하고, NAK가 오면 전송한 프레임을 재전송함으로서 오류를 제어하는 방식을 말한다.

송신측이 프레임 1을 전송하였으나, 수신 측에서는 프레임 1에서 에러를 발견하고 NAK를 전송한다. 이어서 송신측은 NAK를 받고 프레임 1을 재전송하고 있다.

이와 같은 경우는 수신측이 손상된 프레임을 수신하여 오류 발생을 확실하게 알 수 있는 경우이다. 그러나 링크의 결함이나 잡음으로 인해 수신 측에서 프레임을 받지 못하는 경우나 수신 측에서 ACK 신호를 전송하는 도중에 오류가 발생하여 송신 측에서 ACK 신호를 받지 못하는 경우가 발생할 수도 있다. 이와 같은 두 가지 경우에 송신 측에서는 ACK 신호를 계속해서 기다릴 수는 없기 때문에, 송신 측에서는 타이머(timer)를 가지고 있어 약속된 시간이 지나도 ACK나 NAK가 오지 않으면 오류가 발생했다고 판단하여 바로 전에 전송한 프레임을 재전송하게 된다.

이와 같은 정지-대기 자동 반복 요청 방식은 단순하다는 장점을 가지고 있는 반면에 회선의 효율성이 낮다는 단점을 가지고 있다.

Go-back-N 자동 반복 요청 방식은 송신 터미널이 일련의 프레임을 전송하고, 수신 터미널에서 에러가 발생한 프레임을 송신 터미널에 알리면, 에러가 발생한 프레임부터 그 이후의 프레임들을 모두 재전송함으로서 오류를 제어하는 방식이다.

일련의 프레임 1, 2, 3, 4가 송신 측(A)에서 수신 측(B)으로 전송되는 동안에, 수신 측에서는 오류 없이 수신한 프레임 1에 대해 송신 측으로 ACK1을 전송하고 있다. 이어서 수신 측에서는 프레임 2를 수신하고, 에러를 발견하여 NAK2를 송신 측으로 전송한다. 송신 측에서는 프레임을 5까지 전송하였으나, NAK2를 받고 프레임 2부터 나머지 프레임을 모두 전송한다.

이와 같은 Go-back-N 자동 반복 요청 방식은 오류 없이 전송된 프레임일지라도 다시 재전송해야 하는 경우가 발생하므로 다음에 설명할 선별적 반복 자동 반복 요청 방식에 비해서 효율이 떨어진다.

선별적 반복 자동 반복 요청 방식은 일련의 프레임을 전송하여 에러가 발생한 경우, 오류가 발생한 프레임만을 재전송함으로서 오류를 제어하는 방식을 말한다. 다른 방식에 비해 대단히 효율적이라는 장점을 가지고 있으나, 복잡한 논리회로를 가져야 한다는 단점 때문에 일반적으로 Go-back-N 자동 반복 요청 방식을 더 많이 사용한다. 다음 그림은 선별적 반복 자동 반복 요청 방식의 예를 나타낸 것이다. 설명한 바와 같이 오류가 발생한 프레임 2만을 재전송하고 있다.

(3) 전송흐름제어

흐름 제어(flow control)란 송수신 터미널 간에 처리 속도가 다름에 따라 발생하는 문제를 해결하는 기능으로 수신 터미널의 용량 이상으로 데이터가 넘치지 않도록 송신 터미널을 제어하는 기술을 말한다. 이러한 흐름 제어 방식의 대표적인 예는 정지-대기(stop-and-wait) 흐름제어 방식과 슬라이딩 윈도우(sliding window) 흐름제어 방식이 있다.

정지-대기 흐름제어 방식이란 송신기가 이미 보낸 프레임에 대한 응답(ACK)을 받은 후에 다음 프레임 전송하는 방식을 말한다. 다시 말해, 수신기는 수신한 프레임을 처리하는 동안 ACK를 보내지 않음으로써 송신기의 프레임을 제한하는 것이다.

이러한 정지-대기 흐름제어 방식의 장점은 한 개의 연속적인 블록이나 프레임 단위로 메시지를 전송하는 경우에 효율적이며, 단점은 수신 측의 버퍼크기가 제한되어 있어서 긴 메시지의 경우 작게 잘라서 한 번에 한 프레임씩 전송해야 한다는 것이다.

아래에 하나의 긴 메시지를 n개의 프레임으로 나누어 정지-대기 흐름제어 방식으로 데이터를 전송하는 과정을 나타내고 있다. 데이터 전송과정은 다음과 같다.

① 수신 터미널이 폴(poll)을 송신 터미널에게 전송한다.

② 송신 터미널은 수신 터미널에게 프레임 f_1을 전송한다.

③ 수신 터미널은 송신 터미널에게 ACK를 전송한다.

④ 데이터의 전송이 모두 끝날 때까지 ②③과정을 반복한다.

이러한 정지-대기 흐름제어 방식은 여러 가지의 흐름제어 방식 중에서 가장 간단한 형태를 가지므로 제어 방식이 단순하다는 장점이 있으나, 한 번에 하나의 프레임을 전송하고 그 응답을 기다려야하기 때문에 전송 시간이 오래 걸린다는 단점을 가지고 있다.

슬라이딩 윈도우 흐름제어 방식은 송신 측에서 전송한 프레임에 대해 수신 측에서는 확인 메시지를 이용하여 송신 측 윈도우의 크기를 조절함으로써 전송 속도를 조절하는 방식을 말한다. 슬라이딩 윈도우 흐름제어 방식을 사용하기 위해서는 송신용 윈도우 및 수신용 윈도우가 필요하다. 이 때, 윈도우의 크기는 프레임의 순서번호에 할당된 비트 수에 의존한다. 예를 들어, n 비트이면 윈도우의 크기는 2^n-1로 설정하게 된다.

순서 번호 필드가 3비트(2^3)인 경우를 나타낸 것으로서 순서 번호는 0~7프레임으로 나누어진다. 전송하고자 하는 프레임을 나타낸 것으로서 프레임을 전송하면 윈도우 창이 줄어들고 ACK를 받으면 윈도우 창이 늘어나게 된다.

5) 메인 컴퓨터

통신을 위한 모든 기능들을 제어하고 관리하는 기능을 수행한다. 이전에는 메인 컴퓨터가 CCE의 기능을 포함하여 수행하기도 하였지만 통신을 위한 장비의 다양화와 많은 제어 기능들의 추가로 인해서 기능을 일정부분을 CCE가 대신하게 되었다.

그림 1.5에는 정보통신시스템의 기본적인 구조를 표현하였다. 사용자들은 DTE를 사용하여 DCE, CCE, 메인 컴퓨터를 통하여 다른 사용자들과 통신하게 된다. 또한 통신전송매체로 표현되어져 있는 정보통신망을 통해서 통신하는 형태를 가진다.

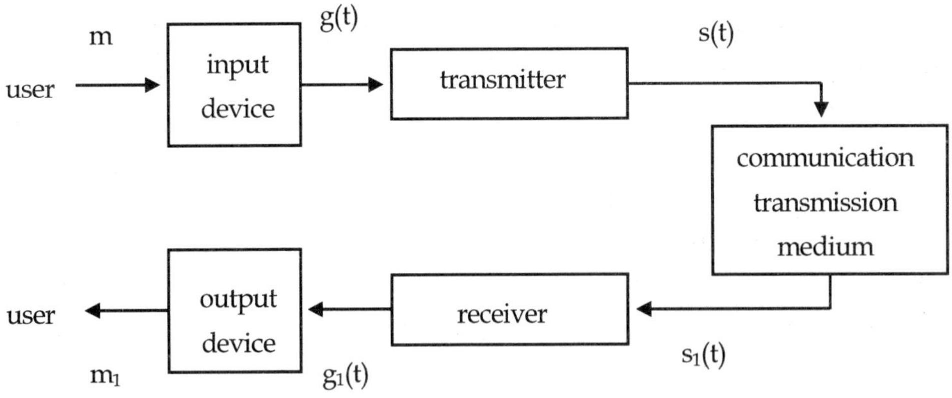

그림 1.5 정보통신시스템 기본적인 구조

1.2.3 이동통신시스템

우리가 현재 통신매체로 가장 많이 사용하고 있는 이동통신시스템은 크게 휴대용 이동 단말기(MT : Mobile Terminal), 기지국(BS : Base Station), 위치서버(LS : Location Server), 이동교환국(MSC : Mobile Switching Center) 그리고 모든 것을 총괄하는 메인 교환국(Main Switching Center) 또는 메인 컴퓨터(Main Computer) 또는 백본 네트워크(Backbone Network)로 구성된다. 정보통신시스템 구성요소인 DTE, DCE, CCE, MC 등과 유사한 형태를 가지고 있다. 기존의 셀룰러 방식에서는 전체 시스템 영역을 여러 개의 셀로 이루어진 위치영역으로 분할하여 사용자 서비스를 위해서 채널할당과 위치관리를 하고 있다.

그림 1.6에서 보듯이 전체 네트워크는 셀로 나누어지고, 각 셀에 있는 이동 단말기들은 기지국을 통하여 유선네트워크나 다른 이동 단말기들과 통신한다. 하나의 위치영역은 여러 개의 셀들로 구성되고, 각 위치영역에는 LS(Location Server)가 있다. 위치영역에 있는 모든 기지국은 이동교환국과 연결된다. 각 이동 국교환국은 유선네트워크인 백본(backbone) ATM(Asynchronous Transfer Mode) 네트워크와 연결되어 이동국이 유선네트워크나 다른 이동교환국의 사용자들과 통신할 수 있도록 한다. 각 이동국은 특정한 위치영역에 영구적으로 홈(home)으로 등록되어 있다고 가정한다. 그 위치영역의 위치서버를 이동 국에 대한 HLS(Home Location Server)라 부른다. 각 HLS는 자신을 홈으로 등록한 이동 국에 대한 위치정보를 유지한다. 위치서버는 자신이 담당한 위치영역 내의 셀에 위치하고 있는 이동 국에 관한 위치정보도 유지한다. 한편 자신의 위치영역의 위치서버가 아니라 방문한 위치서버를 VLS(Visitor Location Server)라고 한다.

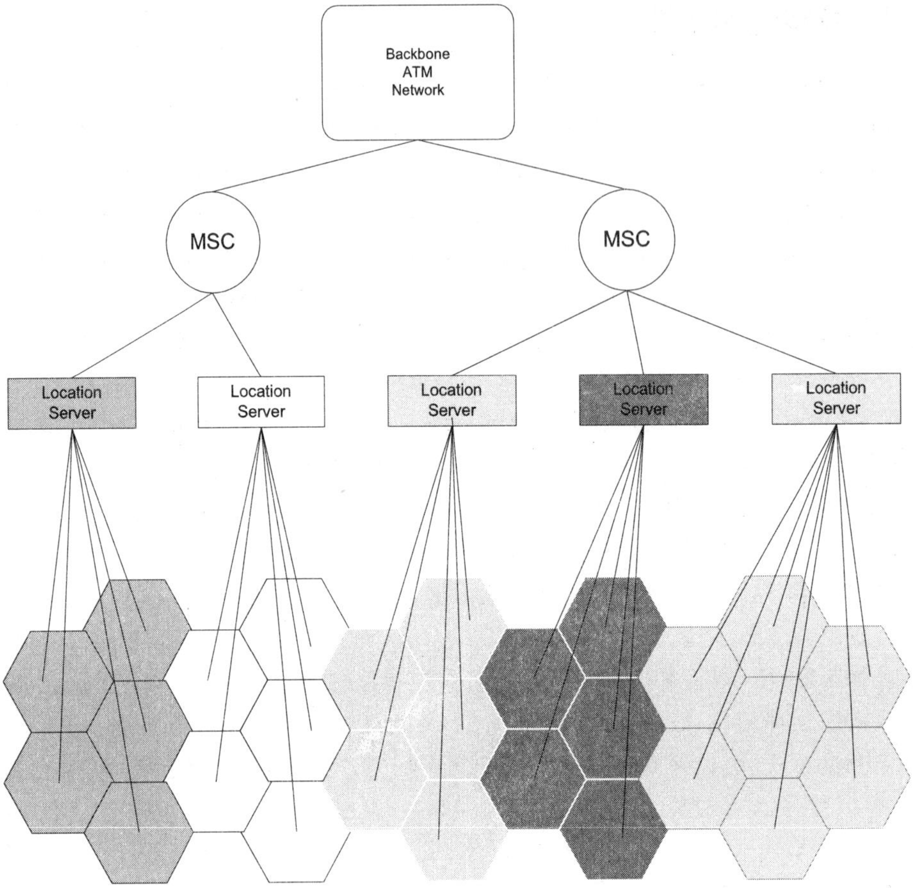

그림 1.6 이동통신 네트워크 구조

① 이동 단말기 : 무선 송수신기, 안테나 및 제어장치로 구성된다. 이동 국으로서 이동전화 가입자가 이동통신 서비스를 재공받기 위한 단말기 기능을 가지고 있다.

② 기지국 : 단말기와 이동전화 교환국을 연결하는 기능을 가지고 있는 기지국 무선 송수신기, 안테나, 제어장치, 데이터 터미널 및, 전원장치 등으로 구성되어 있다. 또한 BTS(Base Transceiver System)은 기지국 무선장치로 이동국과의 무선접속 및 이동국과 기지국 제어장치간의 유무선 접속기능을 수행하며 BSC(Base Station Controller)는 기지국 제어장치로 기지국과 이동통신 교환기 사이에 위치하여 기지국 관리 및 제어를 담당한다.

③ 위치 서버 : 이동 단말기의 위치를 관리하여 통신 요청 시 바로 연결할 수 있는 기능들을 제어한다. 또한 HLR(Home Location Resistor)은 이동국의 현재 위

치정보를 비롯하여 이동가입자의 상태, 통계 및 각종 서비스 관련정보를 관리하는 데이터베이스 센터이다. 축약메시지서비스, 인증서비스, VMS(Voice Message Service) 등 다양한 부가기능을 제공하며 다른 교환기능과의 연동기능도 제공하며 OMC(Operations Maintenance Center)는 이동통신망에 대한 망운용의 효율화, 보전 서비스 향상, 고품질의 통신서비스를 제공하기 위한 운용 및 유지보수를 담당하고 VLR(Visistor Location Resistor)은 관할 영역 내에 타 시스템의 단말장치가 들어 왔을 때 이를 인지하여 타 시스템과 로밍을 해주는 역할을 담당한다.

④ 이동 교환국 : 각 기지국에서 발생되는 착발신되는 호를 처리하고 모든 기지국이 효율적으로 운용될 수 있도록 하는 중앙통제기능과 함께 공중전화네트워크의 교환기와도 연결할 수 있는 기능을 가지고 있다. 이러한 이동전화 교환국은 제어 부, 통화로 부, 및 주변기기로 구성되어 있으며 통화가 완료된 호에 대한 요금 자료수집 기능도 갖고 있다. 또한 이동전화 가입자에게 이동통신 서비스를 제공하기 위한 이동통신 교환기로 가입자간 회선교환, 입출중계 처리, 핸드오프, 로밍 등의 기능을 가지며, VLR 데이터베이스를 관리한다.

⑤ 연결 : 이동 단말기, 기지국, 위치 서버 그리고 이동 교환국은 서로 통화회선과 데이터링크로 연결되어 있으며 각 단말기가 통화할 때는 한 쌍의 송수신 무선채널을 사용하지만 이 무선채널은 어떤 특정 주파수의 채널로 고정되어 있지 않고 통화 중에도 단말기의 이동에 따라 다른 무선채널로 통화 채널을 변경하게 되므로 그 지역에 할당된 채널이면 어떤 채널로든지 통화가 가능하다. 또 이동전화 시스템 측면에서 보면 할당된 전 채널이 동시에 단말기와 연결되어 통화상태로 될 수도 있다.

이동 교환국은 셀룰러 시스템의 심장부로서 제어 부는 전체 시스템을 조정, 통제하고 관리하는 기능을 갖고 있다. 셀룰러 교환기는 이동전화 가입자 상호간 또는 일반전화 가입자와 이동전화 가입자간의 통화가 이루어지도록 통화회선을 연결하며, 교환기와 기지국간은 데이터링크를 이용하여 각종 신호정보를 주고받는다. 단말기와 기지국간의 음성과 신호정보는 무선채널을 통해 전송되며 기지국과 이동전화 교환국간의 음성과 신호정보 전송을 위해서는 고정된 통화회선과 데이터링크를 사용한다.

1.2.4 이동통신시스템 구조

1) 비 셀룰러 시스템과의 비교

셀룰러 이동통신은 전체 서비스 지역을 다수의 무선 기지국으로 분할하여 소규모의 서비스 지역인 셀들로 구성하고 이러한 무선 기지국들을 교환시스템으로 집중제어하여 가입자가 각 셀 간을 이동하면서도 통화를 계속 할 수 있도록 하는 방식이다.

기존의 이동통신과 주된 차이점은 전통적인 이동통신 시스템이 잡음에 제한되는 시스템이었다면, 셀룰러 이동통신 시스템은 간섭에 제한되는 시스템이란 점이다. 즉 전통적인 이동통신은 주파수 재사용이 불가능하고, 높은 지역에 위치한 고 전력의 전송기로 넓은 지역을 수용하는 시스템이다. 또 핸드오버의 개념이 없기 때문에 수용하는 사용자의 수는 적고 이동성이 좁은 특징을 가지고 있다. 다음 그림1.7은 비 셀룰러 시스템의 구조를 나타낸 것이다.

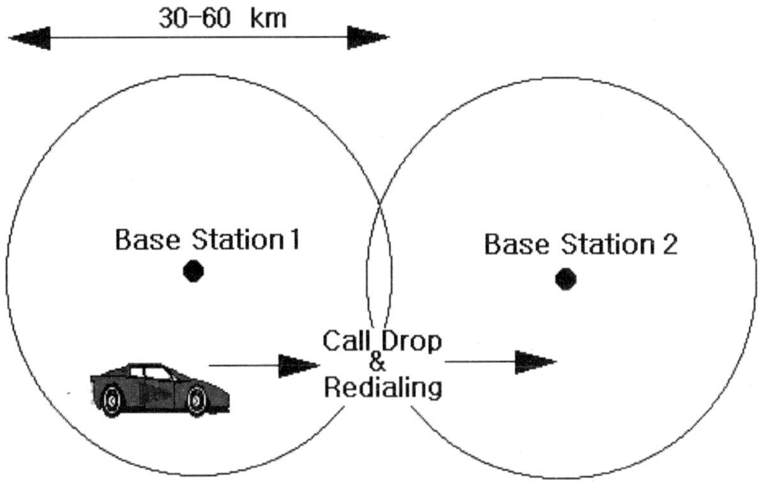

그림 1.7 비 셀룰러 시스템

이에 반해 셀룰러 이동통신은 가장 큰 특징인 같은 주파수를 재사용할 수 있어서 많은 수의 가입자를 수용할 수 있다. 또 낮은 지역의 저 전력 송신기를 사용하며 전체 서비스 영역을 작은 셀 단위로 나누어 서비스를 제공한다. 사용자는 셀들 간을 이동할 때 생기는 핸드오버가 가능하므로 더욱 더 이동성을 가지고 편리하게 통신을 할 수 있다. 이러한 편리성과 유용성 때문에 가입자는 계속 늘어나고 있는 추세이다. 그러나 무선통신 산업이 직면하고 있는 가장 큰 문제는 가용할 수 있는 무선 주파수 스펙트럼이 제한되어 있다는 것이다.

2) 셀룰러 이동통신 시스템의 네트워크구조

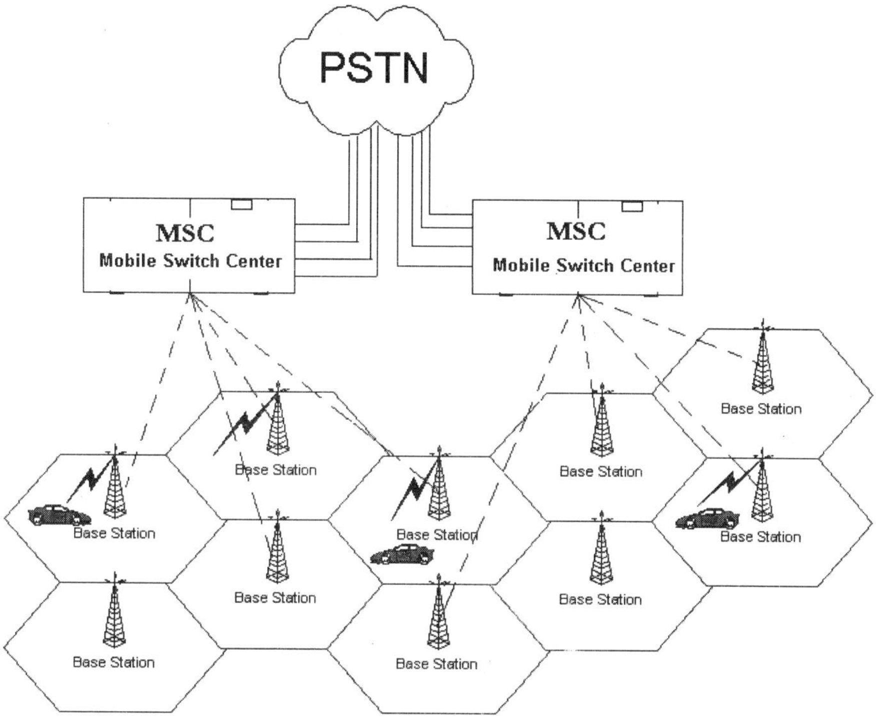

그림 1.8 셀룰러 네트워크구조

그림 1.8은 셀룰러 시스템의 네트워크구조를 나타낸 것이다. 셀룰러 시스템은 크게 이동 국(Mobile station)과 기지국(BS : Base station), 이동 교환국(MSC : Mobile Switching Center), 메인컴퓨터, 그리고 공중전화네트워크(PSTN : Public Switched Telephone Network)로 구성된다.

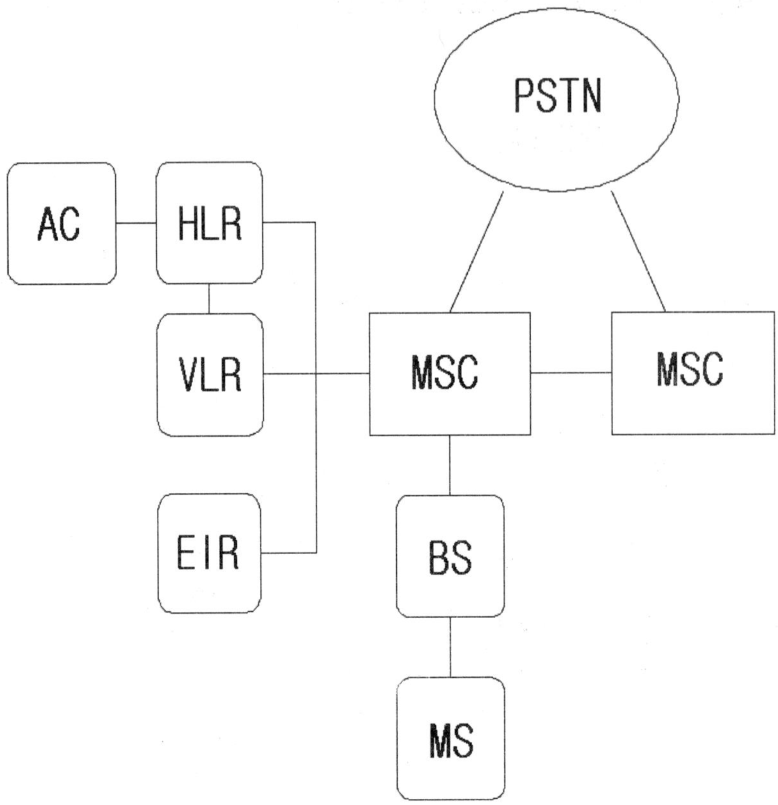

그림 1.9 셀룰러 시스템 요소

그림 1.9는 셀룰러 시스템 요소에 대해 좀 더 세부적으로 표현하였다. 여기서 MS(Mobile Station)는 이동국으로서 이동전화 가입자가 이동통신 서비스를 재공받기 위한 단말기 기능을 가지고 있고 BS(Base Station)은 기지국으로서 MS와 MSC(Mobile Switching Center) 사이에서 연결 기능을 제공하며 BTS(Base Transceiver System)와 BSC(Base Station Controller)로 구분되어진다. BTS는 기지국 무선장치로 이동국과의 무선접속 및 이동국과 기지국 제어장치간의 유무선 접속기능을 수행하며 BSC는 기지국 제어장치로 기지국과 이동통신 교환기 사이에 위치하여 기지국 관리 및 제어를 담당한다. MSC는 이동전화 가입자에게 이동통신 서비스를 제공하기 위한 이동통신 교환기로 가입자간 회선교환, 입출중계 처리, 핸드오프, 로밍 등의 기능을 가지며, VLR(Visitor Location Resistor)의 데이터베이스를 관리한다. HLR(Home Location Resistor) : 이동국의 현재 위치 정보를 비롯하여 이동가입자의 상태, 통계 및 각종 서비스 관련정보를 관리하는

데이터베이스 센터이다. 축약메시지서비스, 인증서비스, VMS 등 다양한 부가기능을 제공하며 다른 교환기능과의 연동기능도 제공한다. OMC(Operations Maintenance Center) : 이동통신망에 대한 망운용의 효율화, 보전 서비스 향상, 고품질의 통신서비스를 제공하기 위한 운용 및 유지보수를 담당한다. VLR(Visitor Location Resistor) : 관할 영역 내에 타 시스템의 단말장치가 들어 왔을 때 이를 인지하여 타 시스템과 로밍을 해주는 역할을 담당한다. AC(Authentication Center)는 가입자 인증 센터이며 EIR(Equipment Identity Register)은 단말기 인증 레지스터이다.

먼저 이동국은 이동 가입자와 기지국간을 연결하게 된다. 즉 일반적인 이동단말기를 말하는데 마이크로프로세서를 통해 음성통신 외에 제어함수, 신호함수 등을 만들어낸다. 기지국은 관리하는 셀 내에서 이동국으로의 호나 이동국으로부터의 호를 관리하는 역할을 한다. 기지국은 지상네트워크를 통하여 이동교환국과 연결된다. 그리고 핸드오버를 처리하기 위한 신호의 강도를 감시하는 역할을 하여 이동국과 교환국을 연결시키는 역할을 한다. 이동교환국은 셀룰러 무선 통신용 전화 교환기라 할 수 있다. 각 기지국에서 발·착신되는 호를 처리하고, 모든 기지국이 효율적으로 운용될 수 있도록 하는 중앙통제 기능과 함께 공중 전화네트워크의 교환기와 연결할 수 있는 기능을 갖고 있다. 교환국에서 하는 일은 페이징(paging), 위치등록, 핸드오버를 관할 통제한다. 그리고 교환 작업, 오디오회로의 A/D변환, On-Off Hook상태의 검출 등 통상적인 디지털 교환(switching) 전환 작업을 수행한다.

단말기, 기지국 그리고 교환국은 서로 통화회선과 데이터 링크로 연결되어있으므로 각 단말기가 통화할 때는 한 쌍의 송수신 무선채널을 사용하지만 이 무선채널은 어떤 특정 주파수로 고정되어있는 것이 아니라 통화 중에도 단말기의 이동에 따라 다른 무선 채널로 변경하게 되므로 그 지역에 할당된 채널이면 어느 채널로도 통화가 가능하다. 교환국은 이동전화 가입자 상호간이나 일반전화 가입자와 이동전화 가입자간의 통화가 이루어지도록 통화회선을 연결하며, 교환기와 기지국간은 데이터링크를 이용하여 각종 신호정보를 주고받는다. 전화네트워크(PSTN)은 전체 시스템의 데이터베이스를 포함하고 있으며. 트래픽 분석, 네트워크 관리, 유지, 설비 등을 관할한다.

위의 4가지 기본 요소를 결합하는 방식에 따라 셀룰러 시스템은 중앙 집중이나 분산 구조로 나눌 수 있다. 중앙 집중 방식이 교환국에서 많은 기지국을 관리하여, 근거리뿐만 아니라 원거리에 위치한 것도 포함한다. 대부분 소규모의 시스템들은 중앙 집중 방식을 사용한다.

1.2.5 정보통신시스템과 이동통신시스템 비교

이동통신시스템은 정보통신시스템의 일종으로서 넓게는 정보통신시스템에 포함된 시스템으로서 정보통신시스템의 구성요소가 DTE, DCE, CCE, MC인 것과 유사하게 MT, BS, LS(HLS, VLS), MSC, MC 및 전송매체로서 MT는 DTE의 기능과 일부 DCE의 기능을 수행하며 BS, LS, MSC는 CCE의 기능을 수행하게 된다. 따라서 이동통신시스템은 사용자에게 이동 중에 통신 서비스를 제공하기 위해서 다양한 장치를 통해서 다양한 형태의 사용자 중심의 서비스를 제공하고 있다.

제2장 이동통신 운영 및 기술

이동통신시스템의 기본적인 운영과정과 이동통신시스템 운영을 위한 기본적인 기술 사항들에 대해서 알아보기로 하자.

2.1 데이터, 정보, 신호, 주파수 및 전자기파

전송매체를 통해 정보를 전송하기 위해서는 먼저 몇 가지 용어에 대해 정확하게 정의할 필요가 있다. 데이터, 정보, 신호 및 전자기파에 대해서 정확하게 이해하는 것은 통신을 이해하기 위한 필수적인 조건이라 할 수 있다. 또한 추가적으로 주파수, 대역, 대역폭에 대한 이해도 반드시 필요하다.

2.1.1 데이터, 정보와 신호의 정의

일반적으로 사람들은 데이터(data)와 정보(information)를 특별히 구분하지 않고 사용하고 있다. 실제로 일상생활에서 데이터통신과 정보통신을 별로 구분하지 않는 것과 비슷하다고 할 수 있다. 그렇지만 데이터와 정보는 약간의 차이점이 존재한다.

데이터란 가공 처리되지 않은 단순한 기록을 말하며, 넓은 뜻으로 실세계에 존재하는 모든 사물, 상황의 상태를 의미한다. 한편 정보는 데이터를 가공 처리하여 특정 상황에 맞게 정리하여 의미와 가치를 가지는 기록을 의미한다. 예를 들면 도자기를 가마에 굽는 요령과 온도 등은 일반 사람들에게는 대부분 유용하고 가치 있는 내용이 아닐 것이다. 그렇지만 도자기에 관심이 있는 사람들과 도자기를 전공하는 사람들에게는 매우 유용하고 가치 있는 내용이 될 것이다. 결과적으로 도자기에 대한 내용은 일반인들에게는 그저 데이터일 뿐이지만 도자기를 전공하는 사람들에게는 매우 유용하고 가치 있는 정보가 되는 것이다. 위에서 설명한 바와 같이 데이터와 정보의 차이점은 데이터와 정보를 사용하는 사람에 따라서 단순한 데이터가 될 수도 있고 아니면 유용한 정보가 될 수도 있다. 가공처리는 데이터를 사용하는 사람이 자신의 사용목적에 알맞게 변환시켜 유용한 정보로 만드는 과정을 말한다. 한편 이후에 이 책에서 실제로 데이터와 정보에 대해서 논의될 때는 데이터와 정보를 구분하지 않고 사용할 것이다. 일반적으로 정보라는 개념을 가지면서 용어는 데이터로 사용하는 것이 일반적이다. 데이터의 형태에는 저장의 의미에서 아날로그 데이터(analog data)와 디지털 데이터(digital data)가 있다.

데이터와 신호(signal)를 구분하는 주요한 요소는 데이터는 저장의 개념이고 신호는 전송의 개념을 사용한다. 데이터의 형태에는 아날로그 데이터(analog data)와 디지털 데이터(digital data)의 두 가지 형태가 존재한다. 그리고 이와 같은 데이터를 전송하고자 할 때는 신호의 형태로 변환시켜 주어야 하는데, 신호의 형태 역시 아날로그 신호(analog signal)와 디지털 신호(digital signal)의 두 가지가 존재한다.

부호화(encoding)란 디지털 데이터 또는 아날로그 데이터를 부호기(encoder)를 통해 디지털 신호로 변환하는 것을 말하며, 이와 같이 부호화된 디지털 신호를 복호기(decoder)에서 다시 원래의 데이터 형태로 복원하는 것을 복호화(decoding)라 한다. 부호기와 복호기를 합쳐서 코덱(CODEC : COder & DECoder)이라 부른다.

변조(modulation)란 디지털 데이터 또는 아날로그 데이터를 변조기(modulator)를 통하여 아날로그 신호로 변환하는 것을 말하며, 이와 같이 변조된 아날로그 신호를 복조기(demodulator)에서 다시 원래의 데이터 형태로 복원하는 것을 복조(demodulation)라 한다. 이들을 합쳐서 모뎀(MODEM : MOdulator & DEModulator)이라 부른다.

2.1.2 주파수와 전자기파 개념

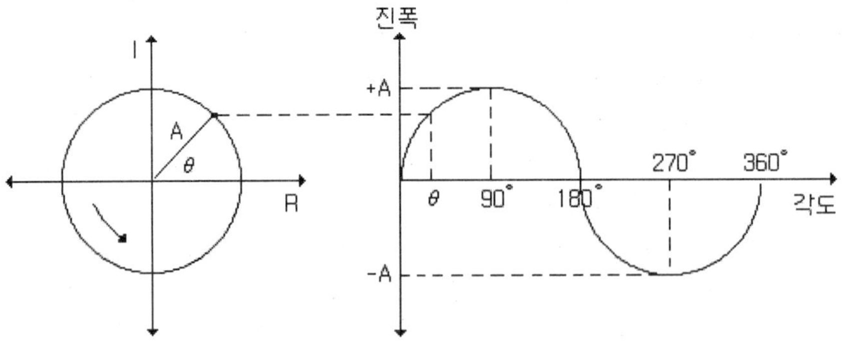

그림 2.1 사인파의 구성

그림 2.1에서는 사인파의 구성 원리를 표현하였다. 사인파는 파형을 수학적으로 분석하기 위해 가장 보편적으로 이용된 삼각함수이다. 왜냐하면 사인파는 파동 형태로 표현되며, 다양한 수학적 표현이 용이하기 때문이다. 대표적인 교류로써 정현파라고도 표현되며 크기, 위상, 및 주기를 갖는다. 이때 크기를 진폭이라고 하며 일반적으로 최대 진폭을 지칭한다. 또한 위상은 사인파가 시작에서부터 얼마나 이동했는지의 여부를 나타낸다. 한 번 변화하기 시작해서 다시 원상태가 되기까지를 1 사이클(cycle)이라고 하는데, 그때까지 소요된 시간을 주기라고 하며, 이의 역수인 주파수는 1초 동안의 회전수로써 그 단위로 헤르츠(Hz)를 사용한다. 사인파의 기본적인 형태는 다음과 같다.

$$A\sin(\omega t+\theta)$$

이때 ω는 각속도 또는 각주파수라고 부르며, 360도의 라디안 표기법인 2π에 주파수 f를 곱한 값으로서 사인파가 얼마나 빨리 회전하는가를 나타낸다. 따라서 ω는 $2\pi f$가 된다.

1) 정현파

정현파(sine wave)는 시간에 따라 전압의 크기가 변하는 교류전압을 표기할 때 일반적으로 사용하며 일반적인 형식은 다음과 같다.

$v(t) = V_m \sin(\omega t + \alpha)$, $(-1 \leq \sin\omega t \leq 1)$

여기서, V_m : 정현파 교류 전압의 최대 값

$\omega = 2\pi f\ (rad/\sec)$: 각속도(angular velocity)
각주파수(angular frequency)

$f=\frac{1}{T}$: 주파수(frequency), T : 주기(period)

α는 위상(phasor)

2) 전자기파 용어

정현파를 표현하는 수식에 대한 설명은 다음과 같다.

① 1 사이클(cycle) : 전압 또는 전류가 시간에 따라 변화하다 다시 원상태로 될 때까지의 기간이다.

② 주파수(frequency) : 1[sec] 동안의 반복되는 사이클 수를 말한다.

③ 정현파에서는 공간각에 관계없이 1 사이클의 각을 2π [rad]로 정의하고 이것을 기준으로 표시되는 각을 전기 각(electrical angle)이라고 한다.

④ 주파수가 f [Hz]인 경우, 1[sec] 동안에 변화하는 전기 각은 $2\pi f$ [rad]이며, 이는 각속도(angular velocity) 또는 각주파수(angular frequency)라 부르고 ω로 표시한다.

⑤ $\omega = 2\pi f$ [rad], $f = \frac{1}{T}$ [Hz], $T = \frac{1}{f}$ [sec]

⑥ 주기 T : 2π [rad] 변화하는데(1 cycle 동안) 걸리는 시간

⑦ 파장 λ : 주기적 변화를 거리의 관점에서 고찰할 때, 1 사이클의 주파수에 해당하는 길이를 파장, 즉 1주기 간에 정현파 교류가 전파되는 거리를 파장(wave length)이라 하고 λ로 표시한다. 파장은 빛의 속도에 비례하고 주파수에 반비례한다.

⑧ 위상 α : 사인파의 시작 위치를 나타낸다.

한편, 우리가 통신에서 정보를 전달하기 위해 사용하는 전파 또는 전자기파는 기본적으로 여러 가지 종류의 주파수를 가지는 정현파들의 모임이라고 할 수 있다. 전파는 3000GHz 이하 주파수의 전자기파(전자파)로서 전자파는 주파수가 높아짐에 따라 성질이 크게 변화하므로 유사한 성질을 갖는 주파수 범위를 묶어 주파수대로 정하여 각각 명칭을 붙이고 있다. 전파의 주파수대는 장파, 중파, 중단파, 단파, 초단파, 극초단파, 마이크로파, 밀리파, 준밀리파 등으로 구분한다. 지상 약 100Km에 있는 전리층과 약 200Km에 있는 전리층이 반사경의 역할을 하기 때문에 둥근 지구상에서 지구 반대편까지 무선통신이 가능하게 된다. HF(High Frequency), MF(Medium Frequency), LF(Low Frequency), VLF(Very Low Frequency) 등은 전리층에서 반사가 되므로 원거리 통신에 사용되며 VHF(Very High Frequency), UHF(Ultra High Frequency), SHF(Super High Frequency) 등은 전리층을 뚫고 지나갈 수 있으므로 위성통신 등에 사용된다. 아마추어 무선에서는 1.9MHz부터 23GHz까지의 주파수와 송신전력이 지정되어 있다. 표 2.1은 전파의 주파수 대역에 대한 용도를 표시한다.

표 2.1 전파의 주파수 대역과 용도

명 칭	기 호	주파수 범위	용 도
장 파	VLF	3 - 30KHz	선박 무선통신 중파방송 기상통보
	LF	30 - 300KHz	
중 파	MF	300 - 3,000KHz	
단 파	HF	3 - 30MHz	단파방송, 국제통신, 선박전신
초단파	VHF	30 - 300MHz	비상용 무선, 항공관제, 내항선박, FM 방송
극초단파	UHF	300 - 3,000MHz	TV 방송, 이동무선
	SHF	3 - 30GHz	마이크로파 회선, 전력회사
	EHF	30 - 300GHz	빌딩간 통신, 구내 무선
		300 - 3,000GHz	

2.2 이동통신망

이동통신망은 기본적으로 정보통신망에 포함되는 구조이므로 먼저 정보통신망에 대해서 살펴보고 다음으로 정보통신망과의 차이점을 기본으로 이동통신망에 대해서 살펴보기로 하자.

2.2.1 정보통신망 기본구조

정보통신망은 지리적으로 분산되어 있는 사용자 간에 자원의 공유를 가능하게 하기 위해 상호 연결된 동질 혹은 이질적인 컴퓨터 시스템의 집단을 말한다. 기본적으로 정보통신망은 원격지에 있는 자원의 공유를 위하여 사용자 또는 프로세서 간의 통신기능 제공, 신뢰성 제공(일부시스템 고장 시에도 통신 가능), 처리기능 분산, 지리적으로 분산된 시스템의 중앙제어가 가능하고 사용자의 최소비용을 고려하여야 한다.

1) 토폴로지

토폴로지(topology)란 하나의 링크에 접속된 단말기들의 물리적 배열을 말하는 것으로 일 대 일(point-to-point) 링크 방식과 일 대 다(point to multi-point) 링크 방식으로 나누어진다.

일 대 일 링크 방식은 가장 간단한 링크 방식으로 메인 컴퓨터와 단말기가 일 대 일로 접속되어 있는 것을 말한다. 메인 컴퓨터는 n개의 단말기에 대해 n개의 입출력(input/output) 포트가 필요하기 때문에 비용이 많이 든다는 단점을 가지고 있으며, 구성이 단순하고 제어가 용이하다는 장점을 갖는다.

일 대 다 링크 방식은 하나의 메인 컴퓨터와 여러 개의 단말기를 접속하기 위해 사용되는 방식이다. 메인 컴퓨터는 하나의 입출력 포트와 전용회선만이 필요하기 때문에 비용이 저렴하다는 장점을 가지고 있으며, 로직(logic)이 복잡하다는 단점을 갖는다.

2) 통신대화 방식

링크의 통신대화 방식은 신호 흐름의 방향과 타이밍(timing)에 관련된다. 통신대화 방식이란 터미널, 컴퓨터 채널, 통신회선, 모뎀 등에서 통신의 전송방향을 구분하는 방법으로서 단 방향통신(simplex)과 이중통신이 있으며, 이중통신은 다시 반 이중(half-duplex)과 전 이중(full-duplex)으로 나누어진다. 단 방향통신이란 송신자와 수신자가 고정되어 있고 항상 한 방향으로만 데이터를 전송하는 방식이다. 단 방향통신의 경우 전송로는 2선식으로 되어있다. 전기적으로 신호를 보내기 위해서는 송신 측과 수신 측을 연결하는 폐쇄회로를 구성해야 하므로 전송로는 한 방향 전송일지라도 선로는 2개가 필요하다. 반이중 통신방식이란 송신 측과 수신 측을 서로 필요에 따라 교대하는 방식으로서 양방향 어느 쪽으로도 데이터를 전송할 수는 있으나 동시에 전송할 수는 없다. 전송로는 단 방향통신의 경우와 마찬가지로 2선식이다. 전 이중 통신방식이란 송신을 하면서 동시에 수신도 할 수 있는 방식으로서 동시에 양방향 전송을 하려면 송신용과 수신용의 2쌍의 전송로가 각각 필요하므로 4선식 전송로로 되어있다. 그러나 2선식 전송로에서도 시분할 방식 등과 같이 다중화 기술을 채용하게 되면 마치 4선식 전송로인 것처럼 전 이중 통신이 가능하게 된다. 그림 2.2에는 통신대화방식에 대해 간략하게 표현하였다.

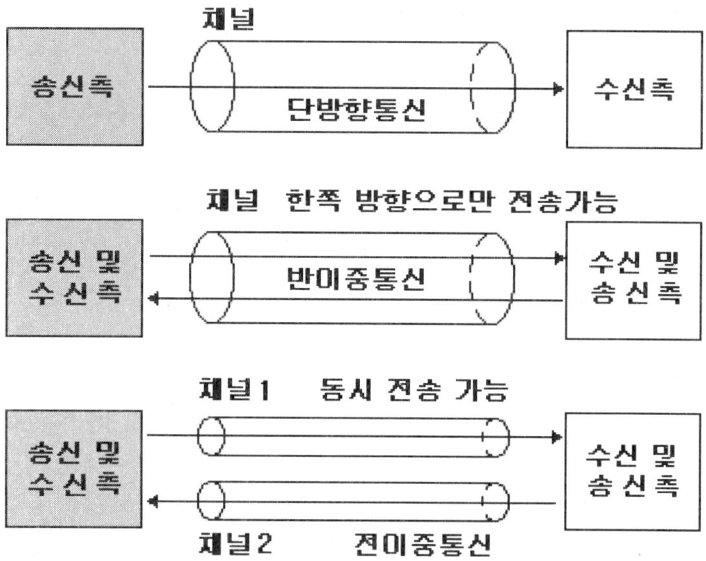

그림 2.2 통신대화방식의 구분

(1) 단 방향통신

단 방향(simplex) 통신은 데이터가 송신 시스템에서 수신 시스템으로 한 방향으로만 전송되는 통신 방식을 말한다. 이러한 단 방향 통신의 대표적인 예는 라디오, TV, 카드 리더(card reader) 등이 있다.

(2) 반이중통신

반이중(half-duplex) 통신은 하나의 전송로에서 송신과 수신을 번갈아 가면서 교대로 하는 통신 방식을 말한다. 따라서 송신 시에는 수신을 할 수 없고 수신 시에는 송신을 할 수 없게 되며, 대표적인 예로 휴대용 무전기가 있다.

(3) 전 이중통신

전이중(full-duplex) 통신은 송신과 수신을 동시에 할 수 있는 통신방식을 말한다. 3가지의 통신 방식 중에 가장 효율적인 통신이 가능하며, 대표적인 예로 전화기가 있다.

3) 토폴로지와 통신 대화 방식의 조합

(1) 일 대 일(point-to-point) 링크

일 대 일 링크는 하나의 주(primary) 터미널과 하나의 부(secondary) 터미널만이 존재하는 경우를 말한다. 지점 간 링크에는 반 이중 방식과 전 이중 방식의 두 가지가 있다.

① 반 이중 방식(half duplex)

반 이중 방식은 반 이중 링크로 두 터미널이 교대로 데이터 전송한다.

② 전 이중 방식(full duplex)

전 이중 방식은 전 이중 링크로 두 터미널이 서로 동시에 데이터 전송한다.

(2) 멀티 포인트(multi-point) 링크

멀티 포인트 링크는 하나의 주 터미널과 여러 개의 부 터미널로 구성되는 경우를 말한다. 멀티 포인트 링크에는 멀티 멀티 포인트 방식, 멀티 포인트 반 이중 방식, 멀티포인트 전 이중 방식의 세 가지가 있다.

① 멀티-멀티 포인트(multi-multi-point)

멀티 멀티 포인트 방식은 주 터미널은 전 이중 방식을 사용하고, 부 터미널은 반 이중 방식을 사용한다.

② 멀티 포인트 반 이중(multi-point half-duplex)

멀티 포인트 반 이중 방식은 주 터미널과 부 터미널이 모두 반 이중 방식을 사용한다.

③ 멀티 포인트 전 이중(multipoint full-duplex)

멀티 포인트 전 이중 방식은 주 터미널과 부 터미널이 모두 전 이중 방식을 사용한다.

2.2.2 정보통신망 분류

우리가 일상생활에서 가장 많이 사용하고 있는 통신시스템은 휴대폰, PC, 일반전화기, 인터넷전화기 등이다. 이러한 통신시스템들은 통신망들을 통해서 연결되어져 사용자들이 신속, 정확, 편리하게 통신할 수 있도록 한다. 우리에게 익숙한 통신시스템과는 달리 통신망에 대한 개념은 다소 어려워 보인다. 먼저 우리가 사용하고 있는 정보통신망에 대해서 개략적으로 살펴보고자 한다.

정보통신망은 일반적으로 데이터를 전달하는 방식과 전달하는 구조에 따라 교환통신망(switched communication network)과 방송통신망(broadcast communication network)으로 분류된다. 그리고 이들 두 가지 정보통신망은 다음 표 2.2와 같이 각각 세분화되어 분류된다.

표 2.2 정보통신망의 분류

정보통신망의 분류	정보통신망의 기능
교환통신망	회선교환 망(circuit switched network)
	메시지교환 망(message switched network)
	패킷교환 망(packet switched network)
방송통신망	패킷라디오 망(packet radio network)
	인공위성 망(satellite network)
	로컬 망(local network)

교환통신망(switched communication network)은 일반적으로 상호 연결된 노드(교환기)들의 모임으로 구성된다. 송신 단말기에서 통신망으로 전송된 데이터는 여러 개의 노드를 거쳐 최종 수신 단말기에 전달된다. 그림 2.3에는 일반적인 교환 통신망에 대해 표현하였다. 교환통신망의 구성요소는 단말기, 노드와 회선(링크)으로 구성되어져 있다. 단말기는 컴퓨터, 터미널, 전화와 통신장치 등을 말하며 일반적으로 일 대 일 방식으로 노드에 연결되어져 있으며 노드는 전송 및 데이터 교환의 역할을 하는 메인 노드와 단순히 연결 기능만 갖고 있는 중간 노드로 분류된다. 한편, 회선은 노드와 노드를 연결하며 일반적으로 다중화 된 링크를 사용한다.

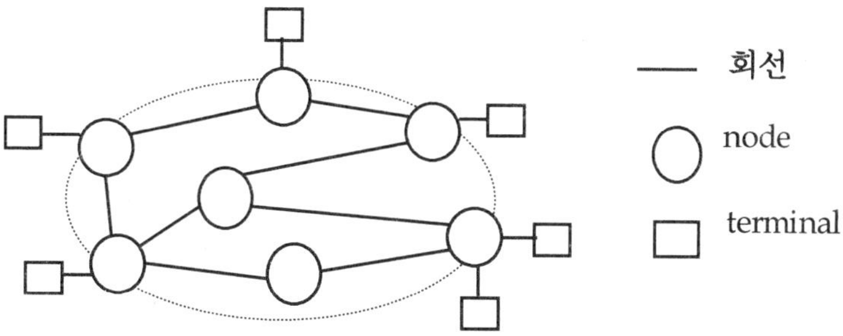

그림 2.3 교환통신망

이 때, 하나의 노드에서 다른 노드로 데이터를 교환하는 방법에 따라 위의 표 2.2과 같이 회선교환 망, 메시지교환 망, 패킷교환 망으로 분류된다. 노드와 단말기 간의 링크는 전용선으로 일반적으로 일 대 일 링크를 사용하며, 노드와 노드사이의 링크는 다중화 된 링크를 사용한다. 노드는 단말기를 통신망에 접속시켜 주는 기능, 노드와 노드를 접속시켜 주는 기능, 단말기 사이에서 데이터의 전송 및 수신 기능을 수행한다.

방송통신망(Broadcast Communication Network)은 중간에 교환 노드 없이 단말기들이 통신 매체를 공유하여 데이터를 송수신하는 방식으로 구성된다. 이와 같이 방송 통신망은 통신 매체를 공유하기 때문에, 통신 로 상에 존재하는 여러 개의 전송 데이터 중 매체 액세스 제어(MAC : Medium Access Control) 기술을 이용하여 자신의 데이터를 선택하여 수신하여야 한다. 단말기 간의 데이터 전송율과 거리에 따라 위의 표 2.2와 같이 패킷라디오 망, 인공위성 망, 로컬 망으로 분류된다. 그림 2.4에는 다양한 방송통신망 구조에 대해 표현하였다.

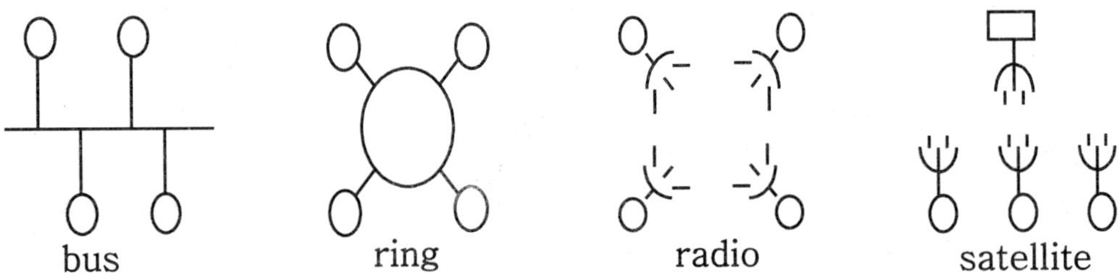

그림 2.4 다양한 방송통신망

패킷라디오 망에서 단말기는 안테나를 통해 패킷을 송수신하고 모든 단말기는 동일 채널을 사용하여 한 단말기에서 모든 다른 단말기로 직접 방송하게 된다. 패킷(packet)이란 전송 데이터를 정해진 길이로 분리한 것에 상대방 번지 등을 나타내는 헤더를 붙인 통신 전송 단위를 말하며 프레임(frame)의 개념과 유사하다.

인공위성 망에서 단말기는 안테나를 통해 패킷을 송수신하고 모든 단말기는 동일 채널을 사용하는 것은 패킷 라디오 망과 동일하다. 그러나 패킷을 단말기 사이에 직접 송수신하지 않고 인공위성의 중계를 통해 송수신 한다는 점이 다르다.

로컬망은 단일 건물이나 몇 개의 건물 군과 같은 작은 지역에 한정된 통신망을 말한다. 그림 2.5에는 다양한 로컬 망구조에 대해 나타냈었다.

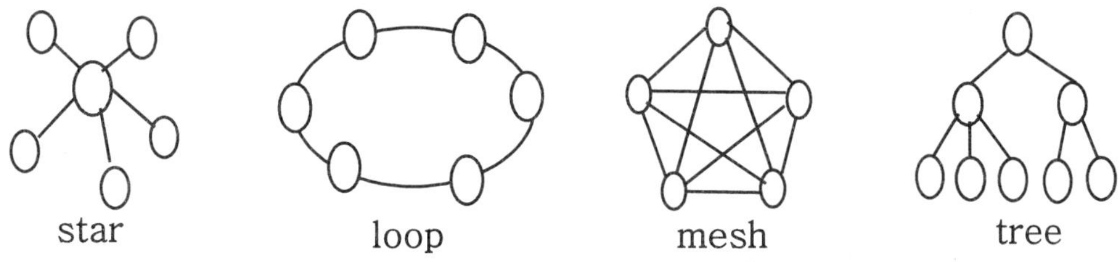

그림 2.5 다양한 로컬 망의 구조

2.2.3 이동통신망

이동통신망은 기본적으로 대부분의 정보통신망을 거의 모두 사용한다. 이동통신망은 정보통신망의 종합이라고 생각하면 된다. 교환통신망인 회선교환 망, 메시지교환망, 패킷교환망을 기본으로 사용하며 방송통신망인 패킷라디오망, 인공위성 망, 로컬 망을 일부 또는 모두 사용한다. 이동통신에서는 음성통신의 경우 기본적으로 회선교환 망을 사용하고 데이터통신을 위해서는 패킷교환망을 사용한다. 또한 부가적인 기능으로 패킷라디오망, 인공위성 망, 로컬 망을 사용한다. 우리가 일반적으로 사용하는 와이파이는 로컬 망에 포함되는 망으로서 무선 로컬 망이라고 생각하면 이해하기 편하다.

2.3 이동통신시스템 운영 과정

이동통신시스템에 대한 세부적인 운영을 살펴보기 전에 휴대폰의 전원이 켜짐과 동시에 일어나는 동작들과 기본적으로 휴대폰 사이의 통화 과정과 휴대폰과 고정 전화기와의 통화 과정 및 통화 종료에 대해 살펴보기로 하자.

2.3.1 초기동작

가입자가 이동전화 단말기를 동작시키면 단말기는 자동적으로 수신 상태가 되어 333개 채널(운용 대역폭이 10MHz의 경우) 중에서 신호채널로 지정된 21개의 설정 채널(set-up channel)을 차례로 탐색한다. 이 때 21개의 설정채널 중 가장 전파세기가 큰 채널을 선택하여 그 채널 주파수에 동조한다. 주변에 있는 기지국에는 모두 다른 설정채널이 할당되어 있기 때문에 가장 강한 설정채널에 동조시켜 고정된다는 것은 단말기가 가장 가까운 기지국을 선택한다는 것을 의미한다.

이러한 상태는 통화중은 아니지만 언제라도 잦기를 호출하면 응답할 수 있는 상태인 동시에 가입자가 통화를 하려고 할 때 곧바로 신호를 전송할 수 있는 준비를 갖춘 상태이며 가입자 의도와는 상관없이 자동적으로 단말기의 통화준비가 완료되어 있는 상태이다.

2.3.2 발신 및 착신 호 처리과정

이동통신에서 발신 및 착신 호 처리과정에 대해서 세부적으로 살펴보기로 하자. 이동통신 가입자끼리의 통화 과정과 이동통신 가입자와 고정통신 가입자와의 통화 과정을 구분하여 살펴보기로 하자. 또한 이동통신 가입자끼리의 통화 과정에서 같은 이동통신 회사 가입자끼리의 통신과정과 더욱더 확대해서 다른 이동통신 회사 가입자끼리의 통신과정에 대해서도 살펴보기로 하자.

1) 이동전화 상대자 상호간 통화하는 경우

이동전화 가입자 A가 통화하고자 하는 상대방 단말기 B의 번호를 단말기 A에 입력하고 SND(SEND) 버튼을 누르면 단말기 A는 미리 선택하고 있는 설정채널을 통해 기지국 A로 정보(발신 단말기 A의 번호와 착신단말기 B의 번호)를 송출한다. 기지국 A는 수신한 발신신호의 정보를 데이터 링크를 통해 이동 전화 교신 국 A로 송신한다. 기지국 A는 음성채널이 비어있는 경우 이동전하 교환국 A의 지시를 받아 통화 가능한 음성채널을 단말기 A에 지정한 후 해당 음성채널을 작동시키고 감시 톤(SAT, Supervisory Audio Tone, 6KHz)을 송출한다. 단말기 A는 감시 톤을 수신하여 음성채널에 동조한 후 채널 동조 확인 응답으로 감시 톤을 역전송하여 기지국 A가 단말기 A의 음성채널 동조를 확인할 수 있게 한다. 이동전화 교환국 A는 호출하고자 하는 단말기 B의 번호를 관리하고 있는 해당 이동전화 교환국 B로 호출신호를 넘겨주어(만약 단말기 B가 이동전화 교환국 B의 영역을 벗어나서 다른 지역에 있더라도 사전에 위치등록이라는 기능을 이용하여 다른 이동 전화 교환국 C의 관할영역에 있다는 것을 알기 때문에 이 경우에는 호를 교환국 C에 넘겨줌) 단말기 B를 호출하고 단말기 B는 기지국 B를 통하여 이동전화 교환국 B에 호출에 대한 응답을 보고한다. 기지국 B는 음성채널이 비어있는 경우 이동전화 B의 지시를 받아 통화 가능한 음성채널을 단말기 B에 지정한 후 해당 음성 채널을 작동시키고 감시 톤을 송출한다. 단말기 B는 감시 톤을 수신하여 음성채널에 동조한 후 채널 동조 확인 응답으로 감시 톤을 역전송하여 기지국 B가 단말기 B의 음성채널 동조를 확인할 수 있게 한다. 기지국 B는 단말기 B의 음성채널 동조를 확인한 후 단말기 B에 경종을 지시하고 단말기 B는 경종을 발생시키면서 기지국 B로 신호 톤(Signaling Tone, 10KHz)을 송출하여 단말기 B의 경종상태를 확인할 수 있게 한다. 단말기 B의 가입자가 SND 버튼을 누르면 신호 톤 송출이 중단되어 기지국 B는 이동전화 교환국 B로 단말기 B가 응답하였음을 보고하고 이동전화 교환국 B와 이동전화 교환국 A가 연결된 상태에서 통화가 이루어지게 된다.

2) 이동전화 가입자가 PSTN 가입자에게 전화 하는 경우

이동전화 단말기 A에서 이동전화 교환국 A까지의 호 처리 절차는 1)의 경우 같다. 이동전화 교환국 A에서 호출신호를 일반 유선전화국의 시외 전화 교환기로 넘겨준다. 이를 넘겨받은 시외전화 교환기는 해당 시내전화 교환기로 호출 신호를 넘겨주고 시내전화 교환기는 해당번호의 가입자에게 호출신호를 보내고 호출신호를 듣고 가입자가 수화기를 들면 통화가 연결된다.

3) PSTN 가입자가 이동전화 가입자에게 전화하는 경우

PSTN 가입자가 이동전화번호를 누른다. 일반 유선전화의 신호를 받은 일반 유선전화국의 시내전화 교환기는 이동전화 식별번호에 따라 호출신호를 시외전화 교환기로 넘겨준다. 시외전화 교환기는 이동전화 교환국으로 호출신호를 넘겨주며 호출신호를 받은 이동전화 교환국에서 기지국, 이동전화 단말기기 연결절차는 1)의 경우와 같다.

2.3.3 통화종료

이동전화 가입자간 통화를 끝내고 통화종료 표시를 행하면 단말기는 특정 신호 톤(10KHz)을 일정시간(1.8초)동안 기지국으로 송출한 후 단말기의 송신회로를 차단시킨다. 기지국은 단말기로부터의 통화종료신호를 접수한 후 해당 음성채널을 유휴(idle)상태로 복구시키고 교환국으로 그 상태를 통지한다. 단말기는 다시 수신대기 상태로 되기 위하여 가장 강한 설정채널에 동조되어 기지국에서 송신되는 메시지를 수신한다.

2.3.4 통화채널 전환과정

통화가 지속되는 동안에도 이동전화 가입자는 계속 이동하기 때문에 특정 기지국의 서비스 구역을 벗어나게 되므로 통화중인 음성채널의 전파세력이 약해진다. 그러면 그 기지국은 교환국에 통화채널 전환을 요구하게 되고 가입자는 통화

채널 전환이 이루어진 것을 거의 감지할 수 없는 상황에서 전파세력이 충분한 새로운 기지국의 음성채널로 통화 채널이 전환된다.

2.4 채널할당 과정

이동통신의 급격한 수요의 증가로 인해 그와 관련된 통신 기술들도 많이 발전하였다. 기존의 시스템에서 가장 크게 직면하고 있는 문제가 가용할 수 있는 무선채널의 수가 제한되어 있다는 것이다. 모든 나라에서 주파수 할당 정책은 최소한도의 대역폭을 가지고 이용 율을 극대화하면서 이용자에게 만족을 줄 수 있는 시스템을 찾아서 결정하는 것이다. 만일 이동전화 시스템을 할당 주파수 대역에서 지역적인 제한 없이 수많은 이용자들이 동시에 사용할 수 있다면 매우 이상적일 것이다. 그러나 이런 이상적인 상황이 실제로는 불가능하다. 그래서 많은 연구가 진행되었고, 그러한 목표에 도달하려면 할당된 주파수 대역에서 채널을 최대한으로 나누어서 사용하는 방법 즉 주파수분할다중화방식, 시간분할다중화방식 및 코드분할다중화방식과 할당된 주파수 대역을 다른 지역 내에서 재사용하는 방법 즉 주파수 재사용 방식, 그리고 주파수를 다양한 사용자의 목적에 맞게 효율적으로 사용하는 방법과 다양한 셀 크기 적용 방식 등이 폭넓게 연구되었고 앞으로도 연구되어질 것이다. 그 가운데 방법 중의 하나가 제한된 주파수를 효율적으로 사용하여 시스템의 성능을 향상시키는 방법이다. 이러한 목적으로 채널할당 알고리즘에 대한 연구가 이루어져 왔으며 앞으로도 계속해서 연구해야할 분야이다.

이동통신 시스템에서 고려되는 호의 종류로는 새로운 호와 핸드오버 호가 있다. 즉 새로운 호는 이동가입자가 발신 또는 착신하는 경우와 같이 새로운 무선채널을 할당하는 경우를 의미한다. 또 임의의 셀에서 호가 설정된 후 이동가입자와 기지국 사이의 무선채널의 통화품질을 계속 유지시키기 위해 통화하기에는 신호 강도가 약해진 무선채널을 양호한 무선채널로 절체를 요구하는 것을 핸드오버이라 하는데 이러한 핸드오버를 요구하는 호를 핸드오버 호라고 한다.

임의의 셀에서 새로운 호가 발생했을 때, 셀에 할당된 무선채널중 하나가 이동가입자에게 할당되는데 셀에 할당된 모든 무선채널이 사용 중일 때 발생되는 새로운 호는 차단된다. 또한 호가 설정된 후 이동가입자가 인접 셀로 핸드오버 하는 경우 인접 셀에서 핸드오버 호에게 새로운 무선채널을 할당할 수 없다면 그 핸드오버 호는 차단된다. 핸드오버 호가 차단되면 통화 중에 호가 절단되는 것을 의미하므로 이동가입자가 느끼는 불편함은 새로운 호의 차단보다 훨씬 크게 느껴지므로 가능한 핸드오버 호의 차단을 낮추기 위해 많은 방식들이 제시되고 있다.

셀룰러 이동통신 시스템에서 서비스 영역은 셀이라는 작은 영역들로 분할되어 서비스 영역 내에서 주파수 채널을 반복하여 사용함으로써 한정된 주파수 채널을 효율적으로 이용하고 있다. 이러한 주파수를 더욱 효율적으로 이용하기 위하여 많은 채널할당방법이 제시되었는데 그중 대표적인 것이 고정채널할당과 동적채널할당 그리고 하이브리드 채널할당으로 나눌 수 있다. 기본적으로 고정채널할당, 동적채널할당과 하이브리드채널할당 방식의 차이점은 시스템의 어느 부분에서 채널을 할당하는 주체가 무엇인가에 따라 다르게 되며 또한 다양한 통신환경에 따라 각각의 방식의 성능은 변하게 된다.

2.5 위치관리 과정

위치관리(location management)는 위치갱신과 가입자의 위치를 찾는 프로토콜(search protocol)로 구성되어 있다. 위치관리에는 위치갱신 비용과 위치를 찾기 위한 페이징 비용이 있는데, 이 둘은 상관관계를 가지고 있다. 그러므로 효과적인 위치관리의 목적은 두 가지의 비용의 합을 최소화하는데 있다.
기존의 셀룰러 방식에서는 전체 시스템 영역을 여러 개의 셀로 이루어진 위치영역으로 분할하는 위치관리를 하고 있다.

그림 2.6에서 보듯이 전체 네트워크는 셀로 나누어지고, 각 셀에 있는 이동 국들은 기지국을 통하여 유선네트워크나 다른 이동국과 통신한다. 하나의 위치영역은 여러 개의 셀들로 구성되고, 각 위치영역에는 LS(Location Server)가 있다. 위치영역에 있는 모든 기지국은 이동 국 교환국과 연결된다. 각 이동 국 교환국은 유선네트워크인 백본(backbone) ATM(Asynchronous Transfer Mode) 네트워크와 연결되어 이동 국이 유선네트워크나 다른 이동 국 교환국의 사용자들과 통신할 수 있도록 한다.

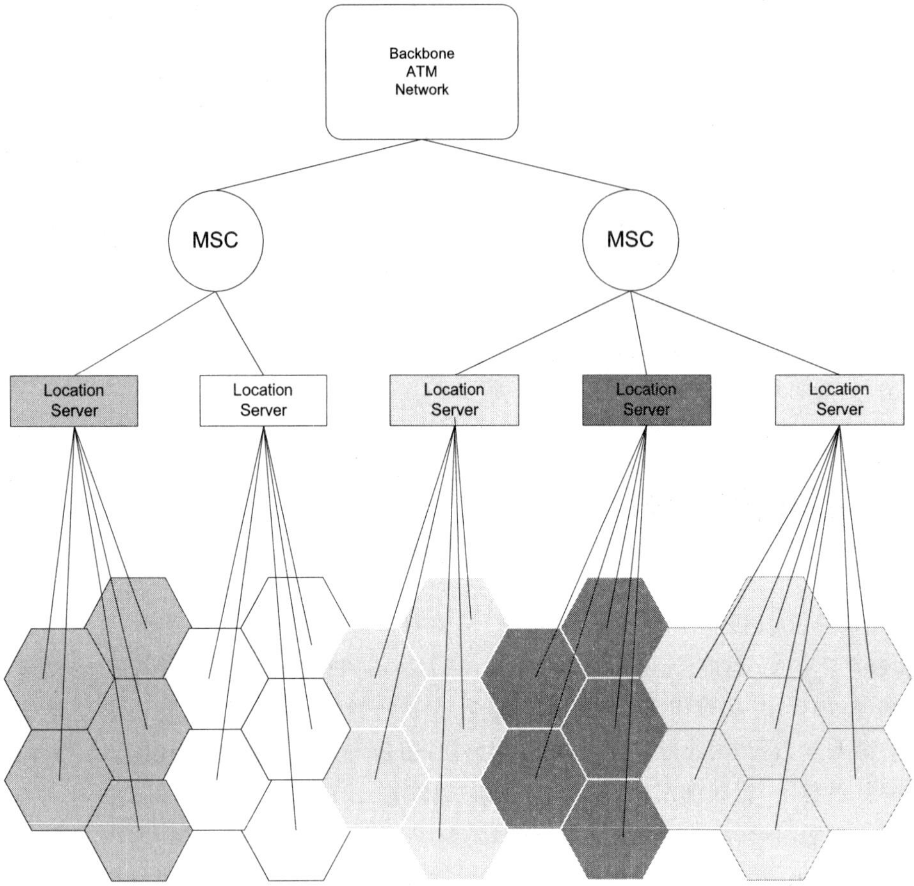

그림 2.6 이동통신 네트워크 구조

각 이동국은 특정한 위치영역에 영구적으로 홈(home)으로 등록되어 있다고 가정한다. 그 위치영역의 위치서버를 이동 국에 대한 HLS(Home Location Server)라 부른다. 각 HLS는 자신을 홈으로 등록한 이동 국에 대한 위치정보를 유지한다. 위치서버는 자신이 담당한 위치영역 내의 셀에 위치하고 있는 이동 국에 관한 위치정보도 유지한다.

1) 위치갱신

위치갱신이란 네트워크가 가입자(이동 국)의 위치를 유지하기 위해 이동국은 자신의 위치를 네트워크에 보고해야 한다. 이러한 절차를 위치갱신이라 한다.

2) 페이징

페이징은 이동 국 src(source)가 다른 이동 국 dest(destination)와 통신하기 위해 찾는 과정이 필요하다. 이러한 과정을 페이징이라 한다.

2.6 주파수 재사용

셀룰러 시스템에서 가장 핵심 개념 중의 하나가 주파수 재사용 개념이다. 즉 셀 반경이 R인 기지국 A에서 주파수 f1을 사용하고 있다면 동시에 D만큼 떨어진 다른 기지국에서도 같은 주파수 f1을 재사용할 수 있다는 것이다. 주파수 재사용 시스템에서는 가입자들이 일정거리만큼 떨어진 지점에서는 같은 주파수로 동시에 통화할 수 있고, 주파수 스펙트럼 효율을 극대화 할 수 있기 때문에 가입자의 수용용량을 상당히 증대시켜 준다.

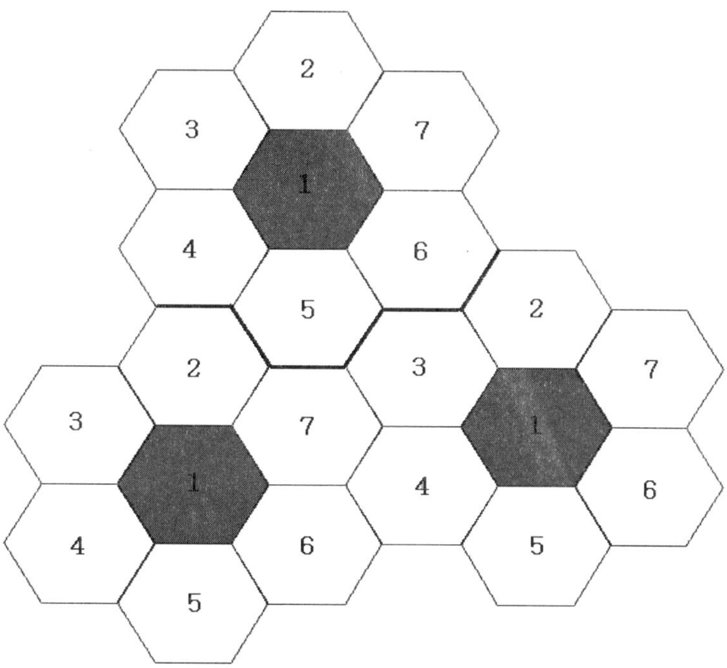

그림 2.7 주파수 재사용

같은 주파수의 채널을 여러 기지국에서 동시에 사용하기 때문에 생기는 간섭을 동일 채널간섭(Co-channel Interference)이라 하며 주파수를 재사용하는 시스템에서는 가장 중요한 관건이다. 주파수 재사용할 수 있는 최소거리는 중심기지국 근처에 있는 동일채널 기지국의 수, 지형상의 특성 등 여러 가지 요인에 따라 달라진다. 일반적인 주파수 재사용 거리 D는 다음과 같은 식으로 결정된다. D= $\sqrt{3K}$ R 여기서 K는 주파수 재사용 계수이고, R은 셀의 반지름을 말한다. 모든 기지국의 송신출력이 같다면 K값이 커질수록 주파수 재사용거리 D도 증가한다. 그러므로 D가 증가하면 동일채널 간섭이 발생하는 확률은 줄어들기 때문에 K의 값이 큰 것이 바람직하지만 할당된 총 채널의 수가 한정되어 있기 때문에 K의 값이 크면 기지국 당 할당되는 채널의 수는 적어지게 된다. 그러므로 셀룰러 시스템의 설계자는 시스템이 필요로 하는 성능을 만족시킬 수 있는 범위 내에서 K값의 최소치를 구하는 것이다.

2.7 핸드오버

핸드오버(hand over)란 통화자가 전화를 걸면서 한 기지국에서 인접 기지국으로 이동할 때 이 두 기지국은 서로 다른 주파수를 사용하고 있지만 통화자가 거의 인식될 수 없는 상태에서 단말기의 주파수가 자동적으로 새로운 기지국의 주파수로 변경되어 통화가 끊어지지 않고 지속되도록 하는 방법이다. 즉 이동 국이 통화 중에 계속 이동할 경우 이동 단말기는 서비스 영역으로부터 수신되는 전계 강도가 점차적으로 약해질 것이며 일정수준 이하로 낮아지는 경우 기지국은 그 회선을 핸드오버 대상으로 판단하고 교환기에게 핸드오버를 요청한다.

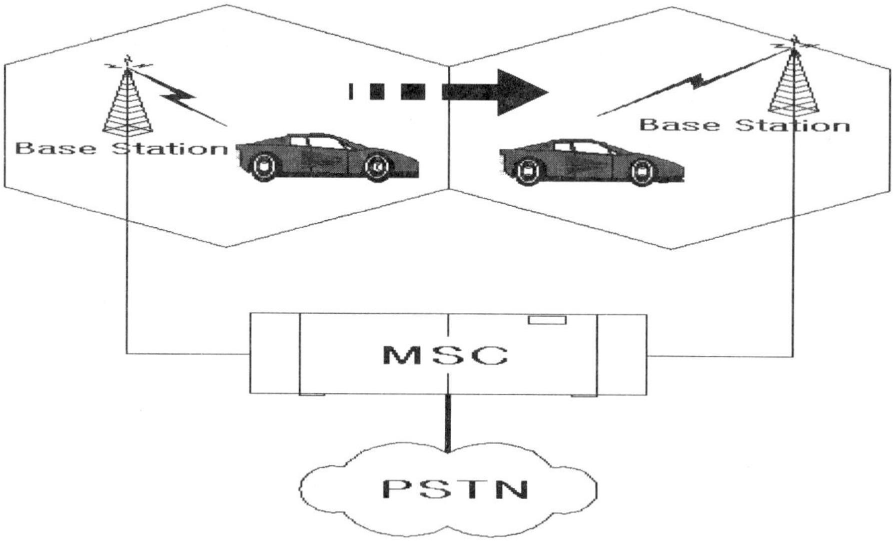

그림 2.8 핸드오버

핸드오버가 일어나는 절차는 다음과 같다.

① 서비스 중인 기지국과 그 주변의 기지국은 사용 중인 채널의 전송 품질을 감시한다. 이동 교환국은 데이터 링크를 통해 정보를 받으며, 이를 분석하여 호를 어떤 기지국으로 넘겨야 할지를 결정한다.

② 이동교환국은 새로운 기지국에 특정채널로 통화가 핸드오버가 되었음을 알린다.

③ 이동교환국은 서비스 중인 기지국에 통화가 새로운 기지국으로 핸드오버 되었음을 알린다. 이동국은 사용 중인 음성채널을 통해 새로운 채널에 대한 정보를 받는다.

④ 이동국은 새로운 채널로 튜닝한 후에 그 전의 채널을 반납한다.

⑤ 새로운 기지국은 새로운 채널을 통하여 그 호를 계속 활성화시킨다.

핸드오버 알고리즘은 시스템에 따라 다를 수 있으며, 가장 단순한 방법은 신호의 세기를 측정하는 방법이다.

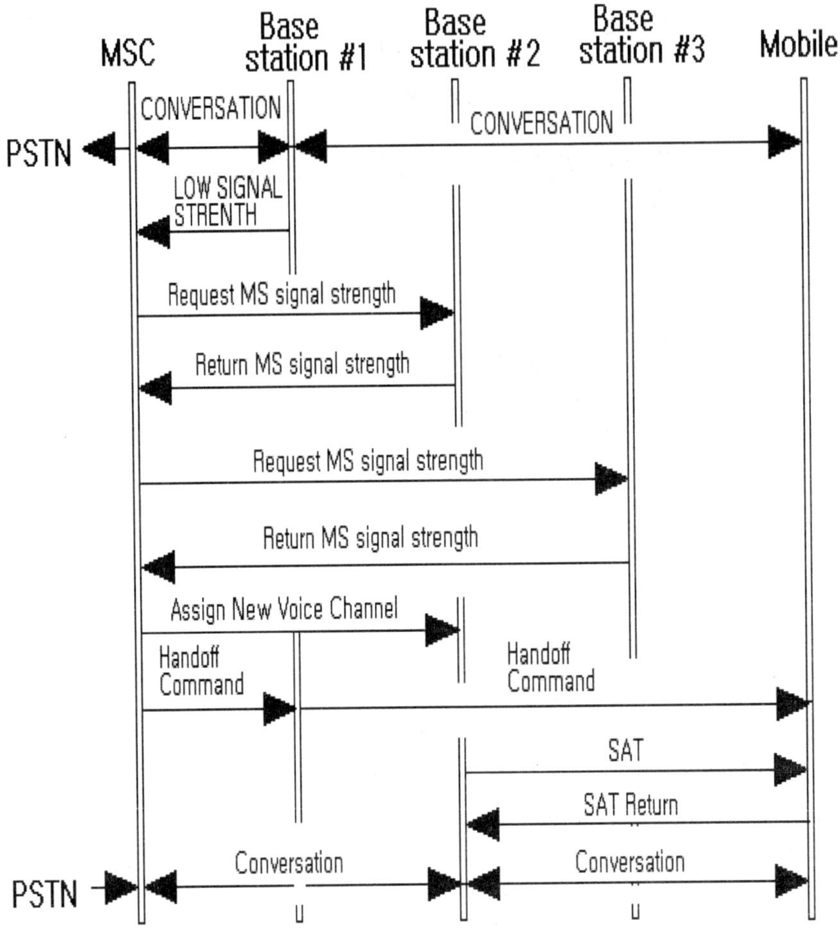

그림 2.9 핸드오버 절차

이러한 핸드오버의 목적은 이동 국 사용자가 현재의 셀에서 다른 셀로 이동을 하더라도 핸드오버 시 발생할 수 있는 문제점 즉 핸드오버 지연시간의 증가나 호 절단(Call Dropping)으로 인한 사용자의 불편을 최소화하는데 있다. 그리고 사용자로 하여금 핸드오버 절차를 알아차리지 못하도록 하는데 목적이 있다. 그러므로 이를 해결하기 위해서 핸드오버의 기술은 적은 지연시간과 주어진 서비스 품질(QoS : Quality of Service)을 유지하여야하며, 새로운 호 요청과 핸드오버 요청 간에 트래픽 설정을 효과적으로 관리할 수 있어야 한다. 또 버퍼링(buffering)을 최소화하여 지연시간으로 인한 핸드오버 문제를 최소화 하여야 한다.

2.8 로밍 서비스

이동 국이 계속 이동을 하다보면 가입등록지역 이외의 지역 즉 서비스 관리지역을 달리하는 시스템의 서비스 지역으로 들어가는 경우가 생기게 된다. 로밍(roaming)이란 것은 이와 같이 가입등록 지역 이외의 지역에 이동 국이 통화를 할 수 있도록 해주는 것을 말한다.

2개의 사업자가 존재하는 지역에서 거주 지역을 떠나 통화를 시도할 경우, 가입자는 자기 등록지역 사업자로부터 정상적인 서비스를 받을 수 없다. 로밍 서비스가 가능하도록 하려면 우선적으로 관련 사업자간에 협정이 체결되어야 하고 상호 동일한 방식의 시스템이어야 한다. 방식이 상이한 시스템 간 로밍은 기술적 호환성이 없어서 불가능하다. 가입자가 타 사업자 서비스의 영역에서 단말기를 바꾸는 경우는 진정한 의미에서의 로밍이라고 할 수 없다.

이동전화교환기는 자체의 시스템 식별 번호를 갖고 있으며 단말기가 이동전화교환 시스템에 가입할 때는 해당 시스템 식별 번호를 메모리 내에 기록하게 된다. 단말기가 시스템을 달리하는 지역으로 이동한 경우, 기지국의 순방향제어채널을 통하여 시스템 식별 번호를 수신하고 역방향 제어채널을 통하여 단말기에 기록된 시스템 식별 번호를 전송하며 자율 등록(Autonomous Registration)절차에 따라 등록을 하게 된다. 시스템은 단말기로부터 접수된 시스템 식별 번호를 자체 시스템 식별 번호와 비교한다. 시스템 식별 번호가 일치하지 않는 경우에는 타 시스템 가입자로 관리한다. 타 시스템 가입자에 대한 서비스를 로밍 서비스라 한다. 따라서 로밍 서비스를 제공하기 위해서는 시스템 식별 번호를 달리하는 시스템 간에 상호 로밍 데이터관리와 그에 따른 파라미터를 적절하게 설정하여야 한다.

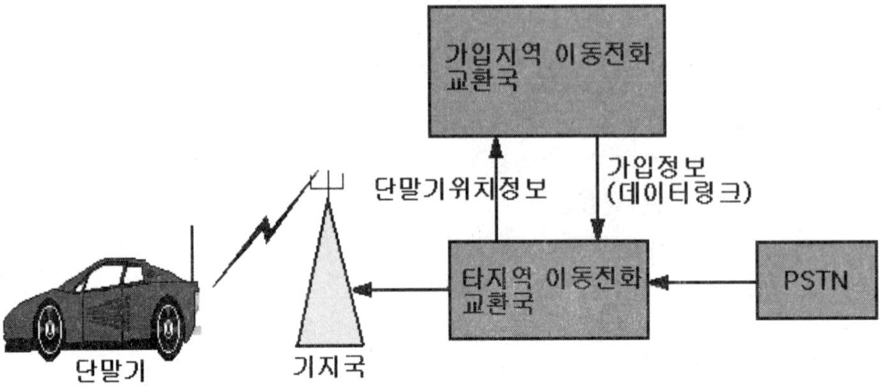

그림 2.10 로밍 서비스

이러한 로밍의 필요성은 시스템이 늘어나고 서비스 지역이 확대됨에 따라 더욱 부각되고 있다. 세계적으로 로밍의 가치가 가입자들의 요구에 따라 더욱 부각되고 있으며 사업자간의 쌍무협정도 수없이 이루어지고 있다. 이와 같이 로밍의 필요성은 일반적으로 널리 인식되고 있으며 사업자 측으로서는 가능한 한 광범위한 영역에서 저렴한 가격에 의한 로밍 서비스를 제공하고자 하는 것이다. 그러므로 제한된 주파수를 가지고 최소한도의 대역폭을 가지고 이용 율을 극대화하면서 이용자에게 만족을 줄 수 있는 시스템을 만드는 것이 주파수 할당의 목적이다.

2.9 이동통신 운영

각 나라들은 이동성과 편의성을 제공으로 오늘날 눈부시게 성장한 이동 통신 기술인 셀룰러(Cellular)방식을 표준으로 사용하고 있다. 셀룰러 방식 이전의 초창기에는 일부의 국가에서 제한적으로 수동식을 사용하였다. 이때의 이동 통신 기술은 채널의 수가 매우 제한적이었고 핸드오버(handover) 또는 핸드오프(handoff)를 지원하지 못함으로써 서비스 지역을 벗어날 경우 통화가 끊기는 등의 불편함이 있었다. 이러한 단점을 보완하여 1979년 미국의 시카고에서 최초로 셀룰러 방식을 실용화하였다.

이 셀룰러 방식은 통화권을 반지름 2~20Km의 소구역으로 세분화하고, 분할된 각 셀마다 저출력의 무선 기지국을 설치하여 인접 무선 기지국 간의 상호 간섭을 방지하도록 한 기술이다. 예를 들어 통화 중인 이동 전화가 다른 무선 기지국 권내로 이동할 경우 자동 교환 시스템에 의해서 통화 중인 다른 채널로 연결해 줌으로써 셀이 바뀌어도 이용자는 불편 없이 통화를 계속할 수 있게 된다. 또한 인접하지 않은 분리된 무선 기지국은 같은 주파수의 채널을 동시에 사용할 수 있으므로 채널 용량이 크게 증가한다. 국가에서 정한 직무표준에 의한 이동통신 서비스 직무는 이동통신서비스 검사는 이동통신 무선국 설비에 대하여 기술기준에 적합한지와 허가 시 지정한 제반사항 등의 이행 여부를 확인받는 행정절차를 실행하는 능력함양을 배양한다.

이동통신을 간단하게 정의할 수 있을까 휴대폰을 간단하게 정의할 수 있을까 세상에는 어떤 용어를 알기위해 그 용어에 대해 정의하는 것이 무의미하다고 느껴지는 것이 너무나도 많다. 왜냐하면 용어에 대한 특별한 정의 없이도 아무런 불편함 없이 당연한 용어로 사람들이 받아들이기 때문이다. 예를 들어 아버지를 정의하는 것은 무의미하다. 그냥 아버지인 것이다. 하지만 굳이 정의하자면 나를 낳아준 남자 사람 정도일 것이다.

이동통신이란 사용자가 자유롭게 이동하는 중에도 계속적인 통신이 가능하도록 해 주는 통신시스템을 말한다. 이동통신이 무선통신의 기술을 사용하므로 그 일부의 범주에 포함되기는 하지만, 사용자의 이동성이 보장되어야 하므로 무선을 이용했다고 해서 반드시 이동통신이 되는 것은 아니다. 무선을 이용한 통신이 시작된 것은 1900년대 초부터였지만 무선을 이용한 전화가 등장한 것은 1921년으로, 미국 디트로이트 경찰의 차량 이동전화 서비스가 시작되면서부터였다. 하지만 이는 교환이 필요했고 일방으로만 통신이 가능한 방식이었다. 따라서 전화라기보다는 무전기에 가까운 서비스라고 평가받기도 한다.

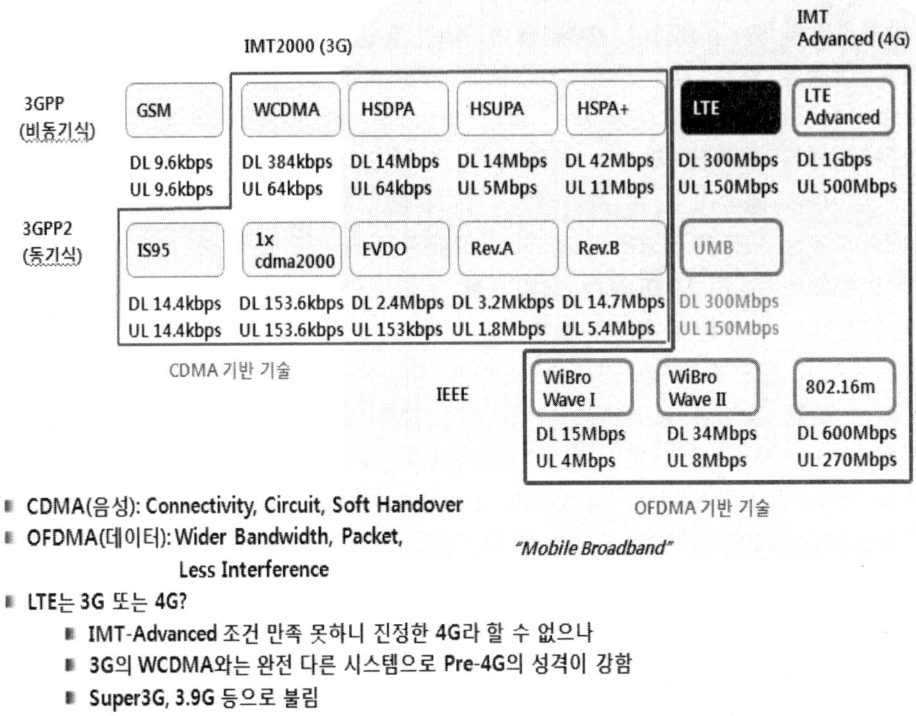

그림 2.11 이동통신 변천사

요즘 우리들 주위를 둘러보면 다양한 형태의 정보통신을 만나게 된다. 아마도 일상생활에서 정보통신 없이는 사회생활이 거의 불가능하다고 할 수 있다. 현재, 여러분에게 정보통신의 대표주자인 휴대폰이 없다면 과연 생활이 어떻게 변하게 될까 상상만 해도 불편하기 그지없는 심심한 하루하루가 될지도 모른다. 이렇듯 우리생활 속에는 이미 정보통신이 알게 모르게 깊숙이 자리 잡게 되었으며 다른 사람들과 밀접한 상호관계를 유지하는 밑거름이 되었다.

2.10 이동통신 배경

인간은 끊임없이 편리한 의사소통방법을 추구해왔으며 현대정보통신 사회에서 사람들은 고품질의 다양한 서비스를 요구함으로써 정보에 대한 욕구를 충족하고자한다. 이러한 욕구를 충족하기 위해서 많은 통신시스템 중 하나가 복잡하고 다양한 사회 속에서 이동 중에 정보의 교류를 가능하게 하는 이동 통신 분야라고 할 수 있다. 이동통신은 근래에 들어 제2의 이동통신 혁명이라 할 만큼 눈부신

발전을 하였다. 역사적으로 이동통신은 기술적인 발전과 더불어 꾸준히 발전하여 왔으며 1960년대와 70년대에 벨(Bell)연구소에서 셀룰러(cellular)개념을 소개한 이후로 고도의 신뢰성과 소형화 그리고 하드웨어의 발전과 더불어 현대 이동통신의 본격적인 개발이 이루어졌다. 셀룰러 이동통신은 전체 서비스 지역을 다수의 무선 기지국으로 분할하여 소규모의 서비스 지역인 셀들로 구성하고 이러한 무선 기지국들을 교환시스템으로 집중제어하여 가입자가 각 셀 간을 이동하면서도 통화를 계속 할 수 있도록 하는 방식이다. 보다 편리하고 다양함을 추구하는 인간의 욕구는 통신서비스에 있어서 장소와 시간에 구애됨이 없이 음성 및 데이터서비스(data service)가 가능한 통신을 요구하게 되었으며, 이에 따라 이동통신 서비스가 등장하였다. 제 1세대인 아날로그 셀룰러 시스템(analog cellular system)이 등장한 이후 폭발적인 이동통신에 대한 서비스 수요의 증가와 디지털(digital) 신호처리 발전에 힘입어 제 2세대인 디지털 이동 통신시스템이 도입되었다. 이어서, 디지털 셀룰러보다 가격이 저렴하면서 다양한 서비스 형태를 제공해주는 개인 휴대통신 서비스 시대를 맞이하게 되었다.

우리나라에서는 1994년 12월 PCS(Personal Communication Service)기술 개발정책 방향 확정 통보라는 정보통신부 문서에서 처음으로 PCS에 대한 서비스 정의와 특징에 대해 기술하고 있다. 여기에서는 PCS를 일반적으로 기존의 이동전화 서비스 단점을 극복하고 보행자 중심의 차세대 이동통신 서비스를 표현한다. 라고 정의하고 있다. 한편 미국연방통신위원회 FCC(Federal Communication Committee)에서는 PCS를 "개인과 상업용의 서비스를 제공하고 경쟁적인 여러 네트워크를 통합할 수 있는 이동 네트워크와 보조적인 고정 네트워크를 총괄할 수 있는 무선통신"으로 정의함은 물론, PSTN(Public Switched Telephone Network)의 제한성으로부터 개인을 개방시키고, 집이나 사무실로부터 떨어져 있어도 통화할 수 있도록 하는 광범위한 새로운 무선서비스까지 포함시켜서 정의하고 있다. 이처럼 PCS는 특정한 무선기술 혹은 시스템을 지칭하는 좁은 의미의 기술개념에서 발전하여 하나의 진보된 서비스개념으로 간주하게 되었다.

PCS 네트워크에서 MSC(Mobile Switching Center)는 무선 접속을 통한 가입자 액세스, 이동 호(arc) 처리, 이동가입자의 위치등록 및 위치추적과 같은 이동성관리, 핸드오버(hand over)처리와 이밖에 다양한 부가서비스의 기능을 제공해주고 있다.

셀룰러 시스템은 고속으로 이동하는 차량을 대상으로 개발된 시스템으로서, 고속 이동시에도 통화의 연속성을 보장하는 고급의 서비스이나, 이용가격이 비교적 고가이다. 반면에, 코드리스 폰(cordless phone)은 유선 서비스에 국한되어, 일정거리 이상으로 떨어지면 발/착신을 할 수 없게 된다. 이와 같이 이동통신은 고속이동시에도 통신이 되는 시스템과, 일정거리(100m 정도)내에서만 이동성이 보장되는 시스템으로 구분된다. 이러한 이동통신 서비스의 양극단의 중간에서, 기존의 코드리스 폰보다 휴대가 간편하고 사용범위가 넓으며, 저속이동시 연속적인 통신서비스를 제공하고, 셀룰러 차량전화보다 사용요금이 저렴하여, 누구나 이용할 수 있는 보편적인 서비스를 제공하고자 하는 목적으로 등장한 것이 PCS 이다.

PCS는 일종의 서비스의 개념이며, 특정 기술표준이나 통신시스템을 지칭하는 용어는 아니다. 즉, PCS는 개인의 휴대단말기로 이동 중 무선접속에 의한 통신(단말기의 이동성 보장)과 개인번호를 이용하여, 어느 단말기에서도 네트워크의 접속이 가능한 통신(개인의 이동성 보장)으로서, 일반 대중을 대상으로 저렴한 가격으로 통신의 이동성을 보장하는 서비스이다. PCS는 언제, 어디서나, 누구와도 통신이 가능한 편리한 서비스로서, 자유롭게 이동하면서(10km/h 이하) 사용하는 생활 속의 통신서비스이며, 휴대용, 개인화, 지능화를 지향하면서 저렴한 사용료에 의한 대중통신으로 특징 지워지는 서비스이다.

PCS서비스의 개념을 지향하는 시스템으로는 CT-2(Cordless Telephone 2nd generation), DECT(Digital European Cordless Phone) DCS-1800(Digital Celluar System at 1,800MHz), PHS(Personal Handy Phone System), WACS(Wireless Access Communications System), UPT(Universal Personal Telecommunication) 및 IMT-2000(International Mobile Telecommunications System-2000) 등을 들 수 있다.

현재 우리나라를 비롯한 미국, 일본, 유럽 등지에서는 PCS를 개발하여 상용서비스 중에 있으며, 이러한 다양한 PCS 시스템을 통합하여 범세계적인 이동통신 시스템을 구축하려는 움직임도 아울러 나타나고 있다.

유럽지역의 UMTS(Universal Mobile Telecommunication)와 국제통신연합 ITU(International Telecommunication Union)를 중심으로 하여 추진되고 있는 차세대 공중 육상 이동통신 시스템인 IMT-2000이 바로 그것이다. UMTS는 유럽의 통신 표준화 기구인 ETSI(European Telecommunications Standards Institute)가 주관이 되어 연구되고 있는 시스템으로서, 그 첫 번째 목표는 저속, 중속 비트 전송율의 음성 및 데이터 서비스를 전 세계적으로 확장하는 것이며, 이를 위해서, 공중인터페이스 기술, 지능네트워크의 구현, 공중교환 전화네트워크(PSTN) / 종합정보 통신네트워크(ISDN : Integrated Service Digital Network)의 병합, ISDN과의 호환성 및 위성과의 접속 등에 관한 연구가 활발히 진행 중이다. ITU를 중심으로 하여 추진되고 있는 IMT-2000(International Mobile Telecommunication)은 1992년의 세계무선 주관 청 회의 WARC(World Administration Radio Conference)에서 PCS에 대한 범세계적인 주파수할당에 관한 협의를 마친바 있으며, 기존의 지상 고정 네트워크와 ISDN, 그리고 이동통신네트워크 및 위성통신네트워크를 총 네트워크라 하여 연결하는 종합통신 서비스로서, 양질의 음성서비스와 각종 정보 서비스, 그리고 영상 서비스 등을 제공하는 것을 목표로 하고 있다.

2.11 무선통신네트워크

이동통신시스템의 설계 목표는 한정된 주파수 자원으로 양질의 서비스를 많은 수의 가입자들에게 제공하는데 있다고 할 수 있다. 특히 도심지역의 경우, 무선매체의 편의성으로 인해 그 수요가 급속하게 증가하고 있어 주어진 주파수 대역폭과 기지국 시설들의 효과적인 사용을 위한 셀룰러 시스템들의 중요성은 향후 계속해서 증가될 것이다.

다중계층셀룰러 시스템은 매크로(macro)와 마이크로(micro) 셀룰러 시스템의 장단점을 효과적으로 결합한 발전된 기술로써 여러 가입자의 이동성에 대처하기 위한 향상된 수용력을 이루어낸다. 이러한 시스템에서 빠른 속도의 이동 국들은 빈번한 핸드오버를 방지하기 위해 매크로 셀에 연결이 된다. 그리고 낮은 이동속도의 이동 국들은 작은 셀 반경이지만 높은 용량으로 양질의 서비스를 제공하는 마이크로 셀에 연결이 된다. 이러한 다중계층셀룰러 시스템에서 가장 중요하게 고려해야 할 사항은 마이크로와 매크로 셀의 구성적 특징들이다. 마이크로 셀은 매크로 셀 보다 넓은 대역폭을 사용하여 더 높은 비트 율 전송용량을 가지게 된다. 그리고 매크로 셀의 경우 좁은 대역폭을 사용함으로써 비용절감과 효과를 가져다준다. 그러나 마이크로 셀 시스템을 도입하는 경우 기지국의 수가 늘어나게 되므로 통화를 제어하는 부분의 복잡도가 증가하게 되는데 대표적인 것이 호출등록 비용의 증가로 나타난다.

하나의 매크로 셀이 여러 개의 마이크로 셀을 커버하고 있는 경우, 같은 크기의 영역에 있는 이동 국을 호출하기 위해서는 마이크로 셀 수와 비례하는 호출채널이 필요하게 된다. 다중계층셀룰러 시스템은 이동국의 이동속도에 따라 2가지로 분류되고 이동속도가 낮은 가입자는 마이크로 셀로 발신을 하고 매크로 셀로 페이징(paging) 하여 호출등록비용을 절감시키는 셀룰러 시스템을 적응적 분할 알고리즘에 사용했다.

매크로와 마이크로 셀 시스템들에 같은 무선전송 계획을 다중계층셀룰러 시스템 상에서 고려했었다. 이러한 시스템의 문제점은 트래픽이 순간적이며 공간적으로 변화될 차세대 무선멀티미디어 서비스를 제공하기는 어렵다. 그러므로 적응성 있는 무선시스템 관리방법이 요구된다. 더욱이 위성통신 시스템의 등장으로 다양한 형태의 서비스 매체들이 등장하므로 더욱 유연성 있는 트래픽 관리가 요구된다. 그리고 상용화 중인 중앙 집중적 시스템의 경우, 매우 복잡한 제어가 필요함으로써 과부하의 위험성이 항상 존재한다. 특히, 서비스 지역이 매우 광범위한 경우에 중앙 집중적 제어는 거의 불가능하다.

2.12 개인이동 통신네트워크의 정의

어떤 대상에 대하여 알아보고자 할 때는 우선 그 대상의 역사적 배경과 발전 방향을 살펴봄으로서 용어에 대한 정의를 하는 것이 일반적인 방법일 것이다. 우리나라에서 PCS라는 용어가 논의되기 시작한 것은 1990년 7월 미국의 FCC(Federal Communications Commission)가 PCS에 관한 규칙 제정 공고를 한 시점을 전후하여 비롯되었던 것으로 생각된다. 물론 그 전에도 유럽의 PCN(Personal Communication Network)이란 용어가 소개되기도 하였으며 PCS와 PCN이 비슷한 형태로써 알려졌다. 초기에 PCS는 Personal Communication Service 또는 Personal Communication System으로 알려졌으며 마이크로 셀과 지능네트워크에 의한 단말기 이동성과 개인이동 통신을 제공할 수 있는 개인통신의 실현 수단으로 알려져 왔다. 그 후 1993년 9월 미국 FCC에서 PCS를 '다양한 경쟁 네트워크와 접속할 수 있으며, 개인 및 업무에 서비스를 제공할 수 있는 이동 및 보조적인 고정통신을 포함하는 무선통신'으로 정의함에 따라 적어도 미국에서는 PCS가 상당히 포괄적인 내용의 서비스로 이해될 수 있었다.

유럽에서 PCS라는 용어 대신 제2세대 이동통신인 GSM 1800MHz 대역에서 서비스하는 PCS1800 이라는 시스템을 공동으로 개발하여 PCN(Personal Communication Network)으로 부르고 있으며 PCN이 개인통신을 만족할 수 없음에 따라 개인통신이 가능한 UMTS(Universal Mobile Telecommunication System)을 개발 중에 있다.

한편 국제전기통신연합(ITU)의 유선통신과 표준화를 담당하고 있는 ITU-T에서는 용어에 대한 권고안 초안에서 PCS를 '단말 이동성', '개인이동성 및 서비스프로파일 관리(서비스 이동성이라고 함)의 일부 결합이 가능한 집합체'로 정의하고 있으며 미국에서 논의되는 PCS는 ITU(International Telecommunication Union) 문서에서 이를 US(United State)-PCS로 구별하여 표시하고 있다.

따라서 미국에서는 주파수 경매에 의한 PCS 사업권을 획득한 사업자는 이 주파수 대역에서 CT-2(Cordless Telephone-2) 수준의 서비스도 사업경영에 맞으면 제공할 수 있게 되었다. 물론 비싼 입찰에 의해 확보한 사업권을 CT-2와 같은 서비스로 낭비할 사업자는 없지만 몇 가지 전파 사용요건만 맞으면 기술 수준이나 서비스 수준에 관계없이 다양한 서비스를 제공할 수 있게 되었다는 의미이다. 미국에서는 다음 4가지 원칙을 주파수 경매를 포함한 PCS 관련 법규를 제정하는 목표로서 선정하여 PCS 관련법규를 제정하는데 적용하였으며 이에 따라 이 법규들은 최소한의 규제로서 새로이 개발되는 시스템과 서비스를 제공할 수 있도록 하고 있다.

PCS에 관한 논의를 하면서 또 한 가지 중요한 점은 PCS는 마이크로 셀 기술을 이용하고, 소형 경량의 단말기를 사용함으로서 네트워크 기술과 운영에 깊이 의존하게 된다는 점이다. 이는 일본에서 PHS(Personal Handyphone System)사업자를 지정할 때 전국 네트워크를 갖고 있는 NTT(Nippon Telegram and Telephone)와 신규사업자가 공정한 경쟁을 할 수 없으므로 NTT의 경우에 자회사를 분리하여 PHS 사업을 하도록 함으로서 공정한 네트워크 접속 조건 아래서 사업을 하도록 한 것을 보아도 알 수 있다. 따라서 PCS라는 이름으로 제공할 수 있다고 하는 많은 서비스들은 네트워크 기능과 운영기술이 충분히 확보된 이후에 가능한 것이다.

지금까지 PCS와 관련된 배경을 중심으로 PCS란 무엇인가에 대하여 논하였다. 우선 PCS란 용어에 대한 정의는 ITU, 우리나라, 미국 등 저마다 다르게 정의하고 있으며, 둘째 미국에서 논의되는 PCS 조차도 단말기 이동성과 개인이동성이 보장되며 서비스 이동성이 제공되는 궁극적인 개인통신이 아니라 PCS라는 이름으로 다양한 주파수 대역에서 음성통신, 코드리스, 무선 랜, 양방향 페이징 등의 서비스가 각각 이루어질 것이다.

무선통신 기술이 발전함에 따라 사람들은 개인통신의 꿈을 갖게 되었으며 이를 이루기 위해 미국, 유럽, 일본 등의 통신 선진국들은 저마다 환경과 능력아래에서 시나리오를 작성하고 있으며 FPLMTS(Future Public Land Mobile Telecommunication)가 그 대안으로 떠오르고 있다.

2.13 무선통신의 발전방향

최근 들어 기술의 급속한 발전에 따라 단말기의 소형·경량화가 이루어지고 이에 따른 개인이동통신서비스의 보급이 급속히 확대되고 있으나, 아직까지 개인통신서비스는 음성통신을 위주로 국가별, 지역별로 한정된 영역 내에서 제공되고 있다. 그러나 향후에는 기존 유선통신과 점차로 통합되면서 FPLMTS(Future Public and Mobile Telecommunication)를 지향하여 발전되어갈 네트워크이다.

이러한 개인통신의 발전방향은 다음의 네 가지 주요한 흐름으로 정리할 수 있다. 첫째 시스템의 통합 측면으로 현재 이동전화네트워크, 개인통신네트워크 등 목적에 따라 개별 구축된 단일모드시스템이 향후에는 유무선 이동통신네트워크가 통합된 멀티모드시스템으로 구성되어 시스템간의 공유개념이 자리 잡게 될 것이다. 무선 접속의 고속·광대역화의 경우 전송속도는 현재의 13Kbps 수준의 저속에서 Mbps대의 고속으로 주파수대는 900MHz 대의 UHF 대역에서 GHz 대역으로 발전할 것이며 채널당 대역폭도 훨씬 광대역화 될 것이다. 세 번째는 셀 구조의 계층화로 고정 할당된 단일계층의 매크로 셀은 분산 자율 할당된 마이크로/매크로 셀의 계층적 구조로 대처될 것이다. 마지막으로 단말기의 고도화를 생각할 수 있다. 현재의 단말기는 음성 및 저속데이터를 전달하는 중형의 단일모드 형으로 단말기 위주의 수를 사용하고 있으나 향후에는 멀티미디어까지 전달 가능한 초소형의 멀티모드 단말기가 보급되고 수체계도 개인수 위주의 수 체계를 기본으로 할 것이다. 이러한 흐름을 종합하여 볼 때 최종단계의 개인통신서비스는 유무선 통합 네트워크가 통합된 멀티모드 시스템에 의한 고속 광대역의 멀티미디어 개인통신서비스 형태로 발전될 것임을 예측할 수 있다.

2.14 PCS 네트워크의 구성요소

개인 휴대 통신네트워크의 기능은 무선기능, 교환기능, 그리고 네트워크 기능으로 나눌 수 있다. 무선기능에는 휴대단말기인 이동 국, 기지국 제어기 및 기지국이 있으며, 교환 및 네트워크 기능에는 호의 교환과 타 네트워크와의 연동 역할을 하는 개인 휴대통신 교환기와, 이동서비스와 관련된 VLR 및 HLR로 구성된다. 기지국은 무선 단말기와의 무선 인터페이스를 수행하고, 기지국 제어기는 무선 제어의 기능을 수행하고 무선자원을 관리하며 개인 휴대통신 교환기는 타 개인 휴대통신 교환기와의 연동은 물론, ISDN(Integrated Service Digital Network), CSPDN(Circuit Switched Public Data Network), PSPDN(Packet Switched Public Data Network)과 연동하여서 호를 처리한다. 기본적인 교환기능과 핸드오버와 같은 특별기능도 수행하며, 다양한 ISDN 부가 서비스도 수행하며 본 가입자 위치등록기 이동 가입자에 대한 정보를 반영구적으로 저장한다. 반영구적인 데이터 외에도 이동 가입자의 현재 위치와 같은 일시적인 데이터도 저장한다. 하나의 공중 육상이동통신네트워크(PLMN : Public Land Mobile Network)에는 여러 개의 HLR이 있을 수 있지만, 한 가입자는 한 개의 HLR에 등록되어 있어야 한다. 또한 방문 가입자 위치등록기는 이동 가입자의 현재 위치

정보를 저장한다. 관할 영역에 있는 이동 가입자를 서비스하기 위해 필요한 정보는 HLR로부터 다운로드(download) 된다. 이동 가입자의 위치가 변경된 경우 이를 HLR에 통보한다.

인터페이스 Um(User-mobile station)은 기지국과 단말기간의 무선 인터페이스이다. 무선 인터페이스는 계층 1에서 무선 주파수를 사용하며, 계층 2와 3에서는 ISDN의 프로토콜(protocol)을 기반으로 하여 D채널에서의 링크 액세스 절차인 LAPD(Link Access Procedure on D channel)를 사용하였다. 공중 인터페이스(air interface)에서의 각 무선 주파수 채널은 타임 슬롯(time slot)으로 나누어서, 이동 가입자의 정보를 전송한다.

인터페이스 A_{bis}는 기지국과 기지국 제어기간의 인터페이스이다. 기지국과 기지국 제어기간의 접속은, 계층 3에서는 ISDN 신호를 기반으로 하여 사용하고, 계층 2에서는 ISDN 신호를 그대로 사용한다. 계층 1에서의 물리적 인터페이스는 E1 중계선을 사용한다. E1 중계선에서는 각각 64Kbps를 가지는 채널을 4개의 타임 슬롯으로 제공하며, 이 타임 슬롯을 통해 제어 신호를 전달한다.

인터페이스 A는 교환기와 BS간의 인터페이스이다. A 인터페이스에서는 ISDN의 호 제어신호를 전달하기 위해, ITU-T의 공통선 신호방식의 하위 3개 계층을 사용한다. 이 인터페이스를 통하여 전달된 정보는 기지국 제어의 관리, 호 처리, 그리고 이동성 관리에 사용한다. 신호 연결 제어 부(SCCP : Signalling Connection Control Part)와 메시지 전달 부(MTP : Message Transfer Part)는 데이터 전달을 위하여 제공된다.

인터페이스 B, C, D, E, F 등은 비호 관련 신호들로서 이동성 응용 부(MAP : Mobile Application Part)에 속한다. 비호 관련 신호들은 이동성 관리, 보안, 부가 서비스의 활성화/비활성화 등과 같이, 호에 관련된 신호가 아닌 것들을 말한다.

MAP는 공통선 신호방식의 3개 계층인 MTP1, 2, 3와 SCCP, 그리고 트랜잭션 기능 응용 부(TCAP : Transaction Capability Application Part)를 사용하며, 이들 프로토콜은 주로 데이터베이스에 대한 질의와 응답에 관한 것이다. 인터페이스 B는 교환기가 VLR간의 인터페이스로서, 교환기가 자신의 영역 안에 위치하는 가입자의 정보를 요구하거나, 가입자 서비스 정보의 변경, 그리고 특정 부가 서비스를 활성화시킬 때 사용한다. 인터페이스 C는 교환기와 HLR간 인터페이스로서, 교환기의 경로 배정 정보를 필요로 할 경우와 위치 정보 등록할 경우에 사용한다. 인터페이스 D는 VLR과 HLR간 인터페이스로서, 가입자의 위치 정보 교환과 가입자 관리를 위하여 사용한다. 가입자가 특정한 서비스 정보를 요구하거나, 서비스 내용을 변경할 경우에도 VLR과 HLR간에 데이터 교환이 발생한다. 인터페이스 E는 교환기간 인터페이스로서, 통화 중 상태에서 이동 가입자가 타교환기 영역으로 이동한 경우, 호를 계속 유지하기 위하여 교환기간의 정보 교환에 사용한다. 인터페이스 F는 교환기와 장비 식별 등록기간의 인터페이스로서, 이동가입자의 장비를 검증하기 위하여 데이터 교환 시, 사용한다.

1) 위치등록

가입자가 현재의 위치영역을 벗어나 새로운 위치영역으로 진입하였을 때, 새로운 위치정보를 저장하는 절차이다.

2) 핸드오버/핸드오프

이동가입자가 통화 중에 호 개시 셀로부터 이웃한 셀로 이동하였을 때, 그 호를 계속 유지시키기 위해서는 이동가입자가 현재 위치하고 있는 셀을 관장하는 무선기지국으로부터 통화 채널을 재 할당받아야 한다. 이와 같이, 통화 채널을 변경하는 과정을 핸드오버(hand over) 또는 핸드오프(hand off)라 한다.

3) 인증 및 암호화

인증(authentication)은 이동가입자에 대한 서비스를 제공하기 전에, 해당 가입자가 LR 위치 영역에서 서비스가 허용된 가입자인지를 확인하는 기능이며, 암호화(ciphering/encrypting)는, 제3자의 불법 도청을 방지하기 위해서 수행하는 기능이다. 인증 절차는 단말기에 대한 단말기 인증과, 부가서비스 등급이나 단말기의 사용 중지 등 서비스 제공 여부를 확인하는 가입자 인증으로 구분된다.

4) 호출

이동 가입자는 고정 유선네트워크의 가입자와는 달리, 항상 착신 가입자의 위치가 변한다. 이동가입자로 호가 착신되었을 때, 등록된 이동가입자의 위치로 호출(paging)을 요구하여, 이동 가입자에게 착신호가 요구되고 있다는 것을 알리는 기능이다.

기존 고정 유선네트워크에서 유선 가입자에게 제공되는 부가서비스와 부가기능 중, 개인 휴대통신 가입자에게 동일하게 적용되는 것은 다음과 같다.

· 3인 통화(3-way calling)
· 회의 통화(conference calling)
· 악의 호 추적(malicious call tracing)
· 통화중대기(calling waiting)
· 통화중대기 거부(cancel call waiting)

· 착신통화 전환(call forwarding)
· 통화 중 착신통화 전환(call forwarding on subscriber busy)
· 무응답 착신통화 전환(call forwarding on no answer)
· 호 전환(call transfer)
· 호 보류(call hold)
· 착신 거부(do not disturb)
· 호 재시도(registered call)
· 가입자에 의한 호 제한(call restriction by user)
· 가입자 키(subscriber key)
· 발신 번호 표시(calling line Id. presentation)
· 발신 번호 표시 제한(calling line Id. restriction)
· 접속 번호 표시(connected line Id. presentation)
· 접속 번호 표시 제한(connected line Id. restriction)
· 요금 부과 안내(advice of charge)
· 사용자간 신호(user-to-user signalling)
· 특수 번호 서비스(special number service)
· 발신 금지(origination call barring)
· 착신 금지(terminating call barring)
· 운용자에 의한 호 제한(call restriction by operator)
· 우선 통화(priority call)
· 가입자 호 감시(subscriber observation)
· 녹음 안내 서비스(announcement service)
· 자동 응답 서비스(auto-answer service)
· 가로채기(offering)

기존 고정네트워크의 유선가입자에게는 제공되지 않고 개인 휴대통신 가입자에게만 적용되는 부가서비스 및 부가 기능은 아래와 같다.

· 단문메시지 서비스(short message service)
· 음성 사서함 서비스(voice mail service)
· 메시지 대기 표시(message waiting notification)
· 비상 호(emergency call)
· 차량 메시지 서비스
· 무선 데이터 서비스

개인 휴대통신 시스템에서의 착 신호 처리는, 호출을 통해서 움직이고 있는 착신 이동가입자의 현재 위치를 알아낸 후, 착신 이동 가입자가 위치하고 있는 기지국을 거쳐 무선국간을 통하여 해당 이동가입자에게 호를 연결하고 있다. 이와 같이 개인 휴대통신에서는, 항상 이동하고 있는 기입자의 특성 때문에, 위치정보를 저장하고 있는 데이터베이스의 구조, 데이터베이스에 저장할 위치정보의 구성, 그리고 호 설정 시 신호메시지의 흐름 등을 효율적으로 설계해야 가입자의 이동성을 보장해 줄 수 있다.

이동성의 관리 방식으로는 북미의 EIA(Electric Industry Association)/TIA(Telecommunications Industry Association)의 IS-41 (International Standard 41)과 유럽의 GSM(Global System for Mobile Communications)의 MAP(Mobile Application Part)가 있다.

IS-41은 북미의 AMPS(Advanced Mobile Phone System), IS-54, IS-136 및 PACS(Personal Access Communications System)네트워크에서 사용되고 있다. GSM MAP은 유럽의 GSM시스템과 PCS-1800시스템에서 사용되고 있다.

이동성 관리를 위한 두 방식 모두, 중앙에 위치한 HLR과 분산된 VLR을 이용하는, 2 계층 구조의 중앙 집중 형 위치관리 기법을 사용하고 있다.

이러한 구조는 앞으로 개인 통신서비스 지역이 확대되거나, 가입자 수의 증가, 또는 다양한 이동성으로 인해, 위치변경 시 데이터베이스에서의 위치등록과, 호 요구 시의 위치파악을 위한 데이터베이스의 검색 횟수를 증가시킬 수 있다. 이는 결과적으로 신호 트래픽 밀집과 호 연결지연 등의 문제점을 발생시킨다.

이와 같은 문제점들을 해결하기 위해서, 여러 기법들이 제안되고 있다. 이와 같은 기법들은 중앙에 HLR을 두고 각 교환기마다 분산된 VLR을 두고 있는 IS-41과, GSM MAP의 중앙집중식 구조를 그대로 이용하면서 기능을 향상시키려고 하는 방법으로서, 캐쉬(caching), 포워딩(forwarding), 지역앵커링(local anchoring) 등이 있다. 반면에 중앙집중식 구조와는 달리 위치정보관리를 분산구조나 계층구조로 배치하는 기법도 있다.

5) 캐쉬기법

캐쉬 기법은 신호네트워크상의 신호전달점인 STP(Signalling Transfer Point)를 이용하는데, 한 가입자에 대한 위치 정보가 STP를 통해서 HLR로 문의하면, 이 STP는 이 가입자의 위치 정보를 자신의 캐쉬 메모리에 저장한다. 이후 다시, 이 가입자에 대한 위치 문의가 올 경우, 캐쉬 메모리의 정보를 이용하는 방법으로서, STP의 캐쉬 메모리에 저장되어 있는 정보에 대한 문의 신호는 HLR까지 전송될 필요가 없으므로, HLR로의 트래픽의 집중을 방지할 수 있다. 그러나 이

기법은 캐쉬 메모리의 한계 등으로 인하여 위치정보의 저장기간과 삭제 여부를 적절히 판단하여야만 효율을 높일 수 있는 문제가 있다.

6) 포워딩 기법

포워딩 기법에서는, 한 VLR 지역에서 다른 VLR지역으로 이동할 경우, HLR에 이를 통지하여 갱신하지 않고, 이전의 VLR로 새로운 VLR 위치를 저장하는 기법이다. 예를 들면, 단말기 T1이 VLR-1 지역에서 VLR-2 지역으로 이동했을 때, HLR의 위치정보를 갱신하지 않고, VLR-1에다 단말기 T1은 VLR-2에 위치하고 있음을 기록한다. 이후, 단말기 T1에 대한 위치정보 문의가 HLR을 통하여 VLR-1로 오게 되면, 이 신호는 VLR-2로 포워딩 되어 단말기 T1의 위치를 추적하는 기법이다. 이 기법은 단말기가 계속 이동할 경우에 여러 단계의 포워딩을 거치게 되므로, 호 설정 시 많은 VLR의 검색과 호 설정 지연이 있을 수 있다. 이를 해결하기 위하여 포워딩 단계를 제한하는 방법이 제안되어 있다. 이 기법은 HLR로 몰리는 신호 메시지를 VLR 쪽으로 분산시키는 효과를 가져 올 수는 있으나, 가입자의 위치 정보를 문의할 경우, 메시지 포워딩으로 인한 검색 지연이 커짐과 함께 VLR에서의 프로세싱(processing) 부하가 데이터베이스의 용량보다 커져야 한다는 단점이 있다.

7) 지역 앵커링 기법

지역 앵커링 기법은 몇 개의 이웃하는 VLR 중에서, 하나를 지역 앵커로 설정하고, 앵커가 관리하는 지역 내의 VLR간 가입자 이동은, 지역 앵커로 위치갱신을 하여 HLR로의 신호 메시지 부하를 줄이는 방법이다. 이 경우, HLR은 단말기에 대한 위치정보가 아니라 단말기가 속해있는 지역 앵커의 위치를 가지고 있다. 이는 HLR과 VLR 사이를 계층 구조로 확장한 방법이라고 할 수 있다.

8) HLR 분산 기법

HLR 분산기법은 하나 또는 그 이상의 개인 휴대통신 교환기마다 HLR을 두어서 위치정보를 운영하는 방식이다. 모든 HLR은 처음에 등록된 가입자의 현재 위치정보를 가지고 있어서, 위치에 관계없이 가입자가 등록지역을 이동하면 자신이 처음 등록한 HLR로 위치정보를 갱신한다. 호 설정 시, 항상 가입자의 HLR로 문의하면 가입자의 위치를 알려준다. 이 기법은 가입자의 현재 위치를 한 번의 데이터베이스 검색으로 알아낼 수 있으나, 위치변경이나 호 요청 시에서 신호 트래픽이 항상 해당 단말기의 본 HLR로 전송되어야 하기 때문에, 신호네트워크에서

속도가 보장되지 않는 한 트래픽의 밀집과 처리지연이 발생 할 수 있다.

9) 계층적 데이터베이스 구조 기법

계층적 데이터베이스 구조기법은 위치 정보를 위한 데이터베이스들을 완전한 계층적 구조로 형성하고, 각각의 데이터베이스는 현재 그 노드의 밑에 있는 모든 가입자에 대한 위치 정보를 가지게 하는 방법이다. 이 기법에서, 신호 메시지가 지나가는 라우팅(routing) 경로와 데이터베이스 검색과 갱신 횟수는, 발신 이동가입자와 착신 이동가입자간의 거리에 비례하여 결정된다.

제3장 다양한 이동통신과 이동네트워크 기술

우리에게 휴대폰 없는 세상을 상상할 수 있겠는가 오늘날 이동통신시스템과 이동네트워크는 모든 분야에서 다양하게 이용되고 있어서 우리에게는 없어서는 안 될 중요한 일부분이 되었다. 우리 주변에서 사용되고 있는 다양한 이동통신시스템과 이동네트워크에 대해서 살펴보기로 하자. 다양한 이동통신시스템과 이동네트워크를 통해서 창의적이고 혁신적인 새로운 이동통신시스템과 이동네트워크 개발에 대해 깊이 생각해 보는 시간을 갖도록 해 보자.

3.1 유비쿼터스

유비쿼터스(Ubiquitous)의 사전적 의미는 언제 어디서나 어떤 기기로든 자유롭게 통신망에 접속하여 다양한 자료들을 주고받을 수 있는 것을 말한다. 유비쿼터스는 물이나 공기처럼 시공을 초월해 언제, 어디에나 존재한다는 뜻의 라틴어로 사용자가 컴퓨터나 네트워크를 의식하지 않고 장소에 상관없이 자유롭게 네트워크에 접속할 수 있는 환경을 말한다. 생활 구석구석에 스며들어 있음을 뜻하는 퍼베이시브 컴퓨팅(pervasive computing)과 같은 개념이다.

유비쿼터스가 이루어지면 가정, 자동차는 물론 심지어 산꼭대기에서도 정보기술을 활용할 수 있고 네트워크에 연결되는 컴퓨터 사용자의 수도 늘어나 정보기술 산업의 규모와 범위도 커지게 된다. 그러나 유비쿼터스 네트워크가 이루어지기 위해서는 광 대역 통신과 컨버젼스(convergence) 기술의 일반화, 정보기술 기기의 저가격화 등 정보기술의 고도화가 전제되어야 한다. 휴대성과 편의성뿐 아니라 시간과 장소에 구애받지 않고도 네트워크에 접속할 수 있는 장점들 때문에 세계적인 개발 경쟁이 일고 있다.

유비쿼터스는 우리 일상생활 속에서 편리함을 주는 정보통신 첨단기술이다. 출근하기 전 정보기기로 신문 등 정보를 집에서 간편하게 얻을 수 있으며 차량운행 중 교통상황을 체크하여 체증이 덜한 길로 우회하여 간다. 이는 모든 차량에 부착되어 있는 RFID(Radio Frequency Identification)로부터 정보를 얻어 가능하게 되었다. 또한 자신이 원하는 사람의 위치와 자신에게 필요한 정보를 넘겨받을 수 있는 기능 또한 추가되어있다. 언제든지 실시간으로 누구에게나 정보를 공유받을 수 있다는 장점이 있다.

유비쿼터스 컴퓨팅은 컴퓨팅의 주체가 사람에서 사람과 사물을 포함한 모든 것으로 바뀌는 패러다임의 변화라고 할 수 있다. 유비쿼터스라는 단어의 의미대로 언제 어디서나 존재하는 즉 상호 네트워크로 연결 편재된 컴퓨터의 의미에서 본다면 단순히 컴퓨팅 환경의 확장 및 확대된 개념으로도 볼 수 있다. 그러나 물리공간에 존재하는 모든 것 사물, 기계 , 식물 , 동물 , 사람 등에 컴퓨팅과 통신 능력을 갖는 유비쿼터스 칩 을 심고, 서로 네트워크로 연결해 전자공간과 융합되어진 유비쿼터스 공간 을 창출한다는 유비쿼터스 컴퓨팅 개념은 단순한 컴퓨팅 환경의 확장 그 이상이다. 즉 새로운 공간 의 창조라고 할 수 있다.

유비쿼터스는 집에서부터 하루일과에 편리함을 주는 정보통신 첨단기술이다. 출근하기 전 디스플레이어로 신문 등 정보를 집에서 간편하게 얻을 수 있으며 차량운행 중 교통상황을 체크하여 체증이 덜한 길로 우회하여 간다. 이는 모든 차량에 부착되어 있는 RF-ID로부터 정보를 얻어 가능하게 되었다. 또한 자신이 원하는 사람의 위치와 자신에게 필요한 정보를 넘겨받을 수 있는 기능 또한 추가되어있다. 언제든지 실시간으로 누구에게나 정보를 공유 받을 수 있다는 장점이 있다. 유비쿼터스는 이제까지의 공간적 커뮤니케이션 한계를 극복하고. 모든 사물에 컴퓨터와 네트워크를 연결해 언제 어디서나 커뮤니케이션이 가능하도록 한다는 개념이다. xerox의 mark wiser 가 처음 제시한 유비쿼터스 는 mems라는 초소형 전자기기 시스템을 통하여 사람 눈에 보이지 않게 사물과 물리공간에 컴퓨터를 장착해 사물 공간, 공간 사람, 사람 사물, 간에 네트워크 환경을 구성 한다 는 것이다. 공기처럼 보이지 않지만 거미 같은 네트워크로 연결된 세상은 혁신이라고 할 만큼 다양한 변화를 가져 올 것으로 예상된다.

유비쿼터스 컴퓨팅은 컴퓨팅의 주체가 사람에서 사람과 사물을 포함한 모든 것으로 바뀌는 패러다임의 변화라고 할 수 있다. 유비쿼터스 라는 단어의 의미대로 언제 어디서나 존재하는 즉 상호 네트워크로 연결 편재된 컴퓨터의 의미에서 본다면 단순히 컴퓨팅 환경의 확장 및 확대된 개념으로도 볼 수 있다. 그러나 물리공간에 존재하는 모든 것에 컴퓨팅과 통신 능력을 갖는 유비쿼터스 칩 을 심고, 서로 네트워크로 연결해 전자공간과 융합되어진 유비쿼터스 공간 을 창출한다는 유비쿼터스 컴퓨팅 개념은 단순한 컴퓨팅 환경의 확장 그 이상이다. 즉 새로운 공간 의 창조라고 할 수 있다.

유비쿼터스의 가장 큰 장점은 모든 정보를 손쉽게 얻을 수 있다는 것이다. 또한 최적의 환경을 제공한다는 것 이다. 모든 정보가 단말기를 통해 내게 모이는 것이다. 모든 정보가 손 안에 다 들어오는 것이다. 마트에 가더라도 따로 지갑을 가지고 갈 필요가 없어지고 진열장에 있는 물건의 가격이 얼마이고, 생산일자가 언제이고, 유통기한이 언제인지, 그리고 생산자, 생산지, 품질검사자 등을 모든 정보를 핸드폰을 통해서 확인해 볼 수 있을 것이고, 결제 또한 카운터를 거치지 않고 진열대에서 바로 할 수도 있고. 생전 처음 가보는 낯선 곳에 가더라도 주변에 어떤 가게들이 있고, 어디에 무엇이 있는지 모두 확인해볼 수 있죠. 지도가 없더라도 단말기로 모든 정보를 얻을 수 있으니까요. 택배로 물건을 배송하더라도 컴퓨터로 배송업체의 인터넷 사이트에 들어가 보지 않더라도 물건이 어디쯤에 있고, 누구의 손을 거치고 있는지도 다 확인 할 수 있을 겁니다. 길거리에서, 공원 벤치에서, 카페에 앉아서 냉장고도 살 수 있고, 그 냉장고가 어디까지 와있는지도 확인 할 수 있습니다. 생전 가본 적이 없는 낮선 지역을 가던 단말기에 정보 전송만 원활 하다면 그 지역 도로 상황정보 또한 쉽게 알 수 있다는 점이 있다. 유비쿼터스의 단점은 일단 상용화는 되어있지만 현재 주류인 유선초고속인터넷에 비해 턱없이 부족한 인프라는 단점으로 지적되고 있다. 현재는 중요 시내, 관공서, 대기업 등 유동인구가 많은 곳 위주로 중계기 모뎀이 설치되었기에 그 외 대다수 지역에서는 이용하기가 힘들다. 때문에 필요지역에선 통신사에 따로 중계기 모뎀설치를 요구해야하는 실정이다. 안정성 또한 아직은 불안하다고 할 수 있다. 과거 초기에 초고속인터넷이 겪었던 잦은 다운과 속도 저하현상 등이 종종 나타나는 점 보안상 취약하다는 점이 단점으로 지적되고 있다. 하지만 요즘 들어 단점 들이 많이 보완/보강 되었다고 알려져 있다.요즘 개발 지어 지고 있는 아파트 또는 개인주택에도 서비스가 도입 되며 보편화 되고 있다.

유비쿼터스는 물이나 공가처럼 시공을 초월해 언제 어디에나 존재한다는 뜻의 라틴어로, 사용자가 컴퓨터나 네트워크를 의식하지 않고 장소에 상관없이 자유롭게 네트워크에 접속할 수 있는 환경을 말한다. 컴퓨터 관련 기술이 생활 구석구석에 스며들어 있음을 뜻하는 퍼베이시브 컴퓨팅과 같은 개념이다. 1988년 미국의 사무용 복사기 제조회사인 제록스의 마크 와이저가 유비쿼터스 컴퓨팅이라는 용어를 사용하면서 처음으로 등장하였다. 당시 와이저는 유비쿼터스 컴퓨팅을 메인프레임과 퍼스널컴퓨터(PC)에 이어 제3의 정보혁명을 이끌 것이라고 주장하였는데, 단독으로 쓰이지는 않고 유비쿼터스 통신, 유비쿼터스 네트워크 등과 같은 형태로 쓰인다. 곧 컴퓨터에 어떠한 기능을 추가하는 것이 아니라 자동차·냉장고·안경·시계·스테레오장비 등과 같이 어떤 기기나 사물에 컴퓨터를 집어넣어 커뮤니케이션이 가능하도록 해 주는 정보기술(IT) 환경 또는 정보기술 패러다임을 뜻한다. 유비쿼터스화가 이루어지면 가정·자동차는 물론, 심지어 산꼭대기에서도 정보기술을 활용할 수 있고, 네트워크에 연결되는 컴퓨터 사용자의 수도 늘어나 정보기술 산업의 규모와 범위도 그만큼 커지게 된다. 그러나 유비쿼터스 네트워크가 이루어지기 위해서는 광대역통신과 컨버전스 기술의 일반화, 정보기술 기기의 저가격화 등 정보기술의 고도화가 전제되어야 한다. 휴대성과 편의성뿐 아니라 시간과 장소에 구애받지 않고도 네트워크에 접속할 수 있는 장점들 때문에 세계적인 개발 경쟁이 일고 있다.

3.2 와이브로

와이브로(WiBro : Wireless Broadband Internet)는 이동하면서도 초고속인터넷을 이용할 수 있는 무선 휴대 인터넷 시스템을 말한다. 현재 와이브로는 와이파이(WiFi : Wireless Fidelity)와 함께 무선 인터넷 분야에 폭넓게 이용되어지고 있다.

와이브로는 우리나라의 삼성전자와 한국전자통신연구원이 개발한 무선 광 대역 인터넷 기술이다. 처음엔 고속 데이터 통신 기술을 가리키는 용어로 창안된 것이지만 통신업체에서 기술 명을 서비스명으로 이용하면서 기술 이름보다 서비스 이름으로 더 잘 알려져 있으며 국내 사업자로 KT와 SK텔레콤이 선정돼 2006년 6월 30일부터 서울과 경기도의 일부지역에서 세계 최초로 상용화 서비스가 시작됐다. 특히 2007년 10월 18일, 우리나라가 세계 최초로 개발한 와이브로 기술이 국제전기통신연합 전자기파총회에서 'IMT-2000'으로 통칭되는 3세대 이동통신(3G)의 6번째 국제표준으로 채택되면서 화제가 되기도 했다.

와이브로는 휴대형 단말기를 이용하여 정지 및 이동 중에 언제, 어디서나 고속의 전송 속도(약 1Mbps 급)로 인터넷에 접속하여 다양한 정보 및 콘텐츠 사용이 가능한 초고속인터넷 서비스를 말한다. 즉, 실내의 유선 초고속인터넷 서비스를 실외에서 이동 중에도 사용할 수 있도록 확장하는 개념이다. 이것은 2.3GHz 주파수 대역을 이용하여 셀 반경 1Km이내, 이동시 최소 60Km/H 이상에서도 끊김 없는 무선 인터넷 서비스를 보장하고, 보다 저렴하게 무선 인터넷을 이용할 수 있는 새로운 서비스이다. 현재에는 70Km/H의 이동성과 가입자당 1Mbps의 전송 속도까지 지원하는 수준으로 개발되었으며, 상용화되면 100Km/H 의 이동성과 3Mbps의 전송속도까지 가능할 것으로 전망된다. 와이브로 서비스가 시작되면 노트북용 무선 랜 카드나, USB 무선 랜 카드처럼 생긴 장치를 연결하면 길거리나 달리는 차 안에서 영화를 즐기고, 온라인 게임을 이나 웹 서핑을 하는 것을 지금 사무실에서 인터넷 서핑을 하듯 할 수 있게 된다.

와이브로의 가장 큰 기술적 특징은 무선 인터넷 접속에 이동성을 더하였다는 것이다. KT의 네스팟과 같은 기존의 WI-FI 기반의 무선 랜 인터넷 접속은 AP(액세스 포인트 : Access Point) 장치를 중심으로 일정한 반경(커버리지:coverage)에 인터넷을 접속할 수 있게 하였으나 AP 장치는 핸드오프(hand off)를 지원하지 못하기 때문에 일정 범위(셀 커버리지:cell coverage)를 벗어나면 연결이 끊길 수밖에 없었다. 와이브로는 이동통신의 직교 주파수 분할 다중접속(OFDMA) 기술 및 셀룰러(cellular) 기술을 응용하여 서비스 셀을 구성하고 핸드오프를 구현하여 이동하면서 인터넷에 접속할 수 있게 하였다. Global WiBro 기술인 WiMAX는 2006년 이동성을 제공할 수 있는 규격 개선을 완료하였고, 와이브로의 규격도 이 WiMAX와 호환되도록 규격개정이 이루어졌다.

와이브로는 요금 면에서 저렴하게 사용 할 수 있다는 것과 약 1Mbps 정도의 빠른 전송속도로 이동전화 무선인터넷보다 데이터 전송에 유리 하며 60km 이상의 속도로 이동 중에도 무선 인터넷을 할 수 있다. 또한 유선 초고속 인터넷처럼 자유롭게 다양한 컨텐츠를 이용 할 수 있는 장점이 있지만. 서비스 특성상 중계기가 미설치된 건물이나 주택 실내에서는 신호가 미약하여 정상적인 접속 및 이용에 어려움이 있을 수 있다.

한편, 와이브로 모듈이 내장된 인텔의 칩 셋을 노트북이나 넷 북에 탑재할 경우 이용자들은 별도로 와이브로 모뎀을 구매하지 않고 와이브로를 이용할 수 있기 때문이다. KT는 인텔의 칩 셋을 이용할 수 있도록 10MHz 대역으로 전국망을 구축하여 새로운 무선망을 구현해 네트워크 트래픽의 효율을 높이고 네트워크 및 운용비용을 절감할 수 있도록 하였다. 컴퓨팅 서비스를 언제 어디서나 손쉽게 사용할 수 있는 최적화된 디바이스 사용, 인텔의 클라우드 컴퓨팅 기술을 접목하여 클라우드 컴퓨팅 서비스의 필수 요소인 가상화, 최적화, 효율화를 구현하는 것이 가능하다.

와이브로는 일반적인 무선 인터넷 사용방식인 Wi-Fi에 이동성을 추가한 것으로 이동 중에도 사용할 수 있고 무선이기 때문에 언제 어디서나 손쉽고 간편하고 편리하게 사용 될 수 있다는 장점을 가지고 있다. 그렇지만 가정, 사무실 등 내부에서는 접속이 되더라도 속도가 느린 점, 유무선공유기를 구입해서 이용하는 번거로운 방법과 최초에 유무선공유기 가격 비용이 든다는 단점도 가진다.

와이브로(Wireless Broadband, 해외에선 Mobile WiMAX로 알려짐)는 우리나라의 삼성전자와 한국전자통신연구원이 개발한 무선 광대역 인터넷 기술이다. 처음엔 고속 데이터 통신 기술을 가리키는 용어로 창안된 것이지만, 통신업체에서 기술명을 서비스명으로 이용하면서 기술 이름보다 서비스 이름으로 더 잘 알려져 있으며 국내 사업자로 KT와 SK텔레콤이 선정돼 2006년 6월 30일부터 서울과 경기도의 일부지역에서 세계 최초로 상용화 서비스가 시작됐다. 특히 2007년 10월 18일, 우리나라가 세계 최초로 개발한 와이브로 기술이 국제전기통신연합 전파총회에서 'IMT-2000'으로 통칭되는 3세대 이동통신(3G)의 6번째 국제표준으로 채택되면서 화제가 되기도 했다.

3.3 WLL

WLL(Wireless Local Loop) 시스템은 전화국과 일반가정, 사무실을 유선이 아닌 무선으로 연결하여 음성, ISDN, 팩스, 데이터 서비스 등을 제공하는 시스템을 말한다. 특히 전화국에서 전화 가입자의 댁내까지를 연결하는 유선 선로 대신 무선시스템을 이용하여 전화선을 구성해 주는 것을 시작으로 개발되었다. 이 기술은 농어촌 지역과 같이 인구밀도가 희박한 지역에 전화를 가설할 경우 가설비를 줄이기 위한 방편으로 지난 70년대 초 미국 벨연구소에서 처음 고안되었지만 무선 주파수의 확보가 쉽지 않았고 안테나와 무선 송수신 장치의 제조 및 설치비용이 과다하여 상용화 단계에까지 이르지 못하였다. 그러나 최근 전자통신 기술의 급격한 발달과 더불어 여러 제조업체에서 경제성 있는 제품을 시장에 속속 출시해 통신사업자들도 이 WLL의 상용화에 지대한 관심을 보이고 있다.

현재 전 세계의 전송망 사업자 사이에서 WLL 기술은 구리나 알루미늄 케이블보다 무선 시스템의 보다 낳은 장점으로 인하여 지방에서 가입자의 접속 비용을 줄일 수 있고, 서비스 요구에 따른 더욱 빠른 접속을 제공한다는 장점 때문에 인기 있는 전송 매체로 선택되고 있다. 몇 년 전만 해도 공중 무선 통신망 접속은 신형 통신 사업에 포함되어 있어, 사우디아라비아 사막, 오스트레일리아 오지나 텍사스 평원과 같이 인구밀도가 희박한 고립 지역에서 서비스 되었다. 오늘날 다른 방식의 시스템이 위협을 받고 있는 것과는 대조적으로 WLL은 확장된 대중매체와 인구 밀도가 희박한 지역에서 활기를 띠고 있다.

예를 들면, 인도네시아, 영국, 남아프리카와 브라질 등의 시장에서 무선망이 저가 비용으로 가입자간의 접속을 제공할 것으로 예상되고 있다. 일시적으로 후진국에서 근간을 이루던 WLL 사업은 이제 선진 시장에서 진보적이고, 영구적으로 수용할 수 있는 기술로써 받아들여지고 있다.

WLL의 장점은 다음과 같이 정리할 수 있다. WLL은 fixed-to-fixed 전자기파이다. WLL에서 fixed-to-fixed 전자기파의 경로 손실은 20dB/decade나, 이동무선전화(fixed-to-mobile)의 경우에는 40dB/decade이고, 이는 상당히 높은 손실에 해당한다. 안테나는 건물의 높은 곳에 위치하므로 WLL은 다중경로 조건이 아니다. 페이딩이 없는 fixed-to-fixed 조건의30KHz FM 채널에서 carrier-to-interference ratio(C/I)는 10dB이 필요하다. 반면에 이동 통신 조건하에서는 C/I가 18dB이 요구된다. 이는 WLL에서는 페이딩이 없는 조건하에서 수신된 신호는 더 많은 간섭까지도 허용할 수 있다는 것을 의미한다. WLL에서 주파수 재사용 거리는 WLL의 fixed-to-fixed 연결이 간섭거리를 줄이기 위해 양단에 방향성 안테나를 사용하고 있기 때문에 더욱 짧아질 수 있다. 주파수 재사용 거리의 감소는 용량의 증가를 의미한다. WLL에서는 fixed-to-fixed 연결로 인해 핸드오프가 발생하지 않는다. 각 건물과 cell까지의 무선 연결은 간섭을 줄이기 위해 설치될 수 있다. 이런 연결은 설치 이후에는 변하지 않으며 디자인 역시 매우 간단하다.

WLL의 단점은 다음과 같이 요약할 수 있다. 첫 번째로 Loop의 거리, 인구분포, 인프라 구조의 이용도 등의 변화 때문에 유선과 무선 시스템간의 비용문제를 직접 비교해 보기 어렵다. 두 번째로 현재의 고정 무선 시스템은 동선에 비해서 서비스 영역이 적다. 따라서 대부분이 음성, 팩시밀리, 저속데이터에 한정된다. 세 번째로 WLL 기술에 대한 국제 표준화가 마련되어있지 않다. 그래서 WLL과 무선 망의 요구사항을 만족시켜줄 만한 해결책이 없다.

사실상 셀룰러 시스템은 WLL에 적합한 시스템이며, CDMA와 같은 디지털 방식은 아날로그 방식에 비해 15에서 20배 정도의 용량을 갖고 있다. 더욱이 CDMA를 WLL 시스템에 사용할 때가 이동통신 시스템에서 이용될 때보다 두 세배 정도의 용량을 갖는다. 이두 시스템은 같은 CDMA 셀룰러 통신 장비를 이용할 수 있다. 다음 그림은 기본적인 WLL 시스템의 배치를 보여주고 있다.

무선 기지국은 무선 송수신기와 기지국의 두 부분으로 구성된다. 그리고 WLL에는 핸드오프나 전력 제어 기능이 없어 제어 기능이 간단해 진다. WLL은 경제적인 통신 방식을 찾는데 많은 기여를 해 오고 있다. 일반적으로 셀룰러와 PCS 망은 고 대역을 제외하고는 동일하게 사용될 수 있으며 자유 공간 조건 때문에 신호 손실이 최소가 되도록 설계되어 있다. 일반적으로 WLL의 구성 도를 그림 3.1에 나타내었다.

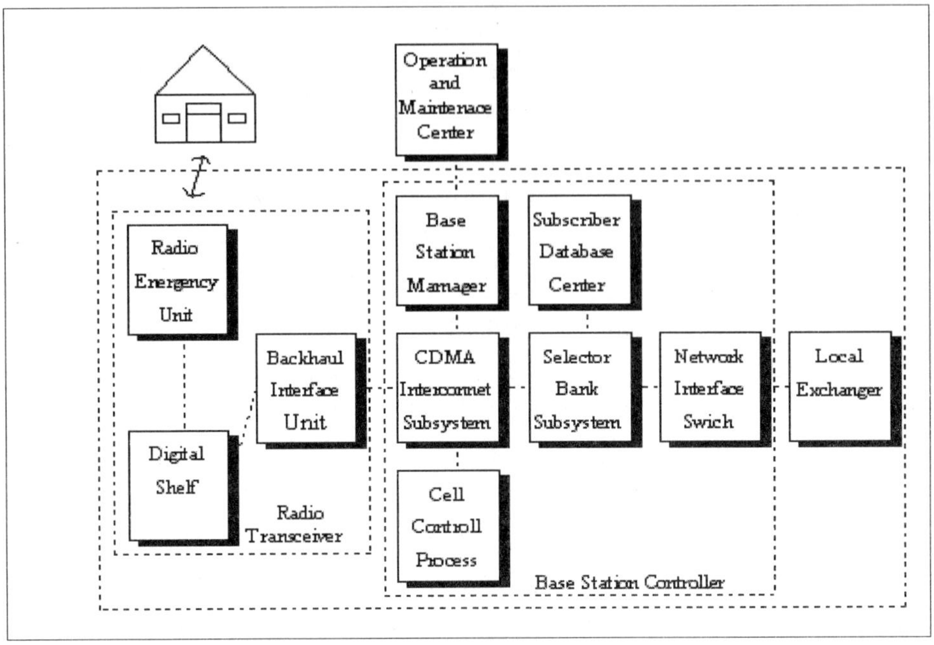

그림 3.1 WLL의 구성도

무선가입망(WLL)이란 전화국에서 전화가입자의 댁내까지를 연결하는 유선 선로 대신 무선시스템을 이용해 전화선을 구성해 주는 것을 말한다. 이 기술은 농어촌지역과 같이 인구밀도가 희박한 지역에 전화를 가설할 경우 가설비를 줄이기 위한 방편으로 70년대 초 미국 벨연구소에서 처음 고안되었지만 무선주파수의 확보가 쉽지 않았고 안테나와 무선 송수신장치의 제조 및 설치비용이 과다하여 상용화 단계에까지 이르지 못했었다. 그러나 90년대 중반 전자통신기술의 급속한 발전과 더불어 여러 제조업체에서 경제성 있는 제품을 시장에 속속 출시하고 있어 통신사업자들도 이 WLL의 상용화에 지대한 관심을 보이고 있다. WLL의 장점을 요약하면 전자기술의 발달로 회선당 단가가 저렴한 경제성과 함께 유선선로에 비해 설치가 용이하다는 점이다. 또한 전파가 도달하는 지역은 어디에나 간편하게 설치할 수 있어 통신망 구축이 유연하다. 또한 송·수신 장치가 고정돼 있어 전파환경이 이동통신보다 우수하다. 특히 WLL기술은 차세대 이동통신 서비스인 IMT-2000과 동일한 광대역 코드분할다중접속(W-CDMA)기술을 사용하고 있어 IMT-2000의 기반기술을 조기에 확보할 수 있다.

이동통신 기술을 이용한 멀티미디어 기술은 IMT-2000이 완성될 경우 6.4K~2Mbps 정도가 지원되므로 향후 유선망에서 형성될 155Mbps까지의 정보는 다른 무선통신기술을 필요로 하지 않으면 안 된다. 이에 한국통신은 WLL을 가입자망 초고속화에 활용키로 하고 현재 국내 표준시스템을 개발했으며, 98년 말부터 WLL시스템을 적용하기 시작해 2005년까지 3백80만 가입자를 수용할 계획이다. 한편 데이콤은 오는 3월까지 시스템 개발업체의 상용 제품의 성능 검사를 마무리해 공급업체를 선정하고 오는 10월부터는 서울, 광역시, 제주 지역을 대상으로 시범 서비스를 개시할 방침이다.

3.4 무선 LAN 기술

무선 LAN(Local Area Network)은 협 대역(Narrow band) 마이크로웨이브, 적외선(Infrared), 그리고 확산 대역(Spread Spectrum)대역을 사용하며, 적외선 LAN은 가시광선 바로 아래의 주파수 대역을 사용한다. 산업, 과학, 의료계의 용도를 위해 지정된 ISM 대역은 902~928MHz, 2.4~2.484GHz, 5.725~5.805GHz를 포함한다. 신호를 확산하는 확산대역 방식을 사용할 경우 많은 주파수 대역을 사용하게 되어 그 효율은 떨어지지만 안정성과 신뢰성을 유지할 수 있기 때문에 현재 많은 상용화 제품이 확산 대역 전송 기술을 사용한다.

무선 LAN이 더 활성화되기 위해서는 이동성뿐만 아니라 유선 LAN의 속도에 버금가는 전송 율을 제공할 수 있어야 한다. 현재 대부분의 상용 무선 LAN제품은 유선 LAN에 비해 상당히 낮은 전송 율을 제공하고 있다. 전송율의 향상을 위해서는 라디오 변조 기법을 향상시키고 RF(Radio Frequence) 부품과 DSP(Digital Signal Processor)와 같은 기본적인 하드웨어 기술의 발달이 병행되어야 한다.

1) 적외선 방식

적외선을 사용한 최초의 무선 LAN은 1980년대 말에 개발되었다. 그 이후로 많은 적외선 LAN이 출현했다. 이러한 시스템들은 무선망의 통신매체로 라디오 대신 적외선의 많은 장점을 이용하려고 했던 것이다. 예를 들면, 적외선은 대역폭이 풍부하고, FCC(Federal Communication Commission)의 면허가 필요 없으며 라디오 간섭을 받지 않고 적외선 소자들은 작고 가격이 저렴하고 전력을 거의 사용하지 않는다.

파장이 거의 비슷한 적외선과 가시광선은 특성이 거의 비슷하다. 즉, 어두운 물체에 의하여 흡수되고 밝은 물체에는 산란되며 거울이나 빛나는 금속에서는 반사된다. 적외선은 유리는 통과하지만 벽을 통과하지 못한다. 바로 이 점이 라디오에 대한 중요한 특징인데, 벽으로서 선을 구성하며 이웃하는 셀끼리의 간섭이 생기지 않게 된다. 특히 적외선 방사가 방안에만 한정시키므로 통신보안이 좋다. 적외선은 여러 가지 단점도 가지고 있다. 적외선 링크는 송신기와 수신기 사이의 사물 또는 사람에 의해 전송이 방해된다. 이것은 비방향성 시스템에 대하여는 빛이 벽 등의 반사에 의하여 수신기로 도달되므로 치명적이지는 않다. 적외선의 다른 단점은 안전에 대한 고려로 적외선 송신기의 파워에 제한을 주고 또한 벽을 통과하지 못하기 때문에 전달범위가 제한된다는 점이다. 따라서 적외선을 사용하는 고속 무선망에는 반경 약 5m의 작은 셀들이 생기게 된다. 셀 사이의 연결은 유선으로 하기 때문에 적외선 무선망에서 사용되는 선의 양은 유선망에서 사용되는 선의 양보다 약간 작게 된다. 그러나 무선 적외선망의 백본(backbone)을 구성하는 셀 기지국의 유선망은 일단 설치되면, 단말기의 이동에 관계없이 변하지 않게 되므로, 기존의 유선망 보다 효율적이다. 이러한 방해물에 의한 전송방해와 작은 셀 크기에도 불구하고 적외선은 무선망의 매체로서 아직까지도 유망하다고 여겨진다. 사실 면허가 필요 없는 풍부한 대역폭 때문에 100Mbps 이상의 고속 망을 경제적으로 구현할 수 있는 유일한 방법이기도 하다.

125Kbps의 속도로 동작하는 최초의 적외선 LAN은 천장물질의 우수한 확산성이 있는 반사 성을 이용했다. 각 셀은 각각의 기지국을 가지며, 기지국은 천정에 위치하며 광소스로 LED 배열(array)를 사용한다. 각 기지국들은 유선으로 연결되고, 단말기로부터 기지국까지의 업 링크(up-link) 신호는 기지국에서 수신되어 유선 백본을 통하여 각 기지국으로 브로드캐스트(broadcast)되고, 각 기지국에서는 다시 각각의 셀에서 적외선으로 브로드캐스트된다. 따라서 단말기 입장에 서보면 모든 셀들은 하나의 공동채널로 보이게 된다. 업 링크 충돌을 피하기 위하여 CSMA/CD가 사용되었으며, 업 링크와 다운 링크(down-link) 전송은 간섭을 피하기 위해 서로 다른 주파수를 사용했다. 이러한 확산성을 이용하는 장점은 송신기와 수신기 사이의 정교한 정렬을 하지 않아도 된다는 점인데 특히 이동단말기인 경우에 매우 중요한 점이다. 반면에 단점은 반사파에 의해 생기는 분산인데, 이점 때문에 전송속도가 제한되기도 한다. 다중 경로 파에 의한 분산은 방향성 있는 광학 빔을 사용하면 많이 감소하므로 높은 비트속도를 달성 할 수 있다. 그러나 시스템 성능이 방향에 매우 민감하므로 이동단말기 에는 적절하지 않다.

고속의 적외선 통신을 이루는 데는 크게 3가지의 장애사항이 있는데, 주위 환경의 빛, 포토다이오드의 높은 용량 성 및 다중경로에 의한 분산으로부터 생기는 잡음이다. 일반적으로 사무실의 램프로부터 방사되는 빛의 상당부분이 적외선이기 때문에 무선 광학링크의 주된 잡음의 소스가 된다. 가장 흔한 빛의 소스 가운데 백열전등이 적외선을 가장 많이 내며 그 다음에 햇빛, 형광등의 순이다. 대부분의 사무실에서 형광등을 사용하는 것은 그나마 대행한 일이다. 그러나 백열전

등과 햇빛과는 다르게 형광등은 교류 전원의 주기에 맞추어 빛의 세기가 깜박거리는데 이 저주파수의 강도변화는 포토디텍터(photodector) 전류의 스펙트럼에 그 전원 주파수의 정수배의 주파수에서 나타난다. 100KHz 이상까지 나타나는 이 전원주파수 간섭은 라인 코드를 사용하거나 수백KHz이상의 반송파에 데이터를 변조시킴으로써 해결할 수 있다. 100Mbps의 속도를 내려면 어떤 변조 방법을 사용하여도 반송파의 주파수가 매우 크므로 형광등에 의한 간섭은 baseband 시스템에 국한된다. 실내 환경에서 송신기로부터 수신기까지의 광 신호는 벽이나 그 밖의 반사체로부터의 반사에 의해 분산이 생긴다. 이 분산으로 인해 다중경로 페이딩이 생기게 된다. 이 다중 경로 페이딩은 피드백 이퀄라이저(equalizer)를 사용하거나 적절한 변조 방법을 선택하여 줄일 수 있다.

2) 협 대역 마이크로웨이브 LAN

협 대역 마이크로웨이브 LAN은 일반적으로 18GHz 라디오파를 사용하는데 빛과 같이 어떤 물체에 의해 막히기도 하고 산란되기도 하며 반사되기도 한다. 라디오 채널에서 제공되는 물리적 연결성이 간헐적이라는 점이 무선매체의 가장 먼저 나타나는 특징이다. 그 반면에 유선 매체는 연속적인 물리적 연결성을 유지해준다, 마이크로웨이브 주파수대에서는 사무실 또는 공장에서의 움직이는 사람이나 신호의 블록킹(blocking)도 간헐성의 주요 원천이 되다. VHF나 UHF대역에서는 전기적 잡음도 역시 문제가 된다. 그러나 다행스럽게도 CSMA/CD망에서 충돌을 처리하는 것과 마찬가지로 이러한 문제점들을 다루기 위한 에러 검사 및 재 전송 프로토콜이 많이 이용되고 있다.

무선 채널과 유선 채널의 두 번째 큰 차이점은 매체를 통해 전달되는 정보신호의 특성이다. 대부분의 유선 LAN은 baseband를 이용하므로, 신호 파형을 스칼라 양으로 나타낼 수 있지만, 무선 통신에서는 반송파를 이용하는 변조신호를 사용하므로 신호파형을 벡터와 같이 크기와 위상의 두 양으로 이루어지는 복소수로 나타낸다. 데이터통신에 이용되는 라디오 신호는 RF반송 주파수의 신호와 데이터 주파수(데이터 비트속도)에 관련된 신호로 특정 지어진다. 보통 반송파의 파장과 데이터 신호의 파장은 수 천 배의 차이가 나는데 이것은 밑에서 설명하는 다중경로에 의한 간섭에서 중요한 요소이다.

공중을 통과하는 라디오 신호의 가장 특징적이고 골치 아픈 특성은 신호가 송신 측에서 수신 측까지 여러 경로를 통하여 전달되는 점이다. 따라서 수신 측에서는 전송신호의 여러 복사 신호의 합을 수신하게 된다. 진폭 널이 20dB 정도 생기는 것이 보통인데 무선 LAN에서는 매우 적은 전력으로 전송하기 때문에 20dB 정도의 감쇄 때문에 신호가 없어지기도 한다. 이것보다 더 파괴적인 다중

경로의 형태는 벽에서 반사되어 오는 경우이다. 이때의 반사 벽의 거리가 데이터 신호의 파장과 비슷한 경우가 많으므로 직접 수신되는 신호 반사파 신호 사이의 도착 시간 차이가 크게 된다. 이 지연 확산된 다중경로에 의해 ISI(Inter Symbol Interference)가 생기게 된다. 이것은 반사파의 비트가 직접 수신되는 신호의 다음 비트와 겹치는 현상이다. 일단 ISI가 원래신호 레벨의 어느 정도 레벨이 되면 데이터 통신 시스템에서 에러 율이 급격히 커지게 된다. 이러한 지연확산 다중경로는 감쇄도 야기 시키는 데 아주 복잡한 형태로 나타나게 된다.

라디오 전자기파의 다양한 환경 하에서 다중경로 문제를 해결하기 위한 많은 기술들이 개발되었는데 일반적으로 적응등화(adaptive equalization), 스프레드 스펙트럼, 다중화(diversity, multiplexing) 등의 3가지 방법이 사용된다. 음성 급 전화선에 사용되는 고속 데이터 모뎀의 동작을 위해 개발된 적응등화 기술이 굽은 대기와 지상의 반사파에 의한 지연확산 다중경로에 의해 생기는 ISI를 없애기 위해 현대의 점 대 점 마이크로웨이브에 널리 사용되고 있다. 그러나 등화기 하드웨어는 10Mbps 데이터 신호를 등화하기 위해 필요한 하드웨어의 크기, 비용, 전력소모 등의 실질적인 어려움도 있다. 이러한 문제점 때문에 아직까지는 적응등화 기술이 무선 LAN에 사용되지는 않고 있다. 다중경로를 극복하는 다른 방법은 스프레드 스펙트럼 기술을 이용하는 것이다. 이 기술은 현재 무선 LAN에서 많이 사용되고 있다. 이 스프레드 스펙트럼은 지연 확산 다중경로에 효과적이나, 단점은 일반 LAN의 속도에서 필요한 대역폭이 크다는 점이다.

마지막으로 다중화 방법이 있다. 가장 간단한 형태로 안테나 다중화 방법은 송신기와 수신기 사이의 신호경로를 만들어서 가장 좋은 경로를 선택하는 것이다. 이러한 다중화 기술은 local scattering 다중경로로 생기는 진폭 페이딩을 감쇄시키는 최적방법으로 오랫동안 이용되었다. 여러 면에서 실내통신 환경에서 다중경로를 다루는 데는 안테나 다이버시티가 이상적인 기술이다. 왜냐하면 우선, 스프레드 스펙트럼과 같은 대역폭에 대한 단점이 없으며 10Mbps 신호를 등화하기 위한 비싼 신호 프로세서가 필요 없기 때문이다.

3) 확산 대역 방식

확산 대역 기술은 1940년대부터 연구가 시작되었으며, 장거리 데이터 통신에 관련된 다중 경로 문제를 해결하기 위해 제안된 이래로 강력한 비화성과 간섭, 방해에 강하다는 특징 때문에 군용으로 널리 이용되고 있다. 1960년대 이후에는 비동기로 다중 접속이 가능하다는 점에서 위성간의 통신 방식에도 이용되고 있으며, 무선 LAN 및 이동통신 등에서도 사용되고 있다.

확산대역 방식은 자연적으로 생기는 잡음이나, 고의적인 전자기파 방해 같은 간섭에 강하다. 하지만 이 의미는 단지 탐지 당할 확률이 적다는 것이며, 안전한 데이터 전송 환경을 완벽히 보장하지는 못한다. 만일 확산 대역을 사용해도 신호가 탐지된다면, 암호와 기법을 사용하여 데이터를 안전하게 전송할 수 있다. 이와 같은 장점으로 인하여 1985년 FCC에서 ISM 대역으로 허가 받지 않고 사용할 수 있는 확산 대역 방식을 인가함으로써 무선 LAN시스템에 본격적으로 적용되게 되었다. 인가가 필요 없는 ISM 밴드 대역 내에서 2.4Ghz 주파수대는 여러 제조업체들에게 유용하게 사용되고 있다. 이 주파수대는 무선 LAN 에 있어서 편리하고 빠른 속도를 보장할 수 있는 가히 혁신적인 기회를 제공하고 있다. 특히 우리나라에서는 902Mhz대가 이동통신 영역으로 사용되고 있기 때문에 2.4GHz 대의 사용은 필연적이다.

확산 대역 방식은 전송하고자 하는 정보를 필요한 대역폭에 비해 훨씬 넓은 대역폭으로 신호를 송신하고, 수신 측에서는 원래의 정보 대역폭에 비해 훨씬 넓은 대역폭으로 신호를 송신하고, 수신 측에서는 원래의 정보 대역폭으로 수신된 신호를 복원하는 방식으로, 이 협 대역 신호와 광 대역 신호간의 변/복조가 이 방식의 핵심 기술이다.

사용자를 적절히 할당하여 스펙트럼을 공유함으로 다중 접속이 가능하며 원래의 정보 대역폭에 비해 넓은 대역폭을 사용한다. 특히 전력 스펙트럼 밀도가 낮기 때문에 신호 은닉이 가능하여 보안성을 높여준다. 또한 다른 사용자의 고의적인 전자기파 간섭에 대해 강하며 다중 경로 효과로 인하여 지연된 신호에 대한 자체 방어가 가능하다는 특징을 갖는다.

통신 시스템 설계자들은 시스템의 효율성을 논할 때, 주로 시스템이 신호의 에너지와 대역폭을 이용하는 것에 대해 고려한다. 물론 대부분의 통신 시스템에 있어서 그것은 중요한 이슈이다. 하지만 그 외에도 시스템이 외부적인 간섭 현상에 대항하고, 낮은 스펙트럼 에너지를 취급하며 외부 제어 없이도 다중 접속 능력을 제공하고, 외부에서 접근할 수 없는 비밀 채널도 제공해야 하는 상황이 있을 수가 있다. 여러 가지 무선 통신 기술 중에서 확산 대역 기술은 이러한 목적을 가장 잘 만족시키는 기술이다.

확산 대역 기술은 안정되고 보안성이 뛰어난 무선 통신 환경을 제공하는 통신용 제품들에 주로 적용되고 있다. 확산 대역은 과거에 군사용 디지털 통신용으로 사용되던 기술이었다. 현재는 확산 대역을 무선 LAN에 적용한 상업적 응용들도 다수 존재한다, 통합 바코드 스캐너, 라디오 모뎀 장치와 디지털 셀룰러 전화 통신, 그리고 팩스교환, 컴퓨터 데이터, 전자우편, 멀티미디어 데이터 등을 위한 광대역 네트워크를 구축한 소위 "정보화 사회"를 위한 핵심 기술이 바로 확산 대역 기술인 것이다.

확산 대역 기술은 협 대역 방식과는 정반대로 전송하고 싶은 정보를 필요한 최저한도의 대역폭으로 전송하는 것이 아니라 의도적으로 그것보다 더 확실하게 넓은 주파수 대역폭을 사용하여 정보를 전송한다. 송신 측에서는 PSK(Phase Shift Keying: 위상변조)와 FSK (Frequency Shift Keying:주파수 변조)라고 하는 일반적인 변조 방식을 사용하여 일차 변조를 행한다. 또한 이 일차 변조파의 대역폭을 넓히기 위해서 이차 변조를 행한다. 이 과 정을 확산 변조라고 한다. 수신 측에서는 확산 변조된 신호를 원래대로 받기 위해서 이차 복조 혹은 역 확산시킨다. 역 확산 된 신호는 송신 측에서의 일차 확산된 신호와 거의 유사하기 때문에 마지막으로 일차 복조를 행한다.

확산 대역은 광대역이며 잡음과 유사한 신호를 사용한다. 이러한 특성 때문에 신호를 다른 사람이 감지하기가 상당히 어렵다. 또한 확산 대역 신호는 가로채거나 복조하기도 비교적 어렵다. 나아가서 협 대역 신호에 비해 좀처럼 방해받지 않는다. 이러한 낮은 차단 가능성(LPI : Low Probability of Intercept)과 잼(Jam) 방지 특성은 과거 오랫동안 군사용 목적으로 사용된 확산 대역 방식의 유용성을 말해주는 것이다. 확산대역의 통신 방식에는 DSSS(Direct Sequence Spread Spectrum)과 FHSS(Frequency Hopping Spread Spectrum) 방식 두 가지가 주로 사용되고 있다.

DSSS 방식은 전달될 각 비트에 대해 여분의 비트 패턴을 발생시킨다. 이 비트 패턴은 칩(chip)이나 치핑 코드(chipping code)라고 불린다. 칩이 크면 클수록, 원래의 데이터가 복원될 가능성이 커진다.(물론, 더 넓은 대역폭이 요구된다). 칩 안에 있는 하나 혹은 그 이상의 비트가 전송될 동안 손상을 입을 수 있지만, 무선 장치에 적용된 통계적인 기술로 신호를 재 전송할 필요 없이 복원이 가능하다. 관계없는 수신기에 대해서는 DSSS는 저 에너지의 광 대역 노이즈로 인식되며, 대부분의 협 대역 수신기들은 DSSS 신호를 무시한다. 다시 말해, DSSS 방식은 스펙트럼을 확산시켜야 할 신호에 이 신호가 갖는 대역폭에 비해 충분히 넓은 스펙트럼을 가진 확산 부호를 이용하여 협 대역 신호에서 광대 역 신호로 변환하는 방식이다. DSSS 방식은 신호를 확산함으로서 그 에너지를 분산시킨다.

데이터 시퀀스로 변조된 반송파를 광 대역 확산신호(spreading signal)로 직접 변조하여 주파수 대역을 확산시키는 것을 DSSS 방식이라 한다. 이 +1과 -1로 구성된 확산 신호는 확산시퀀스, 확산 코드, 또는 코드 시퀀스라고 부른다. 주파수 대역에 확산된 신호를 전송하며 전송 신호는 잡음, 간섭, 신호 방해 등에 의해 변형되어 수신기에 도달한다. 수신기에서는 송신기에서 사용한 것과 동일한 확산 신호를 이용하여 수신 신호의 확산된 대역을 대역 환원한다. 이 신호를 복조하면 원하는 데이터 시퀀스가 얻어진다. +1, 또는 -1을 곱하는 것은 위상을 반전시키는 것과 같으므로, 변조에 위상 변조 방식인 BPSK(Binary Phase Shift

Keying), QPSK(Quadrature Phase Shift Keying) 또는 MSK(Minimum Shift Keying) 등이 주로 사용된다.

FHSS 방식은 발신기와 수신기 모두가 알고 있는 패턴의 범위 내에서 주파수를 변화시키는 협대역이 반송파를 사용한다. 수신기와 발신기 양측이 적절하게 동기화되면, 하나의 논리적인 채널로 유지되는 효과를 얻을 수 있다. 관계없는 수신기에 대 해서는 FHSS는 지속성이 짧은 임펄스 노이즈로 인식된다. 다시 말해, FHSS방식은 스펙트럼을 확산시켜야 할 신호의 반송파 주파수를 얻던 특정한 패턴에 따라 시간적으로 전환해 감으로서 시간평균으로 협 대역 신호를 광대역 신호로 변환하는 방식이다. 데이터 시퀀스로 변조된 반송파의 주파수를 주파수 합성기에 의하여 불규칙적으로 바꿈으로서 주파수 대역을 확산시킨다. 송신기에서 하는 변조 작업을 주파수 도약이라 하고 이 장치를 주파수 도약기라고 한다. 수신기에서는 주파수 환원 기(dehopper)가 송신기와 정반대의 방법으로 반송파 주파수를 도약환원(dehopping)함으로써 주파수 대 역을 환원시킨다. 변조에는 주파수 변조 방식인 BFSK(Binary Frequency Shift Keying)또는 MFSK(M-array FSK)등이 주로 사용된다.

3.5 블루투스

블루투스(Bluetooth)는 휴대폰과 휴대폰 또는 휴대폰과 PC간에 사진이나 벨소리 등 파일을 전송하는 무선전송기술을 말한다. 블루투스라는 명칭은 10세기 덴마크와 노르웨이를 통일한 바이킹헤럴드 블루투스(Harald Bluetooth; 910~985)의 이름에서 따왔다. 그는 블루베리를 즐겨 먹어 치아가 항상 푸른빛을 띠고 있어 '푸른 이빨'로 불렸다고 한다. 블루투스가 스칸디나비아 반도를 통일한 것처럼 PC와 휴대폰 및 각종 디지털기기 등을 하나의 무선통신 규격으로 통일한다는 상징적 의미가 담겨 있다. 처음에는 프로젝트 명으로 사용했으나 브랜드 이름으로 발전했다.

1994년 세계적인 통신기기 제조회사인 스웨덴의 에릭슨은 휴대폰과 그 주변장치를 연결하는 무선 솔루션을 고안해 케이블을 대체하기 위한 연구를 시작했다. 즉 휴대폰과 주변기기 간에 소비전력은 적으면서 값싼 무선 인터페이스를 연구하기 시작한 것이다. 이후 에릭슨은 다른 휴대장치 제조사와 제휴를 추진했고 마침내 1998년 2월 에릭슨을 주축으로 노키아, IBM, 도시바, 인텔 등의 대표적인 첨단 IT 기술회사로 구성된 블루투스 SIG(Special Interest Group)가 발족했다. 블루투스 SIG에는 현재 모토로라, 마이크로소프트, 루슨트테크롤로지, 스리콤 등 세계적인 기업이 참여하며 전 세계적인 표준 규격으로 자리 잡았다.

블루투스가 정보통신 분야에서 주목받는 이유는 다음과 같다. 첫 번째, 블루투스는 저렴한 가격에 저 전력(100㎽)으로 사용할 수 있다는 점이 장점이다. 두 번째, 블루투스는 주파수 대역을 나누기 때문에 데이터 전송을 여러 주파수에 걸쳐서 분할해 보낼 수 있다. 그렇기 때문에 무선 전송에 따른 보안 위협에서도 상대적으로 안전하다. 세 번째, 블루투스 신호는 벽이나 가방 등을 통과해서 전송될 수 있으므로 배선이나 연결 상황을 육안으로 확인할 필요가 없고 장애물이 있어도 신호를 주고받을 수 있다. 넷째, 주파수 특성도 전 방향으로 신호가 전송되므로 각 장치를 연결하기 위해 일정한 각도를 유지할 필요가 없어 사용하기에 편리하다. 마지막으로 무엇보다 전 세계 수많은 국가가 블루투스 표준 규격을 준수하기 때문에 세계 어느 곳에서나 같은 기술을 이용할 수 있다. 따라서 블루투스를 이용한 무선 네트워크는 언제 어디서나 모든 정보기기 간의 자유로운 데이터 교환이 이뤄질 수 있다.

블루투스는 무선 근거리 통신 장치로서 작동 원리는 트랜시버(transceiver)와 유사하다. 트랜시버는 전송기(transmitter)와 수신기(receiver)를 하나의 패키지에 합쳐놓은 것이다. 이 용어는 휴대폰이나 무선전화기, 휴대용 무전기 등과 같은 무선 전송장치들에 적용되며, 아날로그나 디지털 신호를 송신하고 수신할 수 있다. 그러나 이 용어가 이따금 케이블이나 광케이블 시스템의 송수신기와 관련하여 사용될 때도 있는 데 무전기 트랜시버에서는 송신 중 수신기가 동작하지 않는데 전자 스위치를 사용하면 송신기와 수신기가 같은 안테나에 접속될 수 있고 송신기의 출력이 수신기를 방해하는 것을 예방할 수 있다. 이러한 종류의 트랜시버를 이용하면, 송신 중에도 신호를 수신하는 것이 가능하며 이것을 반 이중 방식이라고 하며 송신과 수신은 항상은 아니지만 같은 주파수로 이루어지는 경우가 많다. 어떤 종류의 트랜시버는 송신 중에 신호를 수신할 수 있도록 설계되기도 하는 데 전이중 방식이라고 하며, 송신기와 수신기는 충분히 다른 주파수를 사용함으로써 송신 신호가 수신을 방해하지 않도록 한다. 휴대폰이나 무선전화기 등이 이러한 방식을 사용하며 위성 통신 네트워크는 육상에 기반을 둔 가입자선들에서 흔히 전 이중 방식의 트랜시버를 채용한다. 트랜시버에서 위성으로 전송된 신호를 업 링크라고 부르고, 위성에서 트랜시버로 수신된 신호를 다운 링크라고 부르며 트랜시버는 실제로 네트워크 전선 상에 있는 회선에서 신호들을 사용하고 전선을 통해 지나가는 신호들을 감지해내는 근거리 통신망의 장치를 나타내기 위해 가장 자주 사용된다. 많은 근거리 통신망에서 트랜시버는 네트워크 카드 내에 장착되지만 어떤 종류의 네트워크에서는 외장 형 트랜시버를 필요로 하며 이더넷 네트워크에서 트랜시버를 MAU(Medium Access Unit)라고 부른다.

3.6 모바일 VoIP

먼저 VoIP에 대한 간단한 용어정리부터 시작해보자. VoIP는 Voice over Internet Protocol의 줄임말이다. 그렇다면, 이번에는 인터넷 프로토콜(Internet Protocol)을 보자. IP라는 약자로 더 많이 알고 있을 인터넷 프로토콜은 보통 인. 터넷 공간에서 상대방의 PC 혹은 단말기의 위치정보를 나타낼 때 사용된다. 즉, 인터넷 공간에서 통신을 하기 위한 가장 기초적인 주소의 역할을 담당한다고 볼 수 있다. 또한 VoIP의 앞 단어인 'Voice'는 '음성'을 뜻한다. 즉, 용어를 최종 정리하면 Voice (음성) + over + IP 인터넷주소로, '인터넷 망 위에서 음성을 전달할 수 있는 기술'이라고 정의할 수 있다.

기존의 전화망과 인터넷 전화의 차이점은 VoIP가 인터넷 망을 이용한 전화기술이라는 것이다. 이번 에는 일반 유선전화망과의 차이점에 대해 그림 3.2와 그림 3.3을 통해 알아보도록 하자.

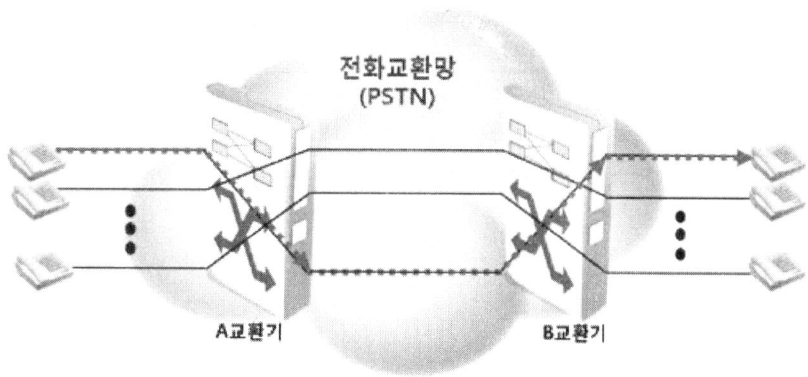

그림 3.2 기존 전화망 구조도

그림 3.2에서는 왼쪽과 오른쪽에 각각 집안에 유선전화가 설치돼있다. 일반적으로 유선전화는 전화선이 전화 단자함을 지나 인근 전화국의 전화 교환기까지 연결되어있는 구조를 가지고 있으며, 전화국과 전화국 사이에는 역시 교환기끼리 연결되어있다. 사용자가 수화기를 들어 상대방의 전화번호를 입력하면, 교환기가 전화번호를 인식해 목적지의 교환기 쪽으로 신호를 전달해 상대방과 통화를 할 수 있게 되는 구조다.

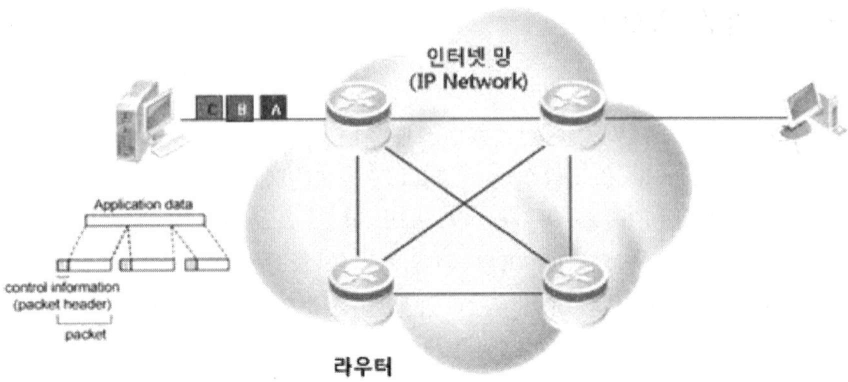

그림 3.3 VoIP망 구조도

그림 3.3을 보면 그림 3.2와 다르게 왼쪽과 오른쪽 끝에 PC가 설치돼있으며, 각각의 PC에 소프트웨어 폰 프로그램이나, PC 대신 이용할 수 있는 물리적인 하드웨어 IP 폰이 설치되어있다. VoIP 구간을 이용한 전화통신이기 때문에 소프트 폰과 하드웨어 폰 각각에는 IP 주소가 할당된다.

VOIP는 IP를 사용하여 음성정보를 전달하는 일련의 설비들을 위한 IP 전화기술을 지칭하는 용어로써 일반적으로, 이것은 공중교환 전화망인 PSTN처럼 회선에 근거한 전통적인 프로토콜이 아니라, 불연속적인 패킷들 내에 디지털형태로 음성정보를 보낸다는 것을 의미한다. VOIP와 인터넷 전화기술의 주요 장점은 기존 IP 네트워크를 그대로 활용해 전화서비스를 통합 구현함으로써 전화 사용자들이 시내전화 요금만으로 인터넷, 인트라넷 환경에서 시외 및 국제전화 서비스를 받을 수 있다. 또한 VOIP는 공중 인터넷 또는 기업 내부의 인트라넷상에서 IP를 이용해 음성과 비디오를 전송하기 위한 표준인 ITU-T H.323의 사용을 장려하기 위해, VOIP 포럼을 통해 시스코, 보컬텍 등 주요 장비제작회사들의 노력으로 생겨났다. VOIP 포럼은 또한 디렉토리 서비스 표준을 장려함으로써, 사용자들이 다른 사용자들의 위치를 찾아낼 수 있고, 자동 전화분배와 음성메일을 위한 터치폰 신호의 사용을 가능하게 한다.

VOIP의 장단점과 특징을 살펴보면, 패킷망을 사용하여 이용요금이 저렴, 멀티미디어를 통합함으로써 영상통화, 메시지 등 다양한 기술 구현이 가능, 통합 망을 구성함으로써 회선 교환망보다 효율적인 망 관리가 가능, 기존에 구축된 인터넷 장비(라우터, 스위치)등을 활용함으로써 구축비용이 저렴, 신규 서비스 개발과 수요 창출에 따른 새로운 수익 창출이 가능하지만 통화 품질 저하와 DATA 전달 속도는 빠르지만 UDP 특성상 전송 도중에 패킷 손실이 발생할 수 있다.

기존유선 VOIP가 초고속 인터넷망을 기반 인프라로 활용하는데 반해, 모바일 VOIP는 모바일 브로드밴드망인 무선랜(Wi-Fi), WiBRO(WiMAX), 이동통신의 3G 망이 사용된다. 현재까지의 모바일 VOIP는 FMC 폰을 사용하거나 스마트폰에 VOIP S/W를 설치해서 WiFi를 통해 사용하는 방법이 있다. 그러나 이동통신사에서의 통화료 수익의 감소 등에 의해 모바일 VOIP에 적극적이지 않고 또한 무선 환경의 속도가 유선보다 빠르지 않고 안정적이지도 않기 때문에 이를 좀 더 보완해야 활성화 될듯하다.

3.7 RFID

RFID(Radio-Frequency IDentification) 기술이란 전자기파를 이용해 먼 거리에서 정보를 인식하는 기술을 말한다. 여기에는 RFID 태그(이하 태그)와, RFID 판독기(이하 판독기)가 필요하다. 태그는 안테나와 집적회로로 이루어지는데, 집적회로 안에 정보를 기록하고 안테나를 통해 판독기에게 정보를 송신한다. 이 정보는 태그가 부착된 대상을 식별하는 데 이용된다. 쉽게 말해, 바코드와 비슷한 기능을 하는 것이다.

RFID가 바코드 시스템과 다른 점은 빛을 이용해 판독하는 대신 전자기파를 이용한다는 것이다. 따라서 바코드 판독기처럼 짧은 거리에서만 작동하지 않고 먼 거리에서도 태그를 읽을 수 있으며, 심지어 사이에 있는 물체를 통과해서 정보를 수신할 수도 있다. RFID는 사용하는 동력으로 분류할 수 있다. 오직 판독기의 동력만으로 칩의 정보를 읽고 통신하는 RFID를 수동형(Passive) RFID라 한다. 반수동형(Semi-passive) RFID란 태그에 건전지가 내장되어 있어 칩의 정보를 읽는 데는 그 동력을 사용하고, 통신에는 판독기의 동력을 사용하는 것을 말한다. 마지막으로 능동형(Active) RFID는 칩의 정보를 읽고 그 정보를 통신하는 데 모두 태그의 동력을 사용한다. RFID를 동력 대신 통신에 사용하는 전자기파의 주파수로 구분하기도 한다. 낮은 주파수를 이용하는 RFID를 LFID(Low-Frequency IDentification)이라 하는데, 120~140 킬로헤르츠(khz)의 전자기파를 쓴다. HFID(High-Frequency IDentification)는 13.56 메가헤르츠(Mhz)를 사용하며, 그보다 한층 높은 주파수를 이용하는 장비인 UHFID(UltraHigh-Frequency IDentification)는 868-956 메가헤르츠 대역의 전자기파를 이용한다.

RFID를 이용하면 쉽게 물류의 위치뿐 만 아니라 판매량 재고 등을 한눈에 알아볼 수가 있고 회사의 직원을 많이 필요로 하지 않기 때문에 인건비 등을 절약할 수 있다. 그리고 어려운 기술이 아니기 때문에 누구나 사용가능하다.

요즘 물류 창고에서는 RFID를 사용한다. 더베이직 하우스는 국내 패션업체로는 최초로 첨단 RFID 시스템을 도입해 물류 시스템을 혁신하고 있다고 발표했다. 패션의 유행 사이클이 갈수록 짧아지면서 제품 기획에서부터 최종 판매 시점까지 걸리는 시간을 단축하는 것이 의류업계의 핵심 과제로 떠오르면서 RFID 시스템을 활용한 제품 공급 기간 단축 및 효율적 공급 망 운영에 대한 관심이 크게 높아지고 있다. 더베이직 하우스는 자사의 4개 브랜드 중 마인드브릿지, 더클래스 2개 브랜드에 우선적으로 RFID 시스템을 도입해 본격적인 운영을 개시했으며, 공급 기간 단축 및 물류 비용 절감, 적정재고 관리에 효과를 거두고 있다고 밝혔다. 더베이직 하우스의 RFID 시스템은 해외의 생산 공장과 국내의 물류센터는 물론 마인드브릿지와 더클래스의 백화점 및 전 매장에 구축 될 예정이며, RFID 태그가 부착된 약 2백만 점의 의류가 최첨단 물류 시스템에 의거해 운송되게 된다. RFID 시스템은 해외의 생산 공장에서 출하되는 순간 RFID 리더가 자동으로 해당 물품의 정보를 인식해 실시간으로 물류센터로 전송하며, 물류센터에서는 주문서와 일치 여부 및 도착 시간 등을 즉시 파악할 수 있게 된다. 물류센터에서 매장으로 배송될 때도 동일한 방식으로 매장에서 정확한 정보를 전송받게 된다.

매장에서는 해당 의류가 판매되는 순간 해당 정보가 본사의 ERP 시스템으로 전송되기 때문에 본사에서는 전체 매장에서의 판매량과 재고량을 실시간으로 파악할 수 있다. 이에 따라 본사에서는 추가 생산에 대한 결정을 정확하고 신속하게 내릴 수 있게 됐다.

3.8 GPS

GPS(Global Positioning System) 또는 범지구 위치결정시스템은 현재 완전하게 운용되고 있는 유일한 범지구 위성항법시스템이다. 미국 국방부에서 개발되었으며 공식 명칭은 NAVSTAR GPS이다. 무기 유도, 항법, 측량, 지도제작, 측지, 시각동기 등의 군용 및 민간용 목적으로 사용되고 있다. GPS에서는 중궤도를 도는 24개(실제는 그 이상)의 인공위성에서 발신하는 마이크로파를 GPS 수신기에서 수신하여 수신기의 위치벡터를 결정한다. GPS 위성은 미국 공군 제50우주비행단에서 관리하고 있다. 노후 위성의 교체와 새로운 위성 발사 등 유지와 연구, 개발에 필요한 비용은 연간 약 7억5천만 달러에 이른다. 그러나 GPS는 전 세계에서 무료로 사용가능하다

3.9 CDMA2000

CDMA2000(Code Division Multiple Access2000)은 유무선 통합 차세대 통신 서비스인 IMT-2000의 표준으로 채택된 3세대 동기식 무선접속 기술표준이다. CDMA2000는 북미표준 IS-95로부터 진화된 3GPP2 솔루션이다. CDMA2000의 첫 번째 단계는 CDMA2000 1X라는 것으로 144kbps의 데이터 전송속도를 가지며, 기존의 IS-95와 같은 스펙트럼 대역폭을 사용한다. 두 번째 단계는 CDMA2000 1xEV (Evolution)으로 2Mbps 데이터 전송속도를 지원한다. 한국의 SK텔레콤이 최초로 2000년 10월에 CDMA2000사용 서비스를 시작했으며, 현재는 CDMA200 1X가 아시아, 북미, 남미 그리고 유럽에 퍼져있다. SK텔레콤과 KTF가 2002년에 CDMA2000 1xEV-DO (Data only)서비스를 시작하였다. Verizon 또한 미국 주요 도시에서 데이터 서비스를 제공하는데 EV-DO 네트워크를 사용하고 있다. CDMA2000 1X 특징은 고속 패킷 데이터 서비스가 가능, Mobile IP 서비스 지원이 가능, 수용용량이 약 1.5~1.7배로 증가, 단말기 대기시간이 2배로 증가, 시스템 집적도 증가로 장비 설치공간이 감소되며 무선 데이터 시장 활성화에 따른 단계적 투자가 가능하다.

CDMA2000 1X서비스 활용분야는 최대 153.6kbps의 전송속도에 의한 실시간 동영상 서비스, 동영상 음악, 화상 클립, 화상대화, 화상전자메일, 사진 및 스틸 사진 등 멀티미디어 서비스 지원이 가능, 데이터 서비스의 이동성 구현으로 다양한 무선 데이터 서비스를 제공, 영상 콘텐츠, 대용량 데이터 전송, 실시간 전자상거래 등의 다양한 멀티미디어 콘텐츠 서비스 분야로 확장이 가능하다.

3.10 인공위성

인공위성은 행성(주로 지구)의 둘레를 공전하는 인공적인 물체이다. 비행하는 궤도의 고도에 따라 정지위성과 이동위성으로 나눈다. 정지궤도위성을 중심으로 정지궤도위성보다 낮은 궤도로 지구주위를 비행하는 인공위성과 높은 궤도로 지구주위를 비행하는 인공위성이 있다. 정지궤도위성은 적도 상공 약 36,000km의 정지궤도를 비행하는 위성이고, 정지궤도 이외의 궤도를 비행하는 것은 이동위성이다. 이동 위성은 대부분 정지궤도위성보다 낮은 궤도를 비행하는 저궤도위성이지만 우주 탐사 위성과 같이 정지궤도위성보다 높은 궤도를 비행하는 것도 있다. 사용 목적에 따라 통신위성, 방송위성, 기상위성, 과학위성, 항행위성, 지구관측

위성, 기술개발위성, 군사위성 등으로 분류된다. 정지궤도위성은 지구의 자전주기와 같아서 지표면에서 보면 위성이 상공의 한 지점에 정지해 있는 것처럼 보이는 위성이다. 만유인력의 법칙과 구심력을 사용하면 정지궤도위성이 지구로부터 얼마의 높이로 비행하고 있는지 알 수 있다.

정지궤도위성의 높이는 약 36,000km로 실제 정지궤도위성의 궤도와 일치한다. 이동 위성의 궤도도 위와 같은 방법으로 구할 수 있다. 인공위성은 초속 7.9km~11.2km 사이에서 비행한다. 초속 7.9km 이하로 비행한다면 인공위성은 지구로 떨어진다. 반면 초속 11.2km 이상으로 비행한다면 인공위성은 지구로부터 탈출해 태양주위를 도는 인공행성이 될 것이다. 정지궤도위성은 지구와 같은 주기로 움직이기 때문에 안테나 등 수신 장치를 움직일 필요가 없어 통신위성과 방송위성 대부분이 정지위성으로 운용하고 있다. 세계 최초의 정지위성은 미국의 통신위성 SYNCOM 3호이다. 지구 표면은 물론 상당한 고도까지 분포하는 대기의 저항 등 감속요인을 생각하면 궤도고도는 지표로부터 상당히 멀게 할 필요가 있고, 보통 인공위성은 백수십 km 이상의 고도로 궤도를 주회(周回)한다. 따라서 인공위성을 궤도고도까지 운반함과 함께 궤도를 주회하는 속도를 주기 위해 로켓 동력비행체를 사용한다. 또 여러 가지 요인 때문에 궤도에 오차가 생기므로 그것을 수정하기 위한 제어시스템이 필요하다. 세계 최초의 인공위성은 1957년 10월 14일에 발사한 소련의 스푸트니크 1호이며, 대한민국 최초의 인공위성은 1992년 8월 11일에 발사한 우리별 1호이다.

인공위성의 개념 역시 위성과 같다. 지구에서 인공적으로 쏘아 올려 달과 같이 지구 주위를 돈다. 이러한 인공위성은 인간의 필요에 의해 과학 실험, 정찰, 통신 등의 목적으로 만들어 지구 주위를 돌고 있으며, 유용한 정보들을 보내오고 있다. 일단 발사가 되면 일정의 연료로 우주에 가서 축척된 에너지를 가지고 인공위성이 돈다.

3.11 차량 통신 시스템

차량 통신 시스템에서 차량은 컴퓨팅(computing), 통신(communication), 센싱 능력(sensing capability)과 사용자 인터페이스(user interface)를 갖추고 있으며, 이들 장치를 통해 차량 안전 및 효율을 높일 뿐만 아니라 운전자와 보행자에게 신규서비스를 제공할 수 있게 된다. 특히, 차량 통신시스템은 무선 통신망, 이동통신망 등의 기존 인프라 네트워크와 연결되어 인터넷 망의 다양한 정보를 차량에게 전달해 줄 수 있다.

차량 통신 시스템은 크게 차량 대 차량 통신(V2V: Vehicle-to-vehicle), 차량 대 인프라 통신(V2I: Vehicle-to-infrastructure)으로 분류할 수 있으며, 인프라 통ㅅ니이란 도로 노변 장치(RSU:Roadside infrastructure unit)과 통신하여 기존 인프라 네트워크로부터 정보를 수집하는 것이다.

차량 통신 시스템을 이용할 경우 장점은 운전자는 시간에 따라 변하는 도로 방향 변화, 응급 정지, 차량 접근에 따른 위험 상황 등의 정보를 실시간으로 보고받게 되고, 도로 노변 장치로부터 차량 혼잡 상황 및 위험 상황을 보고 받을 수 있으므로 보다 안전하고 신속하게 운전할 수 있다. 차량 통신 시스템을 이용할 경우 단점은 통신 문제로 인해 차량의 위치가 정확하지 않을 경우 잘못된 정보를 보내주기 때문에 운전자는 그것만 믿고 운전하게 되면 위험한 상황이 올수 있다.

3.12 화상전화

CCITT REC.H.100에서 규정하고 있는 화상전화 서비스에 대한 정의는 `화상전화 서비스(VISUAL TELEPHONE SERVICE)는 동화상 또는 정지화상을 전송할 목적으로 가입자 단말기간의 접속을 달성하기 위한 광 대역 아날로그 회선이나 디지털 회선의 교환 네트워크를 사용하는 쌍방향 통신 서비스이다. 또한 감시와 정보검색 등과 같은 특수목적의 한 방향 시스템이나 전용회선에 의한 화상회의 서비스도 화상전화의 축퇴형서비스로 간주 한다`로 되어 있다.

텔레비전 카메라·텔레비전 수상기와 전화기를 조합하여, 전화와 같이 상대를 다이얼로 불러내어 텔레비전 화상으로 상대를 보면서 통화하는 장치이다. 상대의 얼굴을 볼 뿐만 아니라, 서류나 도면을 보내거나 회의를 하는 등의 용도로도 이용할 수 있다. 텔레비전 방송에서는, 방송국으로부터의 전파를 직접 각 가정에서 수신하면 되지만, 화상전화는 가입자에서 국(局)까지의 전화선이나 교환기·중계기·시외 전화회선 등을 경유한다. 또한 전화의 음성과는 달리, 화상 신호는 주파수 대역폭이 약 1,000배나 넓기 때문에, 도중의 케이블이나 장치에 많은 경비가 소요된다는 이유로, 세계 각국이 실험단계에 머무르고 있었다. 그러나 미국에서는 1970년 피츠버그에서 텔레비전 전화 서비스가 개시된 이래, 화상전화 보급이 늘어가고 있다. 화질(畵質)은 방송에 비하면 다소 뒤지고 있으며, 방송이 4MHz의 주파수 대역폭인 데 대해, 화상전화의 대역폭은 500kHz 또는 1MHz(전화의 250배)인데, 화면이 일반적으로 작아 화질이 그리 떨어지지는 않는다. 기술이 더욱 향상되면 방송과 같은 4MHz의 주파수 대역폭이 되어, 화상전화로서만 아니라 팩시밀리나, 전화기와 계산기를 연결하여 계산기의 숫자나 기호를 비추는 디스플레이 장치도 포함한 화상통신 서비스가 될 것이다.

화상전화의 장점은 화상전화는 전화가 가능한곳이라면 어디에서든 음성 신호뿐만 아니라 화상신호를 송수신 하므로 서로 얼굴을 마주 보며 전화를 할 수 있다. 또한 주위 사물과 환경들을 알려 줄 수 있으므로 편리하다. 한편 화상전화의 단점은 화상 신호는 음성 신호와는 달리 신호 주파수 대역이 약 1000배나 넓기 때문에 도중의 케이블이나 장치에 비용이 많이 드는 단점이 있고 또 그로인해 사용료가 음성 통화료 보다 비싸다는 단점이 있다. 그리고 화상전화의 화면이 다소 제한적이어서 화질 면에서 작은 사물은 식별이 힘들다는 것이 단점이다.

3.13 음향통신과 결합한 해저 광통신 시스템

수중 차량으로 부터 실시간 비디오를 전송하는 것과 더불어 선박을 지원하는 기능의 결합은 선박으로부터 어떠한 물리적인 연결 없이 수중 원격 차량(ROVs) 운행 조정이 가능하다. 이것은 단지 중요한 기술적 진보를 의미하는 것뿐만이 아니라 비용 절감과 운영의 단순화를 가능케 한다. 공기 중에서의 통신과 비교하여, 해저 통신은 많은 제약이 있는데 왜냐하면, 물은 기본적으로 가시광선을 제외하고는 전자기파에 불투명하기 때문이다. 설령 그렇다 해도, 빛은 매우 깨끗한 물속에서도 겨우 몇 백 미터를 관통하며 침전물이나 생물들이 많이 있는 물속에서는 이보다 덜하다. 그 결과로서, 음향 기술이 발전하였으며 이제 해양과 관련된 배와 자동화된 운반수단들 사이의 지배적인 통신 수단이 되었다. 그러나 음향통신은 긴 거리 통신이 가능하지만 물속에서는 상대적으로 느린 음속 때문에 제한된 속도와 전송률 지연이 있다. 이를 극복하기 위하여, 기존의 음향 통신을 통합하면서 이를 한층 더 보조할 수 있는 광 통신 시스템을 개발했는데 이것은 데이터 속도를 초당 10에서 20메가비트까지 높였으며 통신 거리는 100미터로 상대적으로 낮은 전력과 저렴한 송신기 및 수신기를 특징으로 하고 있다.

센서와 카메라가 장착된 줄이 없는 수중 원격 차량과 자율 수중 차량(AUVs)으로부터 거의 즉각적인 자료 전송과 실시간 비디오를 함정이나 실험실에 전송하는 것을 가능케 하였으며 자료를 전달하기 위하여 수송선 밑에 표준 UNOLS 케이블을 장착하는 것만이 요구될 뿐이다. 이것은 중요한 진보이며, 물의 산도 측정에서부터 다양한 해저 속성을 측정 조사하는 데에 사용될 수 있다.

해저통신시스템으로 인해 이제 바다를 통해서도 서로의 정보공유가 가능해졌고, 나라와 나라간이나 육지와 섬을 하나의 네트워크로 연결하는 게 더욱 쉽게 이루어질 것이다. 하지만 해저통신시스템은 지진이나 해일 등 자연재해에 약하며 자연재해로 인해 손상 시 수리절차가 복잡하며 복구까지 시간소요가 많이 걸린다.

IBM의 과학자들은 오늘날 컴퓨터칩 사이에 동선을 통하여 통신하는 전기적 신호를 빛 펄스를 이용하여 통신하는, 미세한 실리콘칩으로 대체할 수 있는 진일보된 기술을 발표하였다. 이들의 연구 결과는 "칩상에 광학적 상호연결성 나노포토닉에 대한 게르마늄소자 광 검출기의 재발견" 이라는 제목으로 '네이처' 저널에 발표되었다. 이 디바이스는 '나노포토닉 아발란치 광 검출기(avalanche photodetector)'라고 불리는 것으로써 이런 디바이스 중에서 가장 빠르며 에너지 효율적인 컴퓨팅을 획기적으로 가능하게 할 수 있으며, 차세대 전자 기술에 큰 기여를 할 수 있을 것으로 보인다. IBM 디바이스는 현재 마이크로 프로세서 칩을 생산하는데 사용되는 게르마늄 물질의 아발란치 효과를 이용한다. 가파른 산의 경사면에서 눈사태가 발생하는 것과 비슷하게, 입사되는 빛 펄스가 처음에는 몇 개의 전하 운반자를 자유롭게 하고 이것들이 다른 것들도 자유롭게 만들어 결국 몇 배의 증폭된 신호를 만들어 내는 것이다. 전통적인 아발란치 광검출기는 아발란치가 천천히 생성되기 때문에 고속 광 신호를 검출할 수 없었다. 이 발명은 칩 상에 광연결의 실현을 더욱 가깝게 만든 것이다. 이런 연구 결과로 프로세스 칩안에 심어진 광통신으로, 1초에 1천조회의 연산을 할 수 있는 페타플롭 급보다 1천배 높은 엑사플롭(Exaflop) 수준의 성능을 가진 강력한 효율의 컴퓨터 시스템의 개발도 그리 멀지 않은 시기에 가능하게 할 것으로 보인다. IBM에 의해서 시연된 아발란치 광 검출기는 그런 종류의 검출기 중에서는 세상에서 가장 빠른 디바이스이다.

IBM 광검출기는 40Gbps에서 광정보 신호를 받을 수 있고 동시에 받은 신호를 10배 증폭할 수 있다. 더구나, 이 디바이스는 1.5 볼트의 공급으로도 작동하며 이전의 것보다 20배나 더 작다. 따라서 이런 작은 통신 디바이스는 작은 AA 사이즈 배터리로 작동 가능하다. 이에 비해서 기존의 아발란치 광 검출기는 20-30 볼트의 전력 공급이 필요하다. 이런 급격한 성능 향상은 단지 수십 개의 원자 스케일에서 광학적 그리고 전기적 특성을 조작함으로써 가능해졌다고 연구진은 말하였다. 이런 작은 디바이스는 매우 약한 빛 펄스를 검출할 수 있고 전례 없는 대역폭과 원하지 않는 노이즈의 최소 추가로 약한 빛을 증폭하는 것이 가능하다. IBM 디바이스에서, 아발란치 증폭은 단지 수십 나노미터안에서 발생하며 매우 빠르게 일어난다. 이런 작은 크기는 또한 증폭 노이즈를 기존의 아발란치 광 검출기에 비해서 50%에서 70%까지 억제시킬 수 있다는 것을 의미한다. IBM 디바이스는 실리콘과 게르마늄으로 제작되었으며 이런 물질은 이미 마이크로 프로세스 칩 제작에 널리 쓰이고 있다. 더구나 칩 공정에 사용되는 표준 프로세스로 만들어진다. 따라서 이런 수천 개의 디바이스는 높은 대역폭의 온칩 광통신을 위한 실리콘 트랜지스터로 제작될 수 있다.

아발란치 광검출기의 성공은 지난 수 년 동안 IBM이 수행해온 일련의 연구에 마지막 연구이며 온칩 연결자 제작에 필요한 나노포토닉스 툴박스 디바이스 개발을 완성시킨 것이다. 2006년 12월, IBM 과학자들은 온칩 광통신을 위한 광학적 버퍼를 제작하는 데 필요한 광 펄스에 부호화된 정보를 완충 기억장치에 옮기는 데 사용되는 실리콘 나노포토닉 지연선을 시연하였다. 2007년 12월, IBM의 과학자들은 초소형 실리콘 전기 광학 변조기를 개발하였다. 이 변조기는 온칩 광통신을 가능하게 하는 선조건인 전기적 신호를 빛펄스로 변환시키는 디바이스이다. 2008년 3월, IBM의 과학자들은 온칩 광학 통신에서 "트래픽 조절"을 위한 세상에서 가장 작은 나노포토닉 스위치를 개발하여 광학적 정보가 효율적으로 전달될 수 있도록 하였다.

3.14 마이크로링

마이크로 링(microring)가정에서도 미래 무선통신을 가능하게 해 줄 중요한 기술이다. 퍼듀 대학의 연구진은 초고속 레이저 펄스를 라디오 주파수 신호로 전환시킬 수 있는 초소형 디바이스를 개발하여 장차 가정이나 사무실에서 무선통신을 가능하게 하였다. 이와 같은 기술적 진보는 고선명도 텔레비전 방송에서 안전한 컴퓨터 연결에 이르기까지 모든 통신이 단일 기반 스테이션으로부터 전송되는 것이 가능하게 해 줄 것이다. 이 기반 스테이션은 일종의 중앙 컴퓨터로서 정보 처리를 담당하고 외부와 정보를 송신하고 수신하는 거점 역할을 하는 것이라고 연구진은 덧붙였다. 이들의 연구 결과는 네이처 포토닉스에 발표되었다. 보통, 기존의 라디오-주파수 송신의 연속적인 파장은 집이나 사무실안의 물체 또는 벽에 반사된 누설파와 간섭한다는 문제점이 있다. 그러나 이 새로운 칩-기반 스펙트럼 셰이퍼(shaper)에 의해서 생성된 신호는 라디오 주파수 통신에서 보통 겪게되는 간섭을 피할 수 있다고 연구진은 말하였다. 각 레이저 펄스는 약 100 펨토초 동안 지속된다. 이런 펄스는 퍼듀 연구진이 개발한 "광학적으로 임의의 파형 기술" 을 사용하여 발생된다. 연구진은 그들의 새로운 기술 개발은 고분해능 디스플레이에 필요한 방대한 데이터를 전송할 수 있는 초광대역 라디오 주파수를 생성시킬 수 있는 디바이스 덕분이라고 말하였다. 이 기술은 궁극적으로 신호를 받고 보낼 수 있도록 개발될 것이라고 연구진은 덧붙였다. 이 기술은 처음에는 텔레비전, 프로젝터, 모니터, 프린터와 같은 한 방향 트래픽 신호만을 받아들이는 디바이스에 응용될 수 있을 것이라고 연구진은 말하였다. 그 이유는 데이터를 전송하기 위한 시스템이 부피가 크기 때문이다. 차후에 신호를 보내는 시스템이 이 디바이스에 통합되면 양방향 트래픽이 가능해져 하드 디스크 드라이브와 컴퓨터와 같은 것들을 무선으로 작동할 수 있게 될 것이다. 이 방법은 또한 차안에서 무선으로 신호를 전송하는데도 사용될 수 있을 것이다.

초고속 레이저 펄스를 라디오 주파수 신호로 전환시킬 수 있는 초소형 디바이스를 개발하여 장차 가정이나 사무실에서 무선통신을 가능하게 하였다. 이 기반스테이션은 일종의 중앙 컴퓨터로써 정보 처리를 담당하고 외부와 정보를 송신하고 수신하는 거점 역할을 하는 것이다. 보통, 기존의 라디오-주파수 송신의 연속적인 파장은 집이나 사무실안의 물체 또는 벽에 반사된 누설파와 간섭한다는 문제점이 있다. 그러나 이 새로운 칩-기반 스펙트럼 셰이퍼(shaper)에 의해서 생성된 신호는 라디오 주파수 통신에서 보통 겪게 되는 간섭을 피할 수 있다고 연구진은 말하였다. 각 레이저 펄스는 약 100펨토초 동안 지속된다. 이런 펄스 "광학적으로 임의의 파형 기술" 을 사용하여 발생된다. 그러나 60[GHz]에서 개폐하는 디바이스는 이런 지터가 적합한 신호 처리를 방해한다. 또 다른 문제는 진동하는 레이저 빛을 라디오 주파수 신호로 변환시키는 데 필요한 디지털-아날로그 변환기가 고주파수에서는 작동하지 않는다는 것이다. 이런 문제점을 극복하기 위해서 현재 광학 거울, 렌즈와 그 외 다른 광학적 장비를 커다란 진동 흡수 테이블에 설치하여 펄스 신호를 전환시키고 전송한다. 그러나 이런 시스템은 너무 커서 실용적으로 응용하기에는 적합하지 않다. 이제 퍼듀의 연구진은 이런 거대 광시스템을 수천 배나 더 줄여 매우 작게 만들어 컴퓨터칩에 끼워 넣을 수 있게 하였다. 이 시스템은 또한 프로그램이 가능하여 특정한 주파수만을 생성시키고 전송할 수 있도록 만들었다.

마이크로링은 광학 특성이 있는 특수 유리로 만들어졌으며, 주요 전송 신호 구성요소는 정보 통신 시스템에서 광범위하게 사용되는 마이크로 칩과 통합될 수 있다. 또한, 이것은 실리콘 칩 제조업체에 의해 사용되는 것과 같은 방법을 이용하여 제조됨으로써, 광학 부품 비용을 절감하고 기술을 좀 더 지속적으로 유지해 줄 수 있다는 장점을 가지고 있다.

3.15 하이패스

하이패스(Hi-pass)는 주행(무정차) 상태에서 톨게이트의 안테나와 차량내 탑재된 단말기(전자카드가 삽입된 상태)간의 무선통신에 의해 통행료를 지불하는 무인운영시스템이다. 하이패스에서 사용하는 무선(적외선 및 주파수)통신 방식은 적외선(IR) 주파수통신(RF) 방식 두 가지가 있다. 하지만 전파통신 특성상 전파 장애를 언제든 받을 수 있기 때문에 1%이하의 에러 율이 발생할 수 있다.

하이패스 결제를 위해서는 하이패스 카드와 OBU로 불리는 단말기가 반드시 있어야한다. 우선 카드와 단말기간의 컨택(contact) 방식으로 데이터 통신을 합니다. 요즘은 콤비카드로 컨택 과 컨택리스(contactless) 방식 두 가지로 데이터 통신이 가능해졌습니다. 단말기가 RF(13.56MHz) 통신도 수용할 수 있는 것입니다. 그래서 교통카드로 하이패스 결제가 가능하다. 교통카드는 ISO 14443 표준의 통신주파수는 13.56MHz입니다. 그리고 카드와 단말기간의 데이타는 단말기와 톨게이트 안테나가 무선통신을 한다. 이때는 IR(적외선)과 RF(무선통신) 두 가지 방식으로 이루어진다. 보통의 경우 하이패스라하면, 5.8GHz 통신의 결제방식을 하이패스라 합니다. 차량통제 메카니즘을 제외하고 하이패스 결제 프로세만 보면, 먼저 차량을 인지하고 안테나에서 차량으로 결제요청 정보를 보내면, 차량의 OBU 가 카드의 결제정보(카드종류/결제방식 등)를 OBU에 보내고 OBU 는 다시 톨게이트 안테나로 보낸 후, 결제가 완료된 후 다시 결제완료 정보를 역순으로 카드까지 보내면서 카드에 기록하는 것이다. 물론, 톨게이트 서버에도 그 기록은 남는다. 사후 정산을 위해 카드 발행사에 결제 데이터를 보내고 교통요금을 청구(후불의 경우)하는 등의 또 다른 결제 프로세스가 이어지는 것이다.

3.16 교통카드

최근 일반 승차권이나 정액권 대신 "교통카드(버스카드)"를 사용하는 사람이 늘고 있다. 이 카드는 잔돈 계산에 신경 쓸 필요가 없는 데다, 귀찮게 지갑에서 꺼내지 않아도 그냥 지갑 채 갖다 대기만 하면 처리가 되므로 매우 편리하다. 일부 승객의 경우 교통카드를 굳이 지갑에서 꺼내어 사용하고 있는데, 지갑 뿐 아니라 심지어 핸드백 깊숙이 넣어 두고도 요금 처리가 가능하다.

교통카드를 처음 보았을 때는 이것이 무슨 바코드의 일종이 아닐까 생각하게 된다. 슈퍼마켓의 계산대에서 상품을 갖다 대기만 해도 가격이 입력되는 장치와 무슨 연관이 있지 않을까 생각할 수 있다. 그러나 카드에는 바코드가 인쇄되어 있지 않습니다. 게다가 바코드라면 카드에 저장된 요금을 수정할 수 없다. 여기에는 바코드와는 다른 기술이 사용되었습니다. 바로 무선주파수이다. 쉽게 말해 전파를 사용해 카드 내부의 IC 칩과 단말기 간에 교신이 이루어지는 것이다. 이는 휴대전화(핸드폰)와 기지국과의 통신과 원리가 같다. 이 기술은 "라디오파 확인(RFID)"이라 불린다. 엉뚱하게도, 세계 1차 대전 때 개발된 기술로써, 적군 비행기와 아군 비행기를 구분하는 데 사용되었다. 아군 비행기마다 최초의 교통카드(?)라 할 수 있는 장치를 설치하고, 지상의 미사일 기지에서는 끊임없이 "우리 편이냐?" 하는 전파를 내보낸다. 이 전파에 "그래" 하고 제대로 응답하는 비행기만 아군으로 판단하고 공격하지 않았다. 현재 우리가 사용하는 교통카드도 같은 방식이다. 게이트마다 설치된 단말기가 끊임없이 "600원을 내라"는 전파를 내보내고, 이 전파를 교통카드가 받아들여, 카드에 충전된 금액에서 600원을 공제한 다음, "600원을 냈다"라는 전파를 내보냅니다. 이를 단말기가 받아들이고 게이트를 열어주는 것이다. 만약 충전된 금액이 부족하여 카드가 "600원을 못 냈다"라는 전파를 내보낼 경우, 단말기는 문을 열어주지 않는다.

충전기도 단말기와 비슷한 기계이나, "10000원을 넣어 줄께" 라는 전파를 내보낸다는 점이 다르다. 여기서 한 가지 의문점이 더 생깁니다. 카드가 응답하는 전파를 내보낸다고 했다. 전파를 내보내려면 동력원인 전기가 있어야 한다. 그런데 카드 어디에도 건전지는 달려 있지 않으며, 교환하지도 않는다. 그럼 이 카드는 어디서 전기를 얻을까요? 여기에는 "전자기 유도 현상" 이 사용된다. 전자기 유도 현상은 자기장과 코일을 가까이 하면 코일에 순간적으로 전류가 흐르는 현상으로써, 자석과 코일을 가까이 했다가 멀리 했다가 하는 동작을 반복하여 계속적으로 전류가 흐르게 하는 기계가 바로 발전기이다. 교통카드 모서리에는 전선이 여러 번 감겨 코일을 이루고 있다. 단말기는 주기적으로 세기가 변하는 자기장을 내보낸다. 이 자기장과 코일을 근접시키면 코일에 전류가 흐르게 되고, 이 전류가 IC 칩을 작동시키게 되는 것이다. 단말기에서 내보내는 자기장의 세기가 주기적으로 변하는 이유는, 코일에 전류가 지속적으로 흐를 수 있게 하기 위해서이다.

수금단말기에는 게임팩처럼 생긴 소형 저장장치가 연결되어 있어, 이곳에 받은 요금이 얼마인지를 저장한다. 버스회사에서는 이 팩을 대행업체에 연결해, 저장된 만큼의 돈을 업체로부터 받는다. 물론 일정액의 수수료가 더해진다. 대행업체는 수수료 외에도 단말기의 장비임대료를 받는다. 충전단말기의 경우는 충전하기 전 먼저 대행업체의 서버에 접속한 다음, 카드에 얼마를 충전해 주었는지를 전송한다. 서버는 이 내용을 기억해 두었다가 충전소에서 그 돈을 받는다. 물론 일정액의 수수료를 충전소에 지급한다.

3.17 QR코드(Quick Response)

작은 정사각형의 점을 가로 세로 같은 수만큼 병렬시킨 매트릭스 형 2차원 코드로, 한 변에 21개가 나열 된 [버전1] 에서, 177개가 나열 된 [버전40]까지, 40가지의 사양이 있다. 점의 숫자가 많을수록 많은 정보를 기록 할 수 있으나, 필요한 면적이 넓어진다. 코드의 3개의 모서리에는 [回]자 형의 심볼(파인더 패턴, finder pattern)이 배치되어 있어서, 360도 어느 방향에서도 인식하여 정확한 정보를 얻을 수 있다.

기록 가능한 정보량은, 버전40의 경우 최대 23,648비트이다. 독자의 문자코드를 사용하므로, 일반 가나(일본 문자)나 한자의 경우 1,817문자, 알파벳과 숫자의 경우 4,296문자, 숫자만 사용할 경우 7,089문자까지 기록 할 수 있다. 데이터에는 보완성을 갖도록 하여, 일부가 손실 되더라도 인식할 수 없게 되더라도 데이터를 복원할 수 있다. 오차 정정율은 4단계로 설정 할 수 있으며, 가장 낮은 것이 약7%, 가장 높은 것이 약 30%까지의 손실 되었을 경우 대응 가능하다. 오차 정정률은 높을수록 보다 많은 보완용 데이터가 필요하므로, 기록 할 수 있는 데이터량은 그만큼 줄어든다.

QR코드는 일본에서 가장 많이 보급된 2차원 코드로, 자동차공장의 간판 등에 쓰여진다. 최근에는 휴대전화에 QR코드 인식 기능이 탑재되어, 인터넷 URL등 버튼을 여러 번 눌러야만 입력할 수 있는 데이터를 간단히 입력하는 수단으로 보급되고 있다.

3.18 모션 센서를 이용한 위치 추적 기술

전투 작전 중에 군대들이 어디에 있는지를 아는 것은 사활의 문제가 될 수 있다. 그러나 군인들의 위치를 추적하는데 사용되는 GPS 기술은 망가지기 쉽고, 신호가 쉽게 손실된다. 한 영국 회사는 GPS를 이용할 수 없을 때 위치를 제공할 수 있는 경량의, 착용 가능한 위치 추적기를 개발하고 있다. 이 시스템은 저렴한 마이크로칩 기반 모션 센서에 의해 발생되는 신호들로 부터 위치 데이터를 뽑아내는 새로운 소프트웨어를 사용한다.

기기는 Stevenage에 있는 Tessella라는 회사에 의해 개발중인데, 이 회사은 일반적으로 작년에 발사된 유럽 우주 기관(European Space Agency)의 Herschel Space Observatory와 같은 우주선을 위한 좌표 소프트웨어를 개발한다. 이 소프트웨어는 우주선에 있는 행성 추적 카메라로부터 얻어진 데이터를 융합하여 시스템이 우주선의 위치와 회전을 측정하는 것을 가능하게 해준다. 이러한 알고리즘들은 또한 모션 센서들을 이용하여 위치를 발견하는데 사용할 수 있다고 Oxfordshire의 Rutherford Appleton 연구소에서 지난주 열린 SpaceTech 학회에서 Tessella의 David Dungatet는 말했다. 군인의 몸에 부착된 모션센서는 성냥갑 크기의 유닛으로 3개의 마이크로 칩 가속도계들과 각각 직각으로 연결된 3개의 자이로스코프를 포함한다. 이 유닛에서 송신된 데이터를 이용하여, 알고리즘은 알려진 센서를 장착하고 있는 사람의 위치를 스타트 포인트-아마도 GPS 신호를 받을 수 없는 지점-에 대한 상대적인 위치로 계산할 수 있다.

시스템은 기존의 움직임 감지 기기들- 발 또는 발목에 착용하는 걸음 감지 추적기-에 비해 훨씬 편안할 것이라고 Dungate는 말한다. 그러나 마이크로 칩 센서들은 전원 공급, 온도 기타등등의 변화에 의해 추가적인 노이즈를 만들어내기 쉽고, 따라서 신뢰성있는 데이터를 얻는 것이 매우 까다롭다. Tessella는 필터링 알고리즘이 어떠한 신호들이 관련있는지를 결정하도록 특징적인 패턴을 찾기위해 상용 모션 센서들에 의해 발생되는 노이즈를 조사하고 있다. 이러한 알고리즘들 또는 "칼만 필터(Kalman filter)"는 실제값에 가까운 측정값을 산출하기 위한 목적으로 과거의 데이터를 이용하여 노이즈가 신호에 영향을 줄 것인지를 예측한다. "우리들은 이미 일부 데이터에 알고리즘을 적용하여 정확하게 에러들을 제거하는 것을 보여주고 있다"라고 Dungate는 말한다. "우리들의 알고리즘은 정보의 모든 부분을 얻기 위하여 데이터를 쥐어짠다." 회사는 6 개월 동안 동작하는 추적기를 만들기를 희망하고 국방관련 계약자들이 이미 관심을 보여주었다고 주장한다.

만약 그것이 제대로 동작한다면, 그것이 군대를 넘어 요긴한 방법이 될 것이라고 영국 국립 물리학 연구소의 위치 및 타이밍 분야의 수장인 Bob Cockshott는 말한다. "전파 방해가 사용되고 있을 때의 용도뿐만 아니라 GPS가 도달할 수 없는 도심의 건물 사이와 같은 지역에서 GPS이외의 기술에 대한 많은 수요가 있다."

3.19 IMT-2000 (International Mobile Telecommunications-2000)

차세대 이동통신서비스 IMT-2000은 기존의 주요 통신서비스인 셀룰러, 무선호출, 코드리스 전화는 물론 유선망, 초고속 정보통신망(Information Super Highway) 및 위성과 연계한 음성, FAX등의 데이터 및 정지/동화상등 다양한 멀티미디어 서비스를 사용자의 요구에 따라 최고 2Mbps까지의 전송속도로 전송하며, 국제 로밍서비스를 제공하는 것을 목표로 하는 유무선 통합 시스템이다.

IMT-2000의 통신망 고려사항을 살펴보면, 무선전송기술 분야에서 다층셀 구조를 가지는 다양한 무선 환경의 수용, 주파수 효율의 극대화, 저렴한 단말기 가격 및 이용료, 고정단말기에 준하는 서비스품질, 음성/영상/고속 데이터 통신, 고정 광대역 무선접속(Fixed Wireless Access)의 수용이다. 전송측면에서 보면 기존망과의 호환성, 단말 및 개인의 이동성 보장, OSI 시그널 준수로 144Kbps급의 Macro cell, 384Kbps급의 Micro cell, 2Mbps급의 pico cell등이 수용될 수 있어야 하며, 1885-2025, 2100-2200Mhz 주파수 대역을 확보해야 한다.

이에 사용될 기술로는 CDMA에 근거한 광대역(Wideband) CDMA와 GSM시스템에 기초한 ATDMA(Advanced TDMA)가 연구되고 있다. CDMA에 근거한 광대역 CDMA기술은 고전송율의 데이터서비스를 위해 Multicarrier CDMA, OFDM (Orthogonal Frequency Division Multiplexing)등의 다중접속방식이 연구되고 있다. 또한 용량 증가를 위한 적응 안테나 기술(Adaptive Antenna Array)과 간섭제거 기술(Interference Cancellation), 고속데이터 서비스를 위한 멀티코드, 멀티레이트 전송, Pilot channel이나 Pilot symbol을 이용해서 순방향(Forward)/역방향(Reverse) 동기복조 방식, 기지국간의 동기방식과 비동기방식 등이 활발히 연구되고 있다.

Multicarrier 시스템과 OFDM은 현재의 디바이스로는 구현이 용이하지 않은 광대역 시스템을 여러 개의 협대역 시스템으로 나누고 이를 다수의 carrier에 실어 단일 carrier와 같은 효과를 내는 기법이다. 이는 고속의 디바이스가 필요한 단일 carrier 시스템과 달리 저속의 디바이스로 구현이 가능하다는 이점이 있으며, 또한 IS-95와 IMT-2000시스템을 오버레이(Overlay)하는 구조에서는 Multicarrier 시스템이 협대역 잡음에 강인한 성질을 보이므로 단일 carrier를 쓰는 시스템보다 우수한 성능을 보인다. 이 경우 광대역 CDMA 시스템을 Multicarrier로 구현하면 IS-95와 역방향 호환성(Backward Compatibility)을 상당부분 제공할 수 있는 장점이 있다. 또한 현재의 시스템을 그대로 이용하여 구현이 가능하며, 인접하지 않은 여러 대역을 묶어 사용하는 것도 가능하다는 이점도 있다.

적응안테나 기술과 간섭제거 기술은 안테나이득 증가, 다른 사용자 신호를 줄임 등의 방법으로 용량을 증가시키는 방법이다. 이동통신환경은 다른 사용자들의 신호에 의한 간섭에 용량이 결정된다. 적응안테나 기술은 여러 개의 안테나를 사용하여 안테나 빔형태를 바꿈으로써 안테나이득을 증가시키고, 다른 사용자들의 신호 세기를 줄여서 원하는 사용자의 신호를 수신하는 기법으로, 다른 사용자들의 신호 세기가 줄어들게 되므로 용량을 증가시킬 수 있게 한다. 간섭제거 기술은 다른 사용자들의 신호를 제거한 후, 원하는 사용자의 신호를 수신하는 방법으로, 다른 사용자들의 신호가 제거되므로 용량을 증가시킬 수 있게 된다.

고속데이터 서비스를 위한 멀티코드 방식은 고속데이터 서비스 사용자에게 여러 개의 코드를 할당하는 방식이다. 이는 각 코드 채널의 직교성(Orthogonality)이 유지되어야 하고, 멀티코드방식이 갖고 있는 멀티레벨의 진폭 특성과 이로 인한 왜곡이 작아야 한다. 멀티레이트 방식은 고정된 칩율(chip rate)에 대해 처리이득(Processing gain)을 변화시켜 여러 가지 데이터 율을 얻는 방식이다.

역방향(Reverse) 동기복조 방식은 그동안 역방향에서 사용하던 비동기복조 방식의 성능저하를 보완하기 위해 새로이 연구되고 있다. 동기 복조를 위해서는 채널페이딩 정보가 필요한데, 이를 위해 Pilot channel 또는 Pilot symbol을 이용한 시스템이 제안 되고 있다.

기지국간 동기방식은 GPS(Global Positioning System)를 이용하여 현재 IS-95 시스템에서 사용 중이며, 기지국간 비동기방식은 일본, 유럽, 우리나라에서 활발히 연구가 진행되고 있다. 기지국간 비동기방식은 GPS 등 동기 장치가 필요 없다는 장점을 가지나, 기지국 셀 검색 시 (단말기를 켰을때나 통화이관(Hand-off)시) 드는 시간이 문제가 된다. 이를 해결하기 위한 고속 셀 획득(Acquisition) 알고리즘에 관한 연구가 활발히 진행이다.

IMT-2000 서비스를 제공하기 위해 현재 미국과 일본, 유럽에서 연구개발을 추진 중에 있으며, 국내에서도 2002년 상용화를 목표로 연구개발에 박차를 가하고 있다. IMT-2000 시스템 개발을 위한 세계 각국의 동향을 살펴보면, 우리나라에서는 ETRI에서 이에대한 연구가 진행 중이며, 미국의 cdmaOne진영은 기존의 IS-95 시스템을 보완 발전시켜 IMT-2000으로 진화시키고자 하며, 이에 따라 모토롤라, 퀄컴, 루슨트 테크놀로지, 노던 텔레콤, 삼성등이 광대역 CDMA로 진화시켜 나아가기로 합의했다. 일본의 ARIB(Association of Radio Industrics and Business)진영에서는 NTT DoCoMo의 광대역 CDMA안이 가장 유력하게 받아들여지고 있으며, 이미 동경지역에서 3개 Cell을 설치하여 전파환경 실험을 마친 상황이다. 유럽표준화기구(ETSI)는 IMT-2000의 역내 규격으로 일본 방식을 기본으로 그 경쟁규격 일부를 도입하는 방식을 결정했다. 이로써 IMT-2000규격과 관련해서는 처음으로 유럽지역에서 벌어진 표준규격 경쟁, 즉 일본의 W-CDMA와 지역기반의 TD-CDMA 간 다툼이 일단락되는 동시에 일본과 유럽지역의 규격 공통화가 이루어 지게 됐다. 이에 따라 세계 표준화경쟁도 종전의 일본·유럽·북미의 3파전에서 일본·유럽의 새 공통규격과 북미 규격의 2파전으로 압축됐다. 이에 CDMA 시스템을 세계최초로 상용화시킨 우리나라의 앞으로 활동이 기대가 된다.

3.20 GMPCS (Gobal Mobile Personal Communications by Satellite)

현재 지상 셀룰러 망의 평면적 확장으로는 그 수요를 근본적으로 수용할 수 없고, 또한 지형적인 문제(사막, 산악지역, 해상 등)로 통신 불통 및 불가지역을 완전 해소할 수 없다는 한계가 있다. 또 제화 추세에 따라 국가간 교류 및 국내외 사회 경제적인 활동이 증가함에 따라 국경을 초월한 이동통신의 수요가 급증하고 있다. 이와 같은 이유로 위성이동통신의 존재가 부각되고 있다. 이러한 GMPCS는 지상 200~1500km 높이에 띄운 수십 개의 저궤도 위성을 이용, 지구상의 어떤 곳에서도 통화할 수 있을 뿐 아니라 팩스, 데이터, 무선호출 서비스를 가능케 하는 21세기 최첨단 통신수단이다.

위성이동통신 사업은 전 세계를 커버하는 서비스를 제공하기 위해 전 세계 기업이 컨소시엄을 이루어 사업을 추진하고 있으며, 현재 이리듐(Iridium), 글로벌스타(Globalstar), 프로젝트-21(Project-21)등의 프로젝트가 각 사업체를 중심으로 추진되고 있으며, 지상에 이어 공중 통신 제공권까지 장악하기 위한 세계 유수의 통신사들의 경쟁이 한창이다. 국내기업으로는 한국통신, 신세기이동통신, 삼성전자가 프로젝트-21 사업에, 현대전자, 데이콤이 글로벌스타사업에, SK telecom이 이리듐 사업에 참여하고 있다.

GMPCS 컨소시엄인 이리듐 컨소시엄은 지난해 5월 5일 첫 위성 5기를 발사한 이래 현재까지 모두 46기의 위성을 발사했으며 올해 20기 위성을 추가 발사, 오는 9월부터 이동전화, 무선호출, 데이터 전송 등의 서비스를 제공할 예정이다. 이리듐사가 첫 위성 발사에 성공, 위성통신망 구축에 들어간데 이어 올해 2월 글로발스타가 위성 발사에 성공함에 따라 전 세계를 대상으로 하는 GMPCS 사업자간 서비스 준비 경쟁이 본격화될 전망이다.

3.21 PCS

PCS(Personal Communication System)란 일반적으로 기존의 이동전화 서비스의 단점을 극복한 보행자 중심의 새로운 이동통신 서비스를 총칭한다. PCS는 셀룰라 이동전화에 비해 저렴한 보행자 중심의 이동통신 서비스이며 저속의 이동체를 서비스 대상으로 한다. 핸드오프를 지원하고 유선전화와 동등한 수준의 통화 품질을 가지며 소형, 경량의 단말기를 저렴하게 공급하여 일반 대중이 널리 사용할 수 있는 이동통신 서비스이다. 음성뿐만 아니라 데이터 및 영상 서비스 등의 이용이 가능하며 사용자마다 개인 번호를 할당한다.

PCS를 구현하는 기술 방식은 크게 Low Tier PCS와 High Tier PCS로 구분된다. Low Tier는 디지털 코드리스 전화 기술을 기본으로 주파수를 1.8GHz 대역으로 상향한 방식으로서 일반적으로 셀 반경이 작고 저출력이며 저속 보행 중심의 서비스를 뜻한다. 아울러 단말기 가격의 저렴화가 가능하여 대중화하기 쉬우며 통화 시간과 충전지속 시간이 길어 현재의 셀룰라 폰의 단점을 극복할 수 있으며 통화 채널당 용량이 커 복합통신 서비스 제공에 적합한 기술이기도 하다. 반면 high Tier는 기존의 디지털 셀룰라 기술에 주파수를 1.8GHz 상향한 방식으로 셀 반경이 크고 고출력인 고속 중심의 셀룰라 계열의 서비스를 말한다.

정보화 시대를 맞이하여 시공간을 초월하는 통신 환경의 구축이 사회, 문화, 경제 등 모든 활동 분야에서 매우 필요해지고 있는데 최근 연도별 셀룰라 현황을 가입자 수의 측면에서 보면 1984년 이래 연평균 80% 이상 증가하고 있고 시설은 연평균 약 100% 증가하는 등 폭발적인 증가 추세를 나타내고 있다. 이는 국제경제가 발전하고 있고 생활수준이 향상됨에 따라 이동통신에 대한 소비자의 수요가 급증하고 있음을 나타내는 것이다. 그러나 이러한 소비자의 욕구가 휴대전화 및 차량전화 등으로 충족되고 있으나 보편적인 서비스를 제공하기는 한계가 있다. 이에 비해 PCS는 많은 통화량을 수용할 수 있고 근본적으로 저가의 단말기, 낮은 통화료, 유선전화와 대등한 통화품질 등을 전제로 하여 일반 대중을 상대로 널리 보급된 서비스이다. 또한 현재의 통신망에서는 정보 교환을 위한 통신의 종단점이 특정 장치나 기기로서 회선번호나 단말기 번호 같은 물리적인 번호를 사용하고 있는데 이는 통화 대상자의 연결이 이루어지지 않거나 지연되는 불편함이 있다. 최근 통계에 따르면 일반전화 통화의 30%만이 원하는 착신자와 연결이 되고 70%는 통화중이거나 착신자의 부재로 연결되지 못하는 실정이라고 한다. 이러한 상황에서 PCS는 전화번호 할당이 지금의 유선전화나 셀룰라와 같이 지역이나 단말기에 따른 할당이 아닌 각 개인에게 주민등록번호를 부여하듯이 번호가 할당되어 특정 단말기가 아닌 각 개인에게 연결되는 서비스로 수신자의 위치에 관계없이 언제 어디서나 통화가 이루어진다는 점에서 커다란 사회적 변화를 가져오게 되었다. 예를 들면 전화번호가 단말기가 아니라 각 개인에게 부여됨으로써 개인이 어느 위치에 있든지 자신의 소재지만 알려주면(위치등록) 항상 통화가 가능하여 고정 단말기의 장소 제약을 해결해 주는 것이다.

최근 사회 환경과 생활 양식 등의 변화에 따라 개인의 가치관이 다양화되고 있으며 통신 서비스에서도 종래의 획일적인 서비스가 아닌 개인의 생활패턴, 환경, 취향에 맞는 서비스가 요구되고 있는데 PCS는 이러한 수요에 부응하는 다양한 서비스의 개발을 한층 용이하게 하고 있다.

PCS 서비스를 구현하기 위해 필요한 기술에는 무선접속기술, 망구성 기술, 운용 기술, 단말 기술, ISDN 기술, 교환 기술, 통신제어 기술 등이 있으며 PCS는 이들 기술들이 복합적으로 체계화된 종합기술이다. 우리나라는 선진국에의 기술 종속을 탈피하기 위해 초창기부터 핵심원천 기술 확보에 주력하여 경쟁력 있는 시스템 구축에 성공하였다. PCS 구현에 적용된 다양한 기술들은 정보통신 타 분야에 대한 기술 수준 향상에 지대한 영향을 주었다. 저렴한 가격과 우수한 통화 품질로 저속차량 및 보행자를 중심으로 제공되는 이동통신 서비스를 말하며 일반인을 대상으로 서비스의 대중화를 목표로 한다.

셀룰라 이동전화는 가입자 수용 용량이 적고 단말기 가격과 서비스 요금이 비싸 이용층이 국한되는 경향이 있었으나 PCS는 가입자 수용 용량을 높이고 단말기 가격 및 서비스 요금의 저렴화를 통해 모든 국민이 사용할 수 있도록 서비스의 대중화를 실현한다.

다중접속 방식이란 다수의 사용자가 동시에 통화를 할 수 있도록 기지국과 단말기 사이에 무선 구간을 연결해 주는 방식을 말한다. TDMA는 일정한 주파수 대역을 시간적으로 분할하여 전송하려는 정보들을 시간 차이를 두고 보내고 수신시에 시간 차이를 두고 복원함으로서 원래 신호를 재생해 내는 방식이다. 이 방식은 유럽, 미국, 일본에서 널리 이용되어 실용성이 검증되고 기존 아날로그 방식에 비해 2~3배 정도의 수용 용량을 갖는 장점이 있으나 일정한 대역을 여러 채널로 할당하여 주어진 채널 주파수의 범위 내에서만 정보를 다중화할 수 있는 특성으로 인하여 폭발적인 수요에 대처하는 데는 미흡하여 용량 면에서 부족하다고 볼수 있다.

대역확산(Spread Spectrum) 기술을 활용하여 일정한 주파수 대역을 채널로 분할하지 않고 전체 대역 내에서 각각의 정보를 특정부호 및 시간차이로 분할하여 동시에 보내고 수신 쪽에서 전체 대역 내에 포함된 수많은 정보 중에서 보낼 때 사용한 부호와 시간차이를 갖는 정보만을 골라내어 원래 신호를 재생해 내는 통신 방식이다. CDMA는 다중화 범위를 특정 채널 주파수가 아닌 일정 대역 전체를 사용하므로 일정 주파수 대역내의 수용 용량을 극대화할 수 있는 통신 방식으로서 기존 아날로그 시스템과 비교하여 약 10배 이상의 수용 용량을 갖는다.

NCDMA는 채널 대역폭이 1.25MHz인데 비해 WCDMA는 채널 대역폭이 이보다 넓은 5MHz 대역폭을 사용한다. 넓은 채널 대역폭을 사용하면 페이딩 현상이 강해져 옥내에서도 양호한 통화 품질을 유지할 수 있고 데이터, 영상 등 멀티미디어 서비스에도 적합하다.

주파수, 대역, 대역폭에 대해 상세하게 살펴보기로 하자. "그 친구랑은 주파수가 안 맞다"라고 하는 말은 영 안 통하는 친구를 두고 하는 말이다. 내가 한 말을 잘 못 알아듣거나 의미를 비틀어서 듣곤 하는 친구들이다. '주파수가 통하면'

구태여 말을 안 해도 눈빛만으로 뜻이 통한다. 주파수의 정의는 '전자기파가 1초 동안 진동하는 횟수'다. 1헤르츠(Hz)란 1초에 1번 진동한다는 의미다. Hz 단위를 쓰는 이유는 1888년 전자기파가 존재한다는 것을 실험으로 증명한 독일의 물리학자 하인리히 헤르츠(Heinrich Hertz)를 기념해서다.(전자파 중 3000 기가헤르츠(GHz) 이하의 주파수를 전파(라디오파)라고 한다. 전자파에는 전파 외에도 적외선·자외선·가시광선·X선·감마선 등이 있다.)

전파는 우리가 느끼긴 힘들지만 생활 주변에는 늘 존재한다. 전파는 물결처럼 진동을 하면서 흘러 다닌다. 물결이라고 하지만 1초에 지구를 7바퀴 반(30만km)을 돌 수 있을 정도로 빠른 속도다. 이 전파에 음성·영상 등의 데이터를 실어 보내는 것이 방송이나 통신이다.

1892년 첫 전파 이용한 무선 통신, 첫 말은 "헬로 레이니!" 200년 전만 해도 사람들은 전파를 몰랐다. 하인리히 헤르츠가 전자기파의 존재를 증명한 4년 뒤인 1892년, 미국 켄터키주에 살던 발명가 나단 스터블필드는 전파를 이용해 음성을 무선으로 송신하는 데 성공했다. 그가 처음으로 한 말은 "헬로 레이니!"였다고 한다. 무선전화기로 자신의 집 근처 사과농장에 있는 레이니 웰스 박사를 불렀던 것이다. 장거리 무선전신에 처음으로 성공한 건 1901년이다. 이탈리아의 발명가이자 기업가인 마르케세 마르코니가 대서양 너머 캐나다에 무선으로 전신을 보냈다. 이후 전파는 현대인의 삶을 송두리째 바꿔 놓았다.

아무리 목소리가 큰 사람이라도 100m 떨어진 친구와 이야기할 수는 없다. 하지만 현대인들은 지구 반대편의 사람과 이야기를 나눈다. 바로 휴대전화 덕분이다. 원리는 이렇다. 사람이 휴대전화에 대고 말을 하면 휴대전화는 이 음성을 디지털 신호로 바꿔 전파에 실어 기지국으로 보낸다. 기지국은 전파를 통해 이 신호를 상대방이 있는 지역의 기지국으로 보낸다. 그 기지국은 다시 이 신호를 휴대전화로 보내고→휴대전화는 받은 디지털 신호를 음성 신호로 바꿔→전화 수신자의 귀에 전달하는 것이다.

한국에서 통신용 전파에 대한 관심이 커진 것은 1990년대 이후다. 그 이전까지 전파는 군사용이나 방송용 등 한정된 용도로만 쓰였다. 특히 남북 대치 상황에서 전파기술 개발은 제한적으로 이뤄졌다. 하지만 휴대전화 사용이 늘면서 이동통신의 기반이 되는 전파에 대한 관심도 커졌고 관련 기술 개발도 본격화하기 시작했다.

기술이 발전하면서 이제는 사람의 목소리뿐 아니라 e-메일·사진·동영상 등의 데이터도 전파에 실어 보낼 수 있게 됐다. 200년 전 사람들은 직접 얼굴을 보면서 대화를 나누거나 편지로 의사소통을 했지만 현대인들은 전파를 통해 의사소통을 하는 셈이다.

주파수 대역은 비슷한 주파수의 전파가 모여 있는 곳이다. 가령 SK텔레콤이 통신사업에 쓰는 '800메가헤르츠(MHz) 대역'이란 '1초에 8억 번 정도 진동하는 전파들이 있는 곳'이란 뜻이다. 현재 SK텔레콤은 824~849MHz와 869~894MHz의 주파수를 정부로부터 할당받은 상태이지만 최근 정부는 SK텔레콤이 15년간 쓰고 있던 대역 일부를 돌려받아 LG텔레콤에 주기로 했다. 800MHz 대역은 통신사업자 사이에서 '황금 주파수'라고 불리는 대역이다. 800MHz는 LG텔레콤과 KT가 쓰고 있는 1.8GHz 대역보다 경제성이 좋다. 대역을 사용하기 위해 적은 돈을 투자해도 된다는 뜻이다. 이는 전파의 특성 때문이다. 낮은 대역의 전파일수록 전파가 멀리 가고 장애물을 만나도 휘어 돌아간다. 높은 대역의 전파는 도달 거리가 짧고 장애물을 투과하지 못한다. 남자의 낮은 목소리가 고음의 여자 목소리보다 더 멀리 퍼지는 것과 같은 이치다.

높은 대역 주파수의 단점을 보완하려면 기지국을 촘촘히 설치할 수밖에 없다. 기지국이란 전파를 받아 다른 지역 기지국으로 전달해 주는 역할을 한다. 전파의 도달 거리가 짧으니 기지국을 더 많이 설치할 수밖에 없고 그만큼 돈이 더 드는 것이다. 방송에서는 전국 방방곡곡에 있는 중계소가 이런 역할을 한다. 같은 방송인데 지역마다 채널이 다른 것은 앞 중계소에서 받은 전파를 다음 중계소로 넘길 때 채널을 다르게 설정하기 때문이다. 같은 채널을 쓰면 앞 중계소에서 건너온 전파와 새 중계소가 말끔하게 다듬은 전파가 섞여 품질이 나빠지기 때문에 중계소를 거칠 때마다 채널을 바꾼다.

기술의 발전은 쓸 수 있는 전파 범위를 넓히고 있다. 2세대 휴대전화는 800MHz를 썼고, 그 다음에 나온 개인휴대통신(PCS)은 1.8GHz를 썼다. 와이브로는 2.3GHz을, 와이파이는 2.4GHz를 쓴다. 1926년 설립된 국내 최초의 경성방송국이 송출한 라디오 방송은 690kHz를 썼고, 그 후 나온 라디오와 TV는 30~800MHz를 쓰고 있다. 기술의 발전 덕분에 주파수의 쓰임새는 더욱 많아지고 있으며 사용할 수 있는 주파수 대역도 넓어지고 있다. 특히 디지털 기술의 발전은 주파수 대역의 효율성을 높였다. 정보를 통째로 보내는 아날로그 기술과 달리 디지털 기술은 정보를 잘게 쪼개거나 압축하여 보내기 때문에 더 많은 정보를 빨리 보낼 수 있다. 예를 들어 현재 3세대(3G) 이동통신을 사용하여 영화 한 편을 내려 받는 데 6분 정도가 걸리지만 4세대(4G) 이동통신은 5~6초가 걸린다.

이 주파수 대역을 민간 사업자가 알아서 쓰지 않고 왜 국가가 할당할까. 이는 전파 자원이 공공재적 성격을 갖고 있기 때문이다. 전파를 민간이 제멋대로 쓰다 보면 주파수들이 엉켜 엉뚱한 신호를 보내거나 특정 주파수에 너무 많은 정보가 몰려 교신이 불가능해질 수 있다. 이런 사태를 막기 위해 정부가 전파를 관리할 수밖에 없다. 정부가 방송용·통신용·군사용 등 사용 목적에 따라 각기 다른 주파수 대역을 각각 다른 사업자에게 나눠 주는 것이 주파수 할당이다.

정부가 통신제품의 사용을 규제하는 것도 일종의 전파 관리다. 가령 건설현장 등에서 민간 용도로 쓰는 무전기와 군용 무전기가 서로 통할 경우 안보상의 문제가 발생하기 때문이다. 그래서 모든 국가는 새로운 통신제품이 시장에 나오거나 국내에 반입될 때는 '형식 승인'이라는 절차를 밟도록 하고 있다. 얼마 전 미국 애플의 태블릿PC인 아이패드를 국내에서 쓰려면 정부의 인증을 받아야 한다는 규정이 논란을 빚은 일이 있었다. 일부 네티즌은 다른 나라에선 맘대로 아이패드를 쓰는데 왜 한국은 통관조차 안 시키느냐고 불만을 제기했고, 정부는 새로운 전기기기가 국내에서 쓰이기 전에는 정부 인증을 받아야 한다고 맞섰다. 결국 개인마다 한 대만 허용하는 것으로 결론이 났지만, 아이패드를 대량으로 유통하기 위해선 애플 본사가 우리 정부로부터 허가를 받는 절차가 남아 있다.

형식 승인은 안전상의 문제 때문에도 필요하다. 모든 전기기기는 작동할 때 전파를 발생시킨다. 이 전파가 다른 기기의 전파를 교란하지 않도록 하는 것이 전파 관리다. 즉 해당 기기가 어떤 주파수의 전파를 내보내는지, 다른 기기의 오작동을 유발하지 않는지를 정부가 심사한다. 예를 들어 A회사가 면도기를 만들어 판매하려 한다. 그런데 그 면도기가 작동할 때 주변에 있는 TV의 전파를 방해해 화면을 흐리게 한다면 정부는 인증을 유보할 수 있다. 병원이나 비행기 안에서 휴대전화 사용을 금지하는 것과 같다. 휴대전화에서 나오는 전파가 중요한 의료기기의 작동을 교란시켜 환자의 생명을 위협할 수도 있고, 비행기 운항을 방해해 사고를 일으킬 수 있기 때문이다.

최근 방송통신위원회는 전파를 이용한 암 진단이 2015년이면 가능할 것으로 전망했다. X레이·자기공명영상(MRI)에 이어 전파는 새로운 의료 진단 수단으로 부각되고 있다. 인체에 해가 적고 값싸게 이용할 수 있어서다. 조만간 휴대전화로 진료를 받을 수 있는 시대도 열린다고 한다. 언제 어디서나 네트워크에 연결돼 인터넷 접속이 가능한 미래형 유비쿼터스 도시(U-시티)도 전파 자원을 활용하지 않으면 안 된다.

앞으로는 의료·복지·안전·보안·국방·환경·농업·교통 등 전 분야에 전파 기술이 적용될 전망이다. 쇼핑을 할 때도 전파는 이용된다. 상품마다 무선인식(RFID) 칩을 달아 출고 직후부터 소비자 손에 들어갈 때까지를 추적할 수 있는 것이다. 일부 매장은 이미 이 기술을 적용했다. 점원들이 상품의 바코드를 일일이 찍어 계산할 필요 없이 소비자가 상품을 들고 입구에 가면 자동으로 계산된다.

천안함 사고 당시 해군복에 RFID 칩을 달았다면 쉽게 시신이 있는 곳을 찾을 수 있었을 것이라는 주장이 나온 적이 있었다. 하지만 물속에선 전파의 도달 거리가 짧아지기 때문에 이런 주장은 이치에 맞지 않는다. 잠수함은 전파가 아닌 음파를 이용해 교신한다. 음파는 전파가 퍼지는 방식과는 완전히 달라 물속에서도 멀리 도달할 수 있다.

3.22 모바일 보안기술

보안 기술과 애플리케이션 기술 그리고 서비스 경험을 융합한 새로운 모바일 보안 기술이 각광을 받을 전망이다. 이는 특정 단말기와 플랫폼에 구애받지 않으면서도 보안성이 뛰어나며, 애플리케이션의 프로비저닝을 가능케 하는 기술을 뜻한다. 이러한 새로운 모바일 보안 기술은 가벼운 클라이언트 아키텍트와 애플리케이션 서비스, 네트워크 엑세스 컨트롤(NAC), 가상화 기술, 클라우드 바이러스 스캐닝 등의 기술이 요구된다. 이러한 기술은 단말기에 무거운 보안 클라이언트를 설치하지 않아도 CIO가 기업용 애플리케이션을 사내의 다양한 모바일 디바이스에 배포할 때 보안 문제에 대한 위험을 걱정하지 않도록 해 줄 것이다. 단말기에 무겁지 않은 보안 클라언트를 설치함으로써 기존보다 더 가벼워진다. 바이러스에 의한 보안 문제 걱정을 지금보다는 조금이나마 줄여줄 수 있다.

3.23 모바일 위젯 (Mobile WIDGET)

핸드폰에서 위젯 기능을 화면에 적용하여 사용자가 원하는 사이트로 편하고 신속하게 이동할 수 있는 기능을 사용자 인터페이스(UI)로 적용한 것. 위젯은 특정 기능을 수행하는 소프트웨어로 초기 시계나 달력, 메모장 등에서 최근 스포츠, 뉴스 등 정보형 서비스까지를 포함한다. 무선 인터넷 국제 표준화 기구인 오픈 모바일 연합(OMA)에서 대기 화면 서비스를 OMA 표준으로 채택한 가운데 대기 화면 솔루션으로 위젯이 떠오르고 있다. 위젯은 사용자가 선호하는 위젯을 선택하여 표시할 수 있다. 위젯은 웹 브라우저를 실행해 정보를 검색할 필요가 없고 사용자가 필요한 콘텐츠만 가져와 자신만의 미디어 환경을 만들 수 있고 사용이 편리해 핸드폰을 사용하는 사람이라면 누구나 사용이 가능하다. 그렇지만 아직까진 모바일 위젯의 경우 그 내용에 따른 부가설명이 부족한 위젯도 간혹 있으며 현존하는 웹 사이트들이 무선 환경을 고려해서 만든 사이트가 매우 적기 때문에 웹 사이트 이용에 제약이 따른다.

3.24 USIM

USIM(Universal Subscriber Identity Module)은 SIM보다 한 단계 진화한 방식으로, 비동기 3세대 이동통신(WCDMA)의 단말기에 필수적으로 삽입되는 손톱만한 크기의 칩이다. USIM은 가입자 인증을 하는 SIM의 역할과 교통카드나 신용카드 등의 기능을 담을 수 있는 범용 IC카드(UICC)의 기능을 겸용한다. 범용 IC카드는 다양한 다중 애플리케이션의 보안 지원을 통해 모든 개인 정보 데이터의 무결성과 보안을 보장한다.

USIM의 장점은 다음과 같다.

① USIM 카드는 스마트카드의 강력한 보안기능을 바탕으로 분실 시에도 개인의 정보가 복제되지 않는다.

② USIM 카드는 탈착이 가능한 형태로 기기변경 시에도 단지 기존 단말기에서 USIM 카드를 빼 신규기기에 장착할 수 있어 개인정보(가입자 정보, 전화번호, 문자메시지 등)의 이동이 자유롭다.

③ USIM 카드는 스마트카드의 보안성을 유지하는 네트워크 인증 장치이므로 기존 SK텔레콤의 스마트 카드 기반 금융 서비스인 MBANK, MONETA 신용카드, MSTOCK 공인인증서 등을 탑재하여 1 Chip 내에서 자유로운 서비스의 활용이 가능하다.

④ USIM 카드는 금융서비스 이외에 멤버십 카드(SKT멤버십 및 제휴사 멤버십 카드), 모바일 티켓, 쿠폰 등의 정보를 저장하여 사용할 수 있음. 또한 교통카드로 사용할 수 있다.

USIM의 단점은 다음과 같다.

① USIM 교통카드는 휴대폰 배터리가 꺼지면 사용할 수 없다.

② 2G 휴대폰 사용자는 사용할 수 없다.

③ 다른 기기로 변경 할 경우에는 게임이나 mp3는 옮겨지지 않는다.

3.25 위성항행시스템

CNS/ATM(Communications, Navigation, Surveillance / Air Traffic Management)는 국제민간항공기구(ICAO)에서 추진하고 있는 신 개념의 항행지원시스템을 총괄하는 개념이다.

현재는 계기착륙시설(ILS : LLZ, GP), 레이더, 관제통신(V/UHF Radio) 등의 항행안전시설들이 설치되어 운영 중에 있으며 위성항행시스템은 인공위성을 이용하여 통신하는 차세대 신기술 시스템입니다.

우리나라 항공분야의 위성항행시스템을 주관하는 곳은 국제민간항공기구인 ICAO에서 주관하여 1991년 제10차 항공항행회의에서 ICAO 체약 국가들은 21세기 표준항행시스템으로 채택하기로 결의하였다. 이에 우리나라에서는 국토해양부 항공정책실 항행 시설과에서 차세대 위성항행시스템 도입을 위해 정책 입안 및 기술규격 등을 제정하고 있으며, 일부 시스템은 실용화되어 현재 인천공항 등에서 운용 중에 있다. 현재 운영되고 있는 항행안전시설은 1960년대에 최초 개발되었던 개념이며 이후 2차 세계대전에서 군이 사용하여 개발되었던 항법시스템을 민간항공분야에 적용하게 되었다. 민간 항공교통수요는 지속적으로 증가하는 추세에 있으나, 우리나라 공역은 좁고 한정되어 있으며 군과 함께 이용하므로 교통수요 증가와 함께 교통 체증 또한 증가하고 있다. 이에 따라 차세대 항행시스템의 신 개념인 위성항행시스템을 도입하여 이러한 항공교통 수요에 대비하고자 하였다. 또한 많은 항공기가 안전하게 운항하고 이·착륙할 수 있는 신 개념의 시스템 개발이 절실하게 대두되었고 이에 따라 데이터통신, 위성통신, GPS위성을 이용한 측지시스템 등의 위성항행시스템이 개발하게 된 것이다. 따라서 항공분야에서의 위성항행시스템 도입은 항공분야 발전에 큰 영향을 미칠 것으로 예상됩니다. 현재 운영되고 있는 계기착륙시설, 무선표지시설, 레이더시설 등은 위성항행시스템의 정착화 단계까지 병행하여 항공기 이·착륙시설로 사용할 예정이다. CNS/ATM은 한 번에 설치되는 것이 아니며 현재 많은 시스템들이 연구 개발되고 있으며 시제품들이 개발되어 시험 운영중에 있는 시설도 있다. ICAO에서는 2020년까지 점진적인 설치를 권장하고 있으나 항공안전을 위한 완벽한 시스템이 개발되어야만 각 국가별로 설치가 가능하다. .

레이더를 설치하여 레이더로 감지해야하는 바다에서 알 수 없는 사각지대를 만나면 거기는 레이더로 감지가 되지 않기 때문에 그동안 고생이 많았다고 한다. 하지만 위성을 통하여 알려주니 더욱 항해가 수월해지고 사고 위험도 줄어들며 국가적으로 많은 이익을 볼 수 있다. 그리고 자신의 위치를 GPS와 FMC를 통해 파악한 후 위치 정보와 함께 속도, 고도 등 많은 정보를 링크를 통해 발송 할 수 있다. 목적지까지 최단거리로 이동 할 수 있다.

3.26 커넥트부

커넥트부(ConnectVu)는 GPRS/GSM/3G 네트워크를 통해 CCTV 카메라와 휴대전화를 직접 연결하는 무선 비디오 모니터링 서비스이다. 이 서비스를 이용하면 언제 어디서나 휴대전화로 실시간 집의 안전을 확인할 수 있다. 이 서비스를 이용하려면 커넥트부 서버와 휴대폰을 연결시킬 자바(Java) 소프트웨어가 필요하다. 방화벽, 네트워크, 라우터 설정을 하지 않아도 연결이 가능하다. 이 소프트웨어는 노키아(Nokia), 소니 에릭슨(Sony Ericsson), 삼성(Samsung), 모토로라(Motorola), LG 등의 대부분의 휴대폰과 블랙베리(BlackBerry), 포켓(Pocket) PC와도 호환이 된다. 휴대전화로 CCTV 카메라를 제어할 수 있어, 카메라의 위치를 조정하고 현관문을 닫고 전등을 켜거나 끄는 등의 주변제어도 가능하다. 초당 10프레임까지 스트리밍이 가능해 선명한 화면을 받아볼 수 있다. 연결된 카메라의 비디오 스트림은 휴대전화뿐 아니라 인터넷에 연결된 컴퓨터와 와이파이 가능한 휴대기기로 받아볼 수 있다. 커넥트부 시스템은 비디오 캡처 카드(capture card) 하나당 4개의 비디오카메라까지 지원하는데, 4개의 캡처 카드를 사용할 수 있어 총 16개의 CCTV 카메라로 여러 지역을 모니터할 수 있다. 16개의 CCTV 카메라에 동작감지 시스템을 더하면 휴대전화를 이용한 완벽한 보안 시스템을 갖게 되는 것이다. 게다가 동작 감지 시스템은 이상한 움직임이 포착되면 휴대전화로 SMS나 이메일을 보내준다. 휴대전화로 이용하기위해서 자바 소프트웨어가 필요하기에 사용하기 편리하지가 않다. 방화벽과 네트워크 라우터를 설정을 하지 않아도 연결이 가능한 것이 해가 될 수 있다. 그 이유는 핸드폰을 누군가가 가지고 있을 경우 간단하게 사용 할 수 있기 때문이다. 인터넷에 연결된 컴퓨터로도 집안을 볼 수 있는데 누군가가 컴퓨터를 해킹하여 사생활을 침범 당할 수도 있다. 그리고 손님이 집에 놀러왔을 경우 손님이 감시당하는 느낌에 불쾌할 수 도 있다. 해결방안으로는 방화벽, 네트워크, 라우터를 설정하도록 하여 보안을 튼튼하게 하여야 한다. 휴대전화를 잃어버리지 않도록 조심해야한다.

3.27 기가파이

기가파이(Giga Fi)는 60GHz 대역을 이용해 데이터를 기가급으로 전송할 수 있는 기술을 의미한다. 전 세계적으로 비 허가 대역으로 지정된 57GHz~64GHz 범위의 주파수를 이용하고 대역폭이 넓어 높은 데이터 전송률을 얻을 수 있는 있다는 점이 기가파이 기술의 장점이라 할 수 있다. 또 전파의 직진성이 강해 주변 간섭에 매우 강하고 보안성이 뛰어나며 주파수 재사용도 용이하다. 특히 무선국 허가를 받지 않고 사용할 수 있는 비 허가 대역으로 분배되는 새로운 주파수 영역인 60GHz대역을 사용한다는 점에서 주파수 이용 용도를 정하지 않고 정해진 기술 기준만 맞으면 어느 용도로든지 사용이 가능하다는 특징도 갖고 있다. 또 60GHz 주파수 대역은 짧은 전파거리와 직진성의 특징으로 오히려 보안성을 높일 수 있다. 60GHz 주파수 대역을 사용한 무선통신은 기존 Wi-Fi 무선 랜을 사용할 때 발생하는 보안문제를 해결할 수 있다.

기기파이 기술의 장점은 다음과 같다. 첫째, 기가파이 기술은 기존 무선전송기술인 블루투스나 광랜, UWB 기술과 비교해 전송속도나 범용성 측면에서 월등히 앞선 기술로 평가를 받고 있다. 둘째, 미개척 비 허가 주파수 대역을 활용할 수 있다는 점에서 향후 무선전송 분야에서 활용할 가치가 높다. 셋째, 파장이 짧아 각종 소자의 소형화 및 경량화가 가능하기 때문에 초고속 무선 랜을 위한 최적의 주파수 대역으로 최근 홈 네트워크 및 실내 무선 랜의 고화질 멀티미디어 전송 및 응용 서비스 지원에 최적이다. 이밖에 주파수 이용대역이 달라 주파수간 충돌우려가 없으며 별도의 안테나 시스템 장착 시 옥외에서 1Km 이내의 빌딩간 사내통신이나 광케이블 구축이 어려운 도서, 항만, 운하, 산간지역 무선통신 및 대학 캠퍼스 내 통신에도 유용하게 활용될 수 있다. 무엇보다 기가파이의 가장 큰 장점이라면 고효율의 데이터 전송률은 물론 직진성이 강해 주변 간섭에 매우 강하고 보안성이 뛰어나며 주파수 재사용이 용이하다는 등 기술 응용이 쉽다는 점을 꼽을 수 있다.

ETRI(한국전자통신연구원, Electronics and Telecommunications Research Institute)는 60GHz대 주파수 대역에서 무선전송기술을 활용해 대용량 멀티미디어 정보를 3Gbps 속도로 무선 전송할 수 있는 기가파이 기술을 개발했다. 시연를 통해서도 기술의 우수성을 입증 받았다. 우선 풀 HD급 동영상을 압축하지 않고 실시간으로 무선 전송한 결과, 화질의 열화(뭉개짐)와 전송 지연 등의 현상 없이 선명한 화면을 보여줬다. 이는 기존 기술에 비해 최소 6배가 넘는 3Gbps의 전송속도를 달성해 풀 HD급 고화질 화면 전송 시 어떠한 압축 기술 없이 고화질, 고선명 화면전송이 가능하다는 점을 보여준 셈이다. 보다 쉽게 설명하면 블루투스 기술을 적용할 경우 650MB 용량의 CD 1장을 내려 받는데 1시간 30여분이 소요되는 것에 비해 기가파이 기술을 이용하면 단지 1~2초 만에 내려 받을 수 있다는 것이다.

기가파이를 이용해 초고속 데이터 전송을 필요로 하는 다양한 응용모델들의 개발이 이뤄지고 있다. 우선 가정이나 사무실 등의 실내 환경에서 디지털 셋톱박스와 TV간 비디오/오디오 전송, PC와 멀티미디어 기기간의 데이터 통신 등 앞으로 기가파이 기술을 이용한 다양한 제품들이 선보일 예정이다. 60GHz 무선통신 기술의 경제적 파급효과는 오는 2013년까지 2조440억 원의 생산유발과 7972억 원의 부가가치 효과를 거둘 것으로 전망됨에 따라 무엇보다 기가파이 기술은 국내 공동연구업체와의 협력 및 IEEE 표준화, 국제 공동연구를 통해 좀 더 다양한 응용분야에 적용한 기술개발이 필요한 상황이다.

3.28 RF 카드

국민들의 차량이용이 급증하면서 하이패스, 아파트, 빌딩, 상가, 학교, 백화점, 마트 등에는 차량통제를 위해 여러 방면의 최신식 차량통제시스템을 도입하고 있다. 예전엔 차량 출입구에 경비원이 직접 통제에 나섰지만 요즘은 RF(Radio Frequency) 카드 등을 이용한 출입통제가 이루어지고 있다.

RF 카드란 라디오 주파수를 이용한 식별 기술을 카드에 접목 시킨 것이다. RF 기술은 사물에 전파를 매개로 하는 칩(chip)과 안테나를 태그 형태로 부착하여 안테나와 리더기를 통하여 사물 및 주변 환경정보를 무선주파수로 네트워크에 전송하여 처리하는 일종의 비접촉형 자동식별 기술이다. 즉, 칩과 안테나에 정보를 저장해놓고, 리더기에 접촉할 때, 특정 정보를 담은 라디오주파를 송신함으로써, 카드 정보가 읽혀지도록 되어 있다. 이러한 시스템은 차량뿐만 아니라 지하철이나 버스를 탈 때에도 용이하게 쓰이고 있다.

RF 카드 사용의 한 가지 예를 들어보면 강남의 한 아파트에 입주하여 살고 있는 김모씨는 관리사무소에서 입주민인 것을 증명하고 RF 카드를 구입하였다. 김모씨는 회사를 마치고 집을 들어갈 때에 출입구 앞에 설치되어 있는 RF 카드 단말기에 카드를 접촉한다. 접촉과 동시에 차량통제 게이트가 올라가고 김모씨는 차량출입을 하게 된다. 지하주차장에 주차를 한 후 김모씨는 아파트 공동현관문을 통해 집을 들어가려한다. 이곳에서도 마찬가지로 RF 카드 단말기에 카드를 접촉시켜 인식을 시킨다. 공동현관문이 열리고 김모씨가 출입을 한다. 엘리베이터를 타고 17층인 본인 집 문 앞에 향한다. 역시 마찬가지로 집 문 앞 현관문에 달려있는 RF 카드 단말기에 카드를 접촉시킨다. 쉽게 문이 열리고 김모씨는 집 현관문을 출입한다. 이와 같이 RF 카드 한 장만으로 출입통제가 철저하게 된다.

아파트 차량출입을 할 때에 차량통제 게이트와 RF 카드 단말기가 없었더라면 외부인 차량 출입통제를 하지 못하여 각종 도난과 잡상인들 출입이 잦았을 것이다. RF 카드는 이런 면을 보안하여 입주민만이 출입을 할 수 있도록 체계를 잡았고 공동현관문에도 자동문설치 및 RF 카드 단말기를 설치하여 통제를 할 수 있도록 하다. 또한 세대를 출입하는 현관문에도 RF 카드단말기가 설치되어 있어 카드 접촉 시에 자동으로 열리게끔 되어있다. 이처럼 RF 카드의 최대 장점은 차량 및 인원 통제를 할 수 있고 최대 단점으로는 기기고장이다. 기기들이 노후화 되면서 고장이 빈번하게 되는데 고장이 나지 않도록 관리를 철저히 해주지 않는다면 기기사용을 안하는 만큼 못하다는 것이다.

제4장 이동통신서비스 검사

이동통신서비스 검사는 이동통신 무선국 설비에 대하여 기술기준에 적합한지와 허가 시 지정한 제반사항 등의 이행 여부를 확인받는 행정절차를 실행하는 능력을 배양하기 위해 실시한다. 이동통신서비스 검사란 무선국 운용을 위한 무선설비 즉, 이동통신 기지국 장치, 중계기 (장치)에 대한 사용 전 검사를 하는 것이다. 이것은 무선설비 구매자(서비스 사업자)와 제조 회사(기지국 장치 및 중계기 납품회사) 사이에서 구매 조건에 따른 시스템 규격을 검사하는 단계이다. 이 과정은 제품의 신뢰성 검사를 주로 하는 것으로써 제품 내구성을 보장하기 위한 환경시험(고온. 저온에서의 동작, 진동, 방수, 염수시험 등)과 장치 간 신호의 간섭, 서비스 장해 혹은 전자파 인체 유해성을 최소화하기 위한 전자파장해 방지에 관한 시험들이 주요한 내용이다. 물론 이 시험들은 두 가지 시험 환경 하에서도 무선설비의 정상적 동작 검사를 하게 된다. 그래서 제품 납품 전 검사 계획을 수립하여 충분히 검사를 진행하는 것이 좋다. 여기서 무선국은 일반적으로 사용자가 사용하는 휴대폰과 이동통신 서비스를 위한 이동통신 기지국 등을 말한다. 예를 들어 가장 기본적인 이동통신서비스의 검사는 전자파 등급제에 대한 내용이 있다. 전자파 등급제는 휴대폰과 이동통신 기지국의 전자파에 관련된 내용이다. 소비자는 국내에 신규 출시되는 휴대전화 모델의 전자파 등급 또는 전자파 흡수율 측정값을 직접 확인하고 제품을 구매할 수 있다. 전자파 등급 또는 측정값은 휴대전화 본체, 포장상자, 설명서, 별도 안내문 또는 휴대전화 내 정보메뉴 중 한군데에서 확인이 가능하다. 또한 일상에서 쉽게 접하던 이동통신 기지국 등 무선국들의 전자파등급도 쉽게 확인할 수 있다. 무선국의 전자파 등급은 일반이 쉽게 식별할 수 있도록 펜스, 울타리, 철조망, 공중선주(안테나, 안테나기둥), 해당 무선설비 등에 표시된다.

먼저, 이동통신서비스 검사에 필수적인 전파법에 대해서 살펴보기로 하자. 전파법에는 이동통신 및 전파에 필수적인 다양한 용어에 대한 설명이 나온다. 이동통신 및 전파에 대한 다양한 용어를 이해하고 학습하는 것은 이동통신서비스 직무를 수행하는 데 있어 상당히 중요한 부분이라 생각된다.

4.1 전파법 (출처 : 미래창조과학부, 방송통신위원회)

전파법(Radio Regulation Law)은 전파 이용 및 기술 개발을 촉진하여 공공의 복리 증진을 목적으로 하는 전파 관련 기본법을 말한다. 전파법은 국제 전기 통신 협약 부속 RR(Radio Regulation : 전파 규칙)을 근거로 하며, 전파법과 RR의 규정이 서로 다를 경우에는 RR가 우선한다. 전파법은 주로 용어(무선국 종류 등), 전파 자원의 확보, 전파 자원의 분배와 할당, 전파 자원의 이용(허가, 운용), 방송국의 허가와 운용, 우주 통신, 전파 자원의 보호(감시, 혼신 방지), 전파 진흥, 종사자, 벌칙에 대하여 규정하고 있다. 또한 전파법에 나오는 용어에 대해서 기본적으로 학습해야 이동통신서비스 직무를 수행하는 데 불편함이 없을 것으로 보인다. 따라서 전파법에 나오는 용어에 대해서는 철저한 학습이 필요할 것이다.

제1장 총칙

□ 제1조(목적) 이 법은 전파의 효율적이고 안전한 이용 및 관리에 관한 사항을 정하여 전파이용과 전파에 관한 기술의 개발을 촉진함으로써 전파 관련 분야의 진흥과 공공복리의 증진에 이바지함을 목적으로 한다.

□ 제2조(정의) ① 이 법에서 사용하는 용어의 뜻은 다음과 같다.

1. "전파"란 인공적인 유도(誘導) 없이 공간에 퍼져 나가는 전자파로서 국제전기통신연합이 정한 범위의 주파수를 가진 것을 말한다.
2. "주파수분배"란 특정한 주파수의 용도를 정하는 것을 말한다.
3. "주파수할당"이란 특정한 주파수를 이용할 수 있는 권리를 특정인에게 주는 것을 말한다.
4. "주파수지정"이란 허가나 신고로 개설하는 무선국에서 이용할 특정한 주파수를 지정하는 것을 말한다.

4의2. "주파수 사용승인"이란 안보·외교적 목적 또는 국제적·국가적 행사 등을 위하여 특정한 주파수의 사용을 허용하는 것을 말한다.

4의3. "주파수회수"란 주파수할당, 주파수지정 또는 주파수 사용승인의 전부나 일부를 철회하는 것을 말한다.

4의4. "주파수재배치"란 주파수회수를 하고 이를 대체하여 주파수할당, 주파수지정 또는 주파수 사용승인을 하는 것을 말한다.

5. "무선설비"란 전파를 보내거나 받는 전기적 시설을 말한다.

5의2. "무선통신"이란 전파를 이용하여 모든 종류의 기호·신호·문언·영상·음향 등의 정보를 보내거나 받는 것을 말한다.

6. "무선국(無線局)"이란 무선설비와 무선설비를 조작하는 자의 총체를 말한다. 다만, 방송수신만을 목적으로 하는 것은 제외한다.
7. "무선종사자"란 무선설비를 조작하거나 설치공사를 하는 자로서 제70조제2항에 따라 기술자격증을 발급받은 자를 말한다.
8. "시설자"란 미래창조과학부장관으로부터 무선국의 개설허가를 받거나 미래창조과학부장관에게 개설신고를 하고 무선국을 개설한 자를 말한다.
9. "방송국"이란 공중(公衆)이 방송신호를 직접 수신할 수 있도록 할 목적으로 개설한 무선국을 말한다.
10. "우주국(宇宙局)"이란 인공위성에 개설한 무선국을 말한다.
11. "지구국(地球局)"이란 우주국과 통신을 하기 위하여 지구에 개설한 무선국을 말한다.
12. "위성망"이란 우주국과 지구국으로 구성된 통신망의 총체를 말한다.
13. "위성궤도"란 우주국의 위치나 궤적(軌跡)을 말한다.
14. "전자파장해"란 전자파를 발생시키는 기자재로부터 전자파가 방사(방사: 전자파에너지가 공간으로 퍼져나가는 것을 말한다) 또는 전도[전도: 전자파에너지가 전원선(電源線)을 통하여 흐르는 것을 말한다]되어 다른 기자재의 성능에 장해를 주는 것을 말한다.
15. "전자파적합"이란 전자파장해를 일으키는 기자재나 전자파로부터 영향을 받는 기자재가 제47조의3제1항에 따른 전자파장해 방지기준 및 보호기준에 적합한 것을 말한다.
16. "방송통신기자재"란 방송통신설비에 사용하는 장치·기기·부품 또는 선조(線條) 등을 말한다.
17. "전파환경"이란 인체, 기자재, 무선설비 등을 둘러싸고 있는 전파의 세기, 잡음 등 전자파의 총체적인 분포 상황을 말한다.

┌ 제3조(전파자원의 이용촉진) 정부는 한정된 전파자원(電波資源)을 공공복리의 증진에 최대한 활용하기 위하여 전파자원의 이용촉진에 필요한 시책을 마련하고 시행하여야 한다.

┌ 제4조 삭제

제2장 전파자원의 확보

┌ 제5조(전파자원의 확보) ① 미래창조과학부장관은 전파자원을 확보하기 위하여 다음 각 호의 시책을 마련하고 시행하여야 한다.
1. 새로운 주파수의 이용기술 개발
2. 이용 중인 주파수의 이용효율 향상

3. 주파수의 국제등록
4. 국가 간 전파의 혼신(混信)을 없애고 방지하기 위한 협의·조정

☐ 제6조(전파자원 이용효율의 개선) ① 미래창조과학부장관은 전파자원의 공평하고 효율적인 이용을 촉진하기 위하여 필요하면 다음 각 호의 사항을 시행하여야 한다.
1. 주파수분배의 변경
2. 주파수회수 또는 주파수재배치
3. 새로운 기술방식으로의 전환
4. 주파수의 공동사용

☐ 제6조의2(주파수회수 또는 주파수재배치)
1. 주파수분배가 변경된 경우
2. 주파수 이용실적이 낮은 경우 또는 주파수 대역(帶域)을 정비하여 주파수의 이용효율을 높일 필요가 있는 경우

☐ 제6조의3(방송용 주파수의 관리) 「방송법」 제2조제2호의 방송사업을 위하여 이용하는 주파수는 방송통신위원회가 관리한다.
[본조신설 2013.3.23.]

☐ 제7조(주파수회수 또는 주파수재배치에 따른 손실보상 등)
1. 시설자등의 요청에 따른 경우
2. 국제전기통신연합이 모든 국가가 공통적으로 수용하여야 할 주파수 국제 분배를 변경함에 따라 주파수분배를 변경한 경우
3. 주파수의 용도가 제2순위 업무(해당 주파수를 운용할 때에 제1순위 업무를 보호하여야 하고, 제1순위 업무로부터 보호받을 수 없는 업무를 말한다. 이하 같다)인 주파수를 사용하는 경우

☐ 제7조의2(이의신청 등) ① 시설자등은 제7조제1항에 따른 손실보상금액에 이의가 있으면 손실보상금에 대한 통지를 받은 날부터 30일 이내에 미래창조과학부장관에게 이의신청을 할 수 있다.
② 미래창조과학부장관은 제1항에 따른 이의신청을 받으면 그 신청을 받은 날부터 30일 이내에 손실보상금의 증감 여부를 결정하고 지체 없이 그 결과를 이의신청한 시설자등에게 알려야 한다. 다만, 부득이한 사유가 있는 경우에는 30일의 범위에서 그 기간을 연장할 수 있다.

☐ 제8조(전파진흥기본계획) ① 미래창조과학부장관은 전파이용의 촉진과 전파와 관련된 새로운 기술의 개발과 전파방송기기 산업의 발전 등을 위하여 전파진흥기본계획(이하 "기본계획"이라 한다)을 5년마다 세워야 한다.
② 미래창조과학부장관은 기본계획을 세우거나 기본계획 중 주파수 분배계획 등

대통령령으로 정하는 중요한 사항을 변경하는 경우에는 공청회 등을 통한 의견 수렴을 거쳐야 한다.

③ 기본계획에는 다음 각 호의 사항이 포함되어야 한다.

1. 전파방송산업육성의 기본방향
2. 중·장기 주파수 이용계획
3. 새로운 전파자원의 개발
4. 전파이용 기술 및 시설의 고도화 지원
5. 전파매체의 개발 및 보급
6. 우주통신의 개발
7. 전파이용질서의 확립
8. 전파 관련 표준화에 관한 사항
9. 전파환경의 개선
10. 그 밖에 전파방송진흥에 필요한 사항

④ 미래창조과학부장관은 기본계획에 따른 세부시행계획(이하 "시행계획"이라 한다)을 세우고 시행하여야 한다.

⑤ 기본계획과 시행계획을 세우거나 시행하는 데에 필요한 사항은 대통령령으로 정한다.

제3장 전파자원의 분배 및 할당

┌ 제9조(주파수분배) ① 미래창조과학부장관은 다음 각 호의 사항을 고려하여 주파수분배를 하여야 한다.

1. 국방·치안 및 조난구조 등 국가안보·질서유지 또는 인명안전의 필요성
2. 주파수의 이용현황 등 국내의 주파수 이용여건
3. 국제적인 주파수 사용동향
4. 전파이용 기술의 발전추세
5. 전파를 이용하는 서비스에 대한 수요

② 미래창조과학부장관은 제1항에 따라 주파수분배를 하는 경우에는 주파수 용도가 제1순위인 업무와 주파수 용도가 제2순위인 업무를 구분하여 주파수분배를 할 수 있다.

③ 미래창조과학부장관은 제1항에 따라 주파수분배를 한 경우에는 이를 고시하여야 한다. 주파수분배를 변경한 경우에도 또한 같다.

④ 미래창조과학부장관은 제1항의 주파수분배에 따라 주파수를 사용할 수 있는 기간이 특정되는 경우에는 해당 주파수를 사용하는 방송통신기자재의 적합성 평가 유효기간과 해당 방송통신기자재를 수입·판매할 수 있는 기간을 함께 고시

할 수 있다.

제9조의2(주파수분배의 변경에 따른 이용자 지원 등) ① 미래창조과학부장관은 제19조의2제2항에 따라 신고하지 아니하고 개설할 수 있는 무선국용 무선설비의 이용자가 주파수분배의 변경으로 인하여 해당 무선설비를 사용할 수 없게 되는 경우에 해당 무선설비의 이용자(제조·수입·판매자는 제외한다)를 지원하기 위한 방안을 마련할 수 있다.

② 제1항에 따른 지원은 주파수분배의 변경으로 사용할 수 없게 되는 방송통신기자재의 잔존가치 전부 또는 일부를 예산의 범위에서 금전으로 지원하거나 해당 방송통신기자재를 다시 사용할 수 있도록 변경·개조하는 방법으로 할 수 있다.

③ 제2항에 따른 지원의 대상·방법·절차 등은 대통령령으로 정한다. 다만, 금전 지원의 경우에는 예고기간 및 내용연수 등을 참작하여야 한다.

④ 미래창조과학부장관은 제2항에 따라 지원을 한 경우 새로 주파수할당, 주파수지정 또는 주파수 사용승인을 받은 자에게 지원에 소요된 비용을 징수할 수 있다.

⑤ 제2항에 따른 지원비용 및 제4항에 따른 징수금은 방송통신발전기금의 지출 및 수입으로 한다.

제9조의3(비면허무선기기지원센터의 지정 등) ① 미래창조과학부장관은 제9조의2제2항에 따라 주파수분배의 변경으로 사용할 수 없는 방송통신기자재에 대한 금전 지원 또는 변경·개조 등의 사업을 수행하기 위하여 전문인력과 시설 등 대통령령으로 정하는 요건을 갖춘 기관 또는 단체를 비면허무선기기지원센터(이하 이 조에서 "센터"라 한다)로 지정할 수 있다.

② 미래창조과학부장관은 센터의 사업 등에 필요한 경비의 전부 또는 일부를 지원할 수 있다.

③ 미래창조과학부장관은 센터가 다음 각 호의 어느 하나에 해당하는 경우에는 그 지정을 취소할 수 있다. 다만, 제1호에 해당하면 지정을 취소하여야 한다.

1. 거짓이나 그 밖의 부정한 방법으로 지정을 받은 경우
2. 지정받은 사항을 위반하여 업무를 수행한 경우
3. 제1항에 따른 지정요건에 맞지 아니하게 된 경우
4. 거짓이나 그 밖의 부정한 방법으로 이 법에 따른 지원을 받았거나 지원받은 자금을 다른 용도로 사용한 경우

④ 제1항부터 제3항까지에서 규정한 사항 외에 센터의 지정과 운영 등에 필요한 사항은 대통령령으로 정한다.

제10조(주파수할당) ① 미래창조과학부장관은 제9조에 따라 다음 각 호의 어

는 하나에 해당하는 사업의 용도로 정한 주파수를 특정인에게 할당하려는 경우에는 해당 주파수할당이 기간통신사업 등에 미치는 영향을 고려하여 할당을 신청할 수 있는 자의 범위와 할당하는 주파수의 용도 및 기술방식 등 대통령령으로 정하는 사항을 공고하여야 한다.

1. 「전기통신사업법」 제5조제2항에 따른 기간통신사업

2. 「방송법」 제2조제2호나목에 따른 종합유선방송사업이나 같은 조 제13호에 따른 전송망사업

② 제1항에 따라 공고된 주파수를 할당받으려는 자는 대통령령으로 정하는 바에 따라 미래창조과학부장관에게 주파수할당을 신청하여야 한다.

③ 미래창조과학부장관은 주파수할당을 하려면 주파수할당을 받을 자 및 그와 대통령령으로 정하는 특수관계에 있는 자에 의한 전파자원의 독과점을 방지하고 적정한 수준의 경쟁을 촉진하기 위하여 대통령령으로 정하는 바에 따라 조건을 붙일 수 있다.

④ 미래창조과학부장관은 제2항에 따른 신청이 제1항에 따라 공고된 사항에 적합하지 아니하거나 신청인이 제13조의 결격사유에 해당하는 경우에는 그 신청서를 되돌려 보낼 수 있다.

「 제11조(대가에 의한 주파수할당) ① 미래창조과학부장관은 제10조제1항에 따라 공고된 주파수를 가격경쟁에 의한 대가를 받고 할당할 수 있다. 다만, 해당 주파수에 대한 경쟁적 수요가 존재하지 아니하는 등 특별한 사정이 있다고 인정되는 경우에는 제3항 후단에 따라 산정한 대가를 받고 주파수할당을 할 수 있다.

② 미래창조과학부장관은 제1항 본문에 따라 주파수를 할당하는 경우에는 그 가격 미만으로는 주파수를 할당받을 수 없는 경쟁가격(이하 이 조에서 "최저경쟁가격"이라 한다)을 정할 수 있다.

③ 미래창조과학부장관은 제1항 단서에 따라 주파수를 할당하는 경우에는 제12조 각 호의 사항과 해당 주파수할당이 기간통신사업에 미치는 영향을 심사하여 할당할 수 있다. 이 경우 주파수할당 대가는 주파수를 할당받아 경영하는 사업에서 예상되는 매출액, 할당대상 주파수 및 대역폭 등 주파수의 경제적 가치를 고려하여 산정한다.

④ 미래창조과학부장관은 제10조제2항에 따라 주파수할당을 신청하는 자에게 다음 각 호의 구분에 따른 보증금을 주파수할당을 신청할 때에 내도록 할 수 있다.

1. 제1항 본문에 따라 주파수할당을 하는 경우(최저경쟁가격을 정한 경우에 한정한다): 최저경쟁가격의 100분의 10의 범위에서 대통령령으로 정하는 보증금

2. 제1항 단서에 따라 주파수할당을 하는 경우: 제3항 후단에 따른 주파수할당 대가의 100분의 10의 범위에서 대통령령으로 정하는 보증금

⑤ 미래창조과학부장관은 주파수할당을 신청한 자가 주파수할당의 신청기간이 지난 후에 신청을 철회하거나 할당받은 주파수를 사용하지 아니하고 반납하는 경우 또는 담합, 그 밖의 부정한 방법으로 가격경쟁을 한 경우에는 제4항에 따른 보증금을 방송통신발전기금 및 정보통신진흥기금의 수입금으로 편입한다.

⑥ 제1항에 따라 주파수할당을 받은 자가 내는 주파수할당 대가는 방송통신발전기금 및 정보통신진흥기금의 수입금으로 한다.

⑦ 주파수할당 대가의 산정방법과 징수절차, 최저경쟁가격의 결정방법과 제5항 및 제6항에 따른 수입금의 배분 등에 필요한 사항은 대통령령으로 정한다.

제12조(심사에 의한 주파수할당) 미래창조과학부장관은 제10조제1항에 따라 공고된 주파수에 대하여 제11조에 따른 주파수할당을 하지 아니하는 경우에는 다음 각 호의 사항을 심사하여 주파수할당을 한다.

1. 전파자원 이용의 효율성
2. 신청자의 재정적 능력
3. 신청자의 기술적 능력
4. 할당하려는 주파수의 특성이나 그 밖에 주파수 이용에 필요한 사항

제13조(주파수할당의 결격사유) 다음 각 호의 어느 하나에 해당하는 자는 주파수할당을 받을 수 없다.

1. 제20조제1항에 따른 무선국 개설의 결격사유에 해당하는 자
2. 기간통신사업을 하려는 자로서 「전기통신사업법」 제7조에 따른 기간통신사업 허가의 결격사유에 해당하는 자
3. 종합유선방송사업이나 전송망사업을 하려는 자로서 「방송법」 제13조에 따른 종합유선방송사업 허가나 전송망사업 등록의 결격사유에 해당하는 자

제14조(주파수이용권) ① 제11조에 따라 주파수할당을 받은 자는 해당 주파수를 배타적으로 이용할 수 있는 권리(이하 "주파수이용권"이라 한다)를 가진다.

② 제11조에 따라 주파수할당을 받은 자는 대통령령으로 정하는 기간 이후에는 주파수이용권을 양도하거나 임대할 수 있다. 다만, 주파수할당을 받은 자가 파산하거나 경제적 여건의 급변 등 대통령령으로 정하는 사유에 해당하는 경우에는 그 기간 전에도 주파수이용권을 양도하거나 임대할 수 있다.

③ 제2항에 따라 주파수이용권을 양수하거나 임차하려는 자는 대통령령으로 정하는 바에 따라 미리 미래창조과학부장관의 승인을 받아야 한다.

④ 미래창조과학부장관은 제3항에 따른 승인을 하는 경우에는 제12조 각 호의 사항을 고려하여야 하며 전파자원의 효율적이고 공평한 이용을 위하여 필요한 조건을 붙일 수 있다.

⑤제3항에 따라 주파수이용권 양수의 승인을 얻은 자는 제11조에 따라 주파수할

당을 받은 자 및 시설자(주파수할당을 받은 자가 무선국 개설허가를 받거나 개설신고를 한 경우에 한한다)의 지위를 승계한다.

⑥ 주파수이용권을 양수하거나 임차하려는 자의 결격사유에 관하여는 제13조를 준용한다.

⑦ 제3항에도 불구하고 「전기통신사업법」 제18조에 따라 미래창조과학부장관의 인가를 받아 주파수이용권을 가진 기간통신사업자의 사업의 전부 또는 일부를 양수하거나 기간통신사업자인 법인을 합병한 자는 해당 주파수를 할당받은 자의 지위를 승계한다.

「 제15조(할당받은 주파수의 이용기간) ① 미래창조과학부장관은 주파수의 이용여건 등을 고려하여 제11조에 따라 할당하는 주파수는 20년의 범위에서, 제12조에 따라 할당하는 주파수는 10년의 범위에서 그 이용기간을 정하여 고시한다.

② 제14조제2항에 따라 양수한 주파수의 이용기간은 제1항에 따른 이용기간 중 남은 기간으로 한다.

「 제15조의2(주파수할당의 취소) ① 미래창조과학부장관은 제11조 및 제12조에 따라 주파수할당을 받은 자가 다음 각 호의 어느 하나에 해당하는 경우에는 주파수할당을 취소할 수 있다. 다만, 제1호에 해당하는 경우에는 주파수할당을 취소하여야 한다.

1. 거짓이나 그 밖의 부정한 방법으로 주파수할당을 받은 경우
2. 제11조 및 제12조에 따라 주파수할당을 받은 자가 「전기통신사업법」 제20조에 따라 기간통신사업의 허가가 취소되거나 「방송법」 제18조에 따라 종합유선방송사업의 허가나 전송망사업의 등록이 취소된 경우
3. 제10조제1항에 따라 공고한 주파수 용도나 기술방식을 위반한 경우
4. 제10조제3항에 따른 조건을 이행하지 아니한 경우
5. 제11조제1항에 따라 주파수할당을 받은 자가 그 대가를 내지 아니한 경우

② 미래창조과학부장관은 제1항(제1호를 제외한다)에 따라 주파수할당을 취소하기 전에 1회에 한하여 시정을 명할 수 있다.

「 제16조(재할당) ① 미래창조과학부장관은 이용기간이 끝난 주파수를 이용기간이 끝날 당시의 주파수 이용자에게 재할당할 수 있다. 다만, 다음 각 호의 어느 하나에 해당하는 경우에는 그러하지 아니하다.

1. 주파수 이용자가 재할당을 원하지 아니하는 경우
2. 해당 주파수를 국방·치안 및 조난구조용으로 사용할 필요가 있는 경우
3. 국제전기통신연합이 해당 주파수를 다른 업무 또는 용도로 분배한 경우
4. 제10조제3항에 따른 조건을 위반한 경우

② 미래창조과학부장관은 제1항에 따라 재할당을 하려는 경우에는 이해관계자에

게 의견을 제출하도록 할 수 있다.

③ 미래창조과학부장관은 제1항제2호나 제3호에 해당하여 재할당을 하지 아니하는 경우 또는 제12조에 따라 할당한 주파수를 제11조제1항 단서에 따라 주파수 할당 대가를 받고 재할당하는 등 새로운 조건을 붙이려는 경우에는 이용기간이 끝나기 1년 전에 미리 주파수 이용자에게 알려야 한다.

④ 제11조제1항 단서에 따라 주파수할당 대가를 받고 재할당하는 경우에는 같은 조 제2항부터 제5항까지(가격경쟁에 의한 대가를 받고 주파수할당을 하는 경우에 해당하는 규정은 제외한다)를 준용하되, 그러하지 아니하는 경우에는 제12조를 준용한다.

⑤ 주파수를 재할당하는 경우에는 제10조제3항에 따른 조건을 붙일 수 있다.

제16조의2(추가할당) 미래창조과학부장관은 할당하는 주파수와 용도 및 기술방식이 동일한 주파수를 이미 할당받은 자가 주파수할당을 신청하는 경우에는 제11조 또는 제12조에 따라 주파수를 할당할 수 있다.

제17조(전환) ① 미래창조과학부장관은 제12조에 따라 심사하여 할당된 주파수의 경제적 가치와 기술적 파급효과가 크다고 인정되는 등 전파 관련 분야의 진흥을 위하여 필요하다고 인정되는 경우에는 해당 주파수를 할당받은 자를 제11조에 따라 대가에 의한 주파수할당을 받은 자로 전환하게 할 수 있다.

② 미래창조과학부장관은 제1항에 따라 주파수할당을 전환 받으려는 자에게 대통령령으로 정하는 기준에 따라 산정된 금액을 내도록 할 수 있다.

④ 제1항에 따른 전환에 대하여는 제10조제3항 및 제11조제6항을 준용한다.

⑤ 제1항에 따른 전환의 절차 등에 필요한 사항은 대통령령으로 정한다.

제18조(주파수이용권 관리대장) ① 미래창조과학부장관은 주파수이용권을 효율적으로 관리하기 위하여 대통령령으로 정하는 바에 따라 주파수이용권에 관한 사항을 적은 대장(이하 "주파수이용권 관리대장"이라 한다)을 유지하고 관리하여야 한다.

② 주파수이용권 관리대장을 열람하거나 그 사본을 발급받으려는 자는 대통령령으로 정하는 바에 따라 미래창조과학부장관에게 신청하여야 한다.

③ 제1항의 주파수이용권 관리대장은 전자적 처리가 불가능한 특별한 사유가 있는 경우 외에는 전자적 방법에 따라 유지하고 관리하여야 한다.

제18조의2(주파수 사용승인의 신청 등) ① 미래창조과학부장관은 안보·외교적 목적 또는 국제적·국가적 행사 등을 위하여 특정한 주파수의 사용이 필요하다고 인정되는 경우에는 주파수 사용승인을 할 수 있다.

② 제1항에 따른 주파수 사용승인을 받으려는 자는 대통령령으로 정하는 바에 따라 미래창조과학부장관에게 신청하여야 한다. 주파수 사용승인을 받은 사항을

변경하려는 경우에도 또한 같다.

③ 미래창조과학부장관은 제2항에 따른 신청을 받은 때에는 전파자원 이용의 효율성, 주파수 사용의 가능성 및 전파혼신 등을 심사하여 결과가 적합하면 주파수 사용승인을 하고, 다음 각 호의 사항을 포함한 사용승인서를 발급하여야 한다.

1. 전파의 형식, 점유주파수대역폭 및 주파수
2. 공중선전력
3. 공중선의 형식·구성 및 이득

④ 제3항에 따라 주파수 사용승인을 받은 자가 무선국 폐지 등으로 해당 주파수를 사용하지 아니하는 경우에는 제22조에 따른 유효기간에도 불구하고 지체 없이 미래창조과학부장관에게 해당 주파수를 반납하여야 한다.

「 제18조의3(주파수 사용승인의 취소 등) ① 미래창조과학부장관은 제18조의2에 따라 주파수 사용승인을 받은 자가 다음 각 호의 어느 하나에 해당하는 경우에는 위반행위의 시정을 명하거나 주파수 사용승인을 취소할 수 있다.

1. 제18조의2제3항에 따라 사용승인을 받은 주파수의 범위를 벗어나 무선국을 운용하는 경우
2. 제18조의2제3항에 따라 사용승인을 받은 주파수를 사용하지 아니하는 경우로서 같은 조 제4항에 따라 해당 주파수를 반납하지 아니하는 경우
3. 제24조제8항에 따른 검사를 거부하거나 방해하는 경우
4. 제25조제4항에 따른 시험성적서를 제출하지 아니하는 경우

② 제1항에 따른 시정명령 또는 주파수 사용승인 취소에 관한 세부적인 기준과 그 밖에 필요한 사항은 대통령령으로 정한다.

제4장 전파자원의 이용

제1절 무선국의 허가 및 운용

「 제19조(허가를 통한 무선국 개설 등) ① 무선국을 개설하려는 자는 대통령령으로 정하는 바에 따라 미래창조과학부장관의 허가를 받아야 한다. 허가받은 사항 중 대통령령으로 정하는 사항을 변경하려는 경우에도 또한 같다.

② 제1항 전단에도 불구하고 「전기통신사업법」 제2조제6호에 따른 전기통신역무를 제공받기 위한 무선국으로서 대통령령으로 정하는 무선국을 개설하려는 자가 해당 전기통신역무를 제공하는 자와 이용계약을 체결하였을 때에는 그 무선국은 미래창조과학부장관의 허가를 받은 것으로 본다. 이 경우 제1항 후단, 제22조, 제24조, 제25조의2 및 제69조제1항제2호는 적용하지 아니한다.

③ 전기통신사업자는 제2항에 따른 무선국을 개설하려는 자와 이용계약을 체결하였을 때에는 대통령령으로 정하는 바에 따라 신규로 이용계약을 체결한 가입

자의 수와 전체 가입자의 수를 미래창조과학부장관에게 통보하여야 한다.

⑤ 제1항에도 불구하고 대통령령으로 정하는 바에 따라 미래창조과학부장관으로부터 주파수 사용승인을 받은 자는 무선국을 개설할 수 있다.

제19조의2(신고를 통한 무선국 개설 등) ① 제19조제1항에도 불구하고 다음 각 호의 어느 하나에 해당하는 무선국으로서 국가 간, 지역 간 전파혼신 방지 등을 위하여 주파수 또는 공중선전력을 제한할 필요가 없다고 인정되거나 인명안전 등을 목적으로 개설하는 것이 아닌 무선국 등 대통령령으로 정하는 무선국을 개설하려는 자는 미래창조과학부장관에게 신고하여야 한다. 신고한 사항 중 대통령령으로 정하는 사항을 변경하려는 경우에도 또한 같다.

1. 발사하는 전파가 미약한 무선국이나 무선설비의 설치공사를 할 필요가 없는 무선국
2. 수신전용의 무선국
3. 제11조 또는 제12조에 따라 주파수할당을 받은 자가 전기통신역무 등을 제공하기 위하여 개설하는 무선국
4. 「방송법」 제2조제1호라목에 따른 이동멀티미디어방송을 위하여 개설하는 무선국

② 제1항에도 불구하고 발사하는 전파가 미약한 무선국 등으로서 대통령령으로 정하는 무선국은 미래창조과학부장관에게 신고하지 아니하고 개설할 수 있다.

제20조(무선국 개설의 결격사유) ① 다음 각 호의 어느 하나에 해당하는 자는 무선국을 개설할 수 없다. 다만, 제19조제2항, 제19조의2제1항제1호·제2호 및 같은 조 제2항에 따라 개설하는 것은 그러하지 아니하다.

1. 대한민국의 국적을 가지지 아니한 자
2. 외국정부 또는 그 대표자
3. 외국의 법인 또는 단체
4. 이 법을 위반하여 금고 이상의 실형을 선고받고 그 집행이 끝나거나 집행을 받지 아니하기로 확정된 날부터 2년이 지나지 아니한 자
5. 이 법을 위반하여 금고 이상의 형의 집행유예를 선고받고 그 유예기간 중에 있는 자
6. 「형법」 중 내란의 죄와 외환의 죄, 「군형법」 중 이적의 죄 또는 「국가보안법」을 위반한 죄를 범하여 실형을 선고받고 그 형의 집행이 끝나거나 집행을 받지 아니하기로 확정된 날부터 2년이 지나지 아니한 자
7. 제72조제2항에 따라 무선국 개설허가의 취소나 개설신고된 무선국의 폐지 명령을 받고 그 사유가 없어지지 아니한 자

② 제1항제1호부터 제3호까지의 규정은 다음 각 호의 어느 하나에 해당하는 무

선국에 대하여는 적용하지 아니한다.

1. 실험국(과학이나 기술발전을 위한 실험에만 사용하는 무선국을 말한다. 이하 같다)

2. 「선박안전법」 제29조에 따른 선박의 무선국

3. 「항공법」 제145조 단서 및 제148조에 따른 허가를 받아 국내항공에 사용되는 항공기의 무선국

4. 다음 각 목의 어느 하나에 해당하는 무선국으로서 대한민국의 정부・대표자 또는 국민에게 자국(自國)에서 무선국 개설을 허용하는 국가의 정부・대표자 또는 국민에게 그 국가가 허용하는 무선국과 같은 종류의 무선국

가. 대한민국에서 해당 국가의 외교와 영사 업무를 하는 대사관 등의 공관에서 특정 지점 간의 통신을 위하여 공관 안에 개설하는 무선국

나. 아마추어국(개인적으로 무선기술에 흥미를 가지고 자기훈련과 기술연구에만 사용하는 무선국을 말한다. 이하 같다)

다. 육상이동 업무를 하는 무선국으로서 대통령령으로 정하는 것

5. 국내에서 열리는 국제적 또는 국가적인 행사를 위하여 필요한 경우 그 기간에만 미래창조과학부장관이 허용하는 무선국

6. 아마추어국으로서 다음 각 목의 어느 하나에 해당하는 자가 개설하는 무선국

가. 제70조에 따라 대한민국의 아마추어무선기사 자격을 취득한 자

나. 대한민국에 잠시 머무르는 동안 무선국을 운용하려는 자(자국에서 아마추어무선기사 자격을 취득한 자에 한한다)로서 미래창조과학부장관이 지정하는 단체의 추천을 받은 자

7. 대한민국에 들어오거나 대한민국에서 나가는 항공기나 선박에서 전기통신역무를 제공하기 위하여 해당 항공기 또는 선박 안에 개설하는 무선국

「 제20조의2(무선국의 개설조건) ① 무선국은 다음 각 호의 개설조건을 갖추어야 한다.

1. 통신사항이 개설목적에 적합할 것

2. 시설자가 아닌 타인에게 그 무선설비를 제공하는 것이 아닐 것. 다만, 제48조제1항에 따라 타인에게 임대하는 무선국, 업무상 긴밀한 관계가 있는 자 간의 원활한 통신을 위하여 개설하는 무선국으로서 미래창조과학부장관이 인정하는 무선국 또는 제25조제2항제4호에 따른 비상통신을 행하는 무선국의 경우에는 그러하지 아니하다.

3. 개설목적・통신사항 및 통신상대방의 선정이 법령에 위반되지 아니할 것

4. 개설목적의 달성에 필요한 최소한의 주파수 및 공중선전력을 사용할 것

5. 무선설비는 인명・재산 및 항공의 안전에 지장을 주지 아니하는 장소에 설치

할 것
6. 이미 개설되어 있는 다른 무선국의 운용에 지장을 주지 아니할 것
② 제1항에 따른 개설조건 외에 제3항의 무선국의 분류에 따른 개설조건에 관하여 필요한 사항은 대통령령으로 정한다.
③ 무선국이 하는 업무와 무선국의 분류에 관한 것은 대통령령으로 정한다.

제21조(무선국 개설허가 등의 절차) ① 제19조제1항에 따라 무선국의 개설허가 또는 허가받은 사항을 변경하기 위한 허가(이하 "변경허가"라 한다)를 받으려는 자는 대통령령으로 정하는 바에 따라 미래창조과학부장관에게 신청하여야 한다.
②미래창조과학부장관은 제1항에 따른 신청을 받은 때에는 다음 각 호의 사항을 심사하여야 한다.
1. 주파수지정이 가능한지의 여부
2. 설치하거나 운용할 무선설비가 제45조에 따른 기술기준에 적합한지의 여부
3. 무선종사자의 배치계획이 제71조에 따른 자격·정원배치기준에 적합한지의 여부
4. 제20조의2에 따른 무선국의 개설조건에 적합한지의 여부
③ 미래창조과학부장관은 제2항에 따른 심사를 할 때에 필요하다고 인정하면 신청인에게 자료 제출을 요구하거나 신청인의 의견을 들을 수 있다.
④ 미래창조과학부장관은 제2항에 따라 심사한 결과 그 신청이 적합하면 무선국 개설허가 또는 변경허가를 하고 신청인에게 무선국의 준공기한과 그 밖에 대통령령으로 정하는 사항이 적힌 허가증을 발급하여야 한다.
⑤ 미래창조과학부장관은 대통령령으로 정하는 무선국의 개설허가 또는 변경허가를 한 경우에는 대통령령으로 정하는 바에 따라 이를 고시하여야 한다.

제22조(주파수 사용승인 및 무선국 개설허가의 유효기간) ① 제18조의2제3항에 따른 주파수 사용승인의 유효기간은 10년 이내의 범위에서, 제19조제1항에 따른 무선국 개설허가의 유효기간은 7년 이내의 범위에서 대통령령으로 각각 정하며, 그 기간이 끝나면 재승인이나 재허가를 할 수 있다.
② 제1항에도 불구하고 「선박안전법」이나 「항공법」에 따라 선박, 항공기 또는 경량항공기에 의무적으로 개설하여야 하는 무선국의 개설허가 유효기간은 무기한으로 한다.
③ 제1항에 따른 승인이나 허가의 유효기간은 다음 각 호에서 정한 날부터 기산한다.
1. 주파수 사용승인은 제18조의2제3항에 따라 주파수 사용승인을 받은 날
2. 무선국 개설허가는 제24조제3항 본문에 따른 검사증명서를 발급받은 날. 다

만, 제24조의2제1항 각 호에 따른 무선국의 개설허가는 그 허가를 받은 날로 한다.

④ 제1항에 따른 재승인이나 재허가의 절차와 그 밖에 필요한 사항은 대통령령으로 정한다.

「 제22조의2(무선국 개설신고 등의 절차) ① 제19조의2제1항 전단에 따라 무선국 개설신고를 하려는 자는 무선국을 개설하기 전까지 미래창조과학부장관에게 신고하여야 한다. 제19조의2제1항 후단에 따라 신고한 사항을 변경하기 위한 신고(이하 "변경신고"라 한다)를 하려는 경우에도 또한 같다.

② 미래창조과학부장관은 제1항에 따라 개설신고를 받거나 변경신고를 받은 경우에는 무선국 신고증명서를 발급하여야 한다.

「 제23조(시설자의 지위승계) ① 다음 각 호의 어느 하나에 해당하는 자는 시설자(제14조제5항에 따라 시설자의 지위를 승계하는 자를 제외한다. 이하 이 조에서 같다)의 지위를 승계한다.

1. 시설자가 사업을 양도하면서 그 사업과 관련된 무선국을 양도한 경우의 양수인
2. 시설자인 법인이 합병한 경우에 합병 후 존속하거나 합병에 따라 설립된 법인
3. 시설자가 사망한 경우의 상속인
4. 무선국이 있는 선박이나 항공기의 소유권 이전 또는 임대차계약 등에 의하여 선박이나 항공기를 운항하는 자가 변경된 경우에 해당 선박이나 항공기를 운항하는 자

② 제1항제1호 또는 제2호에 해당하는 자는 대통령령으로 정하는 바에 따라 미래창조과학부장관의 인가를 받아야 한다. 다만, 지상파 방송 사업을 위한 방송국 시설자의 경우 대통령령으로 정하는 바에 따라 방송통신위원회의 인가를 받아야 한다.

③ 제1항제3호 또는 제4호에 해당하는 자와 대통령령으로 정하는 무선국을 승계받으려는 자는 대통령령으로 정하는 바에 따라 미래창조과학부장관에게 신고하여야 한다. 다만, 지상파방송사업을 위한 방송국 시설자의 경우 대통령령으로 정하는 바에 따라 방송통신위원회에 신고하여야 한다.

④ 제2항에 따른 인가 및 제3항에 따른 신고의 결격사유에 관하여는 제20조를 준용한다.

⑤ 법인의 합병이나 상속에 따라 시설자의 지위를 승계한 자가 2명 이상인 경우에는 그중 1명을 대표자로 선정하여야 한다.

「 제24조(검사) ① 다음 각 호의 어느 하나에 해당하는 자는 무선설비가 준공된 경우 미래창조과학부장관에게 준공신고를 하고 그 무선설비가 기술기준 및

무선종사자의 자격·정원배치기준에 적합한지의 여부에 대하여 검사(이하 "준공검사"라 한다)를 받아야 한다. 다만, 제19조의2제1항제3호에 따라 신고하고 개설할 수 있는 무선국 중 대통령령으로 정하는 경우에는 표본추출 방법으로 검사(이하 "표본검사"라 한다)할 수 있다.

1. 제21조제4항에 따라 무선국 개설허가 또는 변경허가를 받은 자
2. 제22조의2제1항에 따라 제19조의2제1항제3호 또는 제4호에 해당하는 무선국의 개설신고 또는 변경신고를 한 자

② 미래창조과학부장관은 제1항 각 호의 어느 하나에 해당하는 자로부터 허가증 또는 무선국 신고증명서에 적힌 준공기한의 연장신청을 받은 경우 그 사유가 합당하다고 인정하면 준공기한을 연장할 수 있다. 이 경우 총 연장기간은 1년을 초과할 수 없다.

③ 미래창조과학부장관은 제1항에 따라 검사한 결과 그 무선설비가 제45조에 따른 기술기준에 적합하고 무선종사자의 자격과 정원이 제71조에 따른 자격·정원배치기준에 적합하면 지체 없이 검사를 신청한 자에게 검사증명서를 발급하여야 한다. 다만, 검사한 결과가 적합하지 아니한 무선국의 경우에는 대통령령으로 정하는 기한 내에 재검사를 받아야 한다.

④ 미래창조과학부장관은 다음 각 호의 어느 하나에 해당하는 무선국에 대하여 5년의 범위에서 무선국별로 대통령령으로 정하는 기간마다 정기검사를 실시하여야 한다.

1. 제21조제4항에 따라 개설허가를 받은 무선국
2. 제22조의2제1항에 따라 개설신고를 한 무선국(제19조의2제1항제3호 또는 제4호에 해당하는 무선국에 한한다)

⑤ 미래창조과학부장관은 무선국이 있는 선박이나 항공기가 외국에 출항하려는 경우나 그 밖에 전파의 효율적 이용이나 관리를 위하여 특히 필요한 경우에는 무선설비의 기술기준, 무선종사자의 자격과 정원, 그 밖에 필요한 사항 등을 검사할 수 있다.

⑦ 제1항 각 호 외의 부분 단서에 따른 무선국 표본검사의 결과, 불합격률이 일정 기준을 초과하는 등 대통령령으로 정하는 경우에는 표본검사를 받지 아니한 무선국에 대하여도 같은 항 본문에 따른 검사를 받아야 한다.

⑧ 미래창조과학부장관은 전파의 효율적인 이용이나 관리를 위하여 필요한 경우에는 제19조제5항에 따라 주파수 사용승인을 받아 개설된 무선국이 사용승인서에 적힌 대로 개설되어 운용되고 있는지를 검사할 수 있다.

⑨ 제1항·제4항·제5항 및 제8항에 따른 검사의 시기·방법 및 절차에 관하여 필요한 사항은 대통령령으로 정한다.

제24조의2(검사의 면제 등) ① 미래창조과학부장관은 제24조제1항에도 불구하고 다음 각 호의 어느 하나에 해당하는 무선국의 경우에는 준공검사를 면제 또는 생략할 수 있다.

1. 어선에 설치하는 무선국, 소규모의 무선국 및 아마추어국으로서 대통령령으로 정하는 무선국
2. 제22조제1항에 따라 재허가를 받은 무선국
3. 무선설비의 설치공사가 필요 없거나 간단한 무선국으로서 대통령령으로 정하는 무선국
4. 외국에서 취득한 후 국내의 목적지에 도착하지 못한 선박 또는 항공기의 무선국
5. 제20조제2항제7호의 무선국 중 시설자가 외국인인 무선국

② 미래창조과학부장관은 제24조제4항에도 불구하고 정기검사 시기에 외국을 항행 중인 선박 또는 항공기의 무선국, 그 밖에 정기검사를 실시할 필요가 없다고 인정되는 무선국의 경우에는 정기검사 시기를 연기하거나 정기검사를 면제 또는 생략할 수 있다.

제25조(무선국의 운용) ① 제24조제1항에 따라 준공검사를 받아야 하는 무선국은 준공검사를 받은 후 운용하여야 한다. 다만, 제24조의2제1항에 따라 준공검사를 면제 또는 생략한 경우에는 그러하지 아니하다.

② 무선국은 제18조의2제3항에 따른 사용승인서, 제21조제4항에 따른 허가증 또는 제22조의2제2항에 따른 무선국 신고증명서에 적힌 사항의 범위에서 운용하여야 한다. 다만, 다음 각 호의 어느 하나에 해당하는 통신을 하는 경우에는 그러하지 아니하다.

1. 조난통신(선박이나 항공기가 중대하고 급박한 위기에 처한 경우에 조난신호를 먼저 보낸 후에 하는 무선통신을 말한다. 이하 같다)
2. 긴급통신(선박이나 항공기가 중대하고 급박한 위험에 처할 우려가 있는 경우나 그 밖에 긴박한 사태가 발생한 경우에 긴급신호를 먼저 보낸 후에 하는 무선통신을 말한다. 이하 같다)
3. 안전통신(선박이나 항공기의 항행 중에 발생하는 중대한 위험을 예방하기 위하여 안전신호를 먼저 보낸 후에 하는 무선통신을 말한다. 이하 같다)
4. 비상통신(지진·태풍·홍수·해일·화재, 그 밖의 비상사태가 발생하였거나 발생할 우려가 있는 경우로서 유선통신을 이용할 수 없거나 이용하기 곤란할 때에 인명의 구조, 재해의 구호, 교통통신의 확보 또는 질서유지를 위하여 하는 무선통신을 말한다. 이하 같다)
5. 그 밖에 대통령령으로 정하는 통신

③ 제1항에도 불구하고 제19조의2제1항제3호의 무선국은 준공신고를 한 후에 운용할 수 있다. 다만, 제24조제1항에 따른 검사에 불합격한 경우에는 무선국의 운용을 정지하고 대통령령으로 정하는 기한 내에 재검사를 받아야 한다.
④ 미래창조과학부장관은 제19조제5항에 따라 주파수 사용승인을 받아 무선국을 개설한 자가 해당 무선국을 운용하기 전에 무선설비의 점유주파수대역폭 및 대역외발사(帶域外發射) 등이 적힌 시험성적서를 제출하도록 할 수 있다.

□ 제25조의2(무선국의 폐지 및 운용 휴지) ① 시설자가 무선국을 폐지하려고 하거나 무선국의 운용을 1개월 이상 휴지하려는 경우 또는 1개월 이상 운용을 휴지한 무선국을 재운용하려는 경우에는 대통령령으로 정하는 바에 따라 미래창조과학부장관에게 신고하여야 한다. 다만, 지상파방송사업을 위한 방송국 시설자의 경우 대통령령으로 정하는 바에 따라 방송통신위원회에 신고하여야 한다.
② 시설자가 무선국의 폐지를 신고한 때에는 그 허가 또는 개설신고에 따른 효력은 소멸된다.

□ 제26조 삭제

□ 제27조(통신방법 등) 무선국은 미래창조과학부장관이 정하여 고시하는 바에 따라 무선국의 호출방법·응답방법·운용시간·청취의무, 그 밖에 통신방법 등에 관한 사항을 지키며 운용하여야 한다.

□ 제28조(조난통신 등) ① 「선박안전법」 또는 「항공법」에 따라 선박, 항공기 또는 경량항공기에 의무적으로 개설하여야 하는 무선국이 갖추어야 할 사용주파수와 전파형식 등의 조건은 미래창조과학부장관이 정하여 고시한다.
② 다음 각 호의 무선국은 조난통신을 수신한 경우에는 다른 모든 무선통신에 우선하여 즉시 응답하고 조난을 당한 선박이나 항공기를 구조하기 위하여 가장 편리한 위치에 있는 무선국에 통보하는 등 최선의 조치를 하여야 하고, 긴급통신이나 안전통신을 수신한 경우에는 미래창조과학부장관이 정하여 고시하는 바에 따라 필요한 조치를 하여야 한다.
1. 해안국(海岸局)[선박국(船舶局)과 통신을 하기 위하여 육상에 개설하고 이동하지 아니하는 무선국을 말한다. 이하 같다]
2. 선박국(선박에 개설하여 해상이동 업무를 하는 무선국을 말한다. 이하 같다)
3. 항공국(航空局)[항공기국(航空機局)과 통신을 하기 위하여 육상에 개설하고 이동하지 아니하는 무선국을 말한다. 이하 같다]
4. 항공기국(항공기에 개설하여 항공이동 업무를 하는 무선국을 말한다. 이하 같다)
③ 선박국은 해안국의 통신권에 들어왔을 때와 통신권을 벗어날 때에는 대통령령으로 정하는 바에 따라 그 사실을 해안국에 알려야 한다.

④ 항공기국은 그 항공기의 항행 중에는 미래창조과학부장관이 정하여 고시하는 바에 따라 항공국과 연락하여야 한다.

제29조(혼신 등의 방지) 무선국은 다른 무선국의 운용을 저해할 혼신이나 그 밖의 방해를 하지 아니하도록 운용하여야 한다. 다만, 제25조제2항제1호부터 제4호까지의 통신에 관하여는 그러하지 아니하다.

제30조(통신보안의 준수) ① 시설자, 무선통신 업무에 종사하는 자 및 무선설비를 이용하는 자는 통신보안 책임자의 지정, 통신보안 교육의 이수 등 미래창조과학부장관이 정하여 고시하는 통신보안에 관한 사항을 지켜야 한다.
② 제1항에 따른 통신보안의 교육 등에 필요한 사항은 미래창조과학부장관이 정하여 고시한다.

제31조(실험국 등의 통신) ① 실험국은 외국의 실험국과 통신을 하여서는 아니 된다.
② 실험국과 아마추어국이 통신할 때에는 암어(暗語)를 사용하여서는 아니 된다.
③ 아마추어국은 제3자를 위한 통신을 하여서는 아니 된다. 다만, 다른 아마추어국을 개설한 자를 위한 통신이나 비상·재난구조를 위한 통신의 경우에는 그러하지 아니하다.
④ 아마추어국은 무선설비에 유·무선 접속장치를 접속하여 비상·재난구조를 위한 중계통신을 할 수 있다.

제32조 삭제

제33조 삭제

제2절 방송국의 개설허가 및 운용

제34조(방송국의 개설허가) ① 제19조제1항에도 불구하고 「방송법」 제9조제1항 및 제17조제1항에 따른 지상파방송사업을 위한 방송국의 개설허가 또는 재허가를 받으려는 자는 대통령령으로 정하는 바에 따라 방송통신위원회에 신청하여야 한다.
② 방송통신위원회는 제1항에 따라 방송국의 개설허가 또는 재허가 신청을 받으면 다음 각 호의 사항에 대한 심사를 미래창조과학부장관에게 의뢰하여야 한다.
1. 방송용으로 분배된 주파수의 범위에서 주파수 지정이 가능한지 여부
2. 설치하거나 운용할 무선설비가 제45조에 따른 기술기준에 적합한지 여부
3. 무선종사자의 배치계획이 제71조에 따른 자격·정원배치기준에 적합한지 여부
4. 제35조에 따른 방송국의 개설조건을 충족하는지의 여부
5. 그 밖에 방송 업무를 적절히 수행하기 위하여 필요한 것으로서 대통령령으로

정하는 사항

③ 미래창조과학부장관은 제2항 각 호에 대한 심사를 하여 그 결과를 방송통신위원회에 송부하여야 한다.

④ 방송통신위원회는 제3항에 따른 심사 결과를 반영하여 허가·재허가 여부를 결정한다. 허가받은 사항 중 대통령령으로 정하는 사항을 변경하려는 경우에도 또한 같다.

☐ 第34조의2(위성방송사업을 위한 무선국 등의 개설 등) 미래창조과학부장관은 제21조제1항에 따라 위성방송을 위한 무선국 등의 개설허가 신청을 받으면 같은 조 제2항제1호부터 제3호까지의 사항 이외에 다음 각 호의 사항을 심사하여야 한다.

1. 제35조에 따른 방송국의 개설조건을 충족하는지 여부
2. 그 밖에 방송 업무를 적절히 수행하기 위하여 필요한 것으로서 대통령령으로 정하는 사항

☐ 第35조(방송국의 개설조건 등) ① 방송국을 개설하려는 자는 다른 방송의 수신에 혼신을 일으키지 아니하도록 설치하여야 한다.

② 혼신을 방지하기 위한 방송국의 설치장소, 송신공중선(送信空中線)의 높이·출력 및 지향특성 등 방송국의 개설조건에 필요한 사항은 대통령령으로 정한다.

③ 방송통신위원회는 방송국을 개설하려는 자의 허가신청 내용이 제2항에 따른 개설조건에 적합하지 아니하면 설치장소의 이전 등 보완을 명할 수 있다.

☐ 第36조(방송수신의 보호) ① 통상적으로 수신이 가능한 방송의 수신에 장애를 일으키는 건축물의 소유자는 해당 수신장애를 제거하기 위하여 필요한 조치를 하여야 한다.

② 제1항에 따른 통상적으로 수신이 가능한 방송의 기준은 방송통신위원회 고시로 정하고, 방송의 수신장애 제거에 필요한 사항은 대통령령으로 정한다.

☐ 第37조(방송표준방식) ① 미래창조과학부장관은 방송사업용 주파수의 효율적 이용과 이용자의 편의를 위하여 방송표준방식을 정하여 고시하여야 한다.

② 미래창조과학부장관은 제1항에 따른 방송표준방식을 정하거나 변경하는 경우에는 미리 이해관계자의 의견을 들어야 한다.

제3절 우주통신의 운용

☐ 第38조(위성궤도 및 주파수의 확보) 미래창조과학부장관은 우주통신을 위한 위성궤도와 주파수(이하 "위성궤도등"이라 한다)를 확보하기 위하여 필요한 시책을 마련하여야 한다.

☐ 第39조(위성궤도등의 국제등록) ① 우주국을 개설하기 위하여 위성궤도등을

확보하려는 자는 대통령령으로 정하는 바에 따라 미래창조과학부장관에게 위성망 국제등록 신청을 요청하여야 한다.

② 미래창조과학부장관은 제1항에 따른 위성망 국제등록 신청 요청의 내용이 다음 각 호에 적합한 경우에는 「국제전기통신연합 전파규칙」에 따라 국제전기통신연합에 위성망 국제등록을 신청하고, 적합하지 아니한 경우에는 그 요청서를 되돌려 보내거나 기간을 구체적으로 밝혀 보완하도록 할 수 있다.

1. 요청자가 개설하려는 우주국에 주파수의 지정이 가능할 것
2. 위성사업계획이 적정할 것
3. 요청자가 위성망 혼신조정능력이 있을 것

③ 제2항에 따라 위성망 국제등록 신청이 된 경우에 제1항에 따라 미래창조과학부장관에게 위성망 국제등록 신청을 요청한 자는 국제전기통신연합에서 정하는 바에 따라 위성망 국제등록 비용을 부담하여야 한다.

「 제40조(위성망의 혼신조정) ① 미래창조과학부장관은 외국이 관할하는 위성망과의 혼신을 조정하기 위하여 필요한 시책을 마련하여야 한다.

② 미래창조과학부장관은 제39조제1항에 따라 위성망 국제등록 신청을 요청한 자에게 혼신 조정에 필요한 자료를 제출하도록 요구할 수 있다.

「 제41조(위성궤도등의 할당 등) ① 제10조제1항 각 호의 어느 하나에 해당하는 자에게 위성궤도등을 이용하게 하는 경우에는 제10조부터 제18조까지의 규정을 준용하여 할당한다.

② 제10조제1항 각 호에 규정된 자 외의 자에게 위성궤도등을 이용하게 하는 경우에는 제21조에 따라 우주국의 개설허가를 할 때에 우주국에 위성궤도등을 지정한다.

③ 미래창조과학부장관은 제39조에 따라 위성궤도등이 확보되면 해당 요청자에게 우선하여 제1항에 따라 할당하거나 제2항에 따라 지정한다.

「 제42조(우주국의 개설조건) 우주국은 관제설비(管制設備)에서 원격조작에 의하여 전파의 발사를 즉시 정지할 수 있고 그 궤도를 변경할 수 있는 기능을 갖추어야 한다.

「 제43조(위성궤도의 변경) 미래창조과학부장관은 혼신을 조정하거나 전파자원을 효율적으로 이용하기 위하여 필요하다고 인정하면 목적수행에 중대한 지장을 주지 아니하는 범위에서 우주국의 시설자에게 위성궤도를 변경하게 할 수 있다.

「 제44조(인공위성의 국제연합 등록) ① 미래창조과학부장관은 「외기권에 발사된 물체의 등록에 관한 협약」에 따라 대한민국 국민이 발사한 인공위성을 국제연합에 등록하여야 한다.

② 미래창조과학부장관은 인공위성을 발사한 자에게 해당 인공위성의 등록에 필

요한 자료를 제출하도록 요구할 수 있다.

☐ 제44조의2(안전한 전파환경 기반 조성) 미래창조과학부장관은 전자파가 인체, 기자재, 무선설비 등에 미치는 영향을 최소화하고 안전한 전파환경을 조성하기 위하여 다음 각 호의 시책을 마련하여야 한다.

1. 전파 이용과 관련된 역기능 방지 및 안전한 전파환경 조성대책의 수립・추진
2. 전자파가 인체에 미치는 영향 등에 관한 종합적인 보호대책의 수립・추진
3. 기자재의 전자파장해를 방지하고 전자파로부터 기자재를 보호하기 위한 전자파적합성에 관한 정책의 수립・추진
4. 전자파 인체흡수율, 전자파강도 및 전파환경 등에 대한 관련 기준 마련 및 측정・조사
5. 전자파 차폐・차단 및 저감(低減) 기술 등 전자파 역기능 해소를 위한 기반기술 연구
6. 안전한 전파환경 기반 조성을 위한 교육 및 홍보계획의 수립・시행

☐ 제44조의3(전자파의 인체영향에 관한 연구・조사 및 교육・홍보) ① 미래창조과학부장관은 전자파가 인체에 미치는 영향에 관한 연구・조사 등을 실시하여야 한다.

② 미래창조과학부장관은 전자파가 인체에 미치는 영향에 관한 정보 전달과 방송통신기자재 등의 안전한 사용 등에 관한 교육 및 홍보를 위하여 적극 노력하여야 한다.

제5장 전파자원의 보호

☐ 제45조(기술기준) 무선설비(방송수신만을 목적으로 하는 것은 제외한다)는 주파수 허용편차와 공중선전력 {공중선의 급전선(給電線)에 공급되는 전력을 말한다. 이하 같다} 등 미래창조과학부장관이 정하여 고시하는 기술기준에 적합하여야 한다.

☐ 제46조 삭제

☐ 제47조(안전시설의 설치) 무선설비는 인체에 위해를 주거나 물건에 손상을 주지 아니하도록 미래창조과학부장관이 정하여 고시하는 안전시설기준에 따라 설치하여야 한다.

☐ 제47조의2(전자파 인체보호기준 등) ① 미래창조과학부장관은 무선설비, 전기・전자기기 등(이하 "무선설비등"이라 한다)에서 발생하는 전자파가 인체에 미치는 영향을 고려하여 다음 각 호의 사항을 정하여 고시하여야 한다.

1. 전자파 인체보호기준
2. 전자파 등급기준

3. 전자파 강도 측정기준
4. 전자파 흡수율 측정기준
5. 전자파 측정대상 기자재와 측정방법
6. 전자파 등급 표시대상과 표시방법
7. 그 밖에 전자파로부터 인체를 보호하기 위하여 필요한 사항

② 무선국의 시설자나 무선설비등을 제작하거나 수입하려는 자는 무선설비등으로부터 방출되는 전자파 강도가 전자파 인체보호기준을 초과하지 아니하도록 하여야 하며, 그 기준을 초과하는 장소에는 취급자 외의 자가 출입할 수 없도록 안전시설을 설치하여야 한다.

③ 공중선전력 및 설치장소 등이 대통령령으로 정하는 기준에 해당하는 무선국의 시설자는 제1항에 따라 고시한 전자파 인체보호기준 및 전자파 강도 측정기준에 따라 전자파 강도를 측정하여 그 결과를 미래창조과학부장관에게 보고하여야 한다.

④ 제3항에 따라 전자파 강도를 보고하여야 하는 무선국의 시설자는 제24조에 따라 무선국을 검사할 때에 미래창조과학부장관에게 전자파 강도를 측정하도록 요청할 수 있다. 이 경우 무선국의 시설자는 제3항에 따른 전자파 강도의 보고의무를 이행한 것으로 본다.

⑤ 미래창조과학부장관은 무선국에서 방출되는 전자파 강도가 제1항에 따라 고시한 전자파 인체보호기준을 초과할 가능성이 있다고 판단하거나 제3항에 따라 무선국의 시설자가 보고한 측정 결과의 거짓 여부를 확인할 필요성이 있다고 판단하면 무선국의 전자파 강도를 측정하거나 조사할 수 있다.

⑥ 미래창조과학부장관은 제3항부터 제5항까지의 규정에 따라 보고·측정·조사된 전자파 강도가 전자파 인체보호기준을 초과하면 안전시설의 설치, 운용제한 및 운용정지 등 필요한 조치를 명할 수 있다.

⑦ 제3항에 따른 전자파 강도의 보고 시기 및 방법, 제4항에 따른 전자파 강도의 측정 요청 시기 및 방법 등에 필요한 사항은 대통령령으로 정한다.

⑧ 무선국의 시설자나 무선설비를 제작하거나 수입한 자는 제1항제2호 및 제6호에 따라 전자파 등급을 표시하여야 한다.

「 제47조의3(전자파적합성 등) ① 전자파장해를 주거나 전자파로부터 영향을 받는 기자재에 대한 전자파장해 방지기준 및 보호기준(이하 "전자파적합성기준"이라 한다)은 대통령령으로 정한다.

② 전자파장해를 주거나 전자파로부터 영향을 받는 기자재를 제작하거나 수입하려는 자는 전자파적합성기준을 초과하지 아니하도록 하여야 한다.

③ 미래창조과학부장관은 전자파장해를 주거나 전자파로부터 영향을 받는 기자

재에서 발생하는 전자파가 전자파적합성기준을 초과할 가능성이 있다고 판단할 경우에는 해당 기자재에 대하여 전자파적합성 여부를 측정하거나 조사할 수 있다.

④ 제3항에 따른 측정이나 조사의 절차와 방법에 관하여는 제71조의2제2항부터 제4항까지를 준용한다.

⑤ 미래창조과학부장관은 제3항에 따라 측정·조사된 전자파가 전자파적합성기준을 초과하는 경우에는 해당 기자재의 전자파 저감 및 차폐를 위하여 필요한 조치를 권고할 수 있다.

⑥ 미래창조과학부장관은 전자파장해 방지 및 보호를 위하여 전자파 저감 및 차폐 등 관련 기술개발에 관한 사항을 지원할 수 있다.

⑦ 미래창조과학부장관은 전자파적합성 등에 관한 국제 협력을 추진하여야 하며, 이를 위하여 관련 기술 및 인력의 국제교류와 국제표준화 및 국제공동연구개발 등의 사업을 지원할 수 있다.

제48조(무선설비의 효율적 이용) ① 시설자는 무선설비를 효율적으로 이용하기 위하여 필요하면 대통령령으로 정하는 바에 따라 미래창조과학부장관의 승인을 받아 무선국 무선설비의 전부나 일부를 다른 사람에게 임대·위탁운용하거나 다른 사람과 공동으로 사용할 수 있다.

제48조의2(자연환경 보호 등) ① 미래창조과학부장관은 자연환경 및 도시미관의 보호를 위하여 필요하다고 인정하는 경우에는 시설자에게 무선국의 무선설비의 전부 또는 일부를 공동으로 사용할 것을 명하거나 자연환경에 대한 영향을 최소화하고 주변경관과 조화를 이루는 등 환경친화적으로 무선설비를 설치할 것을 명할 수 있다.

② 제1항에 따른 무선설비의 공동사용 명령과 환경친화적 설치명령의 대상 및 요건 등에 관하여 필요한 사항은 대통령령으로 정한다.

제49조(전파감시) ① 미래창조과학부장관은 전파의 효율적 이용을 촉진하고 혼신의 신속한 제거 등 전파이용 질서를 유지하고 보호하기 위하여 전파감시 업무를 수행하여야 한다.

② 제1항에 따른 전파감시 업무는 다음 각 호와 같다.

1. 무선국에서 사용하고 있는 주파수의 편차·대역폭(帶域幅) 등 전파의 품질 측정
2. 혼신을 일으키는 전파의 탐지
3. 허가받지 아니한 무선국에서 발사한 전파의 탐지
4. 제28조제2항에 따른 통신, 허가받지 아니한 무선국에서 발사한 전파, 혼신에 관하여 조사를 의뢰받은 전파 등의 방향 탐지

5. 제25조 및 제27조부터 제30조까지의 규정에 따른 사항의 준수 여부
6. 그 밖에 전파이용 질서를 유지하고 보호하기 위하여 대통령령으로 정하는 사항

제50조(국제전파 감시) ① 미래창조과학부장관은 외국의 무선국이 발사한 전파의 감시, 혼신 분석 및 제거 등 국제전파감시 업무를 수행하여야 한다.
② 미래창조과학부장관은 제1항에 따른 업무를 수행하기 위하여 필요한 시설을 설치하거나 운용하여야 한다.

제51조 삭제

제52조(무선방위측정장치의 보호) ① 무선방위측정장치보호구역(미래창조과학부장관이 설치한 무선방위측정장치의 설치장소로부터 1킬로미터 이내의 지역을 말한다)에 전파를 방해할 우려가 있는 건축물 또는 공작물로서 대통령령이 정하는 것을 건설하고자 하는 자는 미래창조과학부장관의 승인을 얻어야 한다.
② 제1항에 따른 무선방위측정장치의 설치장소는 미래창조과학부장관이 공고한다. 다만, 통신보안상 필요한 경우에는 관계 행정기관의 장에게 그 설치장소를 알리고 이를 공고하지 아니할 수 있다.

제53조 삭제

제54조(자료의 제공) ① 시설자는 전파이용과 관련하여 다른 시설자와의 분쟁이 있으면 미래창조과학부장관에게 분쟁 지역에서의 전파이용 현황 등 필요한 자료를 제공하도록 요청할 수 있다. 이 경우 미래창조과학부장관은 특별한 사유가 없으면 그 요청에 따라야 한다.
② 미래창조과학부장관은 제1항에 따라 요청받은 자료를 제공하기 위하여 필요하면 소속 공무원을 파견하여 필요한 사항을 조사하거나 확인한 후 그 결과를 분쟁 당사자에게 알려야 한다.

제55조(전파환경의 측정 등) ① 미래창조과학부장관은 전파환경의 측정 등 전파환경을 보호하기 위하여 필요한 조치를 하여야 한다.
② 제1항에 따른 전파환경의 측정 등에 필요한 사항은 미래창조과학부장관이 정하여 고시한다.

제56조(고출력·누설 전자파 안전성 평가 등) ① 고출력 전자파로 인한 피해와 누설 전자파에 의한 정보유출을 방지하기 위하여 방호차폐시설 또는 장비보호시설 등을 구축한 자는 미래창조과학부장관에게 그 시설 등의 안전성 평가를 의뢰할 수 있다.
② 미래창조과학부장관은 제1항에 따라 안전성 평가를 의뢰받은 경우에는 안전성을 평가하고 그 결과를 통지하여야 한다. 다만, 평가결과가 안전성 평가기준에 맞지 아니하는 경우에는 이에 대한 대책을 마련하도록 권고할 수 있다.

③ 제1항 및 제2항에 따른 안전성 평가기준 및 방법 등에 관하여 필요한 세부사항은 미래창조과학부장관이 정하여 고시한다.

┌ 제57조 삭제

┌ 제58조(산업·과학·의료용 전파응용설비 등) ① 다음 각 호의 어느 하나에 해당하는 설비를 운용하려는 자는 미래창조과학부장관의 허가를 받아야 한다. 허가받은 사항 중 대통령령으로 정하는 사항을 변경하려는 경우에도 또한 같다.

1. 전파에너지를 발생시켜 한정된 장소에서 산업·과학·의료·가사, 그 밖에 이와 비슷한 목적에 사용하도록 설계된 설비로서 대통령령으로 정하는 기준에 해당하는 설비
2. 전선로에 주파수가 9킬로헤르츠 이상인 전류가 흐르는 통신설비 중 전계강도(電界强度) 등이 대통령령으로 정하는 기준에 해당하는 설비

② 미래창조과학부장관은 제1항에 따른 허가 신청을 받은 경우 제45조에 따른 기술기준에 적합하고 다른 통신에 방해를 주지 아니한다고 인정되면 허가하여야 한다.

③ 제1항에 따라 허가받은 설비에 관하여는 제21조제1항·제3항·제4항, 제23조, 제24조, 제25조, 제25조의2, 제45조 및 제72조를 준용한다. <개정 2010.7.23., 2014.6.3.>

④ 미래창조과학부장관은 전선로에 주파수가 9킬로헤르츠 이상인 전류가 흐르는 통신설비의 경우 다른 통신에 방해를 주지 아니하도록 그 운용을 제한하는 주파수 대역을 정하여 고시할 수 있다.

제5장의2 방송통신기자재 등의 관리

제1절 방송통신기자재 등의 적합성평가

┌ 제58조의2(방송통신기자재등의 적합성평가) ① 방송통신기자재와 전자파장해를 주거나 전자파로부터 영향을 받는 기자재(이하 "방송통신기자재등"이라 한다)를 제조 또는 판매하거나 수입하려는 자는 해당 기자재에 대하여 다음 각 호의 기준(이하 "적합성평가기준"이라 한다)에 따라 제2항에 따른 적합인증, 제3항 및 제4항에 따른 적합등록 또는 제7항에 따른 잠정인증(이하 "적합성평가"라 한다)을 받아야 한다.

1. 제37조 및 제45조에 따른 기술기준
2. 제47조의2에 따른 전자파 인체보호기준
3. 제47조의3제1항에 따른 전자파적합성기준
4. 「방송통신발전 기본법」 제28조에 따른 기술기준
5. 「전기통신사업법」 제61조·제68조·제69조에 따른 기술기준

6. 「방송법」 제79조에 따른 기술기준
7. 다른 법률에서 방송통신기자재등과 관련하여 미래창조과학부장관이 정하도록 한 기술기준이나 표준

② 전파환경 및 방송통신망 등에 위해를 줄 우려가 있는 기자재와 중대한 전자파장해를 주거나 전자파로부터 정상적인 동작을 방해받을 정도의 영향을 받는 기자재를 제조 또는 판매하거나 수입하려는 자는 해당 기자재에 대하여 제58조의5에 따른 지정시험기관의 적합성평가기준에 관한 시험을 거쳐 미래창조과학부장관의 적합인증을 받아야 한다.

③ 제2항에 따른 적합인증의 대상이 아닌 방송통신기자재등을 제조 또는 판매하거나 수입하려는 자는 제58조의5에 따른 지정시험기관의 적합성평가기준에 관한 시험을 거쳐 해당 기자재가 적합성평가기준에 적합함을 확인한 후 그 사실을 미래창조과학부장관에게 등록하여야 한다. 다만, 불량률 등을 고려하여 대통령령으로 정하는 기자재에 대하여는 스스로 시험하거나 제58조의5에 따른 지정시험기관이 아닌 시험기관의 시험을 거쳐 미래창조과학부장관에게 등록할 수 있다.

④ 제3항에 따른 등록(이하 "적합등록"이라 한다)을 한 자는 해당 기자재가 적합성평가기준을 충족함을 증명하는 서류를 비치하여야 한다.

⑤ 제2항 및 제3항에 따라 적합성평가를 받은 자가 적합성평가를 받은 사항을 변경하려는 때에는 미래창조과학부장관에게 신고하여야 한다. 이 경우 변경하려는 사항 중 적합성평가기준과 관련된 사항의 변경이 포함된 경우에는 해당 사항에 대하여 제2항 및 제3항에 따른 적합성평가를 받아야 한다.

⑥ 적합성평가를 받은 자가 해당 기자재를 판매·대여하거나 판매·대여할 목적으로 진열(인터넷에 게시하는 경우를 포함한다. 이하 같다)·보관·운송하거나 무선국·방송통신망에 설치하려는 경우에는 해당 기자재와 포장에 적합성평가를 받은 사실을 표시하여야 한다.

⑦ 미래창조과학부장관은 방송통신기자재등에 대한 적합성평가기준이 마련되어 있지 아니하거나 그 밖의 사유로 제2항이나 제3항에 따른 적합성평가가 곤란한 경우로서 다음 각 호에 해당하는 경우에는 관련 국내외 표준, 규격 및 기술기준 등에 따른 적합성평가를 한 후 지역, 유효기간 등의 조건을 붙여 해당 기자재의 제조·수입·판매를 허용(이하 "잠정인증"이라고 한다)할 수 있다.

1. 방송통신망의 침해를 초래하지 아니하는 등 망 이용에 피해를 주지 않는 경우
2. 전파에 혼신을 초래하지 아니하는 등 전파이용 환경에 피해를 끼치지 않는 경우
3. 이용자의 인명, 재산 등에 피해를 주지 아니하는 등 기자재 이용상 위해가 없는 경우

⑧ 제7항에 따라 잠정인증을 받은 자는 해당 기자재에 대한 적합성평가기준이

제정되거나 적합성평가가 곤란한 사유가 없어진 경우에는 일정한 기한 내에 제2항이나 제3항에 따른 적합성평가를 받아야 한다.

⑨ 잠정인증을 받은 자가 제8항에 따른 기한 내에 적합성평가를 받지 아니한 경우에는 잠정인증의 효력은 소멸한다.

⑩ 제1항부터 제9항까지에서 규정한 사항 외에 적합성평가기준과 적합성평가 및 변경신고의 대상, 방법, 절차 등에 관하여 필요한 사항은 대통령령으로 정한다.

제58조의3(적합성평가의 면제) ① 다음 각 호의 어느 하나에 해당하는 경우로서 대통령령으로 정하는 기자재에 대하여는 적합성평가의 전부 또는 일부를 면제할 수 있다.

1. 시험·연구, 기술개발, 전시 등을 위하여 제조하거나 수입하는 경우
2. 국내에서 판매하지 아니하고 수출 전용으로 제조하는 경우
3. 미래창조과학부장관이 제58조의2제7항에 따라 잠정인증을 하는 때 잠정인증을 요청하는 자가 해당 기자재에 대하여 제58조의5에 따른 지정시험기관의 시험결과를 제출한 경우
4. 다음 각 목에 해당하는 기자재로서 관계 법령에 따라 이 법에 준하는 전자파장해 및 전자파로부터의 보호에 관한 적합성평가를 받은 경우

가. 「산업표준화법」 제15조에 따라 인증을 받은 품목

나. 「전기용품안전 관리법」 제3조에 따른 안전인증, 같은 법 제5조에 따른 안전검사, 같은 법 제11조에 따른 자율안전확인신고등 및 같은 법 제12조에 따른 안전검사

다. 「품질경영 및 공산품안전관리법」에 따라 안전인증을 받은 공산품

라. 「자동차관리법」에 따라 자기인증을 한 자동차

마. 「소방시설 설치·유지 및 안전관리에 관한 법률」에 따라 형식승인을 받은 소방기기

바. 「의료기기법」에 따라 품목류별 또는 품목별 허가를 받거나 신고한 의료기기

② 적합성평가의 면제의 방법 및 절차 등에 관하여 필요한 사항은 대통령령으로 정한다.

제58조의4(적합성평가의 취소 등) ① 미래창조과학부장관은 적합성평가를 받은 자가 다음 각 호의 어느 하나에 해당하는 경우에는 대통령령으로 정하는 바에 따라 해당 기자재에 대한 적합성평가를 취소하거나 개선, 시정, 수거, 철거, 파기 또는 생산중지, 수입중지, 판매중지, 사용중지 등 필요한 조치를 명할 수 있다.

1. 해당 방송통신기자재등이 적합성평가기준에 적합하지 아니하게 된 경우

2. 적합성평가표시를 하지 아니하거나 거짓으로 표시한 경우
3. 적합성평가의 변경신고를 하지 아니한 경우
4. 제58조의2제4항을 위반하여 관련 서류를 비치하지 아니한 경우

② 미래창조과학부장관은 적합성평가를 받은 자가 다음 각 호의 어느 하나에 해당하는 경우에는 대통령령으로 정하는 바에 따라 해당 기자재에 대한 적합성평가를 취소하여야 한다.

1. 거짓이나 그 밖의 부정한 방법으로 적합성평가를 받은 경우
2. 제1항에 따른 개선명령 등 조치명령을 이행하지 아니한 경우

③ 적합성평가의 취소처분을 받은 자는 그 취소된 날부터 1년의 범위에서 대통령령으로 정하는 기간 내에는 해당 기자재에 대하여 적합성평가를 받을 수 없다.

┌ 제58조의5(시험기관의 지정 등) ① 미래창조과학부장관은 다음 각 호의 요건을 갖춘 법인을 적합성평가 시험 업무를 하는 기관으로 지정할 수 있다.

1. 적합성평가 시험에 필요한 설비 및 인력을 확보할 것
2. 국제기준에 적합한 품질관리규정을 확보할 것
3. 그 밖에 미래창조과학부장관이 시험 업무의 객관성 및 공정성을 위하여 필요하다고 인정하는 사항을 갖출 것

② 제1항에 따라 지정받은 시험기관(이하 "지정시험기관"이라 한다)은 지정시험 업무를 일정 기간 중지하거나 지정시험 업무의 일부를 폐지하는 등 지정받은 사항을 변경하거나 지정시험 업무의 전부를 폐지하려는 경우에는 미래창조과학부장관에게 지정받은 사항의 변경 또는 지정시험 업무의 폐지를 신청하여야 한다.

③ 지정시험기관이 아닌 자가 지정시험기관을 양수하거나 합병을 통하여 지정시험기관의 지위를 승계하려는 경우에는 미리 미래창조과학부장관의 승인을 받아야 한다.

④ 미래창조과학부장관은 대통령령으로 정하는 전문심사기구로 하여금 지정시험기관의 지정을 위하여 필요한 요건의 심사를 하도록 할 수 있다.

⑤ 제1항부터 제4항까지의 규정에 따른 지정시험기관의 심사, 지정(변경, 폐지 및 승인을 포함한다)의 절차와 방법 등에 관하여 필요한 사항은 대통령령으로 정한다.

┌ 제58조의6(지정시험기관의 검사 등) ① 미래창조과학부장관은 지정시험기관이 지정요건에 맞게 업무를 수행하고 있는지 여부를 확인하기 위하여 대통령령으로 정하는 바에 따라 관련 자료의 제출을 요구하거나 소속 공무원에게 해당 기관의 사무실, 사업장, 그 밖에 필요한 장소에 출입하여 검사하게 할 수 있다.

② 제1항에 따라 지정시험기관을 검사할 경우 검사계획의 사전통지 및 증표의 제시 등에 관하여는 제71조의2제3항 및 제4항을 준용한다.

③ 지정시험기관의 검사절차, 방법 등에 관하여 필요한 사항은 대통령령으로 정한다.

□ 제58조의7(지정시험기관의 지정 취소 등) ① 미래창조과학부장관은 지정시험기관이 시험에 관한 절차, 측정설비의 관리 등 대통령령으로 정하는 사항을 준수하지 아니한 경우에는 시정을 명할 수 있다.

② 미래창조과학부장관은 지정시험기관이 다음 각 호의 어느 하나에 해당하는 경우에는 대통령령으로 정하는 바에 따라 1년 이내의 기간을 정하여 업무의 전부 또는 일부의 정지를 명할 수 있다.

1. 고의 또는 중대한 과실로 시험 업무를 부정확하게 수행한 경우
2. 정당한 이유 없이 제58조의6제1항에 따른 자료제출 요구나 검사 등을 거부·방해·기피한 경우
3. 제58조의5제1항에 따른 지정요건에 부적합하게 된 경우
4. 정당한 이유 없이 시험 업무를 수행하지 아니한 경우
5. 제1항에 따른 시정명령을 이행하지 아니한 경우

③ 미래창조과학부장관은 지정시험기관이 다음 각 호의 어느 하나에 해당하는 경우에는 그 지정을 취소하여야 한다.

1. 거짓이나 그 밖의 부정한 방법으로 지정을 받은 경우
2. 업무정지 명령을 받은 후 그 업무정지 기간에 시험 업무를 수행한 경우
3. 제2항을 위반하여 2회 이상 업무정지 명령을 받은 지정시험기관이 다시 같은 항을 위반하여 업무정지 사유에 해당한 경우

④ 제1항부터 제3항까지의 규정에 따른 시정명령 및 행정처분 등에 관하여 필요한 사항은 대통령령으로 정한다.

제2절 방송통신기자재 등의 국제협력 및 사후관리 등

□ 제58조의8(적합성평가의 국가 간 상호 인정) ① 미래창조과학부장관은 방송통신기자재 등에 대한 적합성평가 결과를 상호 인정하기 위하여 외국정부와 협정(이하 "상호인정협정"이라 한다)을 체결할 수 있다.

② 상호인정협정의 절차와 내용 등에 관하여 필요한 사항은 대통령령으로 정한다.

③ 미래창조과학부장관은 상호인정협정을 체결하였을 때에는 그 내용을 고시하여야 한다.

□ 제58조의9(국제적 적합성평가 체계의 구축) ① 미래창조과학부장관은 이 법에 따른 적합성평가 체계가 국제기준에 적합하도록 노력하여야 한다.

② 미래창조과학부장관은 제1항에 따른 적합성평가 체계 구축을 위한 세부사항

을 정하여 고시할 수 있다.

제58조의10(복제・개조・변조 등의 금지) ① 누구든지 적합성평가를 받은 기자재를 복제하여서는 아니 되며, 타인의 정상적인 기자재 사용을 방해하거나 전파이용 질서를 저해할 정도로 개조・변조하여서는 아니 된다.
② 누구든지 제1항을 위반하여 복제・개조・변조한 기자재를 판매・대여하거나 판매・대여할 목적으로 진열・보관 또는 운송하거나 무선국・방송통신망에 설치하여서는 아니 된다.

제58조의11(부적합 보고 등) 제58조의2에 따른 적합성평가를 받은 자는 해당 기자재가 중대한 결함이 있음을 알게 되거나 적합성평가기준에 적합하지 아니함을 알게 되었을 때에는 지체 없이 미래창조과학부장관에게 보고하고 스스로 시정하거나 수거하는 등 필요한 조치를 하여야 한다.

제58조의12(주파수분배 변경에 따른 조치 등) ① 제58조의2에 따른 방송통신기자재 등의 적합성평가를 받은 자는 주파수분배의 변경으로 인하여 해당 방송통신기자재 등을 사용할 수 없게 되는 경우에는 대통령령으로 정하는 방법에 따라 관련 사실을 표시하여야 한다.
② 방송통신기자재 등을 판매・대여하는 자, 판매・대여할 목적으로 진열・보관하는 자는 주파수분배의 변경으로 인하여 방송통신기자재 등을 사용할 수 없게 되는 경우 이를 구매하거나 대여 받으려는 자에게 고지하여야 한다.
③ 미래창조과학부장관은 주파수분배의 변경으로 사용할 수 없게 되는 방송통신기자재 등의 수입・판매 중지 등 필요한 조치를 명할 수 있다.

제6장 전파의 진흥

제59조 삭제

제59조의2 삭제

제60조(주파수이용 현황의 공개) ① 미래창조과학부장관은 전파이용을 촉진하기 위하여 필요한 경우 주파수이용 현황을 공개하여야 한다.
② 제1항에 따른 공개의 범위・절차 및 시기 등에 필요한 사항은 대통령령으로 정한다.

제61조(전파 연구) ① 미래창조과학부장관은 전파이용을 촉진하고 보호하기 위하여 필요한 연구를 수행하여야 한다.
② 제1항에 따라 수행하는 연구는 다음 각 호와 같다.
1. 기술기준의 연구
2. 전파의 전파(傳播) 분석 및 주파수할당 기법의 연구
3. 위성망의 혼신조정 기준에 관한 연구

4. 전자파장해 및 전파가 인체에 미치는 위해에 관한 연구
5. 전자파 흡수율의 측정에 관한 연구
6. 전파기기의 측정방법 및 측정기술에 관한 연구
7. 우주전파 수신기술 연구 및 수신자료 분석
8. 지자기(地磁氣) 및 전리층(電離層)의 관측
9. 태양 흑점의 관측
10. 제8호와 제9호에 따른 관측결과의 분석 및 예보·경보

□ 제62조(기술개발의 촉진) 미래창조과학부장관은 전파산업과 방송기기산업의 기반 조성에 필요한 기술의 연구·개발 및 활용을 촉진하기 위하여 다음 각 호의 사항을 추진하여야 한다.
1. 기술수준의 조사·연구개발 및 개발기술의 평가·활용
2. 기술의 협력·지도 및 이전
3. 기술정보의 원활한 유통
4. 산업계·학계 및 연구계의 공동 연구·개발
5. 그 밖에 기술개발을 위하여 필요한 사항

□ 제63조(표준화) ① 미래창조과학부장관은 전파의 효율적인 이용 촉진, 전파이용 질서의 유지 및 이용자 보호 등을 위하여 전파이용 기술의 표준화에 관한 다음 각 호의 사항을 추진하여야 한다. 다만, 「산업표준화법」 제12조에 따른 한국산업표준이 제정되어 있는 사항에 대하여는 그 표준에 따른다.
1. 전파 관련 표준의 제정 및 보급
2. 전파 관련 표준의 적합인증
3. 그 밖의 표준화에 필요한 사항
② 제1항에 따른 전파이용 기술 표준화의 추진에 필요한 사항은 대통령령으로 정한다.

□ 제64조(인력의 양성) 미래창조과학부장관은 전파 관련 전문인력을 양성하기 위하여 다음 각 호의 시책을 마련하고 시행하여야 한다.
1. 각급 학교와 그 밖의 교육기관에서 시행하는 전파 교육의 지원
2. 전파 및 방송기술 전문인력 양성사업의 지원
3. 전파 관련 교육프로그램의 개발·보급 및 지원
4. 그 밖에 전파 관련 전문인력의 양성에 필요한 사항

□ 제65조(국제협력의 촉진) 미래창조과학부장관은 전파이용 기술을 향상시키기 위하여 관련 기술이나 인력의 국제교류, 국제표준화, 국제공동연구개발 등의 국제협력사업을 지원할 수 있다.

□ 제66조(한국방송통신전파진흥원) ① 전파의 효율적 관리 및 방송·통신·전

파의 진흥을 위한 사업과 정부로부터 위탁받은 업무를 수행하기 위하여 한국방송통신전파진흥원(이하 "진흥원"이라 한다)을 설립한다.
② 진흥원은 법인으로 한다.
③ 진흥원은 그 주된 사무소의 소재지에서 설립등기를 함으로써 성립한다.
④ 진흥원은 다음 각 호의 사업을 한다.
1. 전파이용 촉진에 관한 연구
2. 방송·통신·전파 관련 국내외 기술에 관한 정보의 수집·조사 및 분석
3. 방송·통신·전파에 관한 연구지원 및 교육
4. 제1호부터 제3호까지의 사업에 부수되는 사업
5. 그 밖에 이 법 또는 다른 법령에서 진흥원의 업무로 정하거나 위탁한 사업 또는 미래창조과학부장관이 위탁한 사업
⑤ 진흥원의 사업과 운영 등에 필요한 사항은 대통령령으로 정한다.
⑥ 진흥원에 관하여 이 법에서 규정한 것 외에는 「민법」 중 재단법인에 관한 규정을 준용한다.

「 제66조의2(한국전파진흥협회) ① 다음 각 호의 사업 등을 효율적으로 수행하기 위하여 한국전파진흥협회(이하 "협회"라 한다)를 설립할 수 있다.
1. 새로운 전파이용 기술의 실용화 및 보급 촉진
2. 전파자원의 효율적인 이용과 전파산업 발전의 기반 조성에 관한 사업
3. 전파이용 기술의 표준화에 관한 사업
② 협회는 법인으로 한다.
③ 전기통신사업자, 시설자, 전파 관련 기자재·시스템 및 부품의 제조업자, 그 밖에 협회의 정관으로 정하는 자는 협회의 회원이 될 수 있다.
④ 협회의 사업과 운영 등에 필요한 사항은 대통령령으로 정한다.
⑤ 협회에 관하여 이 법에서 정한 것 외에는 「민법」 중 사단법인에 관한 규정을 준용한다.

「 제66조의3(진흥원의 운영경비 등) ① 진흥원의 운영에 필요한 경비는 다음 각 호의 재원으로 충당한다.
1. 제69조제1항제1호의2에 따른 주파수이용권 관리대장의 열람 또는 사본의 발급 수수료
2. 제69조제1항제3호에 따른 검사 수수료(미래창조과학부장관이 진흥원에 위탁한 검사 업무에만 적용한다)
3. 제69조제1항제5호에 따른 전자파 강도의 측정 수수료
4. 제69조제1항제6호에 따른 기술자격검정시험 응시 수수료 및 기술자격증 발급 수수료(「국가기술자격법」에 따라 한국산업인력공단에 위탁한 사항은 제외한다)

5. 제66조제4항제1호부터 제4호까지의 사업수행에 따른 수입금

② 정부는 진흥원의 사업수행에 필요한 경비를 충당하기 위하여 예산의 범위에서 보조할 수 있다. 다만, 국가연구개발사업의 수행을 위하여 방송통신발전기금의 범위에서 진흥원에 출연할 수 있다.

제67조(전파사용료) ① 미래창조과학부장관 또는 방송통신위원회는 시설자(수신전용의 무선국을 개설한 자는 제외한다)에게 해당 무선국이 사용하는 전파에 대한 사용료(이하 "전파사용료"라 한다)를 부과·징수할 수 있다. 다만, 제1호부터 제3호까지의 무선국 시설자에게는 전부를 면제하고, 제4호부터 제7호까지의 무선국 시설자에게는 대통령령으로 정하는 바에 따라 전부나 일부를 감면할 수 있다.

1. 국가나 지방자치단체가 개설한 무선국
2. 방송국 중 영리를 목적으로 하지 아니하는 방송국과 「방송통신발전 기본법」 제25조제2항에 따라 분담금을 내는 지상파방송사업자의 방송국
3. 제19조제2항에 따른 무선국
4. 「방송통신발전 기본법」 제25조제3항에 따라 분담금을 내는 위성방송사업자 및 종합유선방송사업자의 방송국
5. 제11조에 따라 할당받은 주파수를 이용하여 전기통신역무를 제공하는 무선국
6. 영리를 목적으로 하지 아니하거나 공공복리를 증진시키기 위하여 개설한 무선국 중 대통령령으로 정하는 무선국
7. 「재난 및 안전관리 기본법」 제60조제1항에 따라 특별재난지역으로 선포된 지역에 개설된 무선국 중 미래창조과학부장관이 고시로 정하는 기준에 부합되는 무선국

② 전파사용료는 전파 관리에 필요한 경비의 충당과 전파 관련 분야 진흥을 위하여 사용한다.

제68조(전파사용료의 부과기준 등) ① 제67조제1항에 따른 전파사용료는 무선국별로 대통령령으로 정하는 바에 따라 해당 무선국이 사용하는 주파수 대역, 전파의 폭 및 공중선전력 등을 기준으로 하여 산정한다. 다만, 해당 시설자가 제11조 및 제12조에 따라 할당된 주파수를 이용하여 가입자에게 전기통신역무를 제공하는 기간통신사업자인 경우에는 해당 전기통신역무를 제공받는 가입자의 수를 기준으로 산정할 수 있다.

② 미래창조과학부장관 또는 방송통신위원회는 전파사용료를 내야 할 자가 그 납부기한까지 내지 아니하면 체납된 전파사용료에 대하여 100분의 5의 범위에서 대통령령으로 정하는 비율에 상당하는 금액을 가산금으로 받는다.

③ 전파사용료 및 제2항에 따른 가산금을 내지 아니하면 국세 체납처분의 예에

따라 징수한다.

「 제69조(수수료) ① 다음 각 호의 어느 하나에 해당하는 자는 대통령령으로 정하는 바에 따라 수수료를 내야 한다.

1. 제10조제2항, 제16조, 제16조의2에 따라 주파수할당·재할당·추가할당을 신청하는 자

1의2. 제18조에 따라 주파수이용권 관리대장의 열람 또는 사본 발급을 신청하는 자

1의3. 제18조의2제2항 또는 제22조제1항에 따라 승인·변경승인 또는 재승인을 신청하는 자

2. 제19조(제58조제3항에 따라 준용되는 경우를 포함한다) 또는 제22조제1항에 따른 허가·재허가 또는 변경허가를 신청하는 자

3. 제24조(제58조제3항에 따라 준용되는 경우를 포함한다) 및 제58조의6제1항에 따른 검사를 받는 자

4. 삭제

5. 제47조의2제4항에 따라 전자파 강도의 측정을 요청하는 자

5의2. 제56조제1항에 따른 안전성 평가를 의뢰하는 자

5의3. 제58조의2에 따른 적합인증 및 적합등록을 신청(변경신고를 포함한다)하거나 잠정인증을 신청하는 자

5의4. 제58조의5제1항에 따른 지정시험기관의 지정을 받기 위하여 신청하거나 같은 조 제2항에 따른 변경신청(지정분야 또는 시험항목 추가에 따른 변경신청에 한한다)을 하는 자

6. 제70조에 따른 기술자격검정 시험에 응시하려는 자 및 기술자격증을 발급받으려는 자

② 제1항의 수수료는 공공복리를 증진하기 위하여 필요하면 대통령령으로 정하는 바에 따라 감면할 수 있다.

제7장 무선종사자

「 제70조(무선종사자의 자격) ① 무선종사자가 되려는 자는 국가기술자격에 관한 법령 또는 대통령령으로 정하는 바에 따라 시행하는 기술자격검정에 합격하여야 한다.

② 미래창조과학부장관은 제1항에 따른 기술자격검정에 합격한 자에게 대통령령으로 정하는 바에 따라 기술자격증을 발급한다.

③ 무선종사자의 자격종목 및 자격종목별 종사범위는 대통령령으로 정한다.

④ 무선국의 무선설비는 무선종사자가 아니면 이를 운용하거나 그 공사를 하여

서는 아니 된다. 다만, 선박이나 항공기가 항행 중이어서 무선종사자를 보충할 수 없거나 그 밖에 대통령령으로 정하는 경우에는 그러하지 아니하다.

제71조(무선종사자의 배치) 시설자는 대통령령으로 정하는 자격 및 정원배치 기준에 따라 무선종사자를 무선국에 배치하여야 한다. 다만, 다음 각 호의 어느 하나에 해당하는 자는 무선국에 배치하여서는 아니 된다.

1. 피성년후견인
2. 「형법」 중 내란의 죄와 외환의 죄, 「군형법」 중 이적의 죄 또는 「국가보안법」을 위반하여 금고 이상의 형을 선고받고 그 집행이 끝나거나 집행을 받지 아니하기로 확정된 후 5년이 지나지 아니한 자

제71조의2(조사 및 조치) ① 미래창조과학부장관은 다음 각 호의 어느 하나에 해당하는 경우 소속 공무원으로 하여금 이를 조사 또는 시험하게 할 수 있다.

1. 무선설비 및 고압송전선, 그 밖에 전기적 설비에 의한 혼신 또는 전자파장해가 있거나 무선설비 등에서 발생하는 전자파가 제47조의2제1항에 따른 전자파 인체보호기준을 초과한 사실을 알게 된 경우
2. 적합성평가를 받은 기자재가 적합성평가 기준대로 제조·수입·판매되고 있는지 확인이 필요한 경우
3. 제19조·제19조의2·제24조·제25조·제29조·제45조·제52조·제58조·제58조의2 또는 제58조의10을 위반한 자가 있다고 인정되는 경우

② 미래창조과학부장관은 제1항에 따른 조사 또는 시험을 위하여 필요한 경우 관련 자료 또는 해당 기자재의 제출을 요구할 수 있으며, 필요한 경우 소속 공무원으로 하여금 해당 무선설비 또는 기자재의 설치 장소, 해당 기관의 사무실, 사업장 등 그 밖에 필요한 장소에 출입하여 설비를 조사 또는 시험하게 할 수 있다.

③ 미래창조과학부장관은 제2항에 따라 무선설비 또는 기자재의 설치 장소, 해당 기관의 사무실, 사업장 등 그 밖에 필요한 장소에 출입하는 경우에는 조사 7일 전까지 조사 목적, 방법, 기간 등이 포함된 조사계획을 해당 무선국 시설자 또는 출입 기관의 장에게 알려야 한다. 다만, 긴급하거나 사전에 알렸을 때 증거 인멸 등 조사의 목적을 달성할 수 없다고 인정하는 때에는 그러하지 아니하다.

④ 제1항에 따른 조사 또는 시험을 하는 공무원은 그 권한을 표시하는 증표를 지니고 이를 관계인에게 보여주어야 한다.

⑤ 미래창조과학부장관은 제1항에 따른 조사 또는 시험 결과 위반 사실이 확인되었을 때에는 그 시설자, 제조·수입·판매·대여하는 자, 판매·대여할 목적으로 진열·보관·운송하거나 무선국·방송통신망에 설치하는 자에게 개선·시정·수거·철거·파기 또는 생산중지·수입중지·판매중지·사용중지 등 필요한

조치를 명하거나 관계 중앙행정기관의 장에게 필요한 조치를 명하도록 요청할 수 있다.

⑥ 제1항부터 제5항까지의 규정에 따른 조사·시험의 절차와 방법 등에 관하여 필요한 사항은 대통령령으로 정한다.

제8장 보칙

제72조(무선국의 개설허가 취소 등) ① 시설자등이 다음 각 호의 어느 하나에 해당하는 경우에는 무선국의 개설허가나 개설신고 또는 주파수 사용승인은 그 효력을 상실한다.

1. 제11조 및 제12조에 따라 주파수할당을 받은 시설자가 제15조의2에 따라 주파수할당이 취소되거나 제16조제1항에 따른 재할당을 받지 못하는 경우

2. 제20조제1항제1호부터 제3호까지의 규정에 따른 결격사유에 해당하게 된 경우

3. 제22조제1항에 따른 재승인이나 재허가를 받지 못하는 경우

② 미래창조과학부장관 또는 방송통신위원회는 시설자가 다음 각 호의 어느 하나에 해당하는 때에는 무선국 개설허가의 취소 또는 개설신고한 무선국의 폐지를 명하거나 6개월 이내의 기간을 정하여 무선국의 운용정지, 무선국의 운용허용시간, 주파수 또는 공중선전력의 제한을 명할 수 있다. 다만, 제1호 및 제2호에 해당하는 경우에는 무선국의 취소 또는 폐지를 명하여야 한다.

1. 시설자가 제20조제1항 각 호의 어느 하나에 해당하게 된 경우

2. 거짓이나 그 밖의 부정한 방법으로 제21조에 따른 무선국의 개설허가 또는 변경허가를 받은 경우

3. 제21조제4항에 따른 무선국의 허가증 또는 제22조의2제2항에 따른 무선국 신고증명서에 적혀있는 준공기한(제24조제2항에 따라 기한을 연장한 경우에는 그 기한)이 지난 후 30일이 지날 때까지 준공신고를 마치지 아니한 경우

4. 제23조제2항에 따른 인가를 받지 아니하거나 제3항에 따른 신고를 하지 아니하고 무선국을 운용한 경우

4의2. 제19조의2제1항제3호의 무선국을 제24조제1항에 따른 준공신고를 하지 아니하고 운용하거나 제25조제3항을 위반하여 재검사를 받지 아니하고 운용한 때

4의3. 제24조제3항 단서 및 제25조제3항 단서에 따른 기한(검사기관의 사정으로 발생한 지연 일수는 검사기간 산정에서 제외한다) 내에 재검사를 신청하지 아니하거나 재검사 신청 후 재검사에 합격하지 못한 경우

5. 제24조제4항 및 제5항(제58조제3항에 따라 준용되는 경우를 포함한다)에 따

른 검사를 거부하거나 방해한 경우
6. 제25조제1항을 위반하여 준공검사를 받지 아니하고 무선국을 운용한 경우
6의2.
7. 정당한 사유 없이 계속하여 6개월 이상 무선국의 운용을 휴지한 경우
8. 전파사용료를 내지 아니한 경우
9. 제25조제2항을 위반하여 허가 또는 신고 사항의 범위를 벗어나 무선국을 운용한 경우
10. 제28조제1항을 위반하여 의무선박국 및 의무항공기국이 갖추어야 할 사용주파수 및 전파형식 등의 무선국의 조건을 갖추지 아니한 경우
11. 제30조제1항을 위반하여 통신보안에 관한 사항을 지키지 아니한 경우
12. 제31조제1항을 위반하여 외국의 실험국과 통신을 한 경우
13. 제31조제2항을 위반하여 실험국과 아마추어국이 암어를 사용하여 통신을 한 경우
14. 제45조를 위반하여 무선설비의 기술기준이 적합하지 아니한 경우
15. 제47조를 위반하여 무선설비를 안전시설기준에 따라 설치하지 아니한 경우
16. 제48조제1항을 위반하여 승인을 받지 아니하고 무선설비를 다른 사람에게 임대·위탁운용하거나 다른 사람과 공동으로 사용한 경우
17. 제69조제1항을 위반하여 수수료를 내지 아니한 경우
18. 제70조제3항을 위반하여 무선종사자가 종사범위를 벗어나 무선설비를 운용하거나 공사를 한 경우
19. 제70조제4항을 위반하여 무선종사자가 아닌 자가 무선설비를 운용하거나 공사를 한 경우
20. 제71조를 위반하여 무선종사자를 무선국에 배치하지 아니하거나 제71조 각 호의 어느 하나에 해당하는 자를 무선국에 배치한 경우

③ 미래창조과학부장관 또는 방송통신위원회는 다음 각 호의 어느 하나에 해당하는 경우에는 무선국 개설허가의 취소 또는 개설 신고한 무선국의 폐지를 명하거나 무선국의 변경·운용제한 또는 운용정지를 명할 수 있다.
1. 비상사태가 발생한 경우
2. 혼신을 방지하기 위하여 필요한 경우
3. 제6조의2에 따라 주파수회수 또는 주파수재배치를 한 경우

④ 미래창조과학부장관 또는 방송통신위원회는 제1항의 경우에는 효력상실의 뜻을, 제2항이나 제3항에 따른 처분을 한 경우에는 처분내용과 그 사유를 시설자에게 서면으로 알려주어야 한다.

⑤ 제2항과 제3항에 따른 무선국 개설허가의 취소 또는 개설신고한 무선국의 폐지 명령 등에 대한 세부적인 기준, 그 밖에 필요한 사항은 대통령령으로 정한다.

제73조(과징금의 부과·징수) ① 미래창조과학부장관 또는 방송통신위원회는 제72조제2항에 따라 무선국의 운용정지 또는 주파수 등의 제한을 명하여야 하는 경우에 그 정지나 세한이 해낭 무선국의 이용자에게 심한 불편을 주거나 공익을 해칠 우려가 있으면 그 정지 또는 제한을 갈음하여 3천만원 이하의 과징금을 부과·징수할 수 있다.
② 제1항에 따른 과징금을 부과하는 위반행위의 종류와 그 정도에 따른 과징금의 금액, 그 밖에 필요한 사항은 대통령령으로 정한다.
③ 미래창조과학부장관 또는 방송통신위원회는 제1항에 따른 과징금을 내야 할 자가 내지 아니하면 기간을 정하여 독촉하고, 그 지정된 기간에 과징금을 내지 아니하면 국세 체납처분의 예에 따라 징수한다.
④ 제1항에 따른 과징금의 부과·징수에 관하여는 제72조제4항을 준용한다.
[전문개정 2008.6.13.]

제74조 삭제

제75조 삭제

제76조(무선종사자의 기술자격의 취소 등) ① 미래창조과학부장관은 무선종사자가 다음 각 호의 어느 하나에 해당하면 대통령령으로 정하는 바에 따라 기술자격을 취소하거나 6개월 이상 2년 이하의 기간을 정하여 업무종사의 정지를 명할 수 있다. 다만, 제1호에 해당하는 경우에는 기술자격을 취소하여야 한다.
1. 거짓이나 그 밖의 부정한 방법으로 무선종사자의 기술자격을 취득한 경우
2. 제25조제1항을 위반하여 준공검사를 받지 아니하고 무선국을 운용한 경우
3. 제25조제2항을 위반하여 허가 또는 신고 사항의 범위를 벗어나 무선국을 운용한 경우
4. 제27조를 위반하여 미래창조과학부장관이 정하여 고시하는 호출방법, 응답방법, 운용시간, 청취의무, 그 밖의 통신방법 등을 지키지 아니하고 운용한 경우
5. 제28조제2항을 위반하여 조난통신·긴급통신·안전통신을 수신하고도 필요한 조치를 하지 아니한 경우
6. 제28조제3항을 위반하여 선박국이 해안국의 통신권에 들어왔을 때와 통신권을 벗어날 때에 해안국에 그 사실을 알리지 아니한 경우
7. 제28조제4항을 위반하여 항공기국이 항공국과 연락을 하지 아니한 경우
8. 제30조제1항을 위반하여 통신보안사항을 지키지 아니하거나 같은 조 제2항에 따른 통신보안교육을 받지 아니한 경우
9. 제31조제2항을 위반하여 실험국과 아마추어국이 암어를 사용하여 통신을 한 경우
10. 제70조제3항을 위반하여 무선종사자가 그 종사범위를 벗어나 무선설비를 운

용하거나 공사를 한 경우
② 제1항에 따른 무선종사자의 기술자격의 취소 등에 대한 세부적인 기준, 그 밖에 필요한 사항은 대통령령으로 정한다.

☐ 제77조(청문) 미래창조과학부장관 또는 방송통신위원회는 다음 각 호의 어느 하나에 해당하는 처분을 하려면 청문을 하여야 한다.
1. 제6조의2에 따른 주파수회수 또는 주파수재배치
2. 제15조의2에 따른 주파수할당의 취소
2의2. 제58조의4에 따른 적합성평가의 취소
2의3. 제58조의7제2항 및 제3항에 따른 지정시험기관의 업무정지 명령 또는 지정 취소
3. 제72조제2항에 따른 무선국 개설허가의 취소 또는 개설신고한 무선국의 폐지, 무선국 운용정지 또는 무선국의 운용허용시간·주파수·공중선전력의 제한 명령
4. 삭제
5. 삭제
6. 제76조에 따른 기술자격의 취소 또는 업무종사의 정지 명령

☐ 제78조(권한의 위임·위탁) ① 이 법에 따른 미래창조과학부장관의 권한은 대통령령으로 정하는 바에 따라 그 일부를 소속 기관의 장에게 위임할 수 있다.
② 미래창조과학부장관은 대통령령으로 정하는 바에 따라 제7조, 제7조의2, 제18조, 제24조제1항·제4항 및 제5항(제58조에 따라 준용되는 경우를 포함한다), 제25조의2제1항(제58조에 따라 준용되는 경우를 포함한다), 제47조의2제4항·제5항 및 제58조의2, 제63조부터 제65조까지, 제69조 및 제70조제1항·제2항에 따른 업무의 일부를 진흥원·협회 또는 「전기통신사업법」에 따른 기간통신사업자에게 위탁할 수 있다.
③ 이 법에 따른 방송통신위원회의 업무 중 일부는 대통령령으로 정하는 바에 따라 미래창조과학부 소속 기관의 장, 진흥원 또는 협회에 위탁할 수 있다.

☐ 제79조(다른 법률의 준용) ① 삭제
② 전파 관리 업무에 사용되는 공중선과 그 부속설비의 건설이나 보수에 관하여는 「전기통신사업법」 제45조, 제72조부터 제74조까지, 제76조부터 제78조까지, 제80조, 제95조제6호 및 제104조제1항제1호·제2호를 준용한다. 다만, 「도로법」에 따른 도로, 「하천법」에 따른 하천 또는 「항만법」에 따른 항만에 이를 건설하거나 보수하려면 미리 소관 관리청과 협의하여야 한다.

제9장 벌칙

「 제80조(벌칙) ① 무선설비나 전선로에 주파수가 9킬로헤르츠 이상인 전류가 흐르는 통신설비(케이블반송설비 및 평형2선식 나선반송설비를 제외한 통신설비를 말한다)를 이용하여 「대한민국헌법」 또는 「대한민국헌법」에 따라 설치된 국가기관을 폭력으로 파괴할 것을 주장하는 통신을 한 자는 1년 이상 15년 이하의 징역에 처한다.

② 제1항의 미수범은 처벌한다.

③ 제1항의 죄를 범할 목적으로 예비하거나 음모한 자는 10년 이하의 징역에 처한다.

「 제81조(벌칙) ① 다음 각 호의 어느 하나에 해당하는 자는 10년 이하의 징역 또는 1억원 이하의 벌금에 처한다.

1. 조난통신·긴급통신 또는 안전통신을 발신하여야 할 사태에 이르렀는데도 그 선장이나 기장이 필요한 명령을 하지 아니하거나 무선통신 업무에 종사하는 자로서 그 명령을 받고 지체 없이 이를 발신하지 아니한 자
2. 무선통신 업무에 종사하는 자로서 제28조제2항에 따른 조난통신의 조치를 하지 아니하거나 지연시킨 자
3. 조난통신의 조치를 방해한 자

② 제1항 제2호 및 제3호의 미수범은 처벌한다.

「 제82조(벌칙) ① 다음 각 호 어느 하나의 업무에 제공되는 무선국의 무선설비를 손괴(損壞)하거나 물품의 접촉, 그 밖의 방법으로 무선설비의 기능에 장해를 주어 무선통신을 방해한 자는 10년 이하의 징역 또는 1억원 이하의 벌금에 처한다.

1. 전기통신 업무
2. 방송 업무
3. 치안유지 업무
4. 기상 업무
5. 전기공급 업무
6. 철도·선박·항공기의 운행 업무

② 제1항에 따른 무선설비 외의 무선설비에 대하여 제1항에 해당하는 행위를 한 자는 5년 이하의 징역 또는 5천만원 이하의 벌금에 처한다. <개정 2014.6.3.>

③ 제1항과 제2항의 미수범은 처벌한다.

「 제83조(벌칙) ① 자기 또는 타인의 이익을 위하거나 타인에게 손해를 줄 목적으로 무선설비 또는 전선로에 주파수가 9킬로헤르츠 이상인 전류가 흐르는 통신설비(케이블반송설비 및 평형2선식 나선반송설비를 제외한 통신설비를 말한다)에 의하여 거짓으로 통신을 한 자는 3년 이하의 징역 또는 3천만원 이하의 벌금

에 처한다.
② 선박이나 항공기의 조난이 없음에도 불구하고 무선설비로 조난통신을 한 자는 5년 이하의 징역에 처한다.
③ 무선통신 업무에 종사하는 자가 제1항에 해당하는 행위를 하면 5년 이하의 징역 또는 5천만원 이하의 벌금에 처하고, 제2항에 따른 행위를 하면 10년 이하의 징역 또는 1억원 이하의 벌금에 처한다.

제84조(벌칙) 다음 각 호의 어느 하나에 해당하는 자는 3년 이하의 징역 또는 3천만원 이하의 벌금에 처한다.
1. 제19조제1항에 따른 허가를 받지 아니하거나 제19조의2제1항에 따른 신고를 하지 아니하고 같은 항 제3호 및 제4호의 무선국을 개설하거나 운용한 자
2. 삭제
3. 삭제
4. 제58조제1항에 따른 허가를 받지 아니하고 같은 항 제2호에 따른 통신설비를 설치하거나 운용한 자
5. 제58조의2에 따른 적합성평가를 받지 아니한 기자재를 판매하거나 판매할 목적으로 제조·수입한 자
6. 제58조의10제1항을 위반하여 적합성평가를 받은 기자재를 복제·개조 또는 변조한 자

제85조(벌칙) 무선설비 또는 전선로에 주파수가 9킬로헤르츠 이상인 전류가 흐르는 통신설비(케이블반송설비 및 평형2선식 나선반송설비를 제외한 통신설비를 말한다)로 음란한 통신을 한 자는 2년 이하의 징역 또는 2천만원 이하의 벌금에 처한다.

제86조(벌칙) 다음 각 호의 어느 하나에 해당하는 자는 1년 이하의 징역 또는 1천만원 이하의 벌금에 처한다.
1. 제24조제4항 및 제5항(제58조제3항에 따라 준용되는 경우를 포함한다), 제47조의2제5항 및 제71조의2제1항 및 제2항(제47조의3제4항에 따라 준용되는 경우를 포함한다)에 따른 검사·측정·조사·시험 또는 현장 출입을 거부하거나 방해한 자
1의2. 삭제
2. 삭제
3. 제47조의2제6항에 따른 명령을 이행하지 아니한 자
4. 제52조제1항에 따른 승인을 얻지 아니하고 건조물 또는 공작물을 건설한 자
4의2. 제58조의2제1항을 위반하여 적합성평가를 받지 아니한 기자재를 판매·대여할 목적으로 진열·보관 또는 운송하거나 무선국·방송통신망에 설치한 자

5. 제58조의4제1항 및 제71조의2제5항에 따른 명령을 이행하지 아니한 자
5의2. 제58조의10제2항을 위반하여 복제 또는 개조·변조한 기자재를 판매·대여하거나 판매·대여할 목적으로 진열·보관 또는 운송하거나 무선국·방송통신망에 설치한 자
6. 제72조제2항 또는 제3항(제58조제3항에 따라 준용되는 경우를 포함한다)에 따라 운용정지 명령을 받은 무선국·무선설비 또는 제58조제1항제2호에 따른 통신설비를 운용한 자

「 제87조(벌칙) 다음 각 호의 어느 하나에 해당하는 자는 100만원 이하의 벌금에 처한다.
1. 제24조의2제1항제1호부터 제3호까지의 무선국을 제19조제1항에 따른 허가를 받지 아니하고 개설하거나 운용한 자
2. 제72조제3항(제58조제3항에 따라 준용되는 경우를 포함한다)에 따라 운용이 정지된 제58조제1항제1호에 따른 설비를 운용한 자

「 제88조(양벌규정) 법인의 대표자나 법인 또는 개인의 대리인, 사용인, 그 밖의 종업원이 그 법인 또는 개인의 업무에 관하여 제84조 또는 제86조의 위반행위를 하면 그 행위자를 벌하는 외에 그 법인 또는 개인에게도 해당 조문의 벌금형을 과(科)한다. 다만, 법인 또는 개인이 그 위반행위를 방지하기 위하여 해당 업무에 관하여 상당한 주의와 감독을 게을리 하지 아니한 경우에는 그러하지 아니하다.

「 제89조(벌칙 적용 시의 공무원 의제) 제58조의5제1항에 따라 적합성평가시험 업무를 취급하는 자 및 제78조제2항·제3항에 따라 미래창조과학부장관 또는 방송통신위원회로부터 위탁받은 업무에 종사하는 자는 「형법」 제129조부터 제132조까지의 규정에 따른 벌칙을 적용할 때에는 공무원으로 본다.

「 제89조의2(과태료) 제19조제3항에 따라 신규로 이용계약을 체결한 가입자의 수와 전체 가입자의 수를 통보하지 아니하거나 거짓으로 통보한 자에게는 1천만원 이하의 과태료를 부과한다.

「 제89조의3(과태료) 다음 각 호의 어느 하나에 해당하는 자에게는 500만원 이하의 과태료를 부과한다.
1. 제24조제7항을 위반하여 무선국을 검사받지 아니하고 운용하는 자
2. 제48조의2제1항의 명령을 위반하여 무선국을 공동으로 사용하지 아니하거나 환경친화적으로 설치하지 아니하고 사용한 자

「 제90조(과태료) 다음 각 호의 어느 하나에 해당하는 자에게는 300만원 이하의 과태료를 부과한다.
1. 제18조의2제3항에 따른 사용승인서에 포함된 전파의 형식, 점유주파수대역폭

및 주파수, 공중선전력, 공중선의 형식·구성 및 이득에 관한 사항을 위반하여 운용한 경우

1의2. 제19조의2제1항제1호 및 제2호에 따른 무선국을 신고하지 아니하고 운용한 자

2. 제19조의2제1항제3호의 무선국을 제24조제1항을 위반하여 준공신고를 하지 아니하고 운용하거나 제25조제3항을 위반하여 재검사를 받지 아니하고 운용하는 자

2의2. 제25조제1항을 위반하여 무선설비를 운용한 자

3. 제25조제2항 각 호 외의 부분 본문을 위반하여 무선국의 허가 또는 신고 사항을 벗어나 무선국을 운용한 경우

3의2. 삭제

4. 제47조의2제8항을 위반하여 전자파 등급을 표시하지 아니한 자

5. 제58조제1항제1호에 따른 설비를 허가받지 아니하고 운용한 자

5의2. 제58조의2제4항을 위반하여 적합등록 후 관련 서류를 비치하지 아니한 자

5의3. 제58조의2제6항을 위반하여 적합성평가를 받은 사실을 표시하지 아니하고 판매·대여한 자나 판매·대여할 목적으로 진열·보관 또는 운송하거나 무선국·방송통신망에 설치한 자

5의4. 제58조의6제1항에 따른 검사 및 현장 출입을 거부하거나 방해한 자

5의5. 제58조의6제1항 및 제71조의2제2항(제47조의3제4항에 따라 준용되는 경우를 포함한다)에 따른 자료 또는 기자재 제출 요구를 거부하거나 방해한 자

5의6. 제58조의12제1항에 따른 표시를 하지 아니한 자

5의7. 제58조의12제3항에 따른 명령을 이행하지 아니한 자

5의8. 제71조의2제5항에 따른 명령을 위반하여 무선국을 운용한 자

6. 제72조제2항 또는 제3항(제58조제3항에 따라 준용되는 경우를 포함한다)에 따른 운용의 제한을 위반한 자

제91조(과태료) 다음 각 호의 어느 하나에 해당하는 자에게는 200만원 이하의 과태료를 부과한다.

1. 제28조제2항을 위반하여 긴급통신·안전통신 또는 비상통신에 관한 의무를 이행하지 아니한 자

2. 제29조 본문을 위반하여 무선국을 운용한 자

3. 제30조제1항에 따른 통신보안사항을 지키지 아니하거나 같은 조 제2항에 따른 통신보안교육을 받지 아니한 자

4. 제45조와 제47조를 위반하여 무선설비의 기술기준 또는 안전시설기준에 적합하지 아니한 무선설비를 운용한 자

5. 제47조의2제3항을 위반하여 전자파 강도의 측정 결과를 보고하지 아니하거나 거짓으로 보고한 자
6. 제70조제4항 본문을 위반하여 무선설비를 운용하거나 공사를 한 자
7. 제76조에 따라 업무종사의 정지를 당한 후 그 기간에 무선설비를 운용하거나 그 공사를 한 자

「 제92조(과태료) 다음 각 호의 어느 하나에 해당하는 자에게는 100만원 이하의 과태료를 부과한다.
1. 제14조제3항을 위반하여 승인을 받지 아니한 자
2. 제23조제2항을 위반하여 인가를 받지 아니하거나 같은 조 제3항을 위반하여 신고를 하지 아니한 자
3. 제25조의2제1항을 위반하여 신고를 하지 아니한 자
4. 제58조의2제5항을 위반하여 변경신고를 하지 아니한 자
5. 제58조의2제7항에 따른 잠정인증의 조건을 이행하지 아니한 자

「 제93조(과태료의 부과·징수) 제89조의2, 제89조의3 및 제90조부터 제92조까지의 규정에 따른 과태료는 대통령령으로 정하는 바에 따라 미래창조과학부장관 또는 방송통신위원회가 부과·징수한다.

4.2 무선국검사의 개요

이동통신서비스를 제공하기 위하여 설치된 이동통신 무선국 설비에 대하여 검사기관의 검사원이 전파법령에 의한 기술기준에 적합한지와 허가 시 지정한 제반 사항 등의 이행 여부를 확인받는 행정절차를 할 수 있다. 이동통신서비스 무선국 검사 시 효율적인 표준검사 시행 업무의 주요 절차를 준수하여 무선국 검사 수검계획을 수립할 수 있고 이동통신서비스를 위하여 검사기관인 체신청과 한국전파진흥원에서 실시하는 검사대상 및 관할 지역을 확인할 수 있으며 이동통신서비스를 위하여 무선국검사 방법인 성능검사, 검사성적 결정, 검사결과 판정, 검사필증 교부에 관한 사항을 이행할 수 있다.

무선국검사란 허가받은 무선설비가 전파법령에서 정하는 기술기준에 적합한지와 무선 종사자 배치 및 허가 시 지정받은 제반 사항의 이행 여부를 확인하는 절차이다. 이것은 무선국의 전자파 신호가 여타 장치, 설비 또는 인체에 영향을 미치는지를 검사하는 것이다.

4.2.1 무선국 검사 절차

무선국 검사 절차는 무선국 설치장소 도착, 신분증 제시, 측정기 예열 및 교정, 검사 내용 및 방법 설명, 허가 사항 검사(시설자, 설치장소, 무선종사자, 기기형식 일련 번호 및 전파형식, 전원설비, 보호 장치, 안전시설, 공중선, 공용화 및 환경 친화), 기술 기준 검사(주파수 허용편차, 점유주파수 대역폭, 불요발사 허용치, 공중선 전력, 인접채널 누설 전력, 수신 설비의 부차적 전파발사 강도), 종합시험, 검사결과 총평, 검사필증 교부, 검사 확인증 부착의 순서로 진행한다.

4.2.2 성능검사와 대조검사

무선국 검사는 성능검사로 대조검사로 나누어져 실시된다. 성능검사는 무선설비의 성능에 대하여 행하는 검사로서 무선국종별로 분류된 검사 항목에 따라 실시하고 그 항목별 기준에 적합한지를 확인하며 대조검사는 무선국허가·신고사항이 실제상황과 일치하는지 여부를 대조 및 확인하는 검사이다.

세부적인 검사항목별 기준은 아래와 같다.

① 성능검사의 주요항목

- 주파수허용편차 : 무선설비규칙 제3조 및 제15조 적용
- 주파수대폭 : 허가증에 기재된 전파형식중 주파수대폭을 적용
- 불요발사 : 무선설비규칙 제5조 적용
- 공중선전력 : 무선설비규칙 제6조 적용
- 수신 장치 : 부차적 전파세기가 -54dBmW이하인지 여부 등
- 종합시험 : 통신상대방과 양호하게 교신되는지 여부 등
- 기타 무선국종별로 지정된 사항

② 대조검사의 주요항목

- 시설자
- 설치장소
- 무선종사자 : 정원·자격기준 및 실제 근무여부 등
- 허가증 등
- 공사설계서·기기형식·주파수 등
- 종단부·공중선·주파수전환장치·예비장치전환상태·원격제어 및 감시장치·안전시설·보호장치·통신실·공중선전력저하장치·예비전원 및 예비품, 전원설비 등

검사 전에 아래 사항을 준비하시면 무선국검사를 더 효율적으로 받을 수 있다.

· 허가증 (정기·준공·변경검사 공통)

- 검사수수료납부영수증(공통)
- 면허세납부영수증(공통)
- 무선종사자자격수첩(무선종사자기 지정된 무선국에 한함)
- 허가신청서류사본(준공・변경검사에 한함)
- 무선국검사증명서(정기・변경검사에 한함)
- 선박국 국적증서(선적증서, 등록 필증) 또는 선박검사증서(선박국 공통)
- 선박국 데이터베이스 등록카드(선박국 준공・변경검사에 한함)
- 기타 검사 통보 시에 안내된 사항

4.2.3 무선국의 관리

정부에서 무선국을 관리하는 것은 전파법 제1조에 있는 바와 같이 전파의 효율적인 이용으로 국민의 복리를 증진하기 위한 것이다. 동법 제4조에는 무선국을 개설하고자 하는 자는 정보통신부장관의 허가를 받아야 하고, 허가를 받은 무선국은 법에 의한 허가조건과 기술기준에 적합함을 확인하기 위한 준공검사 및 무선국 개설 후 일정기간이 지난 후에도 전기적 특성 등에 변화가 없는지 확인하는 정기검사를 받도록 되어 있다. 다만, 발사하는 전파가 미약한 무선국은 허가나 신고하지 아니하고 개설할 수도 있으며 이 경우에는 검사도 생략된다. 우리나라의 무선국 허가 및 검사는 주관청인 정보통신부 소관이나, 무선국의 급격한 증가로 업무가 폭주되어 정보통신부 산하에 무선국 관리 사업단을 설립하고, 국가에서 직접 행하던 무선국 검사 및 관리업무의 일부를 위임하였다. 무선국 관리사업단은 전파법 제71조 2항과 동법시행령 제100조 및 제103조에 의거, 전파의 진흥을 위한 사업과 전파에 관한 기술을 연구, 개발, 보급하고 정부로부터 위탁받은 업무를 효율적으로 수행하기 위하여 설립된 것이다.

4.2.4 무선국의 검정 및 허가

무선국 검사의 종류는 준공검사, 변경검사, 정기검사, 임시검사의 4종류가 있다. 준공검사, 변경검사는 허가 절차상 검사로서 신규허가 및 허가 내용 변경 시 필요하며, 임시검사는 말 그대로 전파법상 위반을 범하여 행하는 불규칙적인 검사이다. 정기검사는 일정한 주기마다 행해지는데 그 주기는 무선국 허가 유효기간을 기준으로 하고 있다. 모든 무선설비는 무선국 검사라는 절차상, 감독상 검사를 받아야 한다. 발사하는 전파가 미약하거나 수신전용 무선국은 허가를 받지 않아도 되므로 검사가 생략된다.

1) 무선국 허가
· 허가기관 : 관할 체신청장(간이무선국은 주요우체국장)
· 허가대상 : 전파법시행령 제56조의 2에 해당하는 미약전파설비를 제외한 모든 무선설비
· 허가절차
-간이무선국 : 허가신청 → 적부심사 → 허가장 교부
-일반무선국 : 허가신청 → 가 허가 → 준공신고 및 준공검사 → 허가장 교부

2) 무선국 운용 시 허가상항 준수
· 시설목적 또는 통신상대방과 통신사항의 범위 내에서 운용한다.
· 설치장소, 호출부호(호출명칭), 전파의 형식 및 폭, 주파수 발진과 변조방식, 공중선 전력, 운용허용시간 등의 준수
· 혼신 등의 방지 및 통신사항의 준수

4.2.5 무선국 관리실태

전파이용기술의 발달과 전파이용의 활성화 정책에 따라 무선설비의 이용범위가 다양해지면서 무선국은 매년 52%씩 증가하는 추세인 반면에 허가를 받지 아니하거나 허가받은 사항을 임의로 변경하여 변칙적으로 운용하는 경우 또는 검정을 받지 않은 기기를 유통시키는 사례가 증가하여 적법하게 운용하는 이용자에게 불편을 초래하는 등 전파이용질서를 문란케 하는 요인이 되고 있다. 불법전파설비 유형은 불법무선국, 변칙운용 설비, 검정미필기기의 유통으로 나타나며 구체적인 형태 및 종류는 아래와 같이 분류할 수 있다.

1) 불법 무선국 종류
o 불법 간이무선국
o 불법 육상이동국
o 불법 코드 없는 전화기
o 불법 아마추어무선국
o 기타 불법무선국 : 선박국, 휴대국 및 공업용 고주파 이용 설비 등

2) 변칙운용 설비형태
o 증폭기 설치
o 휴대형 무선국의 차량설치
o 비할당주파수 사용

3) 검정미필기기의 유통형태
o 전지피장해검정미필기기
o 형식검정미필기기

4.2.6 무선국 검사지침

무선국 검사의 종류는 전파법 제 9조, 제 17조, 제 61조, 제 62조 및 제 70조에 의한 준공검사, 변경검사, 정기검사 및 임시검사로 구분하여 각종 검사에서 불합격될 경우 재검사를 실시한다. 그러나 전파법령에 따라 서류검사로 대신할 수 있다. 무선국의 검사시행기관은 정보통신부 각 체신청과 한국무선국관리사업단으로 되어 있다. 검사원은 체신청장이 지정하는 공무원 또는 한국무선국관리사업단의 장이 정하여 장관의 승인을 얻은 자로 한다. 검사를 효율적으로 실시하여 전파관리업무에 유효하게 이용할 수 있도록 무선국의 시설 등을 고려하여 매 회계연도 말에 종합적인 검사계획을 수립하여 검사를 실시하여야 한다. 정보통신부장관은 필요한 경우 검사전담반을 구성하여 운영할 수 있다. 검사를 효율적으로 실시하기 위하여 무선국 시설대장을 정리하여 관리하여야 한다. 또한 효율적인 검사가 될 수 있도록 검사의 기본원칙을 준수하여 검사를 실시하여야 한다. 검사 시 필요하다고 인정하는 경우, 인접한 기설 무선국에 대하여 방해, 혼신유무를 조사할 수 있으며, 조사결과 유해한 혼신 등 이 있을 경우 그 결과를 중앙전파관리소장에게 통보한다. 검사 시 검사 실시 요령에 의하여 실시하되, 변경검사는 당해 변경사항에 한하여 검사를 실시한다. 간이 중계국의 검사는 별도로 정하는 검사방법에 의하여 검사를 실시할 수 있다. 무선국 검사결과 전파의 질로 인한 부적합 또는 불합격의 경우에 그 사항이 다른 무선국 운용에 방해를 줄 우려가 있거나, 기타 필요하다고 인정되는 경우에는 6개월 이내의 기간을 정하여 전파발사의 정지처분을 할 수 있다. 무선국 검사기관의 장은 매 반기 익월 10일까지 무선국 검사실적을 작성하여 정보통신부장관에게 보고하여야 한다.

4.3 시스템 규격 검사

이동통신서비스 검사에서 표준검사 시행업무의 주요절차를 준수하여 시스템규격 검사 수검계획을 수립하며 이동통신서비스 검사에서 외부 공인기관 검사 영역 대상인 서지, 진동, 염수분무, 방우, 소음, 방진, EMI, EMS을 확인하여 영역별 검사를 의뢰한다. 이동통신서비스 검사에서 환경규격 시험 대상인 온습도 Cycle, 장시간고온, 저온저장 등에 적합한 검사를 받을 수 있으며 시스템규격 검사방법에 해당하는 성능검사, 검사성적 결정, 검사결과 판정, 검사필증 교부에 관한 사항을 이행한다. 이동통신서비스 검사에서 준공 및 변경검사 결과에 따른 시스템규격 검사 후속사항을 처리한다.

이동통신시스템 규격 검사방법은 전자파 환경시험 과정에서 신뢰성을 바탕으로 하는 성능 검사를 주로 한다. 이 검사 결과를 가지고 합격 또는 불합격 판정을 하며, 합격을 하면 검사필증을 교부하여 제품을 납품 받게 된다. 이로써 검사필을 한 제품은 현장에 설치되어 무선국 검사 후 서비스 운용을 하게 된다. 즉, 무선설비 설치 후 준공검사 및 변경검사를 시행하여 이동통신서비스를 시작할 수 있다.

(1) 무선국검사 대상의 무선설비(이동통신시스템)의 규격 검사를 위하여 검사 대상설비를 선정한다.

(2) 검사 대상을 납품 전 검사 또는 납품 후 검사로 분류한다.

(3) 납품 전 검사는 납품회사와 협의하여 검사 장소, 검사 일정을 협의한다.

(4) 납품 후 검사는 시공회사, 제조회사와 협의하여 검사 장소, 검사 일정을 협의한다.

(5) 운용 중 검사일 경우에는 무선국검사 종별(준공검사, 변경검사 등)로 구분하여 검사 장소(무선국 설치 장소), 검사 일정 등을 수립한다.

(6) 만약 검사지 변경이 필요한 경우와 일정 변경이 필요한 경우에는 변경 신청을 한다.

(7) 무선설비 검사할 때에는 사전에 제조회사 담당자와 일정을 협의하고, 참관을 허용하여 측정 결과에 대한 신뢰성을 확보한다.

(8) 납품 전 검사 및 납품 후 검사 결과, 부적합 처리는 회사 규정에 따라 조치를 한다. 구매 철회, 수리 후 재검사, 규격 조율 후 결정 등에 따른다.

(9) 무선국검사 대상의 무선설비 규격검사 결과 합격 처리는 관련 부서의 무선국 허가 필증을 수령한 후에 서비스를 개시한다.

(10) 무선국검사 대상의 무선설비 규격 검사 결과 부적합 처리는 부적합 사유를

작성 하고 원인을 규명한 후 보고를 하여 사내 규정에 따른 적절한 조치를 한다.
(11) 무선국검사 업무 처리 규정에 따라 원인 해소 및 재검사 신청을 준비한다.

4.4 무선국검사의 목적

무선국검사는 무선설비가 설치된 현장에서 송수신장치, 공중선, 급전선, 부속장치(안전시설) 등의 기술적 특성이 국제 규정(ITU 전파규칙) 및 국내 전파법령에서 정하는 기술기준에 적합한 지 여부와 허가 시 지정한 제반 사항(주파수대역 준수, 자격 요건을 갖춘 인력배치 등)의 이행 여부를 확인하는 행정 절차를 말한다. 무선국 검사는 무선설비의 성능품질을 확보하여 이용자의 서비스 품질을 보장하며, 혼신 등 불량 전파 신호를 사전에 확인하고 차단하여 많은 전파이용자와 국가 주요 통신망시설을 보호하는데 있다. 이로써 전파관리의 효율성을 증진시킴으로써 전파관리의 궁극적인 목적인 전파진흥을 도모하여 국민의 복리 증진에 기여함을 목적으로 한다. 무선국검사의 근거는 전기통신사업법 즉, 이 법은 전기통신 사업의 적절한 운영과 전기통신의 효율적 관리를 통하여 전기통신사업의 건전한 발전과 이용자의 편의를 도모함으로써 공공복리의 증진에 이바지함을 목적으로 한다.

전파는 그 발생원으로부터 전 공간으로 발사되는 특성이 있으나, 전파의 활용은 주파수 스펙트럼 상 시간적, 공간적으로 유한하여 엄격한 통제적 관리가 되지 않고는 상호 혼선 등으로 그 효용 가치가 없으며, 통제적 관리가 엄격히 지켜지면 지켜질수록 가치는 배가되어 인류의 가장 유효한 공동자산으로 그 활용성은 무궁무진하다. 따라서 세계 각 국은 국가마다 전파법을 제정하여 관리하고 있으며, 국제적으로는 RR(Radio Regulation)규정으로 무선국 검사에 대해 다음과 같이 정하고 있다. 주관청은 적당한 경우에는 제20조(국제감시)에서 말하는 시설을 사용하고 또한 제22조(혼신의 경우의 절차)에 정하는 절차에 의하여 유해한 혼신의 탐지 및 제거에 협력해야 한다. 허가서가 제시되지 않은 때 또는 명백한 위반이 인정되는 때는 정부 또는 주관청은 무선설비가 이 규칙에 의하여 과하여지는 조건에 적합한가 여부를 확인하기 위하여 그 설비를 검사할 수 있다. 선반국의 발사 주파수는 국이 속하는 검사기관이 될 수 있는 한 빈번히 검사하여야 한다. 선반지구국의 발사 주파수는 국이 속하는 검사기관이 될 수 있는 한 빈번히 검사하여야 한다. 육상이동국의 발사 주파수는 국이 속하는 검사기관이 될 수 있는 한 빈번히 검사하여야 한다. 주관청은 본래의 무선업무에 유해한 혼신을 발생시키지 않도록 필요로 하는 실행 가능한 모든 조처를 취해야 한다.

무선국검사는 무선설비가 설치된 현장에서 송수신장치, 공중선, 급전선, 부속장치(안전시설) 등의 기술적 특성이 국제규정(ITU 전파규칙) 및 국내 전파법령에서 정하는 기술기준에 적합한지 여부와 허가 시 지정한 제반사항(주파수대역 준수, 자격요건을 갖춘 인력배치 등)의 이행여부를 확인하는 행정절차를 말한다. 무선국 검사는 무선설비의 성능품질을 확보하고, 혼신 장애 요인을 사전에 확인 해소하여 불법 전파로부터 다수의 전파 이용자를 보호하는데 그 목적이 있다. 구체적인 목적은 다음과 같다.

① 다수의 무선국 이용자를 소수의 불법사용자들로부터 보호하기 위한 수단으로 전파의 국제적인 관리요구에 부응하고, 타 통신과의 혼신으로 인한 인명안전 등 주요통신에 미치는 악영향과 증폭기부착 으로 인한 출력증강 및 점유주파수 대폭확산으로 타 통신에 혼신을 초래할 수 있는 가능성을 제거 전자파공해로 부터 이용자의 피해를 최소화하기 위해서이다.

② 또한, 통신시장 개방화로 인한 이용자보호 통신시장 개방화가 진전되고 있는데 이에 대한 사전·후 대책이 미흡한 상태에서 값싼 저질 외국제품의 대량유입으로 인하여 유발될 수 있는 피해를 사전 예방한다.

③ 전파이용 증가로 인한 전파환경 오염방지 및 전파를 이용하는 무선통신의 증가로 인하여 이미 주파수 스펙트럼상의 모든 대역 에서 전파 잡음레벨이 증가하는 등으로 점점 열악해지는 전파환경을 개선하고 더 이상 악화 시키지 않기 위하여 무선국검사와 같은 전파관리가 필요하다.

4.5 무선국검사의 필요성

무선국검사의 필요성은 국제 협약에서 정한 전파환경 정비와 전파질서 유지 및 인명 안전 준수 의무 이행과 유해한 전파혼신으로부터 국가 주요 통신망과 다수의 전파 이용자를 보호하는데 있으며, 이를 통하여 국내의 전파 이용에 관련한 산업을 보호하고, 신기술 통신과 전파를 이용하는 다양한 서비스가 원활하게 제공될 수 있는 기반을 구축하는데 있다고 볼 수 있다.

(1) 국제 협약의 전파환경 정비 및 전파질서 유지 의무 준수

국제전기통신연합(ITU)의 전파규칙(RR)에 대하여 각국은 전파이용 환경정비 및 전파이용 질서유지를 적극 이행하도록 규정하고 있다.

(2) 인명안전에 관한 국제 협정 및 조약 준수 의무 이행

해상인명안전조약(SOLAS), 세계해상조난 및 안전제도(GMDSS) 및 민간항공안전협정(ICAO)에 규정되어 있다.

(3) 새로운 통신방식의 서비스 조기 정착 도모

불량 무선설비를 신속히 시정·보완하게 하여 서비스 품질을 향상시키고, 새로운 통신 방식의 서비스가 조기에 정착할 수 있도록 하고 있다.

(4) 유해한 전파혼신으로부터 국가 주요 통신망 및 다수의 전파 이용자 보호

전파혼신으로 인한 국가 중요 통신망 및 첨단 산업시설, 의료시설, 연구시설 등의 장애 유발을 예방하고, 국민 기초 생활 수단인 통신서비스 이용 불편을 방지하는데 있다.

(5) 국내 전파 산업 보호 및 국제 경쟁력 증대

(가) 철저한 무선기기 검사로 저가의 외국산 불량 전파설비 유입을 차단하여 국내 전파 산업을 보호할 수 있다.

(나) ITU의 국제 표준에 대한 검증으로 국제 경쟁력 우위를 확보할 수 있다.

(6) 무선국 소유자의 자율적 점검과 유지에 따른 경제적 부담 경감

각각의 무선국 소유자가 자율 점검을 할 경우 무선국마다 전문 인력과 고가의 정밀 측정 장비를 배치하여야 하므로 이에 따른 중복 투자 등의 경제적 부담을 경감하게 된다.

(7) 무선국 검사의 필요성

무선국 검사의 세부적인 필요성은 다음과 같다.

① 지형적 환경의 특수성

우리나라는 인구가 도시에 밀집되어 있고, 산악 지역이 많으며 주파수 할당 폭이 좁고 단위면적당 무선설비 사용 전파가 외국의 경우보다 상대적으로 많아 불필요파가 공중통신에 미치는 영향이 크다. 이에 비하여 미국 등 선진국들은 지형이 넓고 국토의 대부분이 평원으로 이루어져 있으며, 주파수 할당폭이 넓으므로 단위면적당 이동전화 사용전파가 적어 상호 간섭 또는 혼신으로 인하여 다른 공중통신에 미치는 영향이 덜하다.

② 휴대전화 고유번호 불법복제

홍콩과 동남아를 거쳐 국내에 상륙한 것으로 추정되는 ESN(이동전화 고유번호) 불법복제 행위는 최근 용산전자상가 등에서 전문 기술자까지 동원하여 공연히 이루어지고 있다. 휴대전화 고유번호를 복제하여 여럿이 무단 사용하는 경우 남

의 전화번호를 도용하여 사용하므로 사회적인 문제점이 되고 있다.

③ 국제협약의 전파환경 정비 및 전파질서 유지의무 준수

국제전기통신연합(ITU)의 전파규칙(RR)에 각국은 전파이용 환경정비 및 전파이용 질서유지를 적극 수행하도록 규정하고 있다. 전파의 국제적인 관리 요구

국제전기통신연합(ITU)에서는 국가 간 혼신방지의 대책으로 육상에서 사용하는 이동기기에 대하여 검사기관이 될 수 있는 한 빈번히 검사하도록 규정하고 있다. 국제질서를 지키기 위하여 미국에서는 규격 외 무전기를 사용 시에는 개인 또는 업체에게 벌금형을 가할 수 있으며, 이웃 일본에서는 우리보다도 더 엄격하게 검사증명을 실시하고 있다.

④ 인명안전에 관한 국제협정 및 조약 준수의무를 이행

해상인명안전조약(SOLAS), 세계해상조난 및 안전제도(GMDSS) 및 민간항공안전협정(ICAO)에 규정되어 있다.

⑤ 신통신방식의 서비스 조기 정착으로 국민 편익 도모

불량무선설비를 신속히 시정, 보완하게 하여 서비스 품질을 향상시키고, 서비스를 조기에 정착할 수 있도록 하고 있다. 신 통신방식 등장에 따른 대책이 필요하다. CDMA, CT-2, PCS 등 새로운 통신방식 이용의 조기 정착과 이용자의 혼란, 아날로그와 디지털 접목 기술 착오로 발생할 수 있는 제반사항을 검사제도권내에 수용하므로 시행 착오방지와 전파질서 유지를 위한 엄격한 검사가 필요하다.

⑥ 유해한 전파혼신으로부터 국가 주요통신망 및 다수의 전파 이용자 등을 보호

전파혼신에 의한 국가 중요통신망 및 첨단산업시설, 의료시설, 연구시설 등의 장애 유발을 예방하고, 국민기초생활수단인 통신운용의 불편을 방지하는데 그 필요성이 있다. 무선설비 이용자는 통화가 되지 않을 경우에는 스스로 정비하지만, 성능이상으로 사용하게 될 때는 타인에게 방해를 주는 지의 여부를 알지 못하고 계속 사용하게 되므로 혼신 통화단절 통화접속을 어렵게 하는 원인이 된다. 이동전화는 제2·제3 고조파가 위성 또는 전화 및 방송중계용 마이크로웨이브의 주파수와 근접되고 출력이 유사하여 상호 혼신 시 위성과 인명안전 주요 통신에 심각한 영향을 준다.

⑦ 국내 전파 산업 보호 및 국제 경쟁력 증대

철저한 무선기기 검사로 저가의 외국산 불량전파설비 유입을 차단하여 국내 전파 산업을 보호할 수 있다. ITU의 국제표준에 대한 검증으로 국제경쟁력 우위를 확보할 수 있습니다.

⑧ 무선국 소유자의 자율적 점검과 유지에 따른 경제적 부담 경감

각각의 무선국 소유자가 자율 점검을 할 경우 무선국마다 전문 인력과 고가의 정밀 측정 장비를 배치하여야 하므로 이에 따른 중복투자 등 경제적 부담을 주게 된다.

⑨ 도시미관 및 자연환경 훼손 방지
무선국 공용화 및 환경친화형 안테나 설비 등의 이행여부를 확인, 검사하여 무선국 난립을 방지함으로써 도시미관 및 산림공원녹지의 훼손을 사전 예방할 수 있다. 무선국 검사는 다수의 이용자를 소수의 불법 사용자들로부터 보호하기 위한 수단으로서 우리나라뿐만 아니라 국제적으로 관리되고 있는 유해한 혼신으로부터의 보호를 근거로 행해지고 있다. 무선국 검사는 유해한 혼신의 제거라는 기본적인 약속 이외에 전파 환경이라는 새로운 오염원으로부터 각종 전자기기의 피해를 최소화시켜야 한다는 커다란 명제를 갖고 업무에 임하고 있다. 무선국 검사의 필요성은 기본적인 사항 이외에 다음과 같은 사유로 설명될 수 있다.
⑩ 휴대형 소형무전기는 가전제품과 다름
가정에서 사용하는 각종 리모컨, 코드 없는 전화기, 도난 경보기에 비하여 휴대형 소형무전기는 출력의 세기(전계강도)가 크게는 수배, 수만 배 이상 크므로 불량기기 사용 시 전산기, 원격제어장치, 각종 전자제품에 오동작을 일으킬 우려가 있다.
⑪ 불법으로 출력 및 점유주파수대역을 증가
최근 가입자의 급증으로 통화 접속이 어려워지자 이동 전화 판매상은 확인 증명을 받는 즉 시 출력과 점유주파수대역을 최대한 증가시켜 기존 이동전화의 통화 접속을 더욱 어렵게 만들고 있다.
⑫ 이동전화 국산화에 주력하는 국내 주요 생산업체가 신제품을 시장에 선보이고자 할 때, 성능에 문제가 있는 제품은 검사에서 발견하여 이를 개선한 후 판매함으로서 이용자들로부터 좋은 반응을 보일 수 있어 시장 점유율을 계속 높이고 있다.
⑬ 전자파 공해로부터의 이용자 피해를 줄인다. 전파의 이용이 급증하면서 전파설비의 조정불량 및 부품의 노화로 인하여 전자파가 누출되어 이동전화 휴대폰의 경우 미국의 안전기준치 5배 수준으로 조사되었다.
⑭ 통신시장 개방화로부터 이용자 보호
통신시장 개방화가 진전되고 있으며, 이에 대한 사전 후 대책이 미흡한 상태에서 값싼 저질 외국제품의 대량 유입으로부터 제도적인 단속과 검사만이 이용자를 보호할 수 있다.

4.6 무선국 검사의 법적 근거

무선국검사를 시행하는 법적 근거는 전기통신기본법[법률 제9701호]에 따른 것으로써 사업용 전기통신 설비를 보유·운용하고 있는 전기통신사업자는 그가 제공하는 전기통신 역무의 안정적인 공급을 위하여 그의 전기통신설비를 대통령령이 정하는 기술기준에 적합 하도록 유지·보수하여야 한다[전기통신기본법 제16조(전기통신설비의 유지·보수), 전기 통신 사업법 제61조(전기통신설비의 유지·보수)]. 그리고 그에 따른 전기통신설비 설치의 신고 및 승인을 받아야 한다. 즉, 기간통신사업자는 중요한 전기통신설비를 설치 또는 변경하고자 할 경우에는 대통령령이 정하는 바에 의하여 미리 방송통신위원회에 신고하여야 한다. 다만, 새로운 전기통신기술방식에 의하여 최초로 설치되는 전기통신설비에 대해서 대통령령이 정하는 바에 따라 방송통신위원회의 승인을 얻어야 한다[전기통신기본법 제17조(전기통신설비설치의 신고 및 승인 등), 전기통신사업법 제62조(전기통신설비 설치의 신고 및 승인)].

4.7 무선국검사의 종류

이동통신서비스 무선국 검사(inspection of radio station) 시 효율적인 표준검사 시행업무의 주요절차를 준수하여 무선국 검사 수검계획을 수립하며 이동통신서비스를 위하여 검사기관인 체신청과 한국전파진흥원에서 실시하는 검사대상 및 관할지역을 확인한다.

이동통신서비스를 위하여 무선국 검사방법인 성능검사, 검사성적 결정, 검사결과 판정, 검사필증 교부에 관한 사항을 이행하며 이동통신서비스를 위하여 무선국 무선설비 검사인 준공검사, 변경검사, 임시검사를 받을 수 있으며 이동통신서비스 준공 및 변경검사 결과에 따른 무선국 검사 후속사항을 처리한다.

무선국 검사는 무선 설비가 전파법상의 기술 기준에 적합한가를 확인하기 위한 검사를 말한다. 검사 목적에 따라 분류하면 다음과 같다. 허가를 요하는 무선국의 검사는 공사 준공 후의 준공 검사, 변경 검사, 정기 검사, 임시 검사의 4종류가 있다. 허가를 요하지 않는 무선국의 무선 설비는 방송 수신 설비 이외의 무선 설비로, 다른 설비의 기능에 계속적이고 중대한 장애를 미칠 우려가 있는 설비에 대한 검사이다. 또한 고주파 이용 설비에 대해서도 전파법의 시행을 확보하기 위해서 특히 필요하다고 인정될 때는 검사를 할 수 있다.(한국정보통신기술협회)

전파행정의 대상은 무선국과 고주파 이용설비 및 시설자로 구체화할 수 있으며, 무선국의 허가와 감독업무가 전파행정의 주류라고 할 수 있다. 무선국의 감독업무는 전파 이용 상의 질서 유지를 주목적으로 하는 전파감시와 무선국검사로 분류되는데, 감시업무는 사후 감독행정에 속하며, 무선국 검사는 예방적 감독행정이다.

무선국의 검사는 무선국을 감독하는 방법이며, 준 법률행위로서 확인행위에 속한다. 즉, 특정사실에 관하여 그 존재여부를 공정권위로서 행정 선언하는 판단표시의 행위이다. 무선국은 고유기능을 유지함으로써 허가목적을 달성할 수 있으며 허가당시의 기능을 유지케 하기 위한 수단으로 검사를 집행하는 것이다. 다시 말하면 무선국 검사는 전파법령이 정하는 바에 따라 무선설비의 기술 기준이 적법한 가, 법정서류가 비치되어 있는가, 행정상의 처분에 적합하게 이행하고 있는가에 대하여 공개적으로 확인 행정수단을 다하는 것이다. 따라서 무선국의 검사는 무선국이 적법하게 개설되고 무선설비를 조작하는 자는 적절한 무선종사자로서 무선국을 적법하게 운용케 하여 전파질서를 확립함으로써 전파법의 목적을 달성하는데 그 의의가 있다.

전파법령의 집행을 확보하기 위하여 궁극적으로는 전파질서를 확립하기 위한 수단으로서 허가 시에 수반되는 검사와 기존 무선국에 대하여 행하는 검사로 크게 분류할 수 있으며, 전자는 허가절차상의 검사로서 허가업무과정의 일부라고 할 수 있는 반면에, 후자는 기 허가된 무선국에 대한 감독상의 검사로서 시설감독기능의 일부라고 할 수 있다. 현재 무선국검사는 정보통신부와 정보통신부장관의 관한 위임・위탁에 의하여 한국무선국관리사업단에서 집행하고 있다.

무선국 검사의 준공검사, 변경검사, 정기검사, 임시검사의 세부사항은 다음과 같다.

① 준공검사

무선국 개설허가를 받은 자가 무선설비를 준공하고 최초로 그 무선설비가 기술기준 및 무선종사자의 자격·정원배치기준 등에 대하여 확인을 받는 검사이며 무선국 개설허가를 받은 후 허가증에 적힌 준공기한 내에 준공검사를 받아야 하며, 합당한 사유로 연장 신청할 경우 총 연장기간이 1년을 초과하지 않는 범위에서 준공기한을 연장할 수 있고 준공검사에 불합격된 경우에는 준공기한 내에 재검사 신청을 하여야 하여야하는데, 준공기한이 경과한 후 30일 이내에 재검사를 신청하지 않을 경우 허가가 취소된다. 허가를 받은 자는 무선국이 준공된 경우에는 미래창조과학부 장관에게 신고하여 그 무선설비와 무선종사자의 자격 및 정원에 대하여 검사를 받아야 한다.

② 변경검사

무선국 변경허가를 받은 자가 변경허가를 받은 대로 변경하였는지 여부에 대하여 실시하는 검사이다. 변경허가를 받은 시설자는 미래창조과학부 장관의 검사를 받고 변경의 결과가 변경 허가내용과 합치된다고 인정받은 후가 아니면 무선 설비를 운용하지 못한다.

③ 정기검사

개설허가를 받은 무선국에 대하여 정기검사 유효기간 내에서 정기적으로 실시하는 검사이다. 다만, 외국을 항행중인 선박이나 항공기의 무선국, 그 밖에 정기검사를 실시할 필요가 없다고 인정되는 무선국의 경우에는 정기검사시기를 연기하거나 정기검사를 면제 또는 생략할 수 있다. 미래창조과학부 장관은 허가를 받은 무선국에 대하여 5년의 범위 내에서 무선국별로 대통령령이 정하는 기간마다 정기검사를 실시하여야 한다.

④ 임시검사

전파법 시행을 위하여 특히 검사가 필요한 무선국이 있는 선박이나 항공기가 외국에 출항하려는 경우, 그밖에 전파의 효율적 이용이나 관리를 위하여 특히 필요한 경우와 무선설비의 기술기준, 무선종사자의 자격과 정원, 기타 필요한 사항 등을 확인하는 검사이다.

무선국 검사의 종류는 준공검사, 변경검사, 정기검사 및 임시검사로 이루어져 있다. 상세하게 살펴보도록 하자.

4.8 무선국 신고 및 허가사항

정보통신서비스를 하려는 통신사업자는 「전기통신사업법」 제2조 제11호 본문에 따른 기간 통신역무를 제공하기 위한 무선국 중 다음 각 목의 어느 하나에 해당하는 무선국이 검사 대상이 되며, [전파법 제24조(신고하고 개설할 수 있는 무선국)] 그에 따라 신고하고 개설할 수 있다.

4.9 무선국허가 및 유효기간

무선국 검사는 주로 대조검사 형태를 취하며, 다음과 같은 내용을 중점 점검사항으로 보며, 검사 종류별로 신청에 필요한 서류 및 방법, 문서 등은 다음과 같이 준비해야 한다.

(1) 대조검사의 주요 점검사항

(가) 시설자, 설치 장소, 공용화 및 환경친화형, 무선종사자 확인

(나) 기기형식, 일련번호, 전파형식, 주파수 확인

(다) 공중선, 전원설비, 안전시설, 보호장치 등 확인

4.10 전자파 강도 측정의 목적

대통령령으로 정하는 기준에 해당하는 무선국의 시설자는 전자파강도를 측정하여 그 결과를 미래창조과학부에 보고하도록 하는 의무를 부여함으로써 무선국 전자파 세기가 인체 보 기준을 준수하도록 하고 유비쿼터스 사회에서의 안전한 전파이용 환경 조성에 기여함을 목적으로 한다. 여기서 전자파란 전기장과 자기장으로 구성되며 공간상에 전기장이 시간 적으로 변화하게 되면 그 주위에 자기장이 발생하고, 또한 자기장이 시간적으로 변화하면 그 주위에 전기장이 발생하게 되어 공간상을 빛의 속도로 전파(傳播)하는 파동을 말한다. 이러한 전자파의 종류는 감마선, X선, 자외선, 가시광선(빛), 적외선, 전파(3㎑ ~ 3,000㎓인 전자파) 등이 있다.

4.11 주파수 허용 편차

주파수 허용 편차에 대해 살펴보자.

(1) 정의

(가) 발사에 의하여 점유하는 주파수대의 중심주파수와 지정주파수 사이에 허용될 수 있는 최대편차 또는 발사의 특성주파수와 기준주파수 사이에서 허용될 수 있는 최대편차를 말하며 백만분율 또는 헤르츠(㎐)로 표시한다.

(나) 허가 시 지정받은 주파수와 발사되는 주파수의 차이가 허용 범위 내에 있는지를 확인한다.

(다) 주의사항 : 무선설비 규칙 제3조 제1항 관련 자료 중에서 이동통신서비스에 해당되거나 인접한 주파수대역 위주로 축약한 내용이 주파수 허용편차 이다.

(2) 검사 목적

인접 주파수를 사용하는 무선국과의 혼신을 방지할 필요가 있다.

4.12 점유주파수 대역폭

점유주파수 대여폭에 대해 살펴보자.

(1) 정의

변조의 결과로 생기는 주파수대폭의 하한주파수 미만의 부분과 상한주파수를 초과하는 부분에서 각각 발사되는 평균전력이 따로 정하는 경우를 제외하고 각각 0.5퍼센트 와 같은 주파수대폭 즉, 발사되는 고주파 에너지의 99%가 허가된 대역폭 이내 인지를 확인한다.

(2) 검사 목적

(가) 인접 신호에서의 유입 방지를 통하여 주변 무선국의 원활한 통신을 보장해야 한다.

(나) 적정한 점유주파수대역폭 확보를 통하여 원활한 통신이 가능해야 한다.

4.13 불요 발사 허용치

불요 발사 허용치에 대해 살펴보자.

(1) 정의

통신에 필요한 전파 이외에 발사되는 불필요한 전파 신호가 기술기준에서 정한 허용 치 이내인지 확인하는 과정이며, 주로 대역외 발사 및 스퓨리어스(spurious) 발사를 말한다. 여기서 "불요발사(不撓發射)"란 대역외(帶域外) 발사 및 스퓨리어스(spurious) 발사를 말하며, "대역외 발사"란 변조 과정에서 발생하는 필요주파수대폭의 바로 바깥쪽에 위치한 하나 이상의 주파수에서 발생하는 발사(스퓨리어스 발사 제외)를 말한다. 또 "스퓨리어스 발사"란 필요주파수대폭 바깥쪽에 위치한 하나 이상의 주파수에 서 발생하는 발사(대역외 발사 제외)로서 정보 전송에 영향을 미치지 않고 그 강도를 저감시킬 수 있는 것으로 고조파발사, 기생발사, 상호변조 및 주파수 변환 등에 의한 발사를 포함한 발사를 말한다.

(2) 검사 목적

(가) 불요파로 인한 혼신 방지로 전파 이용 기기의 원활한 통신 보장

(나) 불요파가 수신 주파수와 중첩되어 통신망 두절 방지

4.14 공중선 전력

공중선 전력에 대해 살펴보자.

(1) 정의

(가) 송신설비의 전력은 공중선 전력으로 표시한다. 공중선의 급전선에 공급되는 전력이 지정된 전력의 허용치를 초과 또는 미달되는지를 점검한다.

(나) 송신설비의 전력은 공중선전력으로 표시한다. 다만, 다음 각 호의 어느 하나에 해당하는 송신설비의 전력은 규격전력으로 표시한다.
(다) 송신설비의 전력에 대하여 전파이용질서의 유지 및 보호를 위해 필요한 경우에는 제1항에 따른 전력외에 등가등방복사전력 또는 실효복사전력을 함께 표시할 수 있다.
(2) 검사 목적
(가) 공중선 전력의 초과로 다른 무선국과의 장애 방지
(나) 공중선 전력의 저하로 서비스 영역 축소(통화 서비스 불량)

4.15 신뢰성 검사

신뢰성(Reliability) 검사의 경우에는 공인 시험기관에 의뢰하여 진행을 한다. 신뢰성(Reliability)이란 시스템, 제품, 부품 등이 규정된 조건 하에서 의도한 기간 중 규정된 기능을 고장 없이 수행하는 정도나 성질을 말하며, 신뢰도는 신뢰성을 확률로 나타낸 것이다. 즉, 기계, 기기 또는 부품이 주어진 조건 하에서 의도하는 기간 내에 요구된 기능을 적정하게 수행할 수 있는 확률(신뢰도)을 말한다. 여기서 신뢰도의 정의는 신뢰성의 확률을 말한다. 기능이란 "육체적, 정신적 작업을 정확하고 손쉽게 해 주는 기술상의 재능"을 말하고, 고장을 정의하기 위한 기준이 되며 신뢰도 평가를 위해 아이템의 기능부터 접근하는 이유는 아이템의 고장이 아이템 기능의 상실, 정지 등을 나타내기 때문이다. 고장이란 "설비가 요구 기능을 수행하지 못하게 되는 사건"이다. "요구 기능을 수행하지 못함"이란 설비의 기능 중에서 특정 기능을 수행할 수 없는 경우만을 의미하는 것은 아니며, 설비가 기능을 수행하지만 성능이 요구 수준(기능 수준)을 만족하지 못하는 경우도 포함된다(예 : 전화기의 잡음 등).
(1) 신뢰성 시험
제품의 수명 또는 고장률을 평가하기 위한 시험으로, 개발 및 제조 과정에서 신뢰성 향상·평가·보증을 위하여 실시하는 모든 시험을 의미한다. 일반적으로 시험은 기능·성능시험, 환경시험, 신뢰성 시험 및 안전 시험으로 구분할 수 있다.
(가) 기능·성능 시험은 목표로 하는 아이템의 기능과 성능이 제대로 구현되었는지를 확인하기 위한 시험이다.
(나) 환경시험은 특정 환경 조건하에서 아이템의 내환경성을 확인하기 위한 시험이다.
(다) 안전 시험은 아이템의 설계에 안전상의 문제가 없는지를 평가하는 시험이

다.
(라) 기능·성능 시험과 환경시험은 품질 인증 시험이라고도 한다.
(마) 시험 대상의 아이템, 판매처, 소비자 특성 등에 따라 시험 조건, 판정 기준 등이 다르기 때문이다.
(2) 부품의 신뢰성 시험
(가) 목적 : 부품의 신뢰성 관리 및 판매처 대응 목적
(나) 적용 부품 : 현재 양산에 적용되는 모든 부품
(3) 제품 신뢰성 시험

제품의 신뢰성 시험은 단기 시험 및 비교적 장기 시험 과정을 거쳐서 제품 자체의 고장 상태를 판단하는 시험이다. 보통 장기 시험인 경우에는 향후 도래할지도 모르는 가혹한 운용 환경을 사전에 조성하고, 시험 기간 즉, 짧은 기간 내에 그러한 환경이 일어나도록 가속화하여 시험하는 것을 주로 의미한다.

4.16 무선설비 기기류의 전자파 적합성시험

무선설비 기기류의 전자파 적합성시험은 무선 통신기기 및 관련 보조기기에 대한 공통 요구 조건이 포함되어 있으며, 특정 목적의 무선기기에 대한 전자파 적합성시험을 하기 위해 필요한 제품별 배열과 시험 결과에 대한 평가는 KN 301 489의 해당 제품 관련 규격에 상세히 제시되어 있다. 본 내용(규격)에서는 제품 관련 규격과 함께 무선기기와 관련 보조 기기에 대하여 적용 가능한 전자파 적합성시험, 측정 방법, 허용 기준, 그리고 성능 평가 기준 등을 명시하였고, 본 규격과 KN 301 489의 해당 제품 관련 규격 사이에 차이가 있을 경우(예를 들어 특수 조건, 정의, 약어에 관한 차이점) 제품 관련 규격이 우선한다.(출처 : 국가직무능력표준)

4.17 이동통신서비스 검사의 능력 수준

이동통신서비스 직무에서 이동통신서비스 검사의 능력을 배양하기 위해서는 이동통신기술에 대한 지식수준, 이동통신 네트워크/서비스 동향현황 파악 수준, 검사장비에 대한 이해 수준, 검사 수검 항목에 대한 이해, 검사 수검 전 사전 준비 사항, 망 연동 및 전체적인 시스템 및 네트워크 구성 이해, 환경규격 시험대상 및 검사시험에 대한 이해와 검사 후 후속순서에 대한 이해가 절대적으로 필

요하다. 위에서 언급한 사항들에 대해서 세부적으로 살펴보기로 하자.

4.17.1 이동통신기술에 대한 지식수준

이동통신에 대한 기본적인 기술은 전자기파에서 출발해서 주파수, 대역, 대역폭, 채널에 대한 개념을 이해가 필수적이다. 또한 이동통신망의 기본 토대가 되는 정보통신망에 대한 학습도 필수적이라고 할 수 있다. 세부적인 이동통신기술에 대해 폭넓게 살펴보도록 하자.

지금은 휴대폰(스마트폰)이 잠시만 손에서 떨어져도 불안 증세를 느낄 만큼 필수적인 요소가 되었지만, 불과 20여 년 전만 해도 지금과 상황이 많이 달랐습니다. 처음 휴대폰이 등장해 무선으로 전화를 거는 것만으로 신기해했던 그때에는, 지금처럼 휴대폰이 전화, 카메라, 음악 듣기, 업무 등 다양한 역할을 하게 될 거라고 예상하지 못했다. 하지만 세상은 빠르게 발전해 스마트폰 하나만 있으면, 업무에서 문화생활까지 다양하게 즐길 수 있는 시대가 되었다. 그렇다면 과연 이동통신이 그동안 어떤 발전 단계를 거쳐 왔고, 앞으로 어떻게 발전할 것인가 알아보자.

이동통신 서비스의 진화인 유선 전화부터 스마트폰까지의 발전은 우리사회를 급속하게 변화시켰다. 유선 전화를 사용하던 이동통신 1세대부터 지금 LTE-A 속도의 스마트폰을 사용하는 이동통신 4세대까지를 구분할 때 우리는 보통 데이터 전송 속도에 따라 구분한다.

1세대(1G)는 음성통화만 가능한 아날로그 시대, 2세대(2G)는 디지털 이동전화가 등장했으며, 음성통화 외에 문자 메시지, E메일 등의 데이터 전송이 가능, 3세대(3G)는 스마트폰의 등장. 문자, 음성, 동화상 등 멀티미디어 데이터를 현재 휴선 인터넷과 비슷한 속도와 화질로 이용 가능, 4세대(4G,LTE)는 하나의 단말기를 통해서 위성망, 무선랜, 인터넷을 모두 사용할 수 있으며 3G에 비해 이론상 12배 빠른 전송속도를 가지고 있다.

3G 통신망으로 넘어오면서 초당 전송할 수 있는 더욱 빨라지면서 음악을 끊김없이 듣고, 어느 정도 퀄리티의 동영상을 폰을 통해 볼 수 있게 되었습니다. 하지만 그 후 4G로 넘어오면서는 고음질 음악, Full HD 동영상, 영상통화를 거뜬히 할 수 있는 수준이 되었다.

유선보다 빠른 무선 인터넷은 LTE-A의 등장은 정보화 시대에 적합한 형태로 통신시장을 발전시켰다. 현재 지원되는 4세대 이동통신(LTE)은 더욱 진화된 LTE-A(LTE-Advanced)이다. 단어 그대로 LTE보다 진화된 기술이며, 데이터 전송 속도는 최고150Mbps이다. 여기에서 LTE-A의 150Mbps 속도가 가지는 의미가 특별하다. 우리가 일반적으로 가정에서 사용하는 PC의 유선 광랜 속도가 보통 100Mbps이다. 즉, LTE-A는 유선보다 빠른 데이터 전송 속도를 갖게 되는 시점이 된다. 사용 환경에 따라 차이는 있겠지만, 이동통신 역사상 처음으로 유선의 속도를 넘어선 무선 데이터 통신이라는 점만으로도 큰 의미가 있다. LTE-A의 150Mbps 속도를 우리의 일상생활 속에서 비유해 보자면, 영화 1편(약 800MB)를 스마트폰으로 다운받는다고 했을 때, 약 43초밖에 걸리지 않는다. LTE가 1분 25초, 유선 인터넷이 1분 4초, 3G가 7분 24초의 시간이 걸리는 것에 비해서 상당한 속도이다. 이렇게 유선보다 빠른 무선 인터넷으로 이동통신 기술의 한 획을 그은 LTE-A는 자랑스럽게도 우리나라에서 세계 최초로 상용화를 시작했다. 2012년 6월 전 세계 중 우리나라에서 최초로 SKT가 LTE-A 서비스를 시작했다. LTE는 전 세계에서 22번째로 상용화되었고 LTE-A는 세계 최초이며 LTE 상용화가 된 지, 약 2년 만에 이루어낸 성과이다.

LTE-A가 상용화 되는 데에는 가장 핵심적인 기술은 주파수결합기술(CA: Carrier Aggregation)이다. 주파수결합기술은 서로 떨어진 대역의 주파수를 묶어 연결대역처럼 광대역화 하는 기술을 뜻하는데, 세계적으로 파편화가 심한 LTE 주파수의 활용도를 높여 데이터 수요 폭증을 해소할 수 있는 핵심 기술이기 때문에 중요하게 손꼽히는 기술이다. CA기술 또한 세계 유력 이동통신사들을 제치고 국내 통신사인 SKT가 가장 먼저 이루어냈고, 뒤를 이어 일본의 NTT도코모, 미국의 AT&T 등도 LTE-A 상용화 계획을 발표하고 있지만, 현재 기술수준은 최소 1년 이상 한국이 앞서 나간다는 평을 받고 있다. 글로벌 모바일 어워드(Global Mobile Awards)에서 이동통신 분야 세계 최고 권위의 상인 '최고의 LTE 공헌상' 수상하고, 세계이동통신사업자협회(GSMA)에서 전 세계 처음으로 LTE-A 상용화 결과 등을 발표한 것이 그 반증이라고 할 수 있다. 이렇게 SKT가 누구보다 빨리 LTE-A를 상용화할 수 있었던 데에는 LTE 기반에서부터 닦아 온 탄탄한 기술력이 뒷받침되었기 때문이다. 2011년 7월 LTE 상용화 후, 1년 만에 자동으로 최적 주파수를 선택해 사용하는 멀티캐리어(MC) 서비스를 실시했고, LTE 상용화 2년 만에 주파수결합기술(CA)를 활용한 LTE-A 상용화 등 단기간 내 서비스 고도화에 성공했다.

2012년 국내 LTE 가입자수는 2000만명을 넘어서, 3G 가입자 수보다 LTE와 LTE-A 가입자 수의 비율이 더 높아졌다. 올 연말쯤에는 전체 가입자 중 LTE-A 가입자 수가 50% 수준으로 상향될 것으로 예측하고 있다. 통신사별 가입자수는 SKT가 가장 많으며, 또한 6월 말 첫 LTE-A 상용화를 시작으로 8월 초 전국 84개 도시에 망설치를 완료하고, 올해 연말까지 전국 총 3만 2천여 개까지 커버리지 확장으로, LTE-A 서비스 안정화에 박차를 가할 예정이다.

2개의 주파수를 묶어주는 CA기술은 차세대 이동통신 서비스인 광대역 LTE-A에도 핵심적인 역할을 하게 되었다. 광대역 LTE-A란, 광대역 LTE와 LTE-A를 동시에 구현하여 최대 225Mbps까지 끌어 올리는 기술이다. 무엇보다 광대역 LTE-A는 1.8Ghz 대역의 광대역LTE를 SKT는 800Mhz, KT 경우, 900Mhz대의 2개의 주파수와 결합하여 제공해야 하기 때문에 주파수를 묶어주는 CA 기술이 핵심이라고 할 수 있다. SKT는 이미 세계 최초로 공인 받은 CA기술 기반의 LTE-A 서비스를 타 통신사들보다 앞서 전국에서 서비스하고 있다. 이미 100메가 유선인터넷보다 더 빠른 무선인터넷을 지원하는 4세대 이동통신망이 앞으로 더욱 빨라질 것이다. 향후 나올 5세대 이동통신은 지금 사용하고 있는 LTE 보다 무려 1000배가 빠르다고 하니 앞으로 어떤 변화가 있을지 상상하기 힘들 정도이다.

4.17.2 검사장비에 대한 이해 수준

이동통신시스템에 검사 대상에 속하는 장치로는 중계기, CPE(Customer Premises Equipment, 고객 댁내 장비, 가입자 장치), 전송장비, 와이브로 등이 있으며 이번 절에서는 다양한 장치에 대해서 살펴보기로 하자.

1) 중계기

특성과 목적에 따른 다양한 중계기에 대해 살펴보자.

(1) CDMA

CDMA 서비스의 실현을 위한 핵심 장비인 중계기는 80W급에 이르는 대용량 광 중계기에서부터 소형 급의 RF중계기까지 중계기 전 영역에 걸쳐 다양하게 생산되고 있다. 다양한 중계기들은 국내 이동통신망의 진화를 선도해 나가고 있으며 고객이 안정적이고 자유로운 통신 환경을 영위할 수 있도록 서비스를 제공하고 있다.

(2) DUO

CDMA와 WCDMA의 통합형 중계기로써 중계기 장비의 각 모듈들을 통합하여 그 구성을 간결화하고 제조사간의 모듈 호환성을 개선함은 물론, 향후 업그레이드의 용이성을 제고하는 데 탁월한 역량을 발휘하여 그 기술력을 높이 인정받고 있다.

(3) WCDMA

WCDMA 서비스의 실현을 위한 핵심 장비인 중계기는 80W급에 이르는 대용량 광 중계기에서부터 소형 급의 RF중계기까지 중계기 전 영역에 걸쳐 다양하게 생산되고 있다. 다양한 중계기들은 국내 이동통신망의 진화를 선도해 나가고 있으며 고객이 안정적이고 자유로운 통신 환경을 영위할 수 있도록 서비스를 제공하고 있다.

(4) TRIPLE

CDMA와 WCDMA 및 WiBro[MIMO]용 아날로그 광 중계기로써 각 서비스의 기지국으로부터 받은 RF신호를 Donor를 통하여 원격에 위치한 Remote까지 광선로를 통해 전송한다. 기지국의 커버리지 확대나 음영지역을 해소하기 위하여 기술력을 향상 시키고 있다.

(5) 와이브로 광중계기

와이브로 기지국의 커버리지 확대나 음영지역 해소를 위한 광중계기로써 RF신호를 광 신호로 변환, 광선로를 이용하여 원하는 음영지역으로 전송 후, 다시 RF신호로 변환하여 방사하는 중계기로 외곽지역 및 도심 트래픽 밀집 지역 등에 커버리지 확장 및 음영 지역 개선에 사용된다.

(6) WiFi

인터넷 망에 접속하여 데이터 트래픽을 WiFi 또는 LAN 인터페이스를 통해 Smart Phone, 가입자 PC, VoIP Phone 등에 서비스를 제공하는 장비로 IEEE 802.11nac 방식을 채택하여 최대 300M1300Mbps급의 무선 인터넷 속도를 지원한다.

(7) LTE

CDMA용으로 설치 및 운용되고 있는 중계기와 LTE가 함께 서비스가 가능하도록 하는 정합장치를 생산 공급하고 있으며 신규 LTE용 중계기를 개발하여 중계기 전 영역에 걸쳐 완벽한 장비를 구축해 나가고 있다.

(8) TRIO

RF중계기로써 기존 DUO타입 중계기처럼 CDMA와 WCDMA에서의 안정된 성능을 보장하면서 LTE 서비스에 특성화된 기능을 제공한다. 기존 중계기로 LTE 서비스 시 발생되는 Coverage 변동 문제를 해결하여 Traffic에 상관없이 안정적인 LTE 서비스를 제공할 수 있다.

(9) 통합형 광중계기

CDMA, WCDMA, WiBro, 800MHz LTE 및 LTE-Advanced까지 현재 서비스되고 있는 모든 이동통신기술을 지원하는 광분산 중계기이다. 앞으로 기존 및 새로운 이동통신기술을 지원할 수 있는 통합형 광중계기의 지속적인 개발을 통해 국내 이동통신기술의 진화를 선도해 나갈 것이다.

(10) 위성DMB

Gap Filler 장비는 CFR (Crest Factor Reduction) 기술을 적용하고 Amp 및 PSU(Power Supply Unit)를 저전력화와 경량화 시켜 가격, 크기, 소모전력 절감 측면에서 높은 경쟁력을 보유하고 있다. Gap Filler는 이러한 위성 음영 지역에서도 양질의 DMB서비스 커버리지를 확보하기 위해 설치/운용되는 시스템이다.

2) CPE

WiBro 기지국과 접속하여 트래픽 데이터를 WiFi(2.4G/5G Dual) 인터페이스를 통해 가입자 PC, Smart Phone 등에 제공하는 댁내 형 장비 즉 가입자 장치를 말한다.

3) 전송장비

(1) DCS

고속 디지털 회선에서 각 디지털 신호에 대한 전자적 교차 접속을 수행하는 기능을 한다. 협대역과 광대역 2가지 형식이 있으며, 입 중계 디지털 회선을 원래 신호로 복원하는 역 다중화 기능과 출 중계 디지털 회선에서 매트릭스를 통한 신호를 다른 시간 슬롯에 교환하는 기능을 갖고 있다. 이러한 기능을 이용하여 트래픽의 통합, 회선 분배 및 재분배가 가능하게 되고 네트워크의 이용과 효율성을 증진 시킨다.

(2) WDM

다른 곳에서 온 여러 종류의 데이터를 하나의 광섬유에 함께 싣는 기술로서, 통신 용량과 속도를 향상시켜 주는 광전송 방식이다. 각 데이터들은 고유한 광파장으로 전송되는데, 광섬유 하나에 최고 80개의 파장이나 데이터 채널을 실을 수 있다. 인터넷 데이터와 SONET 데이터 ATM 데이터 등과 같이 각기 다른 속도의, 각기 다른 데이터들을 함께 전송할 수 있다.

(3) MSPP

단일 장비 상에서 전용선, 이더넷, SAN, ATM 등의 서비스 제공이 가능한 복합 서비스 장비. 초고집적 반도체 기술을 바탕으로 종래에는 별도의 장비로 운용되던 SDH ADM, DCS, LAN Switch 등을 하나의 장비에 포함하고 있다. MSPP의 가장 중요한 특징 중의 하나는 기존의 SDH 기술과 Virtual Concatenation, LCAS, GFP, MPLS 등의 신기술을 이용하여 고품질/고신뢰의 이더넷 서비스를 사용자가 원하는 다양한 속도로 제공할 수 있다는 점이다.

(4) 마이크로웨이브

마이크로웨이브(microwave) 장비는 약 300MHz~300GHz 대역의 주파수를 이용하는 통신장비로, 주파수의 특성상 직진성이 강하기 때문에 주로 위성통신 및 군 통신에 이용된다. 또한 사용주파수의 범위가 넓기 때문에 광대역 통신이 가능해 Backhaul로도 이용된다.

(5) E1 집선 장치

2G, 1X, 1Xevdo 및 WCDMA 이동통신 장치와 연동하여 기지국 회선을 절감하는 장치이다

(6) DOTS

DOTS(Digital Office Timing Supply)는 GPS 위성 또는 외부로부터 공급되는 동기신호를 수신 하여 시스템에서 요구되는 고정밀의 다양한 동기신호 및 주파수를 생성, 공급하는 디지털 공급 장치이다.

4) 와이브로

(1) EMS

EMS(Element Management System)는 통신망 장비를 네트워크를 통해 감시 및 제어를 할 수 있는 시스템으로써 관리대상인 통신망 장비(NE, Network Element) 관리의 효율성 및 일관성 유지가 가능하다.

(2) ACR

ACR(Access Control Router)는 최대 100~300대까지의 RAS를 제어/관리할 수 있는 시스템으로써 확장성과 고 신뢰도의 기반으로 Mobility (Location)

Management , ACR 정합 기능 및 RAS Control 등의 기능을 수행한다.

(3) RAS

RAS (Radio Acess System)는 사용자에게 인터넷망으로 부터 서비스를 연결해주는 시스템이며 주요 부분은 Redundancy 방식을 채택, 장애 발생 시에도 지속적인 서비스가 가능한 구조로 설계되었다. 또한 Coverage 확장을 위해 필요한 중계기와의 정합기능도 수행하고 있다.

추가적으로 이동통신 장비 중에서 가장 중요한 세 가지 장비에 대해 살펴보도록 하자. 첫 번째는 안테나(antenna)이다. 안테나라고 하면 머릿속에 떠오르는 이미지부터 생각해보자. TV가 크면 넓은 화면으로 세밀하게 영상을 볼 수 있습니다. 대용량 하드디스크엔 보다 많은 데이터를 저장할 수 있다. 안테나가 많다면 그만큼 많은 양의 전파를 주고받을 수 있다. 실제로 기지국과 휴대전화 안테나를 두 개 이상으로 늘릴 경우, 무선통신 용량도 그만큼 증가한다. MIMO(Multi Input Multi Output)은 다중입출력으로 여러 개의 안테나로 데이터를 동시에 송·수신하는 기술을 말한다. 두 번째는 주파수 대역폭이다. 주파수란 단위 시간(대개 1초)당 한 점을 통과하는 파동의 수를 말한다. 예를 들어 800MHz와 900MHz 사이 주파수라면 대역폭은 100MHz가 된다. CA(Carrier Aggregation)는 서로 떨어져 있는 2개 이상의 주파수 대역을 1개 주파수처럼 묶어 더 넓은 주파수 대역을 쓰게 하는 기술이다. CA 같은 기술도 넓은 주파수 대역폭에 대한 수요 증가에서 그 등장 배경을 찾을 수 있다. 세 번째 개념은 변조(modulation)이다. 변조의 사전적 정의는 하나의 신호를 다른 신호에 의해 변화시키는 것이지만 좀 더 효과적인 통신을 위해 신호를 변화시켜 보낸다. 변조의 효과는 다양하다. 안테나를 소형화할 수 있고 다른 신호들과의 간섭을 줄일 수 있으며 신호를 멀리 보내는 데다 주파수 분할로 다중통신도 가능해진다. 통신 신호를 변조하려면 전파의 크기나 주파수(의 위상)를 변화시켜야 하는데 최근엔 기술 발달과 함께 변조 방식도 점차 진화하고 있다. CA 외에도 SON(Self Organizing Networks, 자동 구성 네트워크), FeICIC(Further enhanced Inter-Cell Interfernce Coordination, 기지국 간 간섭 제어), 유니파이드 헷넷(Unified Heterogeneous Network, 통합 이종 네트워크) 등 다양한 최신 기술이 더해져 사용자에게 특화된 기능을 제공한다.

4.17.3 검사 수검 항목에 대한 이해

사용자들에게 다양한 서비스를 제공하는 이동통신시스템을 최적의 상태로 유지하고 관리하기 위해서는 많은 관심과 주의가 필요하다. 또한 이동통신시스템에 대한 기본적인 지식을 가지고 임해야 한다. 사용자들에게 편리한 이동통신서비스 제공하기 위해서는 실제로 많은 장비와 인력이 필요하다. 각각의 이동통신서비스를 위해서 단계적으로 거쳐야 하는 시험 방법 및 유지 관리 방법에 대하여 살펴보기로 하자.

먼저, 이동통신서비스를 제공하기 위한 다양한 장비들에 대한 신뢰성 기준과 시험 장비 및 시험 방법을 숙지한다. 낙하 시 화면이나 기구의 벌어짐 등이 발생하는지(낙하 시험), 고온·고습·저온을 반복하여 기구의 뒤틀림, 변색, 벌어짐 등이 발생하는지(열 충격 시험), 기구 틈새로 먼지 등이 유입되어 화면 및 카메라 등에 들어가는지(분진 시험), 염분을 포함한 대기에 대한 제품의 저항성, 내열화성, 보호피막의 품질, 균일성을 판단(염수분무 시험), 힌지(hinge)의 내구성 시험(개폐 시험)을 한다. 위에서 살펴본 모든 시험 방법들을 토대로 신뢰성 시험 보고서를 작성한다.

시스템 구동을 위해 다양한 시험을 통해 최적화된 작업 과정 안내도에 따라 조립할 단말기 기구의 부품 및 작업도구(컨베이어 벨트, 전동드라이버, 핀셋, 정전기 방지 장갑 및 매트 등)를 확인한다. 기구물의 외관 및 치수를 정밀하게 검사하여 조립 순서에 따라 조립한다. 조립 후 들뜸이나 유동성을 시험하고 부품의 공차나 삽입 공간의 공차를 확인한다. 조립된 단말기 기구를 적재하여 다음 공정으로 이동한다.

이동통신시스템에 대해 세부적으로 이해하고 관리 및 개발하기 위해서는 이동통신 단말의 기능, 요구조건, 제약사항(데이터 통신 서비스의 대역폭, 하드웨어 구성, 보안 취약성 등)을 분석하고 이동통신 표준 및 기술 표준을 숙지한다. 모뎀 프로토콜을 개발하는 경우 이동통신 프로토콜의 구조, 검증방법, 단말 소프트웨어 구조, 프로토콜과 일반 단말 응용 소프트웨어의 연동방식, 프로토콜 모뎀 하드웨어 구조에 대한 지식을 활용하여 개발하며 VIOP를 개발하는 경우 데이터 통신 및 TCP/IP네트워크, VOIP모듈 및 API와 응용 사이의 인터페이스, 공개 소프트웨어 VOIP솔루션에 대한 지식을 활용하여 개발한다.

WiFi가 설치된 곳의 일정 거리 안에서 초고속 인터넷을 할 수 있는 근거리통신망)모듈을 개발하는 경우 데이터 통신 및 TCP/IP네트워크, WiFi 표준, WiFi 지원 하드웨어의 기능 및 CPU사이의 인터페이스, WiFi 지원 소프트웨어 및 관련 도구에 대한 지식을 활용하여 개발한다. PAN(PAN : Personal Area Network) 기술, IrDA(Infrared Data Association : 국제적외선통신데이터협회), 블루투스(bluetooth) 즉 근거리 무선통신 규격의 하나로, 반경 10~100m안에서 각종 전자·정보통신 기기를 무선으로 연결, 제어하는 기술규격 등을 개발하는 경우 PAN 기술 표준 및 처리방식, 인증절차, 기술 처리를 위한 소프트웨어 계층구조에 대한 지식을 활용하여 개발한다.

RFID(Radio Frequency Identification : IC칩을 내장해 무선으로 관련 정보를 관리하는 인식 기술/NFC(Near Field Communication : 13.56MHz 주파수 대역을 사용하는 비접촉식 근거리 무선통신 모듈로 10cm의 가까운 거리에서 단말기간 데이터를 전송하는 기술) 기술을 개발하는 경우 이동통신 단말에서 RFID/NFC 활용 방법, 관련 표준, 관련 하드웨어, 활용 서비스의 종류 및 구현방법에 관한 지식을 활용하여 개발한다. TCP/IP 응용 소프트웨어를 개발하는 경우 네트워크 계층구조, TCP/IP 프로토콜, 운영체제 내 TCP/IP 지원 계층구조, 소켓 프로그래밍에 대한 지식을 활용하여 개발한다. 각종 통신기술의 개발이 완료되면 소스코드, 기능명세서, 검증 방법 및 세부 설계사양서를 작성한다.

세부적으로 이동통신시스템의 기술적인 사항들을 고려하여 이동통신 단말 제품의 기획 의도에 맞는 베이스밴드 부품을 선정한다. 블록 다이어그램(자동제어계의 각 요소를 블록으로 나타내어 입출력 신호 사이의 관계를 나타내는 계통도)을 작성하고 회로를 설계하고 회로도를 작성한다. 설계된 부품들의 사이즈 및 회로 난이도를 고려한 PCB 사양을 결정하여 결정된 형태에 적합한 부품 목록을 작성하고 부품을 배치한다. PCB 패턴을 레이아웃하고 전원 회로 단 패턴, 주요 시그널 패턴, 전자파장 방지패턴, 정전기 방지패턴 등 각종 패턴을 설계한다. PCB보드 재질 및 유전율에 따른 기판을 선정하고 부품특성, 부품 간 간섭 및 전원 노이즈, 열 발생 등을 고려해서 PCB보드를 완성한다. 완성된 보드의 성능개선, 및 성능 테스트를 실시하며 KCC 인증(방송통신기기인증) 및 해외인증을 하기 위하여 인증에 필요한 서류를 작성하고 테스트 시료를 준비한다.

이동통신 단말의 기능, 요구조건, 제약사항(데이터 통신 서비스의 대역폭, 프로세서 구성, 단말 소프트웨어 플랫폼의 기반운영체제 등)을 분석한다. 지원솔루션 포팅, 커널 프로그래밍, OS 및 플랫폼 설정, 소프트웨어 업그레이드, 디바이스 드라이버, 하드웨어 애플리케이션, 전력소모 관리, 멀티미디어 장치 지원 기술, 스토리지 지원 기술, Serial(직렬)인터페이스 지원기술, 오디오 장치 지원기술 등을 활용하여 단말의 성능이 최적화된 시스템을 구성한다. 각종 성능측정 장비를 사용하여 성능을 검증하고 기능을 테스트한다. 오류 발견 시 수정과 재시험을 반복한다. 각 기술별 소스코드, 기능명세서, 검증 방법 및 세부 설계사양서를 작성한다.

이동통신 단말 제품의 기획 의도에 맞는 RF부품을 선정한다. 블록 다이어그램(자동제어계의 각 요소를 블록으로 나타내어 입출력 신호 사이의 관계를 나타내는 계통도)을 작성한다. 안테나를 설계한다. 회로를 설계하고 회로도를 작성한다. 설계된 부품들의 사이즈 및 회로 난이도를 고려한 PCB사양을 결정한다. 부품 목록을 작성한다. 부품을 배치한다. PCB 패턴을 레이아웃하고 전원 회로 단 패턴, 주요 시그널패턴, 전자파장애 방지패턴, 정전기 방지패턴 등 각종 패턴을 설계한다. PCB보드 재질 및 유전율에 따른 기판을 선정하고 부품특성, 부품 간 간섭 및 전원 노이즈, 열 발생 등을 고려해서 PCB보드를 완성한다.

완성된 보드의 성능을 개선한다. 송수신기에 대한 스퓨리어스 테스트(Spurious : 무선송신기로 목적하는 주파수 이외의 불필요한 신호가 정해진 대역 밖에 나오는 것), 송신전력 변화량 테스트, 온도 환경에서의 송신 전력 변화량 및 스퓨리어스 테스트, SAR 테스트(Specific Absorption Rate : 전자파흡수율), 송수신기 구현 기능 테스트, 낙하 테스트, 통신사업자 망을 이용 시 통화에 문제가 없는지 안테나 성능을 검증을 실시한다. KCC 인증(방송통신기기인증) 및 해외인증을 하기 위하여 인증에 필요한 서류를 작성하고 테스트 시료를 준비한다.

이동통신 단말의 기능, 요구조건, 제약사항(그래픽 사양, 화면사양, 데이터 통신 서비스의 대역폭, 기타 단말기 자원의 제약 등)을 분석하고 개발할 미들웨어(middleware : 안정적인 시스템 운용을 도와주는 중계 소프트웨어로, 수많은 종류의 표준화되지 않은 하드웨어나 소프트웨어가 문제없이 운용될 수 있도록 하는 프로그램)의 목표 기능을 정의한다.

멀티미디어 코덱 및 라이브러리, 플래시 기술, PC동기화 기술, 표준 지원 미들웨어, 응용 패키지 관리 모듈, 보안 모듈 및 보안정책, 2D 및 3D 지원 라이브러리, 웹 라이브러리, Telephony API(Telephony Application Programming Interface), 데이터베이스 엔진, 입력기, 위치 정보 지원 모듈, 콘텐츠 관리 모듈 등을 개발 호스트 시스템, 단말 시료 및 참조 하드웨어, 하드웨어 디버깅 장비, 단말 에뮬레이터(emulator : 어떤 하드웨어나 소프트웨어의 기능을 다른 종류의 하드웨어나 소프트웨어로 모방하여 실현시키기 위한 장치나 프로그램), 각종 기개발된 소스 등을 사용하여 개발하고 검증한다. 각종 미들웨어의 개발이 완료되면 소스코드, 기능명세서, 검증 방법 및 세부 설계사양서를 작성한다.

이동통신 단말의 기능, 요구조건, 제약사항(그래픽 사양, 화면사양, 데이터 통신 서비스의 대역폭, 기타 단말기 자원의 제약 등)을 분석하고 각종 이동통신 단말기 플랫폼인 WIPI (WirelessInternetPlatformforInteroperability : 무선인터넷 표준으로 개발된 한국형 플랫폼), 안드로이드(Android : 스마트폰에서 프로그램을 실행하도록 하는 모바일 전용 운영체제), 아이폰(Iphone : 애플사가 개발한 스마트폰. 터치스크린 기반의 아이팟, 휴대전화, 모바일 인터넷의 주요 기능을 갖춘 모바일 기기), BREW(BinaryRuntimeEnvironmentforWireless : 코드분할다중접속 방식의 이동통신기기용으로 개발된 플랫폼), 윈도우모바일 플랫폼 등이 단말에서 응용될 수 있도록 개발하고 검증한다.

플랫폼 응용 소프트웨어의 소스코드, 기능명세서, 검증 방법 및 세부 설계사양서를 작성한다. 각종 플랫폼의 표준, 처리방식, 서비스 구조, 응용 인증절차, 새로운 기능 추가에 대한 지식을 숙지하고 변화에 대응하며 다른 개발자들과 협의하여 소프트웨어를 안정시킨다.

이동통신 단말의 기능, 요구조건, 제약사항(그래픽 전용 프로세서의 존재 유무, 화면사양, 데이터 통신 서비스의 대역폭, 기타 단말기 자원의 제약 등)을 분석하고 개발 할 애플리케이션의 목표 기능을 정의한다. 게임 애플리케이션을 개발하는 경우 단말의 실행 메모리, 실행 속도, 코드 사이즈의 최적화를 고려하고 터치, 근접 센서, 가속도 센서 등을 활용한 게임 애플리케이션을 소프트웨어 에뮬레이터, 리소스 에디터, 이벤트 제너레이터, 컴파일러, 단말 시료 및 참조 하드웨어, 하드웨어 디버깅 장비 등을 이용해 개발하고 검증한다.

PIMS(개인정보관리시스템 : personal information management system) 및 DB 애플리케이션을 개발하는 경우 주소록, 폰북, 캘린더, 일정관리, 명함관리 등 개발할 기능을 정의하고 이동통신을 통한 데이터 동기화 및 전송기술, PC동기화에 의한 데이터관리, 데이터와 웹 서비스와의 연동기술을 응용하여 개발한다. 메모리 및 스토리지 사용의 최적화, 데이터의 상호배제 접근 및 무결성 처리방안, 사용자 편의성을 검증한다.

단말 브라우저를 개발하는 경우 이동통신 망, 사업자 표준, WAP 및 HTTP, 단말기 종류(피처폰, 스마트폰) 등을 고려하여 C, C++ 및 객체지향 프로그래밍, TCP/IP 데이터 통신 처리 및 소켓 프로그래밍, 이동통신 망에서 브라우저 처리 프로그래밍, 플랫폼의 시스템 콜 처리 및 시스템 수준 API(application programming interface)와의 연동기술을 응용하여 개발하고 에뮬레이터, 망 연동을 통해 검증한다. Location-based 애플리케이션(위치기반 애플리케이션)을 개발하는 경우 이동통신 망에서의 데이터 서비스, GPS 데이터 수신 및 위치인식 기술, GPS 데이터와 맵 연동기술을 응용하여 개발하고 GPS 통신을 통해 검증한다.

멀티미디어 애플리케이션을 개발하는 경우 멀티미디어 코덱, 이동통신 서비스가 가능한 멀티미디어의 응용특성 및 제약사항, 모바일 방송 서비스의 특성 등을 고려하고 멀티미디어 코덱 API 및 멀티미디어 프레임웍, 멀티미디어 가속 칩, VOD 서비스 및 모바일 방송 서비스 기술을 응용하여 개발한다. 에뮬레이터(emulator : 어떤 하드웨어나 소프트웨어의 기능을 다른 종류의 하드웨어나 소프트웨어로 모방하여 실현시키기 위한 장치나 프로그램) 및 망연동을 통해 검증한다. 각종 애플리케이션의 개발이 완료되면 소스코드, 기능명세서, 검증 방법 및 세부 설계사양서를 작성한다.

이동통신 단말의 기능, 요구조건, 제약사항(그래픽 전용 프로세서의 존재 유무, 화면사양, 이동통신 서비스 사업자의 요구조건, 기타 단말기 자원의 제약 등)을 분석하고 개발할 사용자 환경(UI : User Interface)의 목표 기능을 정의한다.

API(application programming interface), 하드웨어 디버깅 장비, 개발 호스트

시스템, GUI(graphical user interface)설명자료, 웹캠, 단말 에뮬레이터(emulator : 어떤 하드웨어나 소프트웨어의 기능을 다른 종류의 하드웨어나 소프트웨어로 모방하여 실현시키기 위한 장치나 프로그램), 단말시료 및 참조 하드웨어를 이용하여 UI시나리오, 단말 통합 GUI, 응용 중심 GUI, Non-graphicUI를 구현하고 검증한다. 소스코드, 기능명세서, 검증방법 및 세부 설계 사양서를 작성한다. 단말의 디자인, 기능, 성능을 고려하여 단말 자원 활용의 최적화 방안을 마련한다. UI개발 중에 발생한 문제점을 단말디자이너 또는 이동통신 서비스 제공자와 협의하여 해결하기도 한다.

이동통신 단말의 품질을 보증하기 위하여 시스템, 플랫폼, 미들웨어 등을 포괄하는 종합적인 테스트 케이스를 구현하고 발생 가능한 모든 시나리오를 통해 기능 및 안정성을 검증한다. 효율적인 코드 빌드를 위해 코드 빌드 시스템 및 코드 관리 시스템을 운용한다. 결함 검출, 결함 등록, 결함 이력 관리, 결함 담당자 지정, 결함 해결 여부를 관리하는 코드 결함 관리 시스템을 운용한다. 정적 코드 분석 결과를 통해 소프트웨어의 특성을 파악하고 단말 최적화에 적용한다. 라이선스 분석을 위하여 단말제품 소프트웨어에 포함된 다양한 라이선스들의 준수 여부 및 양립성을 보장하고 특허권 침해 요소를 사전에 파악한다. 휴대폰 인증에 요구되는 기술문서를 작성한다. 휴대폰 사용자 매뉴얼을 작성한다.

이동 통신에서의 전파 환경 측정용 장비. 전파 수신 세기를 측정할 수 있으며, 이동 전화에 대해서는 통화 채널 전환(hand-off), 즉시 단말기 재시도(directed retry), 동적 출력 조정 등이 이루어진 지점까지 정확하게 알 수 있는 호 추적 기능이 있다. 이동 통신 전파 전파 환경 측정 시스템(PROMAS)은 자동 위치 추적 기능을 수행하는 위성 위치 확인 시스템(GPS)을 이용하면 지구 상공 약 2만 km에 위치한 6개 궤도를 회전하는 24개의 인공위성으로부터 전파를 직접 수신하여 지구상의 어떤 위치에서도 24시간 실시간으로 정확한 위치, 이동 방향, 속도를 알 수 있다. 걸프전 때 정확한 명중률로 각광받은 미국의 토마호크 미사일도 GPS를 이용했는데 이처럼 GPS와 PROMAS를 이용하면 전계 강도 측정과 측정 위치 기록이 동시에 이루어져 문제 지점에 대한 파악이 쉽고 측정 결과를 지도로 중첩해 볼 수 있어 시각적인 분석이 가능해진다. PROMAS는 100kHz~2GHz의 넓은 주파수 대역을 하나의 측정기로 동시에 측정할 수 있는데 이동 전화, 무선 호출, 무선 데이터서비스, 개인 휴대 통신(PCS) 등의 무선망을 설계하기 위한 전파 환경 측정에서도 위력을 발휘할 수 있다.

통신설비운용에 따른 연간소요예산계획을 수립한다. 월중 작업 및 보수실적을 수합하여 정리 분석한다. 각종 장비의 주요 장애현황을 분석하고 대비책을 강구한다. 통신설비공사에 대한 하자보수 검사를 한다. 직무 및 안전교육실적을 정리한다. 장애발생에 대비하여 비상자재를 확보하고 장애 시 비상복구대책을 수립한다. 무선국 정기검사에 대비하여 시설물을 확인 점검하고 검사준비를 한다. 안전점검계획을 수립하고 시행한다. 통신관련 직무교육계획을 수립하고 교안을 작성한다.

통신 중계 시설계획을 수립한다. 이동 통신 전파 전파 환경 측정 시스템(propagation measurement analysis system)을 이용하여 전파의 세기를 측정한다. 지도상의 기지국의 비서비스 지역으로 이동한다. 기지국을 신설하기 유리한 지역인 높은 곳을 임의로 선정한다. 무선환경측정장비(EMDM: Enhanced Mobile Diagnostic Monitor)를 이용하여 이동전화 신호를 발사하고 차량 탑승하여 신호세기를 측정한다. 적절한 위치가 선정되면 계약을 무선망 관제원에게 요구한다. 트래픽 분석에 의한 사용량을 산출하여 기지국 용량을 결정한다. 원가분석을 통해 기지국의 개폐, 보정을 결정한다.

장비의 규격 및 설계대로 시공되었는지 설치공사를 감독한다. 장비설치 완료시 인수시험을 하고 기지국운용원에 통보한다. 무선국 허가검사를 받는다. 중계기의 시설공사를 한다. 서비스 지역을 측정하고 전파지도를 작성하여 관리한다. 기지국공용화 업무를 수행한다. 타회사 지역의 기지국공용화를 위하여 문서를 발송하고 허가를 취득하여 기지국 장비를 설치한다. 타회사가 기지국 이용을 요구하면 타당성을 검토하고 기지국 장비에 영향을 주는지 장소공간을 확인한다. 기지국에서 교환기에 이르는 전송로를 확보한다.

통화품질 관리의 경영계획을 수립한다. 무선통신, 위성통신, 인터넷통신, 부가서비스, 에이에스(A/S) 등에 대한 임시조사(Quick Survey)를 설계하고 조사·분석한다. 고객의 통화품질의 요구(Needs)를 조사한다. 영업상담 품질을 측정한다. 지점 및 대리점의 신속, 정확, 친절에 관한 사항을 스펙으로 하는 조사리스트를 작성하고 출구, 전화, 면접조사를 한다. 통화품질을 조사한다.

이엠디엠(EMDM)기기를 이용하여 수도권, 대도시, 고속도로 등을 이동하며 통화의 품질(전파의 세기)을 모니터링 한다. 고객센터 상담품질을 측정한다. 고객센터로 걸려오는 전화 응대시의 시간측정, 해결도를 측정한다. 부가서비스, 빌딩내 서비스, 지하철 등 차별화 할 수 있는 부분의 품질을 측정한다. 고정망, 무선망, 신호망, 지능망의 트래픽을 분석하고 트래픽 예측 시뮬레이션 모델을 개발하여 장단기 예측을 한다. 망요소(Network Element)별 성능분석을 한다. 전국망서비스 중단율을 분석하고 망요소별 장애원인을 분석하여 가용도를 향상시킨다.

LSTI(LTE SAE Trial Initiative)는 4G 이동 통신의 후보 기술 중 하나인 3GPPLTE 기술의 조기 상용화를 목적으로 통신 사업자와 제조사가 결성한 기술 연합체를 말한다. 3GPP LTE 기술의 상용 검증 규격 개발, 실제 무선 환경에서의 전송 성능 및 호환성테스트 등을 공동으로 추진하고 있으며 이를 통해 서비스 운영 비용 절감, 데이터 전송 시간 단축, 데이터 전송률 개선 등 실질적인 상용화 연구를 주도하고 있다. 이동 통신 사업자인 보다폰, 오렌지, T-모바일, 이동 통신 장비 제조사인 에릭손, 노텔, 알카텔-루슨트, 노키아, 지멘스 등 10여 개 업체가 주도적으로 결성한 단체이다. 우리나라는 LG 전자가 가입했다.

TETRA(Terrestrial Trunked Radio)는 유럽 전기 통신 표준 협회(ETSI)가 개발한 유럽 이동 무선 통신 기반의 표준을 말한다. 경찰·소방 무선과 같은 공공 기관, 공공 단체의 이동 무선 통신의 필요에 따라 음성 및 데이터 통신서비스를 제공할 목적으로 개발된 것으로, 디지털 트렁크 무선 기술을 기반으로 한 이동 무선, 디지털 이동 전화, 페이징, 무선 데이터 기능이 주요 특징이다. 또한 테트라 제품들은 암호 기능을 내장하고 있어 비밀성을 보장하며, 기존의 이동 통신 장비보다 빠른 속도의 데이터 전송이 가능하다.

기지국 관리 시스템을 운용·관리한다. 기지국, 중계기의 상황 및 데이터를 관리한다. 기지국 관리에 필요한 계측기, 예비품, 공기구, 유지용품, 비품, 차량을 관리한다. 냉방기, 철탑, 중계기의 유지보수 등에 대한 용역을 관리한다. 수리차량을 종합 관리한다. 기지국 출입통제 및 시설 보안 관리를 한다. 긴급복구를 지원한다. 전파사용료 및 면허세관리를 한다. 기지국을 정기 점검한다. 장애처리 및 긴급 복구를 한다. 기지국 장애상황을 기록 관리한다. 기지국의 신설·증설·변경·이설 및 인수 업무를 수행한다. 이동중계기를 설치하고 운용하며 유지보수를 한다. 가입자 통화불만을 접수하여 처리한다. 기지국 통화품질 불량이 발생하면 특별 점검을 실시한다. 통화품질을 측정하고 관리한다. 무선국을 정기 검사하고 기지국 건물의 민원 발생 시 처리를 하며 기지국 유니트의 고장 시 수리를 의뢰한다.

정보화 사회 진입과 첨단기술 발달로 전파는 통신용·의료용은 물론 가정용까지 널리 이용되고 있으며, 특히 전파 이용 활성화 정책과 국민 편익 증진을 위한 대폭적인 규제 완화로 전파 이용이 급속히 증가하고 있다.

기존 이동전화 이용자의 증가와 함께 IMT-2000 등 새로운 이동통신서비스를 도입하여 이동통신부문은 앞으로도 지속적인 성장이 예상된다. 인터넷 활성화로 B-WLL, 성층권 무선통신시스템 등을 이용한 광대역 무선멀티미디어 서비스 수요가 급증하여 새로운 통신시장이 형성될 것으로 예상된다. 이에 따라 정부는 급변하는 전파 이용환경 변화에 신속하게 대처하고 고도화된 정보화 사회를 구현하기 위하여 전파관련 제도를 개선하는 한편, 전파 이용 질서를 확립하기 위하여 전파환경 보호대책 등 다각적인 시책을 추진했다.

무선주파수(RF)엔지니어는 무선 주파수(RF: RadioFrequency)를 이용하여 무선통신장비들을 연구, 개발, 설계하는 일을 담당한다. 시장조사와 경쟁업체의 제품 및 세계 무선통신장비 업계의 기술변화 등에 대해 분석하고, 새로운 기능과 성능을 갖춘 무선통신장비를 기획하고 개발한다. 실험과 검사를 통해 새롭게 개발된 무선통신장비의 성능과 품질을 검사하며, 무선통신장비의 결함이나 불량 원인에 대해 분석하여 해결책을 제시한다. 기본적으로 수학, 확률 등에 대한 흥미와 재능이 있어야 하며, 전자공학 및 통신공학 등 직무와 관련된 학문에 대한 지식이 요구된다. 새로운 기술에 대한 정보수집, 관리 및 활용능력, 창의성, 그리고 문제해결을 위한 논리적 사고력 등이 요구된다. 여러 명이 함께 공동 작업을 하는 일이 많으므로 원만한 인간관계능력을 형성하고 유지할 수 있는 능력이 필요하다. 무선주파수(RF)엔지니어가 되기 위해서는 대학교의 전자공학 관련 학과를 졸업하는 것이 유리하며, 업계에 따라서는 석사 이상의 학위를 요구하기도 한다.

4.17.4 검사 수검 전 사전 준비 사항

이동통신시스템에 대한 사전 검사는 결국 소비자들에게 정확하고도 편리한 서비스를 적절하게 제공하기 위한 사전 작업이라 할 수 있다. 또한 시스템 검사는 사용자들에게 사용상의 불편함을 최소화할 수 방향으로 진행되며 사용자에게 유해성을 차단하는 것을 원칙으로 운영되어져야 한다. 한편, 검사의 기준은 기본적인 통신 장치에 따라 다양하게 적용될 수 있으며 결국 사용자의 사용의 편리성에 중점을 두고 진행되어야 한다. 공사 품질을 향상시킬 수 있는 간단을 과정을 아래에 예를 들어 설명하였다. 결국 절차에 의하여 공사를 진행하고 사전에 충분한 준비를 하는 것이 공사가 잘 되기 위한 방편으로 작용하게 된다.

공사자재를 해당공사에 적합한 물품 및 케이블을 사용, 시방서에 나온 일정에 맞춰서 공사를 진행하여 일정 내에 공사를 종료, 각 공사에는 공사에 적합한 인원을 투입, 공사 주자재(장비)는 미리 불량여부를 테스트 하여 불량이 나올 경우에는 제품을 교체하여 설치 후에 불량이 발생하지 않도록 하며 각 케이블이나 장비에는 네임타이 나 네임밴드로 잘 프린트 하여 잘 보이도록 붙이며 현장에 해당 시스템의 구성도를 비치하며 케이블 정리를 가지런하게 해놓고 공사일지 및 준공서류를 잘 작성하며 각 공사 담당자는 공사시작 전에 시방서를 잘 숙지하도록 한다.

이통통신 감리를 포함하는 정보통신 감리실무는 설계용역감독, 시공감독, 장비구매감독, 감리용역감동 득의 업무 수행 과정에 계약심사, 일상감사요청, 설계변경, 기성처리, 시공관리, 준공처리업무 분야 현장 감사에서 많이 지적되고 있는 감사정보를 포함하며 감리원과 감독자들에게 도움이 되는 다음과 같은 내용을 포함한다. 정보통신 감리시행, 발주기관감독관의 계약심사와 일상감사 요청이행, 감리원과 감독관의 수행업무, 정보통신공사의 착공 전 감리업무, 감리용역 착수단계 업무, 정보통신 공사시행 단계별 감리업무, 감리원의 보고업무, 감리원의 현장관리, 설계변경과 계약금액 변경, 준공검사 업무와 감리결과 보고와 정보통신설비의 인수인계와 하자관리 등에 대해서 철저하게 수행해야 한다.

4.18 이동통신서비스 검사의 지식

- 이동통신서비스 시스템 규격
- 시스템 규격검사 평가기준
- 시스템 정상 동작(운용) 및 특성시험 규격
- 전기통신설비 내진시험 결과 요약서(인증서) 내용을 파악할 수 있는 지식
- 전기설비 설계(IEC 60950-1) 규격
- 풍 하중,내후성,방풍,염수분무,진동,저온저장의 규격
- 법, 전자파 장해방지 기준(국립전파연구소 제2012-13호)
- 법, 전자파 보호기준(국립전파연구소고시 제2012-14호)
- 무선랜/Femto-AP 장비 신뢰성 시험 기준

1) IEC(International Electronical Committee)

전기 기술에 관한 표준의 국제적 통일과 조정을 목적으로 1906년에 설립된 '국제전기표준회의'를 이른다. 1947년에 ISO(국제표준화기구)가 발족됨에 따라 ISO의 전기 부문으로서 가입했다. 80개의 기술 위원회가 있으며, 현재까지 약 2,000개의 IEC 국제 규격(IEC publication)을 제정했다. 전기에 관한 국제규격의 통일과 표준을 촉진하기 위하여 1908년에 만들어진 표준화 기구로 본부가 스위스의 제네바에 설치되어 있으며, IEC에 가입한 각국의 대표들에 의해 심의를 한 후에 최신 과학기술 기준에 적합한 전기의 기본을 작성하여 국제협정으로 체결하였습니다. 또, IEC규격 작성위원회 내에 CISPR(International Special Committee on Radio Interference)이라는 EMC(Electro-Magnetic Compatibility) 전자 환경 양립성 규격작성 위원회가 있다. 그 위원회는 IEC규격에 기준하여 전기기기의 안전성 실험을 실시하여 적합을 증명하는 CB인증서(CB Test Certificate)를 발급하며, 각국의 IEC 인증 수속을 간략화 하여 무역의 촉진을 도모하는 국제적 제도인 CB 제도(Certification Body Scheme)설치되어 있다. 그리고 우리나라는 1963년 5월 공업진흥청이 가입했다.

2) IEC 60947-2(산업용 배선용차단기)

국제전기설비표준, IEC를 기초로 전기설비의 설계, 시공, 검사, 안전관리의 국

제화를 위한 목적 규격(Regulation) 이라 함은, 제품의 품목 군에 따라 어떤 시험과 어떤 규제사항을 지켜야 하는지를 기록해 놓은 문서를 말한다.

국가는 수입되거나 국민에게 판매되는 제품이 안전한 제품인지를 확인할 의무가 있습니다. 이를 확인해서 안전하다고 판단되면 인증서를 발급하고, 판매할 수 있도록 하고 있습니다. 이 제도를 인증제도라고 한다. 수입하는 물건의 종류가 워낙 다양하기 때문에 제품에 따라 어떤 시험을 해야 하는지를 구분할 필요가 있다. 예를 들면 사과는 농약잔류검사를 휴대폰은 전자파시험 검사를 한다. 위와 같이 품목 군에 따라 시험 방법과 만족 기준을 정해 놓은 것을 규격이라고 한다. 이 규격은 대부분 IEC , IEEE , ISO, CISPR 와 같은 국제기구에서 범용 규격으로 제정을 하고, IEC에서 만든 규격은 IEC-XXXXX 로 규격번호가 나가고, IEEE는 IEEE-XXXXXX, ISO는 ISO-XXXXX라고 나간다. 각 정부에서 자기 나라 실정에 맞게 (국가별로 전압 등의 차이가 있기 때문에) 수정을 해서 자기 국가 규격으로 차용해서 사용한다. 예를 들면 IEC 에서 만든 "일반 저전압 정보통신기기에 대한 안전규격" 인 "IEC-60950-1" 규격이 있습니다. 가장 유명하고, 잘 만들어진 규격 - 지침인데, 이를 각 국가 정부에서 약간 수정을 한 후, EU 에서 수정한 버전은 EN-60950-1 이라고 이름을 붙이고, 한국에서 수정한 버전은 KN-60950-1 등으로 바꿔 놓고 적용을 한다.

3) RF 특성시험 (VSWR, PIMD 등) 규격

VSWR(voltage standing wave ratio : 전압 정재파 비)는 도파관, 동축 케이블 혹은 기타 전송 선로에 발생하는 정재파에서, 최대 전압 점에서의 전압(또는 전계)의 진폭과 인접한 최소 전압 점에서의 전압(또는 전계)의 진폭의 비율을 이른다.

① 반사손실 : 산란행렬로 전개하여 S11을 풀이한 값을 의미. 포트1에서의 신호가 포트1에서 반사되는 양을 의미합니다. 10 log (반사 양/전체 양) = ex> 전체 신호 가 100이고 반사되는 양이 50이라고 할 때 반사손실은 ..10 log(50/100) = -3.01dB 즉 반사손실에서 절반의 손실은 약 -3dB이다.

② 대역폭 : 일반적으로(흔히 논문이나 전문적으로 통용되는) 반사손실에서 -7~-10dB 이하의 범위를 대역폭 이라고 한다.

③ 스미스차트 : 미국의 '스미스'라는 RF 엔지니어가 임피던스, 어드미턴스, VSWR 등의 정합을 쉽게 하기 위해 만들어놓은 차트이다.

④ 임피던스 : DC에서는 저항, AC에서는 임피던스와 의미가 비슷하지만, 임피던스는 저항(R)성분과 리액턴스(X)성분이 합쳐진 형태를 의미하며, 리액턴스는 주파수를 포함하고 있다. 즉, 주파수가 포함된 저항 이라고 생각하면 된다.

⑤ 방사패턴 : 안테나에서 전파가 방사되는 패턴의 모양을 의미한다.
⑥ 이득 : 방사패턴에서 Peak점인 부분과 평균값 그리고 Min값을 계산하여 안테나의 성능을 수치로 표현한 것을 의미한다.
⑦ 지향성 : 포괄적으로는 안테나의 방사패턴의 방향성을 의미하며, 안테나에서 전파의 방향성이다.
⑧ 전계, 자계면 : 측정용 안테나(일반적으로 Horn)안테나를 기준으로 측정안테나를 혼안테나의 전계 면과 동일한 면으로 측정한 면이 '전계면' 이라고 하고, 혼안테나의 자계 면과 동일한 면을 '자계면'이라고 한다.
⑨ 빔폭 : 2-D(Dimension) 방사패턴에서 -3dB인 지점까지의 폭을 빔폭이라고 한다.
⑩ VSWR 정재파비 : S11(반사손실)과 의미가 동일하며, 안테나에서 전파가 나가는 양과 반사되는 양을 비율로써 나타낸 값이며 비율로 나타낸 값이므로 반사손실과는 다르게 단위가 없다.
⑪ PIMD(Passive Intermodulation Distortion : 수동 상호변조 왜곡)
급속한 성장을 보이고 있는 무선 이동통신은 수요자가 원하는 정보를 언제 어디서든 제공할 수 있는 이동성과 편의성을 제공하고 있으며, 향후에는 음성과 문자에 국한된 서비스 시장이 화상까지 포함하는 다양한 형태로의 발전을 준비하고 있다. 그러나 최근 이동통신 시스템 상에서 중요한 간섭의 요인으로 대두되고 있는 수동 상호변조 왜곡은 통화품질의 질을 저하시키고 심한 경우 통화 단절현상을 유발하고 있다.
⑫ 상호 변조
어떤 주파수의 기본파 또는 그 고조파와 다른 주파수의 기본파 혹은 그 고조파가 비 직선 회로에 가하여질 때 그 합 또는 차의 다른 주파수를 발생하여 다른 통신로에 대하여 잡음 방해를 주는 현상을 이른다. 두개의 주파수가 같이 들어올 때 두 주파수에 의한 변조가 발생하는 량을 말한다.
⑬ 잡음지수(NF)
증폭기에서 신호만 증폭하면 좋겠지만 이때 노이즈도 같이 증폭되는데, 증폭기의 노이즈가 얼마나 발생, 증폭되느냐 하는 정도로서 낮을수록 좋다.
⑭ 험변조
증폭기는 당연히 전원을 사용한다. 이 전원은 교류전원에서 직류로 만들어 사용하다보니 전원 노이즈(험 노이즈)에 영향을 받아 변조가 발생하게 된다.

4) Femto- AP(Access Point)

가정이나 사무실 등 실내에서 사용되는 초소형 이동 통신용 기지국(Access

Point Base)으로, 이동전화와 인터넷을 연결하여 저렴한 비용으로 유무선 융합 서비스를 제공한다. 펨토셀은 사업자와 사용자 모두가 만족하는 차세대 통신 기술을 말한다. 펨토셀(Femtocell)이란 1/1,000조을 뜻하는 펨토(Femto)와 이동통신 산업에서 1개 기지국이 담당하는 서비스 구역의 최소 단위로 통용되는 셀(Cell)의 합성어로, 기존 이동통신서비스의 1개 기지국이 담당하는 커버리지 보다 훨씬 작은 집 안, 사무실 등의 제한된 영역을 커버하는 서비스를 의미한다. 실내 유선 IP망에 연결된 초소형 기지국(AP, Access Point)을 이용, 이동통신 단말기를 통해 자유롭게 유무선 통신 서비스를 이용할 수 있게 해주는 펨토셀은 옥내 중계기를 통하지 않고 기지국에서 교환기로 이동통신 데이터를 직접 전송하는 방식을 취하고 있기 때문에 통신사업자는 네트워크 구축비용 절감, 주파수 부하 감소, 통화품질 향상이라는 세 마리 토끼를 동시에 잡을 수 있으며, 사용자 측면에서도 기지국이 설치된 실내에서는 저렴한 비용으로 음성 및 데이터통신 서비스를 이용할 수 있어 사업자와 사용자 모두 윈-윈 할 수 있는 차세대 통신기술로 주목 받고 있다.

SI(국제 단위계)에서는 기본 단위에 크기를 나타내는 접두어를 붙여서 보조 단위(기본 단위보다 크거나 작은 수량을 나타내는)를 만듭니다. 그 접두어와 의미는 다음과 같다.

- 엑사(exa): 10^{18}(100경), 기호: E
- 페타(peta): 10^{15}(1000조), 기호: P
- 테라(tera): 10^{12}(1조), 기호: T
- 기가(giga): 10^{9}(10억), 기호: G
- 메가(mega): 10^{6}(100만), 기호: M
- 킬로(kilo): 10^{3}(1000), 기호: k
- 헥토(hecto): 10^{2}(100), 기호: h
- 데카(deca): 10^{1}(10), 기호: da
- 데시(deci): 10^{-1}(10분의 1), 기호: d
- 센티(centi): 10^{-2}(100분의 1), 기호: c
- 밀리(mili): 10^{-3}(1000분의 1), 기호: m
- 마이크로(micro): 10^{-6}(100만분의 1), 기호: μ(그리스 문자 뮤)
- 나노(nano): 10^{-9}(10억분의 1), 기호: n
- 피코(pico): 10^{-12}(1조분의 1), 기호: p
- 펨토(femto): 10^{-15}(1000조분의 1), 기호: f
- 아토(ato): 10^{-18}(100경분의 1), 기호: a

제5장 이동통신서비스 시험

이동통신서비스를 운용하기 위하여 기능과 품질의 결함 여부를 파악하고 최종 사용자에게 인계, 인수의 요구 충족 여부를 파악하여 후속조치를 할 수 있는 능력 함양이 절대적으로 필요하다.

우리나라 이동통신서비스는 방송, 멀티미디어 영상, e-mail, 멀티미디어 메시지 등 다양한 서비스를 제공하면서 새로운 시장의 형성 가능성을 시험하고 있다. 음성 위주의 2세대 이동통신서비스 단계를 지나 동기식 3세대 이동통신 서비스인 CDMA2000-1X 단말기를 전체 가입자의 대부분이 사용하고 있고, 비동기식(W-CDMA) 3세대 서비스가 전국적으로 폭넓게 사용되고 있다. 차세대 이동통신은 서비스의 기본개념이 현재의 음성 및 패킷 데이터 통신 위주에서 고속 이동중에 최대 100Mbps, 정지 및 저속 이동 중에 155Mbps~1Gbps의 데이터 전송속도를 기반으로 하여 유・무선・방송 통합에 의한 진정한 멀티미디어 통신이 가능토록 하는 데 있다. 차세대 이동통신이 지향하는 궁극적인 목표는 유비쿼터스 서비스 제공을 위한 플랫폼의 실현에 있다. 즉 각각의 망을 가지고 있는 유선서비스, 이동통신서비스, 방송서비스가 하나의 망으로 융합되기 위해서는 서비스 통합부터 이루어져야 한다. 현재 인터넷은 수돗물처럼 거의 모든 국민이 필요로 할 때 자유롭게 이용할 수 있는 인프라가 되고 있으며, 이동통신의 이용 또한 국민생활에 밀접하게 연관되어 사람들에게 있어서 꼭 필요한 중요한 요소로 되어가고 있다. 유비쿼터스 사회로의 진화를 가속화 시키고 실현시키는 기반이 바로 차세대 이동통신이 될 것이다. 이동통신 서비스가 보다 풍요로운 삶을 추구하기 위하여 전 세계적으로 기술개발 및 표준화가 이루어지고 있다. 전송능력의 향상과 망간 융합을 지원하는 차세대 이동통신 개발을 위하여 ITU-R의 WP8F, EU의 WWRF(Wireless World Research Forum), 일본의 mITF(Mobile IT Forum), 중국의 FuTURE(Future Technologies for Universal Radio Environment),우리나라의 NGMC(Next Generation Mobile Communication) 등 국제기구와 세계 각국은 표준화 및 기술개발을 추진하고 있다.

이동통신서비스 시험을 위해서는 이동통신서비스 기능과 요구사항에 따라 이동통신서비스 기능 시험 계획을 수립할 수 있고 이동통신 기능시험에서 요구명세서, 설계명세서의 규격에 적합하게 기능시험 수행 시나리오를 작성할 수 있어야 한다.

이동통신서비스 시험을 이해하기 위해서는 먼저 현재 가장 보편적인 이동통신 네트워크 시스템인 LTE(Long Term Evolution)에 대해 세부적으로 살펴 볼 필요가 있다.

5.1 LTE 시스템 소개

LTE 시스템은 3GPP LTE(Long Term Evolution) 규격 기반의 서비스를 제공하는 이동통신 네트워크 시스템으로 기존 이동 통신 시스템의 낮은 전송 속도와 상대적으로 높은 투자비의 단점을 개선하여 낮은 투자비로 고속 데이터 서비스를 제공하는 차세대 무선 네트워크 시스템이다.

LTE(Long Term Evolution) 3세대 이동통신(3G)을 장기적으로 진화시킨 기술이라는 뜻에서 붙여진 명칭이다. WCDMA와 CDMA2000으로 대별되는 3세대 이동통신과 4세대 이동통신(4G)의 중간에 해당하는 기술이라 하여 3.9세대 이동통신(3.9G)라고도 하며, 와이브로 에볼루션과 더불어 4세대 이동통신 기술의 유력한 후보 가운데 하나로 꼽힌다.

LTE는 3세대이동통신 무선표준화 단체인 3GPP(3rd Generation Partnership Project)가 2008년 12월 확정한 표준규격 릴리스(Release) 8을 기반으로 한다. 이에 따라 채널 대역폭은 1.25~20MHz이며, 20MHz 대역폭을 기준으로 하향링크의 최대 전송속도는 100Mbps, 상향링크의 최대 전송속도는 50Mbps이다. 무선 다중접속 및 다중화 방식은 OFDM(Orthogonal Frequency Division Multiplex), 고속 패킷데이터 전송 방식은 MIMO(Multiple-Input Multiple-Output)를 기반으로 한다. 이를 이용하여 3세대 이동통신의 HSDPA보다 12배 이상 빠른 속도로 통신할 수 있고, 다운로드 속도도 최대 173Mbps에 이르러 700MB 용량의 영화 1편을 1분 안에 내려 받을 수 있으며, 고화질 영상과 네트워크 게임 등 온라인 환경에서 즐길 수 있는 모든 서비스를 이동 중에도 편리하게 이용할 수 있다. 이 기술은 3세대 이동통신인 WCDMA에서 진화한 것이기 때문에 기존의 네트워크와 연동할 수 있어 기지국 설치 등의 투자비와 운용비를 크게 줄일 수 있는 장점이 있다. 2008년 12월 LG전자가 세계 최초로 단말기용 LTE칩을 개발하였고, 2009년 12월 북유럽 최대의 통신사 텔리아소네라(TeliaSonera)가 한국의 삼성전자에서 제작한 LTE 단말기를 통하여 세계 최초로 상용 서비스를 시작하였다.

1) 능력

하향링크와 상향링크에서 최대 데이터 속도에 대한 요구 사항은 20Mhz 스펙트럼을 사용할 경우 각각 100Mbit/s 와 50Mbit/s 이다. 사용하는 스펙트럼이 줄어들면 그에 따라 데이터 속도도 감소된다. 따라서 요구 사항은 하향링크에서는 5bit/s/Hz, 상향링크에서는 2. 5bit/s/Hz 와 같이 표현 될 수 있다. 이후 설명 되는 것처럼 LTE 는 FDD 와 TDD를 모두 지원한다. 당연히 TDD의 경우에는 상향링크와 하향링크 전송이 동시에 이루어질 수 없다. 따라서 최대 데이터 속도에 대한 요구사항 역시 동시에 만족할 수는 없다. 반면에 FDD에 대한 LTE 규격은 위에 명시된 최대 데이터 속도를 동시에 지원할 수 있어야 한다.

2) 시스템 성능

LTE의 시스템 성능에 대한 디자인 목표는 사용자 데이터 처리량(throughput), 주파수 효율, 이동성, 커버리지 및 향상된 MBMS(Enhanced MBMS)등을 다룬다. 일반적으로 LTE의 성능 요구사항은 Release 6 HSPA를 기준 시스템으로 하여 이에 대한 상대적인 값으로 표현된다. 기지국에서는 하나의 송신 안테나 및 두 개의 수신안테나를 가정하며, 단말에서는 하나의 송신 안테나 및 최대 두 개의 수신 안테나를 가정한다. 하지만 기준 시스템에서는 단말은 두 개의 수신 안테나를 가지면서 간단한 RAKE 수신기 구조를 가지는 것을 가정한다. 비슷하게 기준 시스템에서는 공간 다중화 역시 포함되지 않았다.

LTE의 사용자 처리량 요구 사항은 2가지로 표현된다. 하나는 평균 사용자 처리량 분포의 5%-tile로 표시되는 것이다(전체 사용자들의 95%는 여기서 표시된 처리량 보다 좋은 성능을 가질 수 있는 지점이다). 주파수 효율에 대한 목표도 명시되어 있으며, 이는 셀 당 시스템 처리량으로 bits/MHz/cell 로 정의된다.

이동성 요구 사항은 단말의 이동 속도에 중점을 둔다. 낮은 단말의 이동속도인 0~15km/h에서 최고의 성능을 내도록 하며, 더 빠른 이동 속도에서는 약간의 성능 감소를 허용한다. 120km/h의 이동 속도에서도 LTE는 높은 성능을 제공할 수 있어야 하며, 120km/h 이상의 이동 속도에서는 이동 통신망에서 접속을 유지할 수 있어야 한다. LTE 시스템에서 다룰 수 있는 최대 이동속도는 350km/h(주파수 대역에 따라 500km/h까지)이다. 음성 서비스에 대한 성능 역시 특히 강조 되었는데, LTE는 WCDMA/HSPA가 제공하는 것과 동일한 품질로 음성서비스를 지원할 수 있어야 한다.

커버리지 요구사항은 셀 내에서 기지국으로부터 단말까지의 최대 거리인 셀 반경으로 표시된다. 간섭이 없는 시나리오에서는 사용자 처리량, 주파수 효율, 이동성에 대한 요구사항을 만족하는 셀 반경이 5km이다. 30km의 셀 반경까지는 사용자 처리량에서는 약간의 성능감소가 용인 될 수 있으며, 요구 사항에 따라 주파수 효율에서는 좀 더 큰 폭의 감소가 용인될 수도 있다. 하지만 이동성 요구 사항은 여전히 만족해야 한다. 한편 100km까지의 셀 반경 역시 특정한 성능 요구 사항은 없지만 규격에 의해 배제되어서는 안 된다.

향상된 MBMS 요구 사항은 방송 모드(broadcast mode) 와 유니 캐스트 모드 모두를 다룬다. 일반적으로 LTE는 Release 6보다 더 나은 MBMS 서비스를 제공해야 한다. 방송 경우에서의 요구 사항은 1bit/s/Hz의 주파수 효율을 만족해야 한다. 이는 5Mhz 스펙트럼을 사용할 경우, 300kbit/s 정도를 소모하는 모 바일 TV 채널을 16개 보낼 수 있는 것과 같다. 또한. MBMS 서비스를 같은 반송파 내에서 비 MBMS 서비스와 함께 제공할 수도 있지만, 하나의 반송파 위에 오직 MBMS 서비스만을 제공할 수 있어야 한다. 자연히 음성 서비스와 MBMS 서비스를 동시에 지원하는 것 역시 LTE 규격을 통해 가능해야 한다.

3) 망 구축 관련 특징

망 구축 시나리오에 대한 요구사항은 LTE 시스템이 독자적인 시스템으로 구축되는 경우와 WCDMA/HSPA 및 GSM과 함께 구축되는 경우를 모두 포함한다. 타 3GPP 시스템들과의 공존 및 연동에 대한 요구사항은 LTE 와 GSM 사이의 이동성 및 LTE와 WCDMA/HSPA 사이의 이동성에 대한 요구 사항을 만든다.

공존 및 연동에 대한 요구 사항은 특정한 값들이 주어져 있는 것은 아니지만, LTE에서 브로드 캐스트 방식으로 제공되던 멀티캐스트 트래픽이 GSM 혹은 WCDMA에서는 유니 캐스트로 전환되어 제공되어야 하는 것도 포함한다.

주파수 유연성에 대한 요구사항의 기본은 사실 LTE가 기존의 IMT-2000의 주파수 대역들에 구축 될 수 있어야 한다는 요구 사항으로부터 시작한다. 즉 이는 WCDMA/HSPA 및 GSM을 포함하여 해당 대역에 이미 구축되어 있는 시스템들과의 공존을 의미한다.

4) 무선자원 관리

무선 자원 관리의 요구사항은 향상된 end-to-end QoS의 지원을 위한 부분 및 상위계층의 전송을 보다 효율적으로 하기 위한 부분과 다른 무선 접속 기술 사이의 부하 공유와 정책관리의 부분으로 나뉜다. 향상된 end-to-end QoS 지원을 위해서는 서비스 및 어플리케이션과 상위계층 시그널 링을 포함하는 프로토콜 요구 사항들이 자원과 무선의 특성들에 좀 더 잘 적응되어야 한다.

5) 복잡도

LTE의 복잡도 관련 요구사항은 단말의 복잡도 뿐만 아니라 전체적인 시스템의 복잡도도 다룬다. 본질적으로, 이러한 요구 사항은 불필요한 필수 기능이 없으면

서도 시스템 내 옵션의 수가 최소화되어야 함을 말한다. 이는 또한 검증을 위해 필요한 테스트 개수를 최소화하는 것이기도 하다.

6) 일반적인 특징

계획된 모든 서비스에 대하여 원하는 정도의 성능을 제공하면서 비용을 최소화하는 것이 당연히 바람직한 일이다. 비용에 대해서는 비용과 운용 및 유지에 대한 비용도 다루어져야 한다. 따라서 무선 인터페이스뿐만 아니라 기지국 국사로의 전송 및 관리 시스템 역시 LTE에 의해 다루어져야 한다. 복수 개의 제조사를 가지기 위한 인터페이스에 대한 강력한 요구사항 역시 이 범주에 든다. 아울러 단말은 당연히 낮은 복잡도 및 낮은 전력소비를 가져야 한다.

5.2 LTE 네트워크 구성

LTE 시스템은 크게 eNB(RU/DU), LSM, EPC(MME, S-GW, P-GW)로 구성된다.

1) eNB(evolved UTRAN Node-B)

eNB는 UE와 EPC 사이에 있는 시스템으로, LTE에서 요구되는 규격에 따라 UE와 무선으로 접속하여 데이터 패킷 처리를 담당한다. eNB는 UE와 무선 전파 신호의 송수신 기능, 패킷 데이터 트래픽에 대한 변/복조 기능, 무선자원을 효율적으로 사용하기 위한 패킷 스케줄링 기능, 고속의 데이터 전송을 위한 HARQ(Hybrid Automatic Repeat Request)/ARQ(Automatic Repeat Request)와 MIMO 기능, 패킷 헤더 압축 PDCP(Packet Data Convergence Protocol) 기능, 무선 자원 제어 기능을 수행한다.

2) EPC(Evolved Packet Core)

EPC는 eNB와 Backbone 네트워크 사이에 있는 시스템으로 MME, S-GW, P-GW로 구성된다. MME는 eNB와 NAS 프로토콜을 통해 Control 메시지를 처리하며, UE의 이동성 관리, 베어리어 및 세션 관리 등의 기능을 담당한다. S-GW는 3G 시스템과 LTE 시스템 간 User plane 역할을 담당한다. P-GW는 UE에 IP 주소를 할당 및 관리하며, LTE 시스템과 이기종(non-3GPP) 액세스 시스템 간의 상호 이동성 등을 관리한다.

3) LSM(LTE System Manager)

LSM은 시스템 운용자가 eNB 운용 및 유지보수가 원활하게 진행될 수 있도록 운용자 인터페이스를 제공, 형상 관리, 시스템 통계, 성능 관리 및 장애 관리 기능을 제공한다.

4) ESM(EPC System Manager)

ESM은 시스템 운용자가 MME, S-GW, P-GW를 운용 및 유지 보수할 수 있도록 시스템 관리에 필요한 인터페이스를 제공한다.

5) HSS(Home Subscriver Server)

HSS는 해당 이동통신 사업자의 가입자 파라미터와 위치 정보를 저장 관리하는 데이터 베이스 시스템으로 유선통신 시스템과 구분되는 것이 가장 큰 특징이다.

6) PCRF(Policy & Charging Function)

PCRF는 서비스 단계별로 차별화된 QoS(Quality of Service) 및 과금 정책을 적용하기 위해 Policy rule을 생성 또는 다수의 서비스 단계에 공통으로 적용 가능한 Policy rule을 자동 생성한다.

5.3 LTE 시스템 특징

1) LTE eNB

LTE eNB 시스템은 UE와 EPC 사이에 위치하고 있는 시스템으로, LTE Air 규격에 따른 무선 접속으로 인터페이스하며, 가입자에게 무선통신 서비스를 제공한다. eNB는 UE와 무선신호를 송수신하며 데이터 트래픽 신호에 대한 변/복조 신호를 처리한다. LTE eNB는 DU(Digital Unit)와 RU(Radio Unit)로 구성된다.

(가) 뛰어난 호환성 및 상호 연동

LTE eNB 시스템은 3GPP 표준을 근간으로 Release된 규격에서 제시한 호환성 및 상호 연동을 지원한다.

(나) 고성능 모듈 구조

LTE eNB 시스템은 고성능 프로세서를 탑재하여 성능이 뛰어나며, 모듈 구조로서 하드웨어 및 소프트웨어의 업그레이드가 용이하다.

(다) 운용 및 유지보수 기능

LTE eNB 시스템은 운용 및 유지보수 기능을 제공하여 시스템에 접속 시 운용자 인증 후 접속이 진행된다.

(라) OFDMA/SC-FDMA 방식

LTE 표준 물리 계층을 지원하는 하향 OFDMA/상향 SC-FDMA(Single Carrier Frequency Division Multiple Access)를 지원한다. 하향 OFDMA는 개별 사용자에게 할당된 Sub-carrier를 이용하여 다수 사용자에게 동시에 데이터 트래픽을 제공한다. 상향 SC-FDMA는 기본적으로 OFDMA의 변/복조 방식과 유사한 방식이나 송신단의 변조 과정에서 사용자별로 DFT(Discrete Fourier Transform) 처리 과정을 수행하고, 수신 복조 과정에서 IDFT(Inverse Discrete Fourier Transform) 처리 과정을 수행하여 PAPR(Peak-to-Average Power Ratio)을 최소화하고 단일 사용자에게 할당되는 주파수 자원을 할당한다. 이로 인해 UE의 출력 전력을 줄여 배터리 소모 전력 절감 효과를 얻을 수 있다.

(마) 다양한 시스템 형상 지원

eNB는 DU와 RU 분리형 구조로 다양한 시스템 형상, 망 구성 및 확장성을 제공한다. DU와 RU는 광케이블로 연결되며, CPRI(Common Public Radio Interface) 규격을 기반으로 한 Digital I/Q and C & M(Control & Maintenance) 인터페이스를 통해 데이터 트래픽 신호 및 OAM 정보를 송수신한다.

2) LTE eNB 주요기능

(가) Physical layer 처리 기능

LTE eNB는 eNB와 UE사이의 무선 채널을 통해 데이터를 송/수신한다. 이를 위해 eNB에서 처리하는 주요 기능은 다음과 같다.

- Downlink Reference signal, Downlink synchronization signal 생성 및 송신
- 채널 Encoding/decoding
- 변/복조(Modulation/demodulation)
- 자원 할당(Resource allocation) & scheduling
- Link adaptation / H-ARQ 기능
- 전력 제어(Power control) / MIMO 기능

① Downlink reference signal 생성 및 송신

Reference signal은 UE에서의 Downlink 신호의 Demodulation을 위해서 사용되고, scheduling, link adaptation, H/O 등을 위한 채널의 특성(커버리지)을 측정하는데 사용된다. H/O를 위한 신호 세기 측정 및 MIMO(2*2) 작동을 위해서는 각각의 안테나 경로로 다른 Reference signal이 전송된다.

② Downlink synchronization signal 생성 및 송신

Synchronization signal은 UE가 기지국(eNB)과의 통신을 시작하기 위해 최초 초기 동기 신호를 얻을 때 사용하는 신호로, PSS(Primary Synchronization Signal)와 SSS(Secondary Synchronization Signal)가 있다.

③ 채널 Encoding/decoding

무선 채널 상에서 발생된 채널 Error를 정정하기 위한 채널 Encoding/decoding 기능을 수행한다. eNB에서는 채널 Encoding/decoding을 위해 Turbo coding과 1/3 tail-biting convolutional coding이 사용된다.

④ 변/복조(Modulation/demodulation)

eNB는 Downlink는 상위 계층으로 부터 받은 데이터를 Physical layer의 Baseband 과정을 거친 후 무선 채널 상으로 전송한다. 이때 Baseband 신호를 무선 채널 상에서 효과적으로 원거리 전송하기 위해서는 Modulation 과정을 거쳐 높은 주파수 대역(800MHz, 900MHz, 1,800MHz, 2,100MHz, 2,600MHz 등)으로 전송한다.

⑤ 자원할당 및 Scheduling

LTE에서는 다중 접속 방식(Multiple Access)으로써 Downlink에서는 OFDMA를 사용하고, Uplink에서는 SC-FDMA를 사용한다. 두 방식 모두 Time & Frequency의 2-dimensional resource를 셀 내의 여러 개의 UE에 겹치지 않게(직교 특성) 할당함으로써 하나의 eNB가 동시에 여러 UE와의 통신이 가능하게 한다.

⑥ Link adaptation

무선 채널은 모폴로지, 간섭정도에 따라 전송 속도와 채널 환경이 바뀐다. Link adaptation은 채널이 변경되는 상황을 알 수 있는 경우 이것을 활용하여 전송속도를 올리거나 전체 셀의 Throughput을 최대로 높이는 기능이다. MCS(Modulation Coding Scheme)는 채널 상황에 따라 Modulation 방식과 Channel coding rate를 다르게 설정하며, MCS는 채널 환경이 좋은 경우 64QAM (64Quadrature Amplitude Modulation)과 같은 High-order modulation을 사용하여 단위 심볼당 전송 비트 수를 높여 전송속도를 향상시킨다. MIMO로 작동이 가능한 채널 환경에서는 MIMO mode로 작동하도록 하여 사용자의Peak data rate을 높이거나 셀 전체 전송속도를 올릴 수 있다.

⑦ HARQ

HARQ는 stop-and-wait 프로토콜을 사용하는 Physical layer 재전송 방법이다. 데이터 전송 시스템에서 전송오류를 제어하는 기술은 크게 두 가지로 구분할 수 있다. 전진 에러 제어방식인 FEC(Forward Error Correction) 기법과 후진 에러 제어방식인 ARQ(Automatic Repeat reQuest) 기법이다. ARQ 시스템은 오류검출 능력이 높은 부호방식을 사용하여 오류가 발생하면 송신 단으로 재전송을 요구하게 된다. FEC의 경우 채널 환경이 양호한 경우 상대적으로 낮은 효율성을 갖게 되며 오류 정정에 실패할 경우 시스템의 신뢰도를 떨어지게 된다. 반대로 ARQ의 경우에는 시스템의 높은 신뢰도를 보장하고 낮은 Redundancy로 효율적인 전송이 가능하지만 채널 환경이 나빠질 경우 상대적으로 높은 재전송이 증가하여 시스템 성능을 저하 시킬 위험이 있다. 이와 같이 두 가지 기법의 단점을 극복한 방식이 Hybrid ARQ 방식이다. Chase combining: 오류가 있는 패킷을 폐기하지 않고 이를 재전송 받은 패킷과 결합하는 방식으로 이용하는 방법이다. 여러 패킷을 결합함으로써 결과적으로 신호전력을 높이는 효과를 얻을 수 있다. Incremental redundancy scheme: Chase combining의 경우 초기 전송 시 불필요하게 높은 Redundancy의 부호 전송을 방지하기 위하여 초기에 전송할 때 부터 높은 부호율의 부호를 적용하고 재전송이 발생하였을 때 추가적인 Redundancy를 순차적으로 높여 전송하는 방법이다.

⑧ 전력제어

전력 제어는 데이터 트래픽을 전송하는데 필요한 최적의 송신 전력을 조절하는 것이다. 출력이 너무 높으면 불필요한 간섭을 발생시키고, 출력이 너무 낮으면 Error rate을 증가시켜 재전송이 발생하여 전송속도가 저하될 수 있다. LTE uplink의 경우 SC-FDMA를 사용하여 CDMA와 같은 Near-far 문제는 없으나, 인접 셀로부터 높은 레벨의 간섭으로 인해 Uplink의 성능을 나쁘게 할 수 있으므로 사용자들은 인접한 셀에 간섭을 최소화하기 위해 적정한 전력으로 송신해야 한다.

⑨ MIMO

LTE eNB는 다중 안테나를 사용하여 2Tx/2Rx MIMO을 제공한다. 이를 위해서는 eNB 채널 카드에 MIMO 처리를 위한 Baseband 부분과 각 Path를 별도로 처리할 수 있는 RF 부분이 있어야 한다. MIMO 지원을 위해서는 Power AMP(2개) 필요하며, LTE eNB에서는 여러 가지 형태의 MIMO를 지원하여 높은 성능의 데이터 트래픽 서비스를 제공한다.

(나) 호 처리 기능

① 셀 정보 전송 기능

eNB는 서비스 중인 셀 영역 내에 System information인 MIB(Master Information Block)와 SIBs(System Information Blocks)를 주기적으로 전송하여

이를 수신한 UE가 적절한 호 처리 기능을 수행할 수 있도록 지원한다.

② 호 제어 및 무선 자원 할당 기능

eNB는 UE가 LTE망에 접속 및 해제할 수 있도록 한다. UE가 망에 접속하거나 접속 해제 시 LTE eNB에서 UE와는 Uu 인터페이스, EPC와는 S1 인터페이스를 통해 호 처리에 필요한 시그널링 메시지를 송수신한다.

③ 핸드오버 기능

eNB는 동일 주파수 내 또는 주파수 간 Intra-eNB 셀 간 핸드오버, eNB 간 X2 핸드오버, eNB 간 S1 핸드오버를 지원한다. Intra-eNB 핸드오버는 eNB 내부 인터페이스를 통해 X2 핸드오버는 X2 인터페이스를 통해, S1 핸드오버는 S1 인터페이스를 통해 핸드오버 관련 메시지를 전송한다.

(다) SON 기능

① 시스템 자동 구성 및 자동 설치 기능

시스템 자동 구성 및 자동 설치 기능은 기지국 설치 시 노력을 최소화시키기 위해 Radio 파라미터를 자동으로 구성하고, 기지국 Power on 후부터 Service 전까지 자동 설치하는 기능이다.

② 자동 구성 기능

초기 PCI(Physical Cell Identity)의 자동 구성 및 네이버 정보를 자동 구성한다.

③ 자동 설치 기능

자동 IP 주소 획득 기능, 자동 OAM 접속 기능과 소프트웨어 및 형상정보 자동 설치 기능, S1/X2 자동 설정 기능, Self-test 기능을 말한다.

④ PCI auto-configuration 기능

LSM의 SON Server는 새로운 eNB의 Self-establishment 절차 중 Initial PCI를 할당하는 기능과 운용 중인 인접 셀과의 PCI collision/confusion 발생 시 문제 상황을 자동으로 감지하고 적절한 PCI를 선택하여 변경 설정하는 기능을 제공한다.

5.4 eNB 구조

eNB의 하드웨어 구조에 대해서 살펴보기로 하자.

1) DU

DU는 주 프로세서 기능과 네트워크 인터페이스 기능, 클록 생성 및 분배 기능을 수행한다. UE와 EPC 간 통신 경로 설정 기능, eNB 내부의 이더넷 스위치 기능, 시스템 운용 및 유지보수 기능 등을 수행한다. 또한 eNB 내의 모든 하드웨어와 소프트웨어의 상태를 관리하고, 자원 할당 및 RU와의 CPRI, OBSAI, ORI 정합 기능을 지원한다.

2) RU

RU는 LTE 서비스를 지원하는 Remote RF 장치로서, DU로부터 원거리(Max=20km) 설치가 가능하다. 또 RU는 2Tx/2Rx의 RF 장치로 구성된다. Transceiver, Power amplifier, Filter가 하나의 옥외형 함체에 구현된 RF 통합 Unit으로 자연 냉각 방식을 지원한다. RU의 Downlink path에서는 DU로부터 Optic CPRI를 통해 받은 Baseband 신호를 O/E 신호로 변환한다. 변환된 O/E 신호는 DAC(Digital to Analog Converter)를 거쳐 아날로그 신호로 변환한다. 아날로그로 변환된 RF 신호는 Modulator를 거쳐 주파수 상향 변환되고, 전력 증폭기를 거쳐 RF 신호로 변환된다. 증폭된 RF 신호는 필터 및 안테나를 통해 Air 상에 송신된다.

5.5 중계기 종류

1) 중계기 정의

중계기는 현재 3G망과 LTE망에서 불가피하게 발생하는 인빌딩 내의 음영지역 해소 및 서비스 품질 개선이라는 목적으로 사용된다. LTE/3G 서비스 영역을 확장하거나 전파음영 지역에서의 미약한 신호를 효과적으로 증폭시켜 중계할 수 있다. 중계기의 종류는 기지국과 중계기의 링크 구성 방식에 따라 분류되며 무선으로 신호를 송수신하는 RF 중계기와 광케이블을 통해 송/수신하는 광중계기로 분류된다. 또한 중계기의 설치 위치에 따라 지상에 설치되는 지상 중계기와 인빌딩에 설치되는 인빌딩 중계기로 분류된다.

2) 인빌딩 중계기

기지국(3G/LTE)과 중계기간 광케이블을 통해 신호를 중계하여 커버리지를 확장하는 장비로 대형건물, 빌딩, 터널, 지하철 등 실내 커버리지 음영 지역을 개선하고 서비스의 품질을 향상시키기 위한 장비이다. 목적은 다음과 같다.
(가) 건물 내 음영지역 해소와 통화 불량지역에 대한 무선 환경을 개선하기 위한 목적이다.

(나) 유동 인구가 상대적으로 많은 백화점, 역사 등의 대형건물에 설치하여 전용 기지국이나 부하가 낮은 기지국의 용량을 분산시켜 주변 기지국의 트래픽을 해소하기 위한 목적이다.
(다) 도심 밀집지역 내 초고층 건물의 고층부는 주변 셀 간 간섭이 심해 통화 품질이 떨어지는 원인을 인빌딩 전용 중계기를 구축하여 개선할 수 있다.
(라) 광케이블 매체를 사용하여 기지국 RF 신호의 왜곡이나 손실 없이 중계기에 제공하여 기지국과 동일한 통화 품질 제공이 가능하다.

3) 지상 중계기

기지국(3G/LTE)과 중계기 사이를 광케이블로 RF신호를 중계하여 커버리지를 확장하는 장비로 기지국 대비 상대적으로 투자비용이 절감되며, 트래픽 발생이 적은 옥외 또는 도심 음영 지역을 개선하고 서비스의 품질을 향상시키기 위한 장비이다.

4) RF 중계기

기지국(3G/LTE)과 중계기 사이를 무선(RF)으로 신호를 중계하여 커버리지를 확장하는 장비로 트래픽 발생이 적은 지역인 중소형 건물, 지하 주차장 등의 음영 지역을 개선하고 서비스의 품질을 향상시키기 위한 장비이다. 지상 및 인빌딩 중계기에 비해 상대적으로 투자비용이 저렴하여 효율적인 투자를 통해 커버리지 확보가 가능한 솔루션이다. 서비스 커버리지는 규모가 작은 인빌딩, 지하 주차장, 댁내 공간 품질확보 등에 활용된다.

5.6 안테나

1) 안테나 정의

안테나는 단말기와 자유공간을 연결하는 RF 수동소자이다.

2) SWR(Standing Wave Ratio)

송신단과 안테나의 연결, 수신단과 안테나의 연결에서 중요한 것은 최대 전력 전달을 하기 위한 임피던스 정합이다. 안테나의 입력 임피던스를 나타내는 다른 척도로, SWR은 반사계수와도 관계가 있다.

3) 대역폭(Bandwidth)

대역폭은 주파수의 범위를 지칭하는 것으로, 일반적으로 Hz로 표기한다. 대역폭은 정보이론 · 전파통신 · 신호처리 등의 분야에서 중요한 기본 개념으로, 데이터 전달에서 전송로 용량과 밀접한 관계를 갖는다. 특히, 어떤 전송매체나 기기를 거쳐 정보를 전송할 때의 전송량을 대역폭 혹은 밴드 폭(Bandwidth)이라 부른다. 일반적으로는 통신에서 정보를 전송할 수 있는 능력으로 최대 전송 속도를 말한다. 대역폭이 높으면 상대적으로 높은 데이터 송수신이 가능하고 더 많은 사용자를 수용할 수 있다.

4) 편파(Polarization)

자유 공간 내에 방사되는 전자파의 진동면은 보통 안테나 상의 전류, 전압 분포에 따라 규정되는 것으로, 이것을 편파라고 한다. 진행하는 평면파의 전자계 성분이 위치 및 시간의 추이로 그 방향을 변화하지 않는 경우 그 파를 직선 편파라 하고, 전계가 대지에 대해서 수직으로 편파 되어 있는 것을 수직 편파, 수평으로 편파 되어 있는 것을 수평 편파라고 한다. 위상이 다른 수직 편파와 수평 편파를 조합하면 원 편파와 타원 편파가 이루어진다. 최근 3G/LTE 이통통신에 사용되는 안테나는 편파 안테나가 주류를 이룬다.

5) 정합(Matching)

안테나는 송신단과 수신단의 최종 단에서 자유공간과 매개체 역할을 한다. 정합이란 각 단의 입력된 최대 신호를 송신하기 위해 상호 조건으로 맞추는 단계이다. 수신단과 안테나의 정합이 일치하기 위해 안테나 사이에 별도의 정합회로를 추가한다.

5.7 기능 시험하기

이동통신서비스에 대한 기능을 시험하기 위해서는 먼저 이동통신서비스 기능과 요구사항에 따라 이동통신서비스 기능 시험 계획을 수립하고 이동통신 기능시험에서 요구명세서, 설계명세서의 규격에 적합하게 기능시험 수행 시나리오를 작성해야 한다. 요구사항 명세서의 구성요소로는 기능 요구사항, 성능 요구사항, 인터페이스 요구사항, 운영 요구사항, 자원 요구사항, 검증 요구사항, 인수 테스트 요구사항, 문서화 요구사항, 보안 요구사항, 이식성 요구사항, 품질 요구사항, 신뢰성 요구사항, 유지보수성 요구사항 및 안전 요구사항 등이 있다.

설계 명세서는 프로그램을 제작할 때 그 프로그램의 구성도와 데이터베이스 설계와 인터페이스 설계, 화면 설계 문서 등을 포함하는 문서가 되어야 하며 요구사항은 소프트웨어 프로젝트에 있어 요구사항 분석이란 무엇을 하는 소프트웨어를 만들지 결정하는 단계이다. 실제로 많은 소프트웨어 프로젝트가 무엇을 만들지도 확실히 결정하지 않고, 코드를 작성하고 테스트를 수행하는 모습을 볼 수 있다. 이런 일을 잘할수록 슈퍼 프로그래머로 불리고 칭송 받는 게 현실이다. 하지만 이렇게 작성된 소프트웨어는 최종 사용자가 실제로 원했던 모습이 아니며, 잘 만든 소프트웨어일수는 있어도 결국 쓸모없는 소프트웨어가 된다. 요구사항을 작성하는 목적은 다양하다. 소프트웨어의 설계와 구현뿐만 아니라, 프로젝트의 범위 확정, 비용 측정, 일정 관리, 문서화와 교육 훈련 등 다양한 제반 활동을 지원하는데 있어 요구사항 작성과 관리는 빠질 수 없는 중요한 활동이다. 이처럼, 요구사항은 개발팀뿐만 아니라 해당 소프트웨어와 이해관계를 함께 하는 모든 사람들이 참여하는 중요한 활동이다.

기능 명세서는 앞서 언급한 요구사항 명세에 들어갈 내용 중에 하나이며, 소규모 프로젝트에서는 사실상 기능 명세서만 제대로 작성되어도 프로젝트를 성공적으로 이끌 수 있다. 여기서 말하는 소규모란 개발자 1명이 일주일 이상 개발해야 하는 복잡도를 가진 모든 소프트웨어를 통칭한다. 1명의 개발자가 하루 이틀 작성하는 미니 프로그램을 제외한다면, 모든 소프트웨어는 명세 없이는 항상 일정을 초과하고 품질이 낮은 소프트웨어를 만들 수밖에 없다.

이동통신 기능시험에서 기능시험 수행 시나리오에 맞게 기능시험을 실시하며 기능시험 결과의 적합여부를 판단하여 기능시험 결과보고서를 작성하고 작성된 기능시험 결과보고서에 따라 후속조치를 해야 한다.

5.8 품질 시험하기

이동통신서비스에 대한 품질을 시험하기 위해서는 이동통신서비스 품질기준과 이용자 요구사항에 의하여 이동통신서비스 품질 시험 계획을 수립, 이동통신서비스 품질요구 명세서, 설계명세서의 규격에 적합하게 요구사항에 의하여 이동통신서비스 품질 시험 계획을 수립, 이동통신서비스 품질요구 명세서, 설계명세서의 규격에 적합하게 품질시험 수행 시나리오를 작성, 이동통신서비스 품질시험 수행 시나리오에 맞게 품질시험을 실시, 이동통신서비스 품질시험 결과의 적합여부를 판단하여 품질시험 결과보고서를 작성하고 이동통신서비스 품질시험 시 작성된 품질시험 결과보고서에 따라 후속조치를 한다.

5.9 인수 시험하기

이동통신서비스에 대한 인수를 시험하기 위해서는 이동통신서비스 시험 시 작성된 기능시험 결과보고서, 품질시험 결과보고서를 바탕으로 기능과 품질에 대한 인수시험 계획을 수립, 이동통신서비스 시험 시 인수할 기능시험 결과보고서, 품질시험 결과보고서를 바탕으로 기능과 품질에 대한 인수시험 계획을 수립, 이동통신서비스 시험 시 인수할 이동통신서비스와 관련한 각종 인증 준거에 대한 부합여부를 확인, 이동통신서비스 기능과 품질에 대한 시험 결과보고서를 분석하여 재시험 여부를 판단, 이동통신서비스 재시험 수행요구서에 따라 재시험을 실시하고 이동통신서비스 인수시험 수행결과에 대하여 기능과 품질의 요구명세서, 설계명세서에 맞게 시험 결과 종합보고서를 작성 한다.

5.10 이동통신서비스 시험의 능력과 지식

이동통신서비스 시험의 능력과 지식을 위해서는 관련 근거 자료의 신뢰성, 고객 및 서비스 요구사항에 따른 정확한 분류, 수집, 분석 여부, 요구사항 수집 방법의 다양성, 고객 및 서비스의 요구사항이 반영된 서비스 구축에 대한 이해도, 이동통신서비스 제반 기술 지식수준, 이동통신서비스 요구명세서, 설계 명세서 해독요령, 이동통신서비스 시험 시나리오 구성 절차, 이동통신서비스 시험조건 생성 지식과 이동통신서비스와 관련된 각종 인증 준거, 각종 법규에 대한 이해가 필요하다.

제6장 이동통신시스템 유지보수

이동통신시스템 유지보수는 이동통신서비스를 제공하기 위하여 통합망, 교환망, 전송망, 엑세스망을 운용하는 과정에서 발생하는 장애처리를 수행하는 능력을 함양한다.

이동통신시스템 유지보수에 대한 정기점검은 이동통신시스템 유지보수를 위해 정해진 매뉴얼에 따라 정기점검, 이동통신시스템 유지보수를 위하여 위기관리 시나리오, 현장사례를 정기점검 매뉴얼에 추가한 후 활용, 이동통신서비스 운용 시 이동통신 시스템의 부대설비(정류기, 축전지, UPS, 냉방기 등)를 정기점검으로 유지보수, 이동통신 시스템의 각 장비를 상시 모니터링 하고 각 필요 항목에 따라 일일, 주간, 분기, 월간, 반기 단위의 정기점검, 이동통신 시스템의 운용 시 발생 되는 고장, 장애내용, 문제를 운용팀과 공유하여 유지보수 매뉴얼에 반영하고 정기점검 시 활용하고 이동통신 시스템의 장비별 정기점검 항목을 선정하고 정기점검 주기를 정한다. 한편 이동통신시스템 유지보수 비정기 점검을 위해서는 비 정기점검 시 예상 치 못한 문제가 발생 할 때 이에 대한 대처를 할 수 있는 위기관리, 전국에서 발생한 이동통신 시스템의 고장사례에 대해 관리, 조치를 하고 비 정기점검 매뉴얼에 추가, 비 정기점검 항목을 은 매뉴얼 화를 하여 점검 시 활용 참조, 반영, 이동통신서비스 제공 시 트래픽이 급격히 상승하는 특정이벤트에 대해 특별소통대책을 수립하고 이동통신 시스템의 망 통제를 하며 비 정기점검 및 이동통신 시스템의 변경(기지국 수용변경, 국간 회선망 신설과 변경)에 따른 환경변화에 정상 동작 하는지를 파악하여 수시적 비 정기점검을 한다.

이동통신시스템의 유지보수에 관련된 장애 처리는 해당지역 국소에 장애처리를 위하여 한 상시 준비와 대기, 장애처리 시 이동통신시스템의 복구 규정시간을 준수 하여 처리, 장애발생 시 장애문제에 대한 빠른 판단, 조치를 위해 매뉴얼을 활용 할 수 있으며 신규 사항에 대해서는 업데이트, 이동통신서비스 시 장비의 장애를 감지하고 상태 메시지를 분석하여 장애처리, 이동통신서비스 시 전국 망을 항상 모니터하고 상태를 파악하여 교환, 전송, 엑세스 장비 등 특정시스템에 장애가 발생하면 전국에 전파하고 필요한 조치, 전국 단위의 이동통신 시스템(망구성)을 파악하며 타 사업자와 긴밀한 연락을 유지하여 며 장애발생 시에 대책을 수립하고 적절한 조치를 취하며 이동통신 시스템의 장애처리 시 예상 치 못한 문제가 발생 할 때 이에 대한 대처를 할 수 있는 위기관리 처리를 수행 한다.

이동통신시스템 유지보수에 대한 지식은 업무와 관련된 표준(3GPP, 3GPP2), RF(Radio Frequency) 이론, 광통신(광케이블, 광장비, 광단국, 광코어) 이론,

이동통신(CDMA, WCDMA, LTE, Wibro) 시스템에 대한 지식, 통신시스템(통합망, 교환망, 전송망, 엑세스망) 계통도, 네트워크 망(LAN, WAN), 네트워크 장비(Router, Switch) 지식, 네트워크 프로토콜, 암호화, 가입자 인증 지식, 시스템에 연동되는 전국망 운용에 대한 지식과 이동통신서비스 호처리 절차 등이 있다.

이동통신시스템 유지보수에 대한 기술은 유무선 망의 연동에 필요한 기술, 진화하는 이동통신 융합 기술, 이동통신시스템 장비별 기능 기술, 이동통신 망을 이용한 서비스 종류별 호처리 기술, 이동통신 네트워크 구조를 파악 할 수 있는 기술, 네트워크에 사용되는 프로토콜 기술, 논리망(IP, MPLS, ATM) 기술과 RM(Risk Management) 처리 기술 등이 있으며 이에 대한 이해와 분석이 반드시 필요하다.

이동통신시스템 유지보수에 대한 태도는 고객이 희망하는 안정적인 서비스 품질을 위해 기여하기 위함인 자세, 이동통신서비스의 진화에 따른 이동통신서비스 시스템 변화를 받아들이고 항상 익히고 습득하는 자세, 자신만의 노하우를 쌓아 장애처리 매뉴얼에 반영하려는 자세, 고객의 불만사항을 적극적으로 해결하고자 하는 자세, 현재 망의 상황을 파악하고 네트워크 환경을 파악하려는 자세, 장애 발생 시 서비스에 문제없게 신속히 해결하려는 자세와 유지보수와 병행되는 타 부서와의 정보를 공유하려는 자세 등을 필수적으로 가져야 한다.

이동통신서비스를 제공하기 위해 통합망, 교환망, 전송망, 엑세스망을 운용하는 과정에서 발생하는 장애 처리를 수행하고, 이동통신서비스를 제공하기 위해 구성된 교환망시스템, 전송망시스템, 부가서비스망시스템을 서비스 환경에 맞게 성능, 용량, 기능을 개선하여 경제적으로 최적의 이동통신서비스가 가능하도록 시스템을 개량 및 개선하는 업무를 수행할 수 있다.

선수과목으로는 정보통신 개론, 이동통신 실무, 이동통신서비스 운용, 이동통신서비스 설계, 이동통신망 구축, 통신시스템 환경 분석, 이동통신서비스 이해, 이동통신시스템 구조 이해, 이동통신 호 처리 이해, 3GPP/3GPP2 표준 규격 이해, 이동통신시스템 구성 이해 등이 있으며 꼭 학습해야 하는 핵심 용어는 이동통신시스템, 교환시스템, 기지국시스템, 이동 전화 교환국(Mobile services Switching Center), 홈위치등록장치(Home Location Register), 방문자위치등록기(Visitor Location Register), 인증센터(Authentication Center), 망관리센터(Operation and Maintenance Center), 기지국(Base Transceiver Station), 기지국 제어기(Base Station Controller) 등이 있다.

6.1 이동통신시스템 정기점검

· 이동통신시스템의 유지보수를 위해 정해진 매뉴얼에 따라 정기점검, 위기관리 시나리오, 현장 사례를 정기점검 매뉴얼에 추가한 후 활용, 이동통신서비스 운용 시 이동통신시스템의 부대설비(정류기, 축전지, UPS, 냉방기 등)를 정기점검하고 유지보수, 이동통신시스템의 각 장비를 상시 모니터링 하고 각 필요 항목에 따라 일일, 주간, 분기, 월간, 반기 단위의 정기점검, 이동통신시스템의 운용 시 발생되는 고장, 장애 내용, 문제 등을 운용팀과 공유하여 유지보수매뉴얼에 반영하고 정기점검 시 활용할 수 있으며 이동통신시스템의 장비별 정기점검 항목을 선정하고 정기점검 주기를 정할 수 있다.

무선통신시스템 구성 요소는 다음과 같다.

1) 이동 단말기(MT: Mobile Terminal)

모든 이동 물체에 설치된 통신 단말기로 가입자 쪽 종단에 있는 무선 인터페이스로써 무선 송수신기, 안테나, 제어 장치로 구성된다.

2) 기지국(BS: Base Station)

단말기인 이동국과 교환국을 연결하며, 안테나, 기지국 무선 송수신기, 제어 부분, 전원 장치 등으로 구성된다.

3) 이동통신교환기(MSC: Mobile Switching Center)

이동통신망과 일반 공중망을 연결하며, 각 기지국에서 발생하는 신호를 처리한다. 도, 중앙 통제 및 공중 전화망의 시내 교환기와 연결하고, 이동 가입자의 위치를 찾으며, 핸드오버 및 가입자 간의 정보도 교환한다.

4) 홈 위치등록기(HLR: Home Location Register)

하나의 중앙 집중화된 센터 형태로 동작하며, 이동 단말기의 가입자 정보와 위치 정보 등을 영속적으로 저장하는 저장소이다.

5) 방문자위치등록기(VLR: Visitor Location Register)

이동 단말기가 다른 지역에서 해당 관리 영역인 현재 지역으로 이동하였을 때 이동 단말기 가입자 정보를 한시적으로 저장하는 저장소이다.

6) 운용보존국(OMC: Operation and Maintenance Center)

이동통신시스템의 구성 요소를 운영하고 유지 보수하는 기능을 한다.

7) 중계기 시스템

중계기는 현재 3G 망과 LTE 망에서 불가피하게 발생하는 인빌딩 내의 음영 지역 해소 및 서비스 품질 개선이라는 목적을 가진다. LTE/3G 서비스 영역을 확장하거나 전파 음영 지역에서의 미약한 신호를 효과적으로 증폭하여 중계할 수 있다. 중계기의 종류는 기지국과 중계기 간의 링크 구성에 따라 무선으로 신호를 송수신하는 RF 중계기와 광케이블을 통해 송수신하는 광중계기로 분류된다.

8) LTE 시스템

LTE 시스템은 3GPP LTE(Long Term Evolution) 기반의 서비스를 지원하는 무선 전송망 시스템으로, HSDPA보다 한층 더 발전된 휴대 전화 고속 무선 데이터 패킷 통신 규격이다. HSDPA의 진화된 규격인 HSPA+와 함께 4세대 무선 기술(4G) 중의 한 단계이다. 3세대 비동기식 이동통신기술의 표준화 기구 3GPP(3rd Generation Partnership Project)가 2008년 12월 확정한 무선 고속 데이터 패킷 접속 규격인 Release 8을 기반으로 하고 있으며, OFDM(Orthogonal frequency-division multiplexing) 및 MIMO(Multiple Input Multiple Output) 전송 기술을 이용하여 고속의 데이터 서비스를 제공한다.

LTE 시스템의 구성은 다음과 같다.

① eNB(evolved Node B)

LTE 기지국으로 불리며, UE와 LTE 네트워크 간 의 무선 연결을 제공한다.

② UE(User Equipment)

사용자 단말 측, 이동 단말기를 의미한다. UE에는 가입자 식별/인증을 위한 IMSI 값이 내장된 USIM 카드가 있다.

③ S-GW(Serving Gateway)

S-GW는 Intra-LTE mobility에서 anchor 역할을 수행하며, 데이터의 패킷 전

송 계층을 관리한다.

④ S-GW(Serving Gateway)

P-GW는 이동 단말기(UE)에 IP 주소를 할당하며, S-GW들에 대한 anchor 역할을 수행 한다. 또, 이동 단말기별로 서로 다른 QoS 정책을 적용한다. 그리고 UE별 계정 데이터를 관리한다.

⑤ MME(Mobility Management Entity)

이동 단말기(UE)는 인증 프로토콜(EPS-AKA)을 이용하여 인증(Authentication)을 수행하며, UE가 인터넷 사용을 위한 논리적 터널 설정을 위한 EPS 진입 장벽을 관리한다. 또, 이동통신 가입자의 이동 통신 상태도 관리한다.

⑥ HSS(Home Subscriber Server)

HSS는 모든 이동 가입자의 파라미터와 위치 정보를 저장하고 관리하는 중앙의 데이터베이스이다. 가입자 정보에 따라 각 가입자가 가입한 서비스 상품에 맞는 QoS 등급 정보 (우선순위, 최대 사용 가능 대역폭 등)을 보관하고 있다. 인증을 위한 Key 정보와 가입자 프로파일은 UE가 LTE망에 접속할 때 HSS에서 MME로 전달한다.

⑦ PCRF(Policy & Charging Function)

이동 단말기(UE)별로, QoS(Quality of Service) 및 과금 정책을 동적으로 적용하기 위한 Policy Rule을 생성한다.

⑧ SPR(Subscriber Profile Repository)

UE별 과금 정책 등 가입자 프로파일을 저장하는 데이터베이스이다.

⑨ OCS(Online Charging System)

실시간 사용량은 P-GW에서 관리하고, 그 정보를 OCS로 전달해 주면 OCS가 사용자별로 남은 사용량을 관리하고 가입자의 Credit 소멸 여부를 판별하여 P-GW에 제공한다.

9) 시스템 유지보수(System maintenance)

시스템 유지보수는 시스템의 정상 가동을 위한 일련의 선제적 예방 활동 및 고장 발생 시의 수리 등을 포함한 것이며, 넓은 의미로는 장애 예방(사전 활동), 장애 관리(사후 활동), 행정 지원을 포괄하는 것을 의미한다.

10) 시스템 장애(System failure)

시스템 장애는 고장 유무에 관계없이 시스템이 정상적으로 기능을 수행할 수 없는 상태를 의미한다.

11) 시스템 장애복구(System failure recovery)

시스템 장애복구는 시스템에 장애가 발생하여 정상적으로 기능을 수행할 수 없는 상태에 있을 때, 이것을 정상적인 작동을 할 수 있도록 되돌리는 작업을 의미한다.

12) 시스템 생명주기(System Life Cycle)

시스템 생명주기는 하나의 기술이나 제품이 시장에 출시된 때부터 더 이상 사용되지 않게 하거나 시장에 나타나지 않을 때까지의 기간 즉, 만들어져서 사라질 때까지의 기간을 의미한다.

13) 소프트웨어/하드웨어 유지보수 (Software/hardware maintenance)

소프트웨어/하드웨어 유지보수는 소프트웨어/하드웨어를 개발한 후 사용자가 사용하기 시작하면서부터 최종 폐기 전까지 생명 연장을 위해 행하는 여러 가지 활동을 의미한다.

14) 시스템 긴급보수(System Emergency maintenance)

시스템 긴급보수는 시스템에 어떤 장애가 발생하는 시점에서 그 원인을 규명하고 수리하는 작업을 의미한다.

15) 시스템 예방보수(PM: Preventive maintenance)

시스템 예방보수는 사용 중인 기기나 장치에 발생하는 고장을 미리 방지하는 것으로, 이를 위해서 정기적인 검사를 하고 고장이 예상되는 곳을 선제적으로 발견하여 예방하는 활동을 의미한다.

16) 시스템 정기점검

시스템 정기점검은 사용 중인 장비에 대해 장애 여부와 관계없이 정기적으로 장비의 조정, 부품 교체, 청소, 부식 제거, 장비 상태 및 장비 현황 파악 등 정보시스템별로 실시하는 점검을 의미한다.

17) 시스템 특별점검

시스템 특별점검은 사용 중인 기기나 장치에 대해 발주자의 판단에 따라 정기점검과는 별도로 시행하는 것으로 현황 파악, 장비 일체 점검 등을 수행하는 비정기적 점검을 의미한다.

18) 시스템 요구사항(System Requirement)

시스템 요구사항은 시스템의 문제 해결을 위해 사용자가 원하는 조건이나 능력, 계약, 표준, 명세 또는 다른 형식으로 제시된 문서에 맞추어 시스템이나 시스템 구성 요소가 갖추어야 할 조건 또는 능력을 의미한다.

19) 시스템 무결성(System integrity)

시스템 무결성은 시스템이 정상적인 방법으로 예정된 기능을 수행할 경우 고의 또는 부주의로 인한 비인가 조작이 발생하지 않는다는 정보 시스템 속성을 의미한다.

20) 시스템 로그 파일(System Log file)

시스템 로그 파일은 시스템의 모든 사용 내역을 기록하고 있는 파일을 의미한다.

21) 패키지 소프트웨어(Package software)

패키지 소프트웨어는 소프트웨어 프로그램들이 묶여서 상품으로 제공되는 소프트웨어를
의미한다.

6.2 이동통신시스템 정기점검하기

이동통신시스템을 정기점거하기 위해서는 유지보수 매뉴얼, 고장 수리 매뉴얼, 장비 운용 매뉴얼, 측정기(주파수 카운터, OTDR, RF 메시지 분석기, 오실로스코프) 매뉴얼, 이동통신시스템(통합망, 교환망, 전송망, 엑세스망) 기술 관련 전문 서적, 유선통신, 무선통신, 이동통신, 전송공학, 광통신, 전기이론, 전자이론, 네트워크 전문 서적과 장비의 기술 규격에 대한 이해가 필수적이다. 또한 다양한

장비를 감시하고 분석하기 위해서 CDMA, WCDMA, IMS, HLR, 교환 장비를 감시/분석하는 도구, 광단국, OCX, DWDM, 전송 장비를 감시/분석하는 도구, 액세스 장비: 기지국, 중계기, 엑세스 장비를 감시/분석하는 도구 및 주파수카운터, OTDR, RF 메시지 분석기, 오실로스코프 등에 대한 사용방법을 숙지하는 것이 필요하다.

1) 교환시스템(switching system) 구성 확인

교환시스템의 구성 요소인 이동 전화 교환국(Mobile services Switching Center), 홈위치등록기(Home Location Register), 방문자위치등록기(Visitor Location Register), 인증센터(Authentication Center), 망관리센터(Operation and Management Center)의 구성 현황과 설치 위치를 파악하여야 한다.

2) 기지국시스템(base station system)의 구성 확인

기지국시스템의 구성 요소인 기지국(Base Transceiver Station)과 기지국 제어기 (Base Station Controller)의 설치 현황과 위치를 파악하여야 한다.

6.3 이동통신시스템의 구성 요소에 대한 정기점검 프로세스

1) 이동통신 교환기

. 이동통신망의 핵심 장비
. 음성 통화 및 부가서비스 제어
. 통화 경로 설정
. 여러 다른 장비 및 외부망과의 연결

2) 기지국

. 이동 단말기와 무선으로 연결
. 이동 전화기 제어
. 통화 채널 연결

3) 기지국 제어기

. 여러 개의 기지국 연결 및 제어
. 이동통신 교환기와 연동

4) 원격 무선 기지국

. 기지국 무선부 별도 분리
. 음성과 데이터 송수신 중계기 역할

5) 데이터 전송 게이트웨이

. 이동통신망 데이터 처리 장비
. 패킷 교환 게이트웨이

6) 교환기처럼 데이터의 전송 경로를 관리하는 장비

. 패킷망 연동 게이트웨이

7) 이동통신망과 인터넷 등 다른 데이터 네트워크를 연동하는 장비

. 기지국 전파 증폭 장비
. RF(Radio Frequency) 송수신 및 증폭 기능
. 광 중계기

기지국의 RF 신호(전파 신호)를 광 신호로 변환하여 광케이블을 통해 원하는 음영지역으로 전송한 후, 다시 RF 신호로 변환하여 이동 단말기에 전송한다.

. RF 중계기

광케이블 구간을 없애고, 기지국에서 중계기까지 미약한 RF 신호를 그대로 받아 다시 깨끗한 RF신호로 증폭시켜 전송한다.

6.4 이동통신시스템의 장애 관리 프로세스

이동통신시스템 구성 요소인 교환시스템과 기지국시스템에 대한 고장, 장애, 문제 및 위기관리를 장애관리 프로세스에 포함하여 정의한다. 이동통신시스템의 미치는 영향도를 분석하여 장애 등급을 정의하고, 장애 유형과 유형별 원인 분석

및 해결 프로세스를 포함하여 관리한다.

1) 교환시스템에 대한 점검

매뉴얼에 기재된 점검 항목과 점검 방법에 따라 작업을 진행한다. 매뉴얼은 정기점검의 목표를 기술하여 점검자가 작업 수행의 목적을 알도록 한다. 교환시스템을 구성하는 이동 전화 교환국, 홈위치등록기, 방문자위치등록기, 인증 센터 및 망관리센터의 이상 유무를 확인할 수 있는 점검 항목 등을 도출한다. 점검 책임자는 교환시스템의 유지 관리를 위해 필요하다고 판단되는 점검 항목은 추가할 수 있으며, 추가 및 삭제하는 항목의 이력은 프로세스를 준수하여 관리한다. 점검은 초기 점검과 정밀 점검으로 나누어 진행할 수 있다. 점검 방법 기술 시 작업 순서대로 작성하고 점검 후의 결과를 기록하는 방법도 포함하여야 한다. 정기점검 담당자는 점검 결과를 작성하고 점검 책임자가 검토하여야 한다.

2) 기지국시스템에 대한 점검

기지국시스템의 구성 요소인 기지국과 기지국 제어기의 이상 유무를 확인할 수 있는 점검 항목을 확인한다. 점검 책임자는 기지국시스템의 유지 관리를 위해 필요하다고 판단되는 점검 항목은 추가할 수 있다. 점검 책임자는 추가되는 항목의 이력은 프로세스를 준수하여 관리한다. 점검 방법은 초기 점검과 정밀 점검으로 나누어 진행할 수 있다. 매뉴얼에는 점검에 필요한 장비의 내용과 점검 후 결과를 기록하는 방법도 함께 포함하여야 한다. 정기점검 담당자는 점검 결과를 작성하고 점검 책임자가 검토한다.

6.5 이동통신시스템 부대설비에 대한 유지보수

매뉴얼에 따라 이동통신시스템의 부대설비(정류기, 축전기, UPS, 냉방기 등)에 대해 정기점검을 수행하여야 한다.

1) 부대설비에 대한 점검 항목

부대설비의 장비 목록을 확인하고 장비별 점검 항목을 확인한다. 점검 책임자는 부대설비의 유지 관리를 위해 필요하다고 판단되는 점검 항목을 추가할 수 있다. 점검 책임자는 추가하는 항목의 이력은 프로세스를 준수하여 관리한다.

2) 부대설비에 대한 점검 방법

점검 방법은 초기 점검과 정밀 점검으로 나누어 진행할 수 있어야 한다. 매뉴얼에는 점검 방법에 필요한 장비의 내용과 점검 후 결과를 기록하는 방법도 함께 포함하여야 한다.

3) 부대설비에 대한 점검 결과 작성

정기점검 담당자는 점검 결과를 작성하고 점검 책임자가 검토한다. 이동통신시스템의 유지보수 위한 위기관리 시나리오, 현장 사례를 정기점검 매뉴얼에 추가한다.

4) 위기관리 시나리오를 매뉴얼에 추가

교환시스템과 기지국시스템의 위기 발생 시 효과적이고 빠른 대응을 위해 위기관리 체계를 수립하여 대응 및 관리한다. 이동통신시스템의 발생 가능한 위기의 개념과 유형 정의한다. 위기 발생의 판단 근거를 마련한다. 위기관리를 담당하는 조직과 역할을 정의한다. 위기 별 대응 시나리오를 정의한다. 시나리오 구성 시 업무 별 담당자, 역할 및 행동 요령 등을 정의한다. 정의된 위기관리 시나리오를 바탕으로 도상 훈련을 계획하고 이행한다.

6.6. 교환시스템 장비의 상시 모니터링 점검 항목 선정 및 점검 주기 정의

1) 이동 전화 교환국 장비의 상시 모니터링 항목 선정 및 점검 주기 정의

통화를 위한 신호 전송과 연결 이상 여부를 확인할 수 있는 모니터링 항목의 도출과 항목별 점검 주기를 정의한다. 과금시스템으로 전송할 과금 정보가 수집 이상 여부를 확인할 수 있는 모니터링 항목의 도출과 항목별 점검 주기를 정의한다. 통화량 관리의 이상 여부를 확인할 수 있는 모니터링 항목의 도출과 항목별 점검 주기를 정의한다.

2) 홈위치 등록기 장비의 상시 모니터링 항목 선정 및 점검 주기 정의

가입자 정보 관리의 이상 여부를 확인할 수 있는 모니터링 항목의 도출과 항목별 점검 주기를 정의한다. 교환시스템의 유효 가입자 여부 요청의 이상 여부를 확인할 수 있는 모니터링 항목의 도출과 항목별 점검 주기를 정의한다. 가입자가 현재 사용 중인 서비스 요청의 이상 여부를 확인할 수 있는 모니터링 항목의 도출과 항목별 점검 주기를 정의한다. 가입자의 현재 위치 요청의 이상 여부를 확인할 수 있는 모니터링 항목의 도출과 항목별 점검 주기를 정의한다.

3) 방문자 등록기 장비의 상시 모니터링 항목 선정 및 점검 주기 정의

홈위치등록기의 가입자 정보와 동기화의 이상 여부를 확인할 수 있는 모니터링 항목의 도출과 항목별 점검 주기를 정의한다. 가입자 정보 관리의 이상 여부를 확인할 수 있는 모니터링 항목의 도출과 항목별 점검 주기를 정의한다. 교환시스템의 유효 가입자 여부 요청의 이상 여부를 확인할 수 있는 모니터링 항목의 도출과 항목별 점검 주기를 정의한다. 가입자가 현재 사용 중인 서비스 요청의 이상 여부를 확인할 수 있는 모니터링 항목의 도출과 항목별 점검 주기를 정의한다. 가입자의 현재 위치 요청의 이상 여부를 확인할 수 있는 모니터링 항목의 도출과 항목별 점검 주기를 정의한다.

4) 인증센터 장비의 상시 모니터링 항목 선정 및 점검 주기 정의

가입자의 인증 처리 이상 여부를 확인할 수 있는 모니터링 항목의 도출과 항목별 점검 주기를 정의한다. 무선 통화 구간에 대한 암호화(인증 키 관리)의 이상 여부를 확인할 수 있는 모니터링 항목의 도출과 항목별 점검 주기를 정의한다. 홈위치등록기와 방문자위치등록기와의 인터페이스 간 연계 이상 여부를 확인할 수 있는 모니터링 항목의 도출과 항목별 점검 주기를 정의한다.

5) 망관리센터 장비의 상시 모니터링 항목 선정 및 점검 주기 정의

이동통신시스템의 전체 구성 요소와의 접속 이상 여부를 확인할 수 있는 모니터링 항목의 도출과 항목별 점검 주기를 정의한다.

6.7 기지국시스템 장비의 상시 모니터링 점검 항목 선정 및 점검 주기 정의

1) 기지국 장비의 상시 모니터링 항목 선정 및 점검 주기 정의

셀 내의 가입자 단말기와 통신 이상 여부를 확인할 수 있는 모니터링 항목의 도출과 항목별 점검 주기를 정의한다. 가입자 단말기 수신 전력의 이상 여부를 확인할 수 있는 모니터링 항목의 도출과 항목별 점검 주기를 정의한다. 가입자 단말기의 '신호 대 잡음비'의 이상 여부를 확인할 수 있는 모니터링 항목의 도출과 항목별 점검 주기를 정의한다.

2) 기지국 제어기 장비의 상시 모니터링 항목 선정 및 점검 주기 정의

관리 대상의 기지국과의 접속 이상 여부를 확인할 수 있는 모니터링 항목의 도출과 항목별 점검 주기를 정의한다. 핸드오프의 이상 여부를 확인할 수 있는 모니터링 항목의 도출과 항목별 점검 주기를 정의한다. 전력 제어의 이상 여부를 확인할 수 있는 모니터링 항목의 도출과 항목별 점검 주기를 정의한다.

6.8 이동통신시스템 비 정기점검

비 정기점검 시 예상하지 못한 문제가 발생했을 때 이에 대한 대처를 할 수 있는 위기관리, 전국에서 발생한 이동통신시스템의 고장 사례에 대해 관리, 조치를 취하고 비 정기점검 매뉴얼에 추가, 비 정기점검 항목은 매뉴얼화하여 점검 시 활용하여 반영, 이동통신서비스 제공 시 트래픽이 급격히 상승하는 특정 이벤트에 대해 특별 소통 대책을 수립하고 이동통신시스템의 망 통제를 하며, 비 정기점검, 이동통신시스템의 기지국 수용 변경, 국 간 회선망 신설과 변경에 따른 환경 변화에 정상적으로 동작하는지를 파악하여 수시로 비 정기점검을 할 수 있다.

Mobile DM은 기지국과 단말기 간에 전파를 통하여 송수신되는 데이터의 상태, 전파 세기 및 전파 품질, 핸드오버 등의 제어신호 등을 단말기를 통하여 측정 및 분석하는 장비이다.

Cell Throughput 시험은 Downlink-Uplink 속도를 측정하여 시스템 용량을 확

인하고 1대의 단말을 RU에 접속시켜 FTP 서버로부터 파일을 Download하여 Peak Application Throughput과 Average Application Throughput을 측정하며 PS 호 접속 성공률 및 전송 완료율을 시험한다.

6.9 네트워크(N/W) 통신 장비

네트워크(N/W) 및 통신 장비를 이해한다. 근거리 네트워크나 광역 네트워크를 위해 사용되는 장비들은 보통 리피터(Repeaters), 브리지(Bridges), 라우터(Routers), 브라우터(Brouters) 및 게이트웨이(Gateways)로 구성된다.

1) 리피터(Repeaters)

리피터는 장거리 전송 시 발생하는 신호의 감쇄를 막고, 신호를 보강해주는 역할을 수행 한다. OSI 물리적 피지컬 레이어(Physical Layer)에서 전기적인 신호 처리를 목적으로 하는 단순 신호 증폭 장비이다.

2) 브리지(Bridges)

브리지는 다른 네트워크 계층과 연결할 수 있도록 도와주는 장비다. 하드웨어 주소에 따라서 신호의 목적지와 소스(Source)를 비교한 후 네트워크 트래픽을 걸러 내어 랜(LAN)을 효율적으로 확장하는데 사용한다.

3) 라우터(Routers)

라우터는 기본적으로 다수의 네트워크 계층을 연결하는 목적에 사용된다는 점에서 브리지와 역할이 비슷하다. 그러나 브리지는 하드웨어 주소를 통해 네트워크를 조절하는 반면, 라우터는 네트워크 주소와 라우팅이 가능한 프로토콜을 이용하여 최적의 데이터 패킷 전송 통로를 설정해 준다.

4) 브라우터(Brouters)

브라우터는 브리지와 라우터의 기능을 통합한 장비로 라우팅이 가능한 프로토콜을 통해 데이터를 받으면 라우터로 동작하며, 라우팅이 불가능한 프로토콜을 통해 데이터를 받으면 브리지로 동작한다.

5) 게이트웨이(Gateways)

게이트웨이는 서로 다른 통신 프로토콜이나 데이터를 사용하는 네트워크들을 변환 과정을 통해서 연결해 주는 역할을 수행한다.

6.10 네트워크 보안 장비

네트워크 보안 장비로는 방화벽(WAF), 침입방지시스템(IPS), DDoS 차단시스템, 통합보안시 스템(UTM), 가상사설망(VPN), 네트워크접근제어(NAC), 무선네트워크보안, 모바일보안, 가상화(망분리) 등을 들 수 있다.

1) 방화벽(WAF)

인터넷 또는 네트워크에서 들어오는 유해한 트래픽 등 다양한 형태의 데이터를 방화벽 설정에 따라 실시간으로 감시하고 차단하는 웹 애플리케이션 보안 시스템이다.

2) 침입방지시스템(IPS)

공격 신호를 찾아내어 네트워크에 연결된 기기에서 수상한 활동이 발견되면 차단 등의 조치를 취하는 솔루션으로 수동적인 방어개념의 방화벽이나 IDS와 달리 지능적이고 적극적으로 대처하는 능동적인 기능의 장비이다.

3) DDoS 차단시스템

대량의 데이터를 신속하게 분석함으로써 유해한 트래픽을 필터링하여 보호 대상 네트워크의 가용성과 안정성을 높여주며, 해당 서비스의 연속성을 보장하는 DDoS 전용 차단 시스템이다.

4) 통합보안시스템(UTM)

다중 위협에 대해 보호 기능을 제공할 수 있는 통합적인 보안 솔루션으로 네트워크 방화벽, ID&P, 게이트웨이 안티바이러스 기능이 필수적이며, 설치 및 사용이 편리한 제품이다.

5) 가상사설망(VPN)

인터넷망 또는 공중망을 사용하여 둘 이상의 네트워크를 안전하게 연결하기 위해 가상의 터널을 만들어 암호화된 데이터를 전송할 수 있도록 만든 네트워크이다.

6) 네트워크접근제어(NAC)

허가되지 않은 PC 또는 노트북, 모바일 단말기 등이 회사 네트워크에 접속되는 것을 원천적으로 차단하여 웜·바이러스 등의 악성코드가 시스템에 감염되지 않도록 보호하는 솔루션이다.

7) 무선 네트워크 보안

무선(전파)을 이용하는 통신 네트워크로 인증, 키 교환 및 데이터 암호화 등을 통해 보안 위협으로부터 보호하는 기술이다.

8) 모바일 보안

모바일 서비스(모바일 오피스, 모바일 뱅킹, 모바일 전자화폐 등)에서 발생할 수 있는 위협(바이러스 공격, 개인 정보 유출 등)으로부터 보호하는 기술이다.

9) 가상화(망분리)

네트워크를 내부 망(인트라넷)과 외부 망(인터넷)으로 구분하고 각 망을 격리함으로써 외부의 위협으로부터 내부망을 보호하는 기술이다.

6.11 시스템 보안 장비

시스템 보안 장비로는 바이러스 백신, Anti 스파이웨어, Anti 피싱, 보안운영체제 등을 들 수 있다.

1) 바이러스 백신

바이러스 검사 소프트웨어로, 악성 소프트웨어를 찾아내어 제거하는 기능을 갖추고 있으며 바이러스 백신 프로그램 또는 안티바이러스라고 한다.

2) Anti 피싱

사용자가 접속한 사이트의 신뢰성을 알려주고 피싱 사이트로 의심되는 경우 접속하지 말라는 경고를 보낸다.

3) 보안운영체제

컴퓨터 운영 체제의 보안상 결함으로 인하여 발생 가능한 각종 해킹으로부터 시스템을 보호하기 위해 기존의 운영 체제(OS) 내에 보안 기능이 추가된 운영 체제이다.

6.12 보안 관리 장비

보안 관리 장비로는 기업보안관리(ESM), 위협관리시스템(TMS), 패치관리시스템(PMS), 자산 관리시스템(RMS) 등을 들 수 있다.

1) 기업보안관리(ESM)

방화벽, 침입탐지시스템, 가상사설망 등 각종 보안 시스템 및 주요 시스템 장비를 연동 하여 효율적으로 운영할 수 있도록 하는 통합 보안 관리 시스템이다.

2) 위협관리시스템(TMS)

국내외 최신 취약성 정보와 보안 트렌드, 정밀 분석된 네트워크 공격 형태를 분석해 바이러스, 해킹 등의 사이버 공격을 예측하여 능동적으로 대응할 수 있는 체계적 위협 관제 및 대응 시스템이다.

3) 패치관리시스템(PMS)

보안 패치의 미설치로 인해 발생할 수 있는 각종 피해를 예방하기 위해 패치 설치를 권고하여 설치를 유도하거나, 필요 시 강제적으로 설치할 수 있도록 관리해 주는 시스템이다.

4) 자산관리시스템(RMS)

각종 유가증권(주식, 채권 등)을 포함해 다양한 파생 금융 상품에 대한 투자

위험을 분석, 예측해 주는 시스템이다.

6.13 교환시스템 변경 시 점검

교환시스템을 구성하는 이동 전화 교환국, 홈위치등록기, 방문자위치등록기, 인증센터 및 망관리센터의 신설 및 변경에 정상 동작 여부를 확인한다. 점검 책임자는 교환통신시스템의 유지 및 관리를 위해 필요하다고 판단되는 점검 항목은 추가할 수 있으며 추가 및 삭제하는 항목의 이력을 관리한다.

1) 교환시스템 변경 시 점검 항목

교환시스템을 구성하는 이동 전화 교환국, 홈위치등록기, 방문자위치등록기, 인증 센터 및 망 관리 센터의 신설 및 변경에 따른 정상 동작 여부를 확인할 수 있는 점검 항목을 도출한다. 점검 책임자는 교환통신시스템의 유지 관리를 위해 필요하다고 판단되는 점검 항목은 추가할 수 있으며 추가 및 삭제하는 항목의 이력을 관리한다.

2) 교환시스템의 변경 시 점검 방법

점검 방법은 초기 점검과 정밀 점검으로 나누어 진행할 수 있다. 점검 방법 기술 시 작업 순서대로 작성하고 점검 후 결과를 기록하는 방법도 포함하여야 한다.

3) 교환시스템의 비 정기점검 결과 작성

비 정기점검 담당자는 점검 결과를 작성하고 점검 책임자가 검토하여야 한다.

6.14 기지국시스템 변경 시 점검 항목 도출

1) 기지국시스템 변경 시 점검 항목

기지국시스템의 구성 요소인 기지국과 기지국 제어기의 이상 유무를 확인할 수 있는 비 정기점검 항목을 도출한다. 점검 책임자는 기지국시스템의 유지 관리를 위해 필요하다고 판단되는 점검 항목을 추가할 수 있다. 점검 책임자는 추가하는 항목의 이력은 프로세스를 준수하여 관리한다.

2) 기지국시스템 변경 시 점검 방법

점검 방법은 초기 점검과 정밀 점검으로 나누어 진행할 수 있다. 매뉴얼에는 점검 방법에 필요한 장비의 내용과 점검 후 결과를 기록하는 방법도 포함하여야 한다.

3) 기지국시스템의 비 정기점검 결과 작성

비 정기점검 담당자는 점검 결과를 작성하고 점검 책임자가 검토하여야 한다. 비 정기점검 항목을 매뉴얼화하여 관리한다. 이동통신시스템의 비 정기점검 항목은 매뉴얼로 작성하여 관리한다.

6.15. 이동통신서비스 시장 동향

이동통신서비스 시장은 매우 빠르게 성장하고 있는 바, 최근의 시장 동향을 살펴봄으로써 이동통신서비스 기획자료 작성의 기초가 되도록 한다.

국내 무선통신서비스는 이동통신, 무선초고속인터넷, 주파수공용 통신, 위성통신 서비스 등으로 구성된다. 세부 서비스별로 살펴보면 이동통신서비스, 주파수공용 통신은 매출액 증가율이 장기적으로 감소하는 추세이나 2012년에는 전년대비 증가로 전환되었다. 위성 통신서비스 매출액 증가율은 증가추세를 유지하다 2012년에는 감소세로 전환되었으며, 무선 초고속인터넷의 경우에는 매출액 증가율이 지속적으로 둔화되고 있는 추세이다. 이동통신서비스가 무선통신서비스 중에서 가장 큰 비중을 차지하고 있으며(2012년 매출액 기준 97.7%), 이동 중에 고속 데이터 전송이 가능한 이동통신서비스의 기술 진화와 이용 편의성 등을 고려할 때 대표적인 무선통신서비스의 지위가 지속적으로 유지될 것으로 전망된다.

1) 이동통신서비스 시장 규모

2012년 이동통신서비스 매출은 20조 4,799억 원으로 전년 대비 3.4% 증가하였으나 장기적으로 매출액 증가율은 둔화되고 있다. 음성 및 문자 대체 서비스의 확산, 알뜰 폰 이용 확대, 결합 할인 등 요금 할인이 매출 감소 요인으로 작용하고 있다. 반면 완만하지만 가입자 수의 지속적인 증가 상대적으로 ARPU(Average

Revenue Per User : 가입자당 평균 매출액)가 높은 LTE 서비스의 본격화 및 가입자 비중의 확대 등으로 인해 2012년 매출액은 전년 대비 증가하였다.

2) 이동통신서비스 시장 동향

이동통신시장은 LTE 위주로 경쟁이 이루어지면서 기존 음성 위주의 서비스가 모바일 데이터 중심으로 전환(음성 통화 망.내외 무제한 요금제 출시, 모바일 데이터 이용의 확산)되고 있는 추세이다. 아울러 온라인 유통망 확대로 알뜰폰의 경쟁력이 제고되었다. 이동망 사업자를 중심으로 기술 진화에 기반한 가입자 확보 및 성장 동력 확보를 위한 경쟁이 본격화 되고 있는 가운데, 알뜰폰을 중심으로 소량, 저 ARPU 이용자를 대상으로 한 틈새시장에서의 경쟁도 확산되고 있다.

6.16 무선망과 유선망 간 호 처리 절차

휴대 전화 A의 전화 번호 다이얼에서 일반 유선 전화의 지역번호와 전화번호를 누른 다음 통화키를 누른다. 기지국 A에서는 휴대 전화A에서 오는 신호를 인식하고 신호를 보내온 휴대 전화A의 번호와 호출할 유선 전화 번호를 접수하여 이동 전화 교환국 A로 송출한다. 이동 전화 교환국 A가 휴대 전화A의 요금 및 인증 정보와 같은 가입자 프로파일에 관하여 O_VLR에게 자료를 요청하면 O_VLR은 등록되어 있는 휴대 전화A에 관련된 정보를 이동 전화 교환국 A에게 제공한다. 휴대 전화A에 관한 인증이 끝난 후 사용 가능한 채널이 있을 경우 기지국 A는 이동 전화 교환국 A의 지시를 받아 통화를 할 수 있는 채널을 휴대 전화A에 지정해 준다. 위의 과정은 M에서 M으로 처리하는 경우와 같다. 이동 전화 교환국에서 호출 신호를 일반유선 전화국의 시외 전화 교환기로 넘겨준다. 이를 넘겨받은 유선 전화 시외 교환기는 HLR에게 가입자의 유효성, 가입자 서비스 종류, 위치 등의 정보를 요구한다. HLR은 유선 전화 시외 교환기에게 요청 받은 자료를 제공한다. 해당 유선 전화기의 인증이 끝난 후 해당 시내전화교환기로 호출 신호를 넘겨준다. 시내전화교환기는 해당번호의 가입자에게 호출 신호를 보내고 호출 신호(벨)를 들은 가입자가 응답하면(수화기를 들면) 통화가 연결된다.

이동통신에서 유지보수에 관련된 사항은 크게 이동통신시스템 유지보수와 무선망 유지보수로 나눈다. 기지국 유지보수업무는 기지국 장애처리 및 보수, 중계기 장애처리 및 보수, 지하중계기 장애처리 빛 보수 및 기타 민원발생 처리로 구분되어진다.

제7장 이동통신무선망 유지보수

이동통신무선망 유지보수 종사자는 이동통신 액세스 망(access network)의 옥내·외에 설치된 이동통신무선망이 상시 정상으로 동작할 수 있도록 정기, 비 정기, 장애처리를 수행하는 능력 배양이 필수적인 요소이다.

이동통신무선망 유지보수를 위한 정기 점검은 이동통신무선망의 유지보수업무에 대하여 정해진 매뉴얼을 기본으로 하여 정기점검, 이동통신무선망의 항온항습, 부대설비인 정류기, 축전지, UPS, 냉방기의 보안 상태와 각 부품에 대하여 정기점검 시 문제 발생되면 현장조치, 이동통신무선망의 각 장비를 상시 모니터링 하고 각 필요 항목에 따라 일일, 주간, 분기, 월간, 반기 단위의 정기점검, 이동통신무선망의 운용 시 발생 되는 고장, 장애내용, 문제를 운용팀과 공유하여 유지보수 매뉴얼에 반영하고 정기점검 시 활용, 정기점검 시 예상 치 못한 문제 발생 시 이에 대한 대처를 할 수 있는 위기관리 프로세스를 수행하며 이동통신무선망의 정기점검 후 문제발생 시 현장에서 부품교환, 재점검으로 문제를 해결할 수 있으며 문제 상태가 심각할 경우 내용을 정리하여 장비교환을 요청 한다. 한편 이동통신무선망 유지보수를 위한 비정기 점검은 이동통신서비스 시 무선망 문제가 빈번하게 발생되는 지역에 비 정기점검, 이동통신서비스 시 무선망에 대한 고객사의 별도요구, 서비스이용자의 민원에 의해 비 정기점검, 전국에서 발생한 이동통신무선망의 고장사례에 대해 관리, 조치를 하고 비 정기점검 매뉴얼에 추가, 트래픽이 급격히 상승하는 특정이벤트에 대해 특별소통대책을 수립하고 이동통신무선망에 대한 통제를 하며 비 정기점검, 이동통신무선망의 변경(기지국 수용변경 등 변경)에 따른 환경변화에 정상 동작 하는지 비 정기점검을 하며 이동통신무선망의 비 정기점검 시 예상 치 못한 문제 발생 시 이에 대한 대처를 할 수 있는 위기관리 프로세스를 수행 한다.

이동통신무선망 유지보수를 위한 장애 처리는 이동통신무선망 유지보수를 위하여 해당지역 국소에 장애처리를 위한 상시대기, 이동통신무선망 장애처리 시 이동통신무선망의 복구 규정 시간을 준수 하여 처리, 이동통신무선망 장애발생 시 장애문제에 대한 빠른 판단, 조치를 위해 매뉴얼을 활용 할 수 있으며 신규 사항에 대해서는 업데이트, 이동통신무선망 장애발생의 유형이 하드웨어 결함인지 소프트웨어 결함인지를 파악하여 해당문제에 대하여 신속한 조치, 이동통신무선망 장애조치 완료 후 모니터링 국소에 완료조치 보고, 이동통신무선망 장애발생이 기존 사항과 다른 부분이 발생하여 현장에서 해결되지 못할 경우 이동통신서비스 장비제조사와 장애처리 분석을 하며 이동통신무선망 통신망 보안에 관한 조치 사항을 모니터링 후 조치 후 보고한다.

이동통신무선망 유지보수에 대한 지식은 업무와 관련된 전파법, 표준(3GPP, 3GPP2), RF(Radio Frequency) 이론, 광통신(광케이블, 광장비) 이론, 이동통신(CDMA, WCDMA, LTE, Wibro) 시스템에 대한 지식, 이동통신 무선망 계통도, 안테나 기초이론, 정보통신망 이용촉진 및 정보보호 등에 관한 법률과 전파법, 개인정보호법, 시행령, 시행규칙 등이 필요하다.

이동통신무선망 유지보수에 대한 기술로서 계측장비(Spectrum Analyzer, Signal Generator, Network Analyzer, oscilloscope) 운용과 활용 능력, 유무선망의 연동에 필요한 기술, 이동통신무선망 구조를 파악 할 수 있는 기술, 이동통신무선망 장비별 기능 및 운용기술, 서비스 지역 전파분석 기술, RM(Risk Management) 처리 능력, 고객 요구사항에 대한 분석적 태도, 서비스 제공을 위한 시스템 요구사항을 바라보는 분석적 , 독창적 태도, 서비스 분석, 전략 기획 능력, 기획에 필요한 일정, 예산계획 능력 및 컴퓨터(문서 작성, 통계처리, 인터넷 등) 활용 능력이 필요하다.

이동통신무선망 유지보수에 대한 태도로는 고객이 희망하는 안정적인 서비스 품질을 위해 기여하려는 자세, 이동통신서비스의 진화에 따른 이동통신망의 변화를 받아들이고 항상 익히고 습득하는 자세, 자신만의 노하우를 쌓아 장애처리 매뉴얼에 반영하고 공유 하려는 자세, 장애발생 시 신속히 처리하려는 자세 및 보안사고 발생 시 신속하고 체계적으로 대처 자세가 필요하다.

이동 통신 서비스를 제공하기 위하여 단위 기지국에서 방사되는 전파 커버리지의 적정성을 확인하는 시험 최적화, 단위 기지국을 중심으로 인접된 기지국을 연동하여 서비스 품질을 최적의 상태로 유지하는 단위 최적화, 광범위한 지역에서 서비스품질을 최적의 상태로 제공하는 광역 최적화 업무를 수행하는 능력을 키우며, 이동 통신 서비스 제공 시 이동 통신 엑세스망의 옥내외에 설치된 이동통신무선망이 상시 정상으로 동작할 수 있도록 정기, 비 정기, 장애 처리를 수행하는 능력을 키울 수 있다.

마케팅 수요 파악, 트래픽 이론, 모의시험, 핸드오프, 채널 간섭, 주파수 할당, 안테나와 전파전파, 통계 수집 도구, 각종 파라미터 최적화, 단말기와 기지국의 전력제어, 호 흐름 절차, 무선망 측정기 등에 대해서 학습할 필요가 있으며 무선망 엔지니어링, 무선망 환경, 트래픽 용량, 트래픽 분석, 트래픽 모델, 얼랑, 커버리지, 파라미터, 무선망 측정, 트래픽 통계 등에 대한 용어에 대한 이해가 필요하다.

7.1 이동통신무선망 유지보수 업무

이동 통신무선망 시험 최적화를 위한 시험기지국의 주변의 지형과 환경을 고려하여 커버리지를 설정하고 전파 환경지도를 작성, 이동 통신무선망 시험 최적화를 위한 커버리지 내에서 이동통신서비스를 제공하기 위하여 교환망에서 제공하는 운영통계를 분석, 이동 통신무선망 시험기지국 커버리지를 측정 장비를 이용하여 확인한 후 설계 커버리지와 비교하여 차이점을 확인하고 정상조치를 할 수 있으며 기지국 6개부터 최대 15개까지의 커버리지를 대상으로 인접기지국과 연동 품질을 측정하고 문제를 확인, 이동 통신무선망 광역최적화를 위하여 기지국 10개 이상을 연동하는 광범위한 지역에서 인접기지국과 연동 품질을 측정하고 문제점을 확인할 수 있다.

무선망 최적화는 무선망을 구축하기 전에 시험 망을 구축하여 모의시험을 통한 무선 환경을 파악하고 분석하여 완벽한 무선망을 확보하는 데 그 목적이 있다. 그러므로 무선망을 계획하고 설계하여 적정 위치에 기지국을 설치하고 효율적인 커버리지를 확보할 수 있도록 한다. 또 적정 용량의 트래픽이 발생되도록 하여 최소의 비용으로 무선망이 구축될 수 있도록 무선망 엔지니어링을 이해해야 한다. 이동 통신무선망 시험 최적화를 위한 시험기지국의 주변의 지형과 환경을 고려하여 커버리지를 설정하고 전파 환경지도를 작성하기 위해서는 교환망에서 제공하는 운영통계를 분석할 수 있어야 한다. 그러기 위해서는 RF 환경 분석, 트래픽예측, 커버리지 설계, 파라미터 확정 및 어떤 종류의 어떤 장비를 설치 할 것인가를 고민하고 검토해야 한다. 서비스 지역의 전자 지도, 서비스 타깃 등의 지리정보 수집, 이동 인구(시간대별 이동인구 포함), 상주인구 등 기본적인 데이터 수집, 마케팅 전략 및 가입자 수요, RF(Radio Frequency) 환경 분석을 수행해야 한다.

7.2 트래픽 분석 및 적용

이동 통신무선망 교환망시스템에서 제공된 운영에 관련된 통계를 분석하여 파라미터 값을 최적화, 이동 통신무선망의 각 장비를 상시 모니터링 하고 각 필요 항목에 따라 일일, 주간, 분기, 월간, 반기 단위의 정기 점검, 이동 통신 무선망과 교환망의 연동을 통하여 얻어진 통화량, 서비스 불량률, 전파의 품질 등 운용 데이터를 분석하여 서비스품질을 개선, 트래픽이 급격히 상승하는 특정이벤트에 대해 특별소통대책을 수립하고 이동 통신무선망에 대한 통제를 하며 비 정기 점검을 할 수 있다.

트래픽 분석은 가입자에게 충분한 서비스를 제공한다는 전제 하에 어떻게 하면 최소의 비용으로 최대의 효과를 내느냐 하는 조건들을 찾아내는 것을 말한다. 그래서 최소의 투자로 고객이 원할 때면 언제든지 통화가 연결되도록 하는 것이다. 트래픽 이론 이해가 반드시 필요하다. 트래픽 산출 기준은 투자의 경제성을 충분히 고려하며 시스템의 회선 용량에 관련되는 품질을 규정하는 척도로 사용된다. 통화량은 다음과 같은 종류가 있다. 시스템에서 실제로 처리한 통화량으로 시스템에 장착된 회선의 실제로 점유한 시간의 총합을 의미하는 실측 통화량, 가입자에 의한 잠재적인 통화 수요까지 포함하는 전체 통화량인 발생 통화량, 단기간 내 변동하는 발생 통화량으로부터 대표성을 갖는 통화량 값인 예측 통화량, 1명의 가입자가 사용하는 평균적 통화량인 가입자당 통화량이다.

1) 마케팅 수요 및 네트워크 영향 분석

가입자 증가 트렌드, 경쟁사 동향을 반영한 마케팅 가입자 모집 계획 등 마케팅 수요와 가입자 증가 및 마케팅 수요에 따른 기지국 등의 추가 시설 필요성 등 네트워크 영향 분석을 파악하여 네트워크 투자에 반영해야 한다.

2) 트래픽 예측

네트워크 영향 분석을 토대로 현재 지역별/시스템별 트래픽 양을 수집하고 계절별, 시간대별 트래픽 영향도를 분석하고 기존 대비 교환기(MSC, HLR 등), 전송시설, 기지국, 광중계기 등 투자에 반영해야 한다. 이동전화 및 인터넷 가입자 증가 트렌드, 이동전화 서비스 경쟁사 동향을 반영한 마케팅 가입자 모집 계획 등 마케팅 수요를 이해해야 한다. 트래픽 예측 방법을 이해한다. 트래픽이 네트워크 투자에 미치는 영향 등 트래픽 분석을 토대로 서비스 등급, 호손률 반영 등 트래픽을 어떻게 적용하는지 이해해야 한다. 어떤 얼랑 모델을 사용하여 투자에 반영할 것인지 등을 판단할 수 있어야 한다. 통화의 종류를 이해하여 적용할 수 있어야 한다.

7.3 무선망 데이터 수집/분석 도구/부대시설

이동통신무선망 최적화를 위하여 시험기지국의 정상 동작유무를 확인하고 이동 통신 서비스를 제공하기 위한 파라미터의 적정성 유무를 확인하여 문제가 발생될 경우 이를 해결, 이동통신무선망 장비에 연동되는 부대설비인 전용회선장치, 정류기, 축전지, 냉방기 등의 운용 상태를 확인하고 장애가 발견되면 적절한 조치를 취하여 정상상태로 전환 및 이동통신무선망의 항온항습, 부대설비인 정류기, 축전지, UPS, 냉방기의 보안 상태와 각 부품에 대하여 정기점검 시 문제 발생되면 현장조치를 할 수 있다.

무선망 엔지니어링을 위해서는 네트워크 장비와 이 장비들에서 수집되는 무선 환경 정보, 트래픽 정보 등 각종 데이터 정보를 수집하고 분석할 수 있는 도구들을 운용, 관리할 수 있어야 한다. 이동 통신 서비스 회사들은 각기 그 회사의 용도에 맞게 도구를 개발하여 사용한다. 따라서 여기서는 무선망 분석 도구와 트래픽 분석 도구 두 가지만 학습하기로 한다. 또 부대시설 유지·보수 내역 중 수전 방식, 정류기, 배터리, 냉방기 등 부대시설 고장발생 시 조치해야 하는 능력을 키울 수 있도록 한다.

(1) 냉방기 운용

(가) 냉동 사이클- 압축, 팽창, 교축, 증발과정

① 압축 과정: 저온 저압 냉매 가스를 고온 고압으로 냉매 가스로 만드는 과정

② 팽창 과정: 고온 고압 냉매 가스를 고온 고압 냉매 액으로 만드는 과정

③ 교축 과정: 고온 고압 냉매 액을 저온 저압 냉매 액으로 만드는 과정

④ 증발 과정: 저온 저압 냉매 액을 저온 저압 냉매 가스로 만드는 과정

(나) 냉동 사이클의 주요 구성 요소: 압축기, 응축기, 팽창변, 증발기, 제어장치

① 압축기

냉매를 순환시키기 위한 펌프로 압축 과정에서 냉매 가스는 단열 압축되어 고온 고압가스가 된다.

② 응축기

압축기에서 나온 고온 고압가스를 상온의 공기를 사용하여 열을 제거함으로써 응축 액화시키는 역할을 한다. 즉, 냉매를 기체에서 액체로 변환시키는 기능을 한다.

③ 팽창변

고압의 액 냉매는 팽창 작용을 받아서 저압의 습포화 증기가 된다. 응축기에서

응축된 고온 고압의 냉매 액을 증발기에서 증발하기 쉽도록 저온저압의 냉매 액으로 만든다.

④ 증발기

냉동 장치에서 열을 저온 측에서 받아들이는 부분으로 냉동 작용을 하는 열 교환기이다. 냉매는 주변의 열을 빼앗아 저압의 압력 상태에서 증발하여 가스가 된다.

⑤ 제어장치

증발기 내에서 낮은 압력으로 냉매를 증발시키고 동시에 응축기 내에서 고압력으로 응축되도록 하기 위하여 냉동 장치의 고, 저압축의 압력차를 유지

7.4 단말과 기지국 연결

이동 통신무선망의 유지보수업무에 대하여 정해진 메뉴얼을 기본으로 하여 정기점검, 이동 통신무선망의 운용 시 발생 되는 고장, 장애내용, 문제를 운용팀과 공유하여 유지 보수 메뉴얼에 반영하고 정기점검 시 활용, 이동 통신무선망 현장에서 측정된 음성서비스 품질과 데이터서비스 품질을 분석하여 안테나의 방향과 각도를 조정하여 서비스품질을 개선, 이동 통신무선망의 변경(기지국 수용변경 등 변경)에 따른 환경변화에 정상 동작 하는지 비 정기 점검, 이동 통신무선망 광역 최적화를 위하여 서비스품질 불량지역에서 장비추가와 용량증설 등의 추가 설계가 필요한 경우 이를 설계에 반영할 수 있으며 이동 통신무선망 통신망 보안에 관한 조치 사항을 모니터링 후 조치 후 보고한다.

무선 통신 시스템에서 단말이 기지국을 선택하는 방법에 있어서 단말이 자신의 존재를 알리기 위한 식별 정보를 포함하는 메시지를 적어도 하나의 기지국에 방송(broadcasting)하는 단계이다. 또 기지국으로부터 기지국으로의 접속을 허용하는 메시지를 수신하는 단계를 말하기도 한다. 또한 단말기, 중계기, 기지국, 전송장비, 교환기 등 장비들 간의 상화작용 및 프로세스 진행 상태를 분석하여 문제점을 파악, 개선을 위하여 모니터링, 개선방향을 제시할 수 있는 능력을 키워야 한다. 그러기 위해서는 아래와 같이 프로세스를 기본적으로 이해해야 한다.

7.5 파라미터 최적화

이동통신서비스 시 무선망에 대한 고객사의 별도요구, 서비스이용자의 민원에 의해 비 정기점검, 이동통신무선망 장애 처리 시 이동 통신무선망의 복구 규정 시간을 준수 하여 처리하며 이동통신무선망 장애발생 시 장애문제에 대한 빠른 판단, 조치를 위해 메뉴얼을 활용 할 수 있으며 신규 사항에 대해서는 업데이트를 할 수 있다.

파라미터는 시스템의 성능에 크게 영향을 주는 요소이다. 파라미터를 적절한 값으로 운용 해야만 최고의 성능으로 시스템을 효율적으로 운용하고 좋은 품질의 서비스를 제공할 수 있다. 파라미터는 한 번 결정된 값이 영원한 값이 아니라 운용환경에 따라서 적절하게 변경 되어야 한다. 따라서 파라미터에 대하여 그 의미 및 최적 값을 도출하는 절차를 인식하고 시스템의 운용 환경에 따라 적절한 값을 도출하여 시스템에 입력함으로써 항상 시스템 성능이 최고 수준으로 유지될 수 있도록 한다. 또 품질이 향상될 수 있도록 파라미터 최적화 활동을 지속적으로 진행하여 최적 값을 도출하여 운용하여야 한다. 또한 파라미터 최적화의 의미는 시스템의 모든 기능 및 성능을 이해해야 파악할 수 있다. 즉, 시스템의 모든 기능을 이해해야 궁극적으로 파라미터를 최적화할 수 있다.

7.6 호 흐름절차 분석

이동 통신무선망 장애발생의 유형이 하드웨어 결함인지 소프트웨어 결함인지를 파악하여 해당문제에 대하여 신속한 조치, 전국에서 발생한 이동 통신무선망의 고장사례에 대해 관리, 조치를 하고 비 정기점검 메뉴얼에 추가, 정기점검 시 예상치 못한 문제 발생 시 이에 대한 대처를 할 수 있는 위기관리 프로세스를 수행, 이동 통신무선망의 비 정기점검 시 예상 치 못한 문제 발생 시 이에 대한 대처를 할 수 있는 위기관리 프로세스를 수행, 이동 통신무선망 광역 최적화를 위하여 서비스품질 불량지역에서 현장에서 해결할 수 있는 안테나 조정, 파라미터 값 조정, 장비출력 조정 등을 통하여 서비스품질을 개선, 이동 통신무선망 광역 최적화를 위하여 개선된 서비스불량지역과 인접한 지역의 전파 환경을 광범위하게 측정하고 측정된 서비스품질 상태를 지도에 기록하고 유지관리, 이동 통신무선망 유지보수를 위하여 해당지역 국소에 장애 처리를 위한 상시대기, 이동통신무선망 장애조치 완료 후 모니터링 국소에 완료조치 보고를 할 수 있으며 이동 통신무선망 장애발생이 기존 사항과 다른 부분이 발생하여 현장에서 해결되지 못할 경우 이동통신서비스 장비제조사와 장애 처리 분석을 할 수 있다.

WCDMA는 구조가 간단하고, 고집적/대용량으로 구현되어 있다. WCDMA 시스템의 주요 구성은 CS(Circuit Switched) 도메인과 PS(Packet Switched) 도메인으로 구분할 수 있다. 각각의 도메인을 이해해야 문제점을 파악할 수 있고, 문제점이 도출되어야 개선방안이 도출되는 것이다. 따라서 WCDMA 교환기를 이해해야 해결 방안을 도출할 수 있다

7.7 무선 환경 측정기 운용

이동통신무선망의 전파 환경을 측정하기 위하여 측정차량에 측정 장비를 설치하고 도로 중심의 드라이브테스트와 건물 안의 서비스품질을 확인하기 위한 최적의 측정 경로를 결정하며 이동통신무선망 드라이브테스트장비와 건물 안 측정장비를 이용하여 얻어진 이동 통신 서비스 품질에 관련된 각종 데이터를 확인하고 파라미터 값을 조정하여 서비스품질을 개선, 할 수 있다.

무선 환경 애널라이저(analyzer) 프로그램은 이동 통신 단말기와 무선 환경 측정기를 통하여 이동통신시스템의 특정 지점이나 단말에서 무선 데이터 또는 음성의 수행과정을 손쉽게 분석할 수 있도록 환경을 제공하며, 이동통신시스템의 특정 지점이나 단말을 통해서 주고받는 여러 가지 메시지들이 윈도우를 기반으로 한 사용자 인터페이스를 이용하여 여러 가지 형태의 데이터를 분석할 수 있다. 또 그 결과 값에 대해 자동 리포트가 가능하여 보고서 작성이 가능하여 효율적인 데이터의 작성 및 구축이 가능하다.

제8장 채널할당

이동통신시스템에서 가장 필요한 기술 중에서 가장 중요하다고 하는 채널할당에 대해 살펴보기로 하자. 이동통신에서는 한정된 채널 즉 무선 주파수 자원을 효율적으로 사용하기 위한 다양한 방법들이 연구되어졌고 지금도 끊임없이 연구되어지고 있다. 이동통신서비스 중에서 사용자들이 음성통신 서비스를 받기 위해서는 반드시 채널을 할당받아야 함으로 이동통신서비스의 시작이 바로 채널할당이라고 할 수 있다. 이미 개발된 채널할당 알고리즘을 통해서 각각의 특성을 분석하고 장점과 단점을 체계적으로 이해하여 새로운 채널할당 알고리즘을 개발할 수 있는 사고력과 창의력을 배양하는 것이 무엇보다도 필요하다.

8.1 채널할당방법의 필요성

이동통신의 급격한 수요의 증가로 인해 그와 관련된 통신 기술들도 많이 발전하였다. 기존의 시스템에서 가장 크게 직면하고 있는 문제가 가용할 수 있는 무선채널의 수가 제한되어 있다는 것이다. 모든 나라에서 주파수 할당 정책은 최소한도의 대역폭을 가지고 이용 율을 극대화하면서 이용자에게 만족을 줄 수 있는 시스템을 찾아서 결정하는 것이다.

만일 이동전화 시스템을 할당 주파수 대역에서 지역적인 제한 없이 수많은 이용자들이 동시에 사용할 수 있다면 매우 이상적일 것이다. 그러나 이런 이상적인 상황이 실제로는 불가능하다. 그래서 많은 연구가 진행되었고, 그러한 목표에 도달하려면 할당된 주파수 대역에서 채널을 최대한으로 나누어서 사용하는 방법과 할당된 주파수 대역을 다른 지역 내에서 재사용하는 방법, 그리고 넓은 주파수 대역에 많은 서로 다른 코드를 만들어 사용하는 주파수 스펙트럼 확산방식 등을 생각할 수 있다. 그 가운데 방법 중의 하나가 제한된 주파수를 효율적으로 사용하여 시스템의 성능을 향상시키는 방법이다. 이러한 목적으로 채널할당 알고리즘에 대한 연구가 이루어져 왔으며 앞으로도 계속해서 연구해야할 분야이다.

이동통신 시스템에서 고려되는 호의 종류로는 새로운 호와 핸드오버 호 또는 핸드오프 호가 있다. 즉 새로운 호는 이동가입자가 발신 또는 착신하는 경우와 같이 새로운 무선채널을 할당하는 경우를 의미한다. 또 임의의 셀에서 호가 설정된 후 이동가입자와 기지국 사이의 무선채널의 통화품질을 계속 유지시키기 위해 통화하기에는 신호 강도가 약해진 무선채널을 양호한 무선채널로 절체를 요구하는 것을 핸드오버라 하는데 이러한 핸드오버를 요구하는 호를 핸드오버 호라고 한다.

임의의 셀에서 새로운 호가 발생했을 때, 셀에 할당된 무선채널중 하나가 이동가입자에게 할당되는데 셀에 할당된 모든 무선채널이 사용 중일 때 발생되는 새로운 호는 차단된다. 또한 호가 설정된 후 이동가입자가 인접 셀로 핸드오버 하는 경우 인접 셀에서 핸드오버 호에게 새로운 무선채널을 할당할 수 없다면 그 핸드오버 호는 차단된다. 핸드오버 호가 차단되면 통화 중에 호가 절단되는 것을 의미하므로 이동가입자가 느끼는 불편함은 새로운 호의 차단보다 훨씬 크게 느껴지므로 가능한 핸드오버 호의 차단을 낮추기 위해 많은 방식들이 제시되고 있다.

8.2 알고리즘 개요

정보통신 분야뿐만 아니라 여러 가지 학문 분야를 공부하다 보면 알고리즘이라는 말이 상당히 많이 나온다. 일반적인 경우 알고리즘을 다소 복잡한 수학적인 공식을 통해 나타내기도 한다. 물론 아주 간단한 수학적인 공식을 통해 나타내는 경우도 있다. 그러나 대부분의 경우 이러한 수학적 공식은 상당히 깊이가 있어 수학적 지식 없이는 이해하기가 어려운 것으로 보여 지기도 한다. 그렇지만 이러한 수학적 공식에는 우리가 미처 이해하지 못한 오해와 진실이 숨어있다.

우리들 대부분은 초등학교 때부터 수학을 배우면서 수학 공식을 단순히 암기해야 하는 것으로 알고 또한 그렇게 행하여 왔다. 그 이유로 인해 수학을 떠 올리면 공식 암기, 지겨운 과목, 싫은 과목이라는 생각이 든다. 그렇지만 실제로는 학자들이 수학적 공식을 만든 근본적인 이유는 어떤 내용을 단순히 말로만 표현하고 설명하기에는 너무 내용이 길고 사용이 불편하고 이해하기 어렵다는 이유로 사람들이 간단히 사용하고 이해하기 쉽도록 하기 위해서 수학적 도구를 사용하여 표현하게 되었다. 따라서 수학은 수학 공식을 이해하고 분석함으로써 논리적이고 창의적인 사고를 가능하게 하고 수학 공식을 활용해서 어떤 문제를 해결하는 방법을 제공한다.

간단한 수학적 공식의 예를 들어보자. 우리가 전기회로를 배우는 과정에서 가장 먼저 만나게 되는 옴의 법칙(ohm's laws)이라는 것이 있다. 옴의 법칙을 단순히 수학적으로 표현하면 전류 = (전압 / 저항) 즉 전류는 단순히 전압 또는 전위차를 저항으로 나눈 것이라고 표현할 수 있다. 옴의 법칙을 이해하고 분석하지 못한 상태에서의 수학적인 의미는 옴의 법칙을 충분히 설명하지 못한다. 실제 옴의 법칙을 수학적 공식이 아니라 단순히 말로서 표현해 보면 옴의 법칙은 실험법칙으로서 어떤 소자에 흐르는 전류는 그 소자에 걸리는 전압 또는 전위차에 비례하고 그 소자의 저항에 반비례한다. 서로 비례한다는 것은 한쪽이 커질 때 다른 한쪽도 같이 커지고 작아 질 때는 같이 작아지고 서로 반비례한다는 것은 커질 때는 작아지고 작아 질 때는 커진다는 것을 의미한다. 따라서 전류의 크기를 조절하는 인자는 두 가지 즉 소자에 걸리는 전위차와 소자의 저항이 되는 것이다. 모든 전기회로의 기능은 전류의 크기와 흐르는 방향에 의해서 결정됨으로 결국 전기회로의 기능은 소자의 전위차와 저항에 의해 제어된다는 것이다. 이와 같이 아무리 간단한 수학적 공식이라도 그 속에는 여러 가지 뜻이 담겨져 있을 수 있다. 옴의 법칙은 설명한 바와 같이 아주 많은 의미를 내포하고 있다. 따라서 옴의 법칙을 진정으로 이해하고 분석하는 것은 단순히 수학적 공식을 암기하는 것이 아니라 수학적 공식에 내포된 의미를 완전히 이해하는 것이라 할 수 있다.

알고리즘의 아주 간단한 사전적 의미는 연산, 연산방식, 셈법, 풀이 법을 의미한다. 따라서 초등학교 때 배우는 사칙연산을 하는 방법을 설명한 것도 알고리즘이 될 수 있다. 그렇지만 정보통신 분야에서 우리가 배우고자 하는 알고리즘은 대부분 컴퓨터 프로그램 또는 통신 프로그램과 컴퓨터 하드웨어 또는 통신 하드웨어와 관련된 내용일 것이다.

우리는 일반적으로 새로운 통신시스템 개발을 위해 알고리즘 작성, 프로그램 작성, 하드웨어 제작 순으로 작업을 진행한다. 따라서 알고리즘은 어떠한 프로그램을 작성하기 위해 특정한 목적을 위해 사전에 작성되어지는 일반적인 글 또는 수식으로써 표현되어지는 형태를 갖는다. 알고리즘이 작성되면 각자 자신 있는 또는 목적에 맞는 다양한 컴퓨터 언어를 통해 프로그램을 작성하면 된다. 위에서 설명한 일반적인 알고리즘에 대해 정리하면 다음과 같다.

① 일상생활에서 일어나는 문제를 해결하기 위한 절차나 방법을 말한다. 일반적으로 수학과 컴퓨터 및 통신 분야 등 다양한 분야에서 사용되어지는 용어이다.

② 수학에서 사용하는 알고리즘은 덧셈을 하는 과정을 단계적으로 분류하여 설명해 놓은 것을 말한다. 예를 들면 123에 321을 더하는 덧셈을 모르는 사람에게 설명하기 위해서 하나하나 단계를 거쳐서 결과 444를 도출해 내는 과정을 말한다. 추가하여 결과를 도출해 내는 과정인 알고리즘을 컴퓨터에서 사용가능한 컴퓨터 언어로 표현하는 것을 프로그램이라 한다.

③ 컴퓨터나 통신 등에서 사용되는 알고리즘은 필요한 결과물을 얻기 위해 여러 가지 단계로 나누어 체계적으로 수행하는 과정을 말한다.

④ 알고리즘과 수학의 만남은 알고리즘과 수학의 공식을 상호연결해서 설명할 수도 있다. 어떤 결과를 도출하기 위한 단계적 과정들을 함축적으로 표현해 놓은 것을 수학적인 공식이라고 할 수 있다. 따라서 우리는 수학공식을 단순히 암기하

여 사용할 것이 아니라 수학공식 안에 숨어있는 문제 해결의 단계적 과정들을 이해하게 되면 자연히 문제의 결과를 얻을 수 있다.

⑤ 회로 이론에서 유명한 옴의 법칙을 수학적 공식 I = V/R과 이것을 소자에 흐르는 전류는 소자에 걸리는 전위차에 비례하고 소자의 저항에 반비례한다고 생각하는 차이점을 잘 이해하면 될 것 같다.

8.3 알고리즘과 프로그램의 상호 관계

알고리즘에 대한 또 다른 표현 방법인 프로그램은 다양한 형식을 사용하여 표현한다. 알고리즘은 일반적인 표현의 방법이지만 프로그램은 특정한 형식의 표현을 사용하고 있다. 프로그램의 종류는 실제로 굉장히 많다. 우리가 컴퓨터에서 일반적으로 가장 많이 사용하는 C 언어도 프로그램이다.

통신프로그램이던지 아니면 일반적인 프로그램인지 상관없이 누구나 프로그램을 작성하려고 한다면 알고리즘에 대한 기본 개념과 내용을 이해하고 있어야 한다. 우리가 처음 알고리즘을 통해 프로그램을 작성하는 경우는 제대로 작성된 알고리즘의 토대위에서 프로그램을 작성하는 것이 아니라 단지 실행만 가능한 프로그램 작성에 집중한다. 하지만 같은 결과를 가지는 프로그램이라고 할지라도 공학적인 측면 즉 시스템 측면에서 살펴보면 상당한 차이를 발견할 수 있다. 우리가 좋은 프로그램을 작성하기 위해서는 좋은 알고리즘에 대한 작성이 필요하다. 좋은 프로그램 또는 좋은 알고리즘을 평가 할 때 우리는 일반적으로 데이터의 메모리 사용량과 데이터 처리 속도 문제를 많이 고려한다. 이와 같이 좋은 알고리즘과 프로그램이 되기 위해서는 단순히 실행만 가능한 프로그램 형태가 아니라 여러 가지 성능을 고려하는 철저한 분석이 선행되어져야 한다. 또한 프로그램이 실제로 작성된 후 어디에 사용되어지며 또한 필요한 시기에 수정이 용이한지에 대한 필요성도 생각해야 한다. 추가적으로 모든 프로그램 작성 후 하드웨어와의 상관관계 등도 고려해야 한다.

정보통신을 학습하다 보면 똑같은 수행 결과를 얻는 다양한 방법들을 만나게 된다. 이러한 다양한 방법들이 바꾸어 말하면 다양한 알고리즘이 되어질 수 있고 또한 다양한 프로그램으로 동작할 수 도 있다. 따라서 현재의 시대를 살아가면서 새로운 것들을 개발하고자 하는 모든 행위를 알고리즘 개발이라고 생각할 수 있다. 현재의 시스템에 대한 정확한 분석과 이해를 통해 더 향상된 시스템 개발에 대한 사고들이 결국 새로운 알고리즘 개발로 표현될 수 있는 것이다.

8.4 채널할당방법 분류

이동통신시스템에서 사용하는 채널할당방법들은 아주 다양하게 적용되어지고 있다. 이동통신 기술의 발전과 연동하여 통신환경과 통신기술에 적응하는 채널할당방법들이 이미 개발되어져 있고 지금도 끊임없는 연구가 지속되어지고 있다. 채널할당방법에 대한 이해를 위해서는 이미 개발된 채널할당방법들을 체계적으로 분류하는 작업이 우선적으로 필요하다.

셀룰러 이동통신 시스템에서 서비스 영역은 셀이라는 작은 영역들로 분할되어 서비스 영역 내에서 주파수 채널을 반복하여 사용함으로써 한정된 주파수 채널을 효율적으로 이용하고 있다. 이러한 주파수를 더욱 효율적으로 이용하기 위하여 많은 채널할당방법이 제시되었는데 그중 대표적인 것이 고정채널할당(Fixed Channel Assignment)과 동적채널할당(Dynamic Channel Assignment) 그리고 하이브리드 채널할당(Hybrid Channel Assignment)으로 나눌 수 있다.

고정채널할당, 동적채널할당 및 하이브리드채널할당에 대한 분류는 채널을 할당하는 주체가 어디인지에 따라 구별되어진다. 고정채널할당은 일반적으로 BS(Base Station)가 담당하게 되며 동적채널할당은 일반적으로 MSC(Mobile Switching Center)가 담당하게 되며 특별한 경우에는 메인시스템이 담당하는 경우도 있다. 한편 하이브리드채널할당은 BS와 MSC가 일정부분의 채널을 공동으로 관리하면서 채널을 할당하게 된다.

8.5 고정채널할당방법

고정채널할당방법은 사용자의 채널 요구에 대해 BS가 채널을 할당하는 방법으로서 기본고정채널할당방법, 가드채널할당방법, Q-가드채널할당방법, 이중 Q-가드채널할당방법, 차용채널할당방법과 순차적 차용채널할당방법 등이 있다. 상세하게 살펴보기로 하자.

8.5.1 기본고정채널할당방법

기본고정채널할당(BFCA : Basis Fixed Channel Assignment)은 일반적으로 이동통신시스템에서 가장 많이 사용되는 방식이며 또한 가장 기본이 되는 채널할당방법이다. 즉 고정채널할당방법은 각 셀이 통화량으로부터 요구되는 채널의 수를 계산하고, 또 주위 셀들로의 간섭의 정도를 예측하여 통신수요 모델을 적용하여 계산한 후 시스템에 배정된 채널들을 BS에 적절히 미리 할당하는 방식을 말한다. 이때 동일채널간섭을 피하기위해 주파수 재사용 거리를 만족하는 셀들에 대해서는 같은 채널들이 재 할당된다. 어떤 BS 즉 셀 안 에서 모든 채널이 이미 다른 사용자들에게 사용 중일 경우에는 통화는 불가능하다. 기본고정채널할당방법은 새로운 호(new call)와 핸드오프 호(hand off call) 또는 핸드오버 호(hand over call)에 특별한 우선권은 없다. 이 방법은 대부분의 셀룰러 이동전화 시스템에서 채용하고 있는 것으로 기지국이 단말기에 채널을 할당한다. 새로운 호나 핸드오버 호 발생 시 셀 내에 가용채널이 있으면 호에 채널을 할당하고 가용채널이 없는 경우에는 새로운 호와 핸드오버 호에 상관없이 차단(blocking)시킨다. 이 방식이 가장 일반적인 방식(알고리즘1)이며 또 다른 방법은 기지국 내에 가용채널이 없는 경우 새로운 호와 핸드오버 호를 구분하여 처리하는 방식이다. 즉 새로운 호는 차단시키고 핸드오버 호는 이전 기지국과의 전파세기가 일정 크기 이상이면 통화를 계속하고 전파세기가 일정 크기 미만이면 차단시키는 방식(알고리즘2)이다. 이 방식은 이전 방식에 비해 추가적인 처리 과정이 필요하지만 핸드오버 호에 대한 통신서비스를 강화한다는 점에서 장점을 가지고 있다.

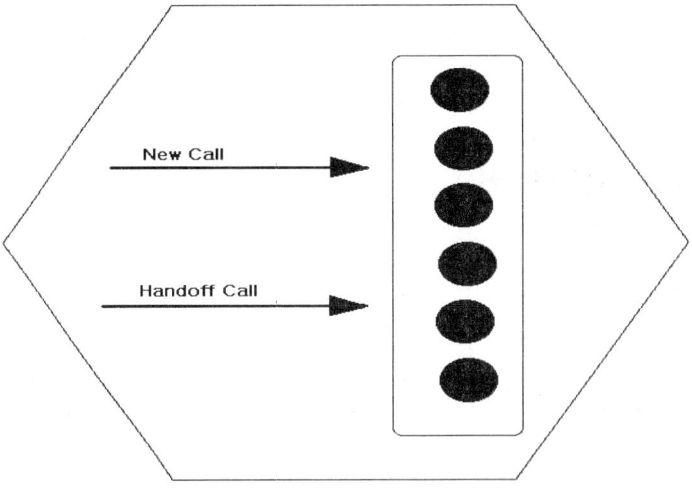

그림 8.1 기본고정채널할당방법(BS에서 채널 할당)

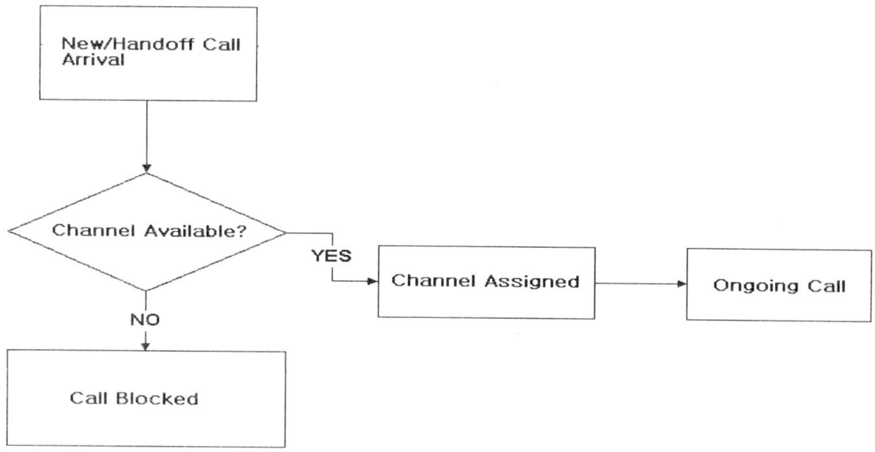

그림 8.2 기본고정채널할당방법의 순서도(알고리즘1)

1) 시나리오 파일

기본고정채널할당방법의 실제 사항을 고려하여 알고리즘을 이해하기 위해서 이동통신시스템 사용자들의 사용 환경을 포함하는 시나리오 파일을 작성해 보기로 하자. 그림 8.3에는 이동통신 망구조에 대해서 간단히 표현하였다. 전체 이동통신시스템 구조는 MSC가 4개로 구성되어져 있고 즉 MSC1, MSC2, MSC3, MSC4로 이루어져 있으며 MSC는 16개의 BS로 구성되어져 있다. 즉 MSC1은 BS111부터 BS144까지로 구성되어져 있다. 최초 송신 사용자 U1은 t1시간에는 BS111에 있고 t2시간에는 BS112에 있고 t3시간에는 BS122에 있으며 최초 BS111에서 새로운 호를 요청하게 된다. 사용자 U1은 BS111에서 채널을 할당 받은 후 BS112와 BS122로 이동하는 과정을 거치게 된다. 한편 최초 수신 사용자 U2는 p1시간에는 BS411에 있고 p2시간에는 BS421에 있고 p3시간에는 BS431에 있으며 최초 BS411에서 새로운 호를 요청하게 된다. 사용자 U2는 BS411에서 채널을 할당 받은 후 BS421과 BS431로 이동하는 과정을 거치게 된다. 시간적인 순서는 t1, p1, t2, p2, t3, p3 순서대로 진행된다고 생각한다. 시나리오 파일을 바탕으로 기본적인 알고리즘을 작성하고 순서도를 작성하게 된다.

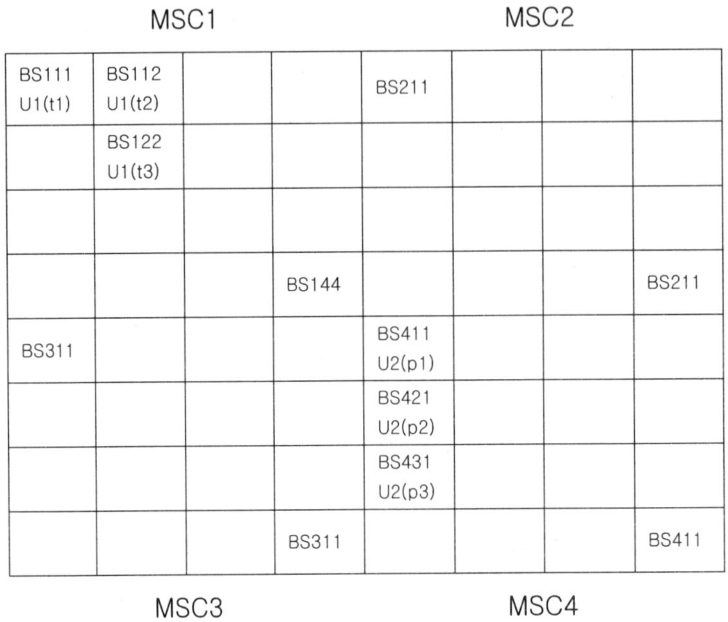

그림 8.3 이동통신 망구조

2) 알고리즘

사용자가 채널을 요구하는 경우 기지국 내에 유효한 일반채널이 있는 경우에는 일반채널을 할당하고 통화과정 계속하고 유효한 일반채널이 없는 경우 새로운 호와 핸드오버 호에 상관없이 호를 차단시키는 알고리즘1과 새로운 호는 차단시키고 핸드오버 호는 이전 기지국과의 전파세기가 일정 크기 이상인 경우에는 통화를 계속하고 전파세기가 일정 크기 미만이면 호를 차단시키는 알고리즘2를 구분하여 기술하도록 하자.

(1) 알고리즘1

사용자 U1은 BS111에서 새로운 호 요청을 하게 되면 BS111에 유효한 일반채널이 있으면 채널을 할당받고 통신과정을 계속하게 되며 유효한 일반채널이 없으면 통화 차단된다. 사용자 U2는 BS411에서 새로운 호 요청을 하게 되면 유효한 일반채널이 있으면 채널을 할당받고 통신과정을 계속하게 되며 BS411에 유효한 일반채널이 없으면 통화 차단된다.

통화가 계속되는 도중에 사용자 U1이 BS112로 핸드오버 되는 경우에는 BS112에서 핸드오버 호 요청을 하게 된다. BS112에 유효한 일반채널이 있으면 채널을 할당받고 통신과정을 계속하게 되고 유효한 일반채널이 없으면 통화 차단된다.

통화가 계속되는 도중에 사용자 U2가 BS421로 핸드오버 되는 경우에는 BS421에서 핸드오버 호 요청을 하게 된다. BS421에 유효한 일반채널이 있으면 채널을 할당받고 통신과정을 계속하게 되고 유효한 일반채널이 없으면 통화 차단된다.

통화가 계속되는 도중에 사용자 U1이 BS122로 핸드오버 되는 경우에는 BS122에서 핸드오버 호 요청을 하게 된다. 유효한 일반채널이 있으면 채널을 할당받고 통신과정을 계속하게 되고 BS122에 유효한 일반채널이 없으면 통화 차단된다.

통화가 계속되는 도중에 사용자 U2가 BS431로 핸드오버 되는 경우에는 BS431에서 핸드오버 호 요청을 하게 된다. 유효한 일반채널이 있으면 채널을 할당받고 통신과정을 계속하게 되고 BS431에 유효한 일반채널이 없으면 통화 차단된다.

(2) 알고리즘2

사용자 U1은 BS111에서 새로운 호 요청을 하게 된다. BS111에 유효한 일반채널이 있으면 채널을 할당받고 통신과정을 계속하게 되며 유효한 일반채널이 없으면 통화 차단된다. 사용자 U2는 BS411에서 새로운 호 요청을 하게 된다. BS411에 유효한 일반채널이 있으면 채널을 할당받고 통신과정을 계속하게 되며 유효한 일반채널이 없으면 통화 차단된다.

통화가 계속되는 도중에 사용자 U1이 BS112로 핸드오버 되는 경우에는 BS112에서 핸드오버 호 요청을 하게 된다. BS112에 유효한 일반채널이 있으면 채널을 할당받고 통신과정을 계속하게 되고 유효한 일반채널이 없으면 기존의 BS111과의 전파세기가 일정크기 이상이면 통신 상태를 계속 유지하지만 전파세기가 일정크기 미만이면 통화 차단된다.

통화가 계속되는 도중에 사용자 U2가 BS421로 핸드오버 되는 경우에는 BS421에서 핸드오버 호 요청을 하게 된다. BS421에 유효한 일반채널이 있으면 채널을 할당받고 통신과정을 계속하게 되고 유효한 일반채널이 없으면 기존의 BS411과의 전파세기가 일정크기 이상이면 통신 상태를 계속 유지하지만 전파세기가 일정크기 미만이면 통화 차단된다.

통화가 계속되는 도중에 사용자 U1이 BS122로 핸드오버 되는 경우에는 BS122에서 핸드오버 호 요청을 하게 된다. BS122에 유효한 일반채널이 있으면 채널을 할당받고 통신과정을 계속하게 되고 유효한 일반채널이 없으면 기존의 BS112와의 전파세기가 일정크기 이상이면 통신 상태를 계속 유지하지만 전파세기가 일정크기 미만이면 통화 차단된다.

통화가 계속되는 도중에 사용자 U2가 BS431로 핸드오버 되는 경우에는 BS431에서 핸드오버 호 요청을 하게 된다. BS431에 유효한 일반채널이 있으면 채널을 할당받고 통신과정을 계속하게 되고 유효한 일반채널이 없으면 기존의 BS421과의 전파세기가 일정크기 이상이면 통신 상태를 계속 유지하지만 전파세기가 일정크기 미만이면 통화 차단된다.

8.5.2 가드채널할당방법

새로운 호와 핸드오버 호에 대해 구분하여 채널 할당을 해야 할 필요성이 대두되었다. 이동통신 사용자가 처음으로 음성 통화를 시도할 때 음성 통화 서비스를 못 받는 경우와 음성 통화 서비스를 받고 있는 도중에 음성 통화 서비스가 차단되는 경우의 사용자 불편을 조사한 내용을 보면 후자가 훨씬 더 불편하다는 결과를 얻게 되었다.

단순한 기본고정채널할당방법에서는 새로운 호와 핸드오버 호에 우선권이 없어 비슷한 확률로 차단이 일어났다. 그러나 통화 중에 호가 차단되면 사용자 측면에서는 더욱 불편함을 느끼게 된다. 그러므로 핸드오버 호에 우선권을 두어 채널을 할당하는 방법들이 연구개발 되었다. 그 대표적인 예가 가드채널할당(Guard Channel Assignment) 또는 예약채널할당(Reserved Channel Assignment)이다. 방법은 고정채널할당방법을 발전시킨 것으로 핸드오버 호 만을 위해서 몇 개의 채널들(G) 즉 가드 채널을 고정시켜두는 방법이다. 즉 가드채널을 제외한 나머지 채널들(N-G)을 새로운 호와 핸드오버 호가 같이 사용하되 만약 가용채널이 없는 경우 새로운 호는 차단되고 핸드오버 호만 가드채널을 이용하는 방법이다.

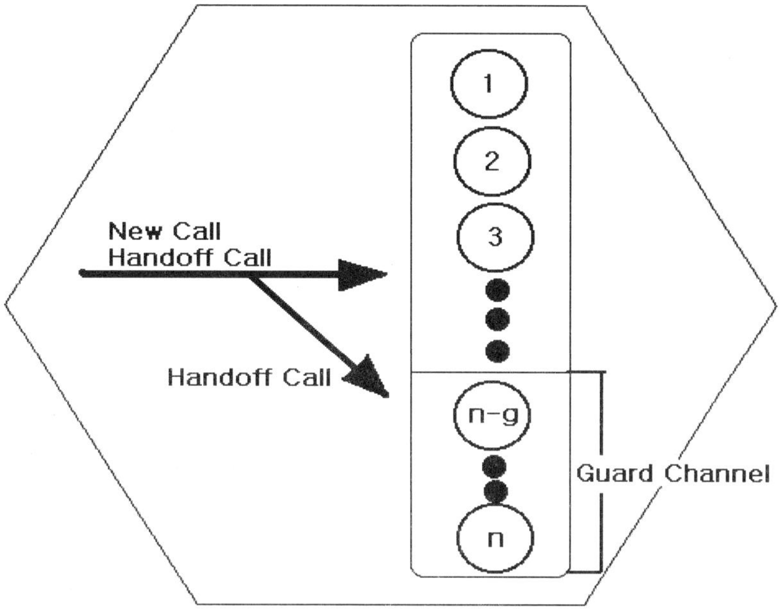

그림 8.4 가드채널할당방법

가드채널할당방법은 바로 핸드오버 호의 차단 율을 직접적으로 줄여주는 채널 할당 알고리즘이다. 시스템에서는 핸드오버의 수가 얼마나 되는가에 따라 가드채널의 수를 결정한다. 그러나 가드채널방법의 단점은 핸드오버 호에만 채널을 일부 할당하기 때문에 새로운 호의 차단이 커진다는 단점이 있다. 그림 8.4에는 가드채널할당방법에 대해서 간단하게 표현하였고 그림 8.5 가드채널할당의 순서도에 대해서 설명하였다.

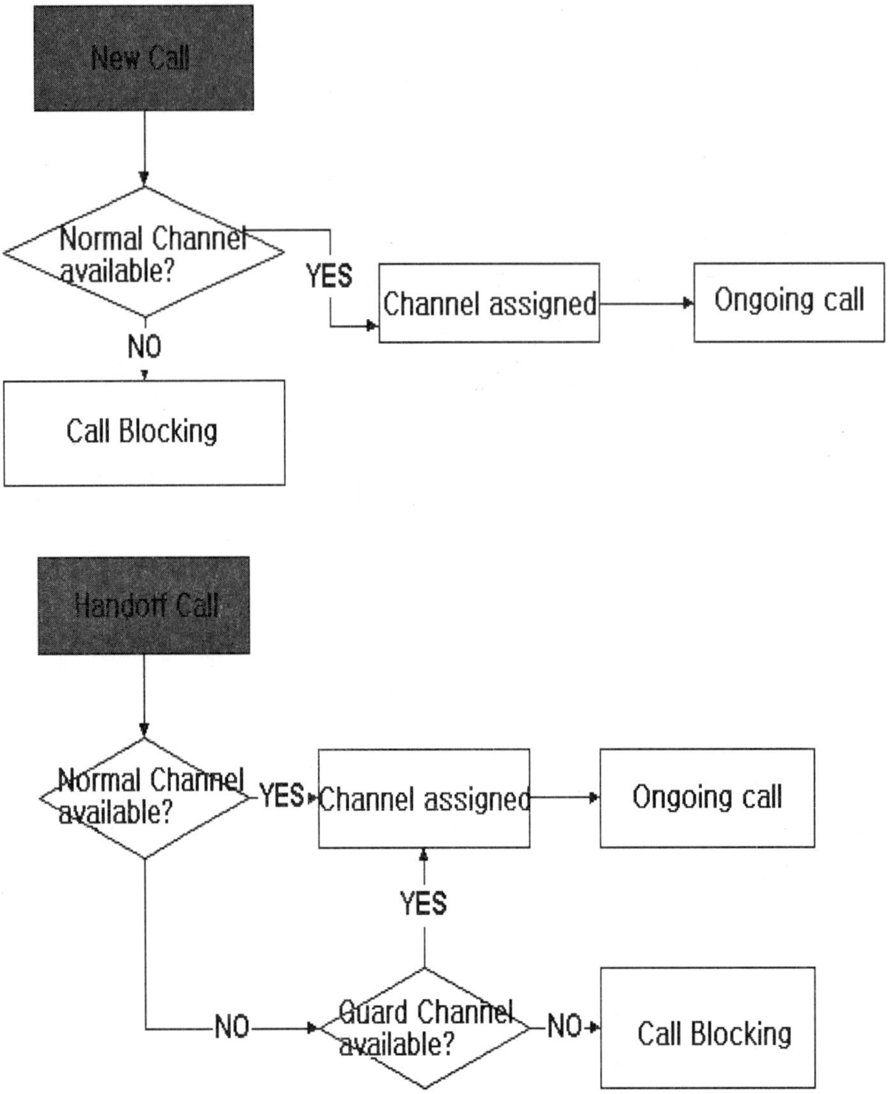

그림 8.5 가드채널할당의 순서도(알고리즘1)

1) 시나리오 파일

가드채널할당방법의 실제 사항을 고려하여 알고리즘을 이해하기 위해서 이동통신시스템 사용자들의 사용 환경을 포함하는 시나리오 파일을 작성해 보기로 하자. 그림 8.6에는 이동통신 망구조에 대해서 간단히 표현하였다. 전체 이동통신시스템 구조는 MSC가 4개로 구성되어져 있고 즉 MSC1, MSC2, MSC3, MSC4로 이루어져 있으며 MSC는 16개의 BS로 구성되어져 있다. 즉 MSC1은 BS111부터 BS144까지로 구성되어져 있다. 최초 송신 사용자 U1은 t1시간에는 BS111에 있고 t2시간에는 BS112에 있고 t3시간에는 BS122에 있으며 최초 BS111에서 새로운 호를 요청하게 된다. 사용자 U1은 BS111에서 채널을 할당 받은 후 BS112와 BS122로 이동하는 과정을 거치게 된다. 한편 최초 수신 사용자 U2는 p1시간에는 BS411에 있고 p2시간에는 BS421에 있고 p3시간에는 BS431에 있으며 최초 BS411에서 새로운 호를 요청하게 된다. 사용자 U2는 BS411에서 채널을 할당 받은 후 BS421과 BS431로 이동하는 과정을 거치게 된다. 시간적인 순서는 t1, p1, t2, p2, t3, p3 순서대로 진행된다고 생각한다. 시나리오 파일을 바탕으로 기본적인 알고리즘을 작성하고 순서도를 작성하게 된다.

MSC1 MSC2

BS111 U1(t1)	BS112 U1(t2)			BS211			
	BS122 U1(t3)						
			BS144				BS211
BS311				BS411 U2(p1)			
				BS421 U2(p2)			
				BS431 U2(p3)			
			BS311				BS411

MSC3 MSC4

그림 8.6 이동통신 망구조

2) 알고리즘

사용자가 채널을 요구하는 경우 기지국 내에 유효한 일반채널이 있는 경우에는 일반채널을 할당하고 통화과정을 계속하고 일반채널이 없는 경우 새로운 호는 차단시키고 핸드오버 호는 유효한 일반채널은 없지만 유효한 가드채널이 있는 경우에는 가드채널을 할당하고 통화과정을 계속하고 일반채널도 없고 가드채널도 없는 경우에는 호를 차단시키는 알고리즘1과 새로운 호는 차단시키고 핸드오버 호는 일반채널도 없고 가드채널도 없는 경우에는 이전 기지국과의 전파세기가 일정 크기 이상인 경우에는 통화를 계속하고 전파세기가 일정 크기 미만이면 호를 차단시키는 알고리즘2를 구분하여 기술하도록 하자.

(1) 알고리즘1

사용자 U1은 BS111에서 새로운 호 요청을 하게 되면 BS111에 유효한 일반채널이 있으면 채널을 할당받고 통신과정을 계속하게 되며 유효한 일반채널이 없으면 통화 차단된다. 사용자 U2는 BS411에서 새로운 호 요청을 하게 되면 유효한 일반채널이 있으면 채널을 할당받고 통신과정을 계속하게 되며 BS411에 유효한 일반채널이 없으면 통화 차단된다.

통화가 계속되는 도중에 사용자 U1이 BS112로 핸드오버 되는 경우에는 BS112에서 핸드오버 호 요청을 하게 된다. BS112에 유효한 일반채널이 있으면 일반채널을 할당받고 통신과정을 계속하게 되고 유효한 일반채널이 없지만 유효한 가드채널이 있으면 가드채널을 할당받고 통신과정을 계속하게 되고 유효한 일반채널도 없고 유효한 가드채널도 없는 경우에는 통화 차단된다.

통화가 계속되는 도중에 사용자 U2가 BS421로 핸드오버 되는 경우에는 BS421에서 핸드오버 호 요청을 하게 된다. BS421에 유효한 일반채널이 있으면 채널을 할당받고 통신과정을 계속하게 되고 유효한 일반채널이 없지만 유효한 가드채널이 있으면 가드채널을 할당받고 통신과정을 계속하게 되고 유효한 일반채널도 없고 유효한 가드채널도 없는 경우에는 통화 차단된다.

통화가 계속되는 도중에 사용자 U1이 BS122로 핸드오버 되는 경우에는 BS122에서 핸드오버 호 요청을 하게 된다. 유효한 일반채널이 있으면 채널을 할당받고 통신과정을 계속하게 되고 BS122에 유효한 일반채널이 없지만 유효한 가드채널이 있으면 가드채널을 할당받고 통신과정을 계속하게 되고 유효한 일반채널도 없고 유효한 가드채널도 없는 경우에는 통화 차단된다.

통화가 계속되는 도중에 사용자 U2가 BS431로 핸드오버 되는 경우에는 BS431에서 핸드오버 호 요청을 하게 된다. 유효한 일반채널이 있으면 채널을 할당받고 통신과정을 계속하게 되고 BS431에 유효한 일반채널이 없지만 유효한 가드채널이 있으면 가드채널을 할당받고 통신과정을 계속하게 되고 유효한 일반채널도 없고 유효한 가드채널도 없는 경우에는 통화 차단된다.

(2) 알고리즘2

사용자 U1은 BS111에서 새로운 호 요청을 하게 된다. BS111에 유효한 일반채널이 있으면 채널을 할당받고 통신과정을 계속하게 되며 유효한 일반채널이 없으면 통화 차단된다. 사용자 U2는 BS411에서 새로운 호 요청을 하게 된다. BS411에 유효한 일반채널이 있으면 채널을 할당받고 통신과정을 계속하게 되며 유효한 일반채널이 없으면 통화 차단된다.

통화가 계속되는 도중에 사용자 U1이 BS112로 핸드오버 되는 경우에는 BS112에서 핸드오버 호 요청을 하게 된다. BS112에 유효한 일반채널이 있으면 채널을 할당받고 통신과정을 계속하게 되고 유효한 일반채널이 있으면 일반채널을 할당받고 통신과정을 계속하게 되고 유효한 일반채널이 없지만 유효한 가드채널이 있으면 가드채널을 할당받고 통신과정을 계속하게 되고 유효한 일반채널도 없고 유효한 가드채널도 없는 경우에는 기존의 BS111과의 전파세기가 일정크기 이상이면 통신 상태를 계속 유지하지만 전파세기가 일정크기 미만이면 통화 차단된다.

통화가 계속되는 도중에 사용자 U2가 BS421로 핸드오버 되는 경우에는 BS421에서 핸드오버 호 요청을 하게 된다. BS421에 유효한 일반채널이 있으면 채널을 할당받고 통신과정을 계속하게 되고 유효한 일반채널이 없지만 유효한 가드채널이 있으면 가드채널을 할당받고 통신과정을 계속하게 되고 유효한 일반채널도 없고 유효한 가드채널도 없는 경우에는 기존의 BS411과의 전파세기가 일정크기 이상이면 통신 상태를 계속 유지하지만 전파세기가 일정크기 미만이면 통화 차단된다..

통화가 계속되는 도중에 사용자 U1이 BS122로 핸드오버 되는 경우에는 BS122에서 핸드오버 호 요청을 하게 된다. BS122에 유효한 일반채널이 있으면 채널을 할당받고 통신과정을 계속하게 되고 유효한 일반채널이 없지만 유효한 가드채널이 있으면 가드채널을 할당받고 통신과정을 계속하게 되고 유효한 일반채널도 없고 유효한 가드채널도 없는 경우에는 기존의 BS121과의 전파세기가 일정크기 이상이면 통신 상태를 계속 유지하지만 전파세기가 일정크기 미만이면 통화 차단된다.

통화가 계속되는 도중에 사용자 U2가 BS431로 핸드오버 되는 경우에는 BS431에서 핸드오버 호 요청을 하게 된다. BS431에 유효한 일반채널이 있으면 채널을 할당받고 통신과정을 계속하게 되고 유효한 일반채널이 없지만 유효한 가드채널이 있으면 가드채널을 할당받고 통신과정을 계속하게 되고 유효한 일반채널도 없고 유효한 가드채널도 없는 경우에는 기존의 BS421과의 전파세기가 일정크기 이상이면 통신 상태를 계속 유지하지만 전파세기가 일정크기 미만이면 통화 차단된다.

8.5.3 Q-가드채널할당방법

Q-가드채널할당방법은 사용자의 통신 서비스 향상을 위해 핸드오버 호의 차단을 줄이기 위해 발전된 알고리즘으로 기존의 가드채널할당방법에 대기열인 Q(Queue)를 추가하는 방식이다. 일반적으로 채널할당방법들은 이동통신 사용자가 채널을 요구하는 시점에 해당 기지국에 유효한 채널이 있을 경우에만 채널을 할당하게 된다. 그렇지만 대부분의 경우 현재의 시간에는 유효한 채널이 없지만 약간의 시간이 지나면 유효한 채널이 생기는 경우가 많이 존재하게 된다. 따라서 채널할당 하는 시간을 약간 지연시키고 사용자의 요구를 확인하고 대기하는 과정을 통해 호의 차단율을 줄일 수 방법들은 시스템 성능을 향상시키는 결과를 가져 올 수 있다. Q-가드채널할당방법은 앞에서 제시한 가드채널할당방법과 거의 동일한 방법으로 움직인다. 이동 국이 핸드오버 요청지역으로 들어갔을 때 핸드오버 레벨과 단말기 수신 레벨사이(통화 가능한 전파세기)의 수신레벨을 유지한다.

이 경우 가드채널만을 사용했을 경우 이동 국이 가려고하는 목적 셀에 가용채널이 없으면 핸드오버 호는 바로 차단이 되거나 또는 이전 기지국과의 전파세기가 일정크기 이상(핸드오버 차단 레벨)일 경우에만 통화가 유지된다. 그러나 핸드오버 호를 위한 대기열인 큐를 추가할 경우 핸드오버 호가 목적 셀에 가용채널이 없다면 바로 차단되는 것이 아니라 일단 큐에 들어간다. 즉 이동 국이 핸드오버 지역을 벗어나지 않고 수신레벨도 핸드오버 차단 레벨까지 떨어지지 않은 핸드오버 호에 대해서 바로 차단을 시키는 것이 아니라 큐에 대기시킨 다음 이동 국이 핸드오버 지역을 벗어나기 전에 목적 셀에서 가용채널이 생기면 큐에서 대기하고 있던 핸드오버 호에 채널을 할당해 주는 방식이다. 그러나 현재 셀의 기지국으로부터의 수신전력 레벨이 목적 셀에서 채널이 할당되기 전에 핸드오버 차단 레벨 이하로 떨어진다면 그 호는 강제로 종단된다. 여기서 큐는 먼저 들어온 순서대로 서비스를 받는 FCFS(First Come First Serve)방식을 대부분 채택하고 있다.

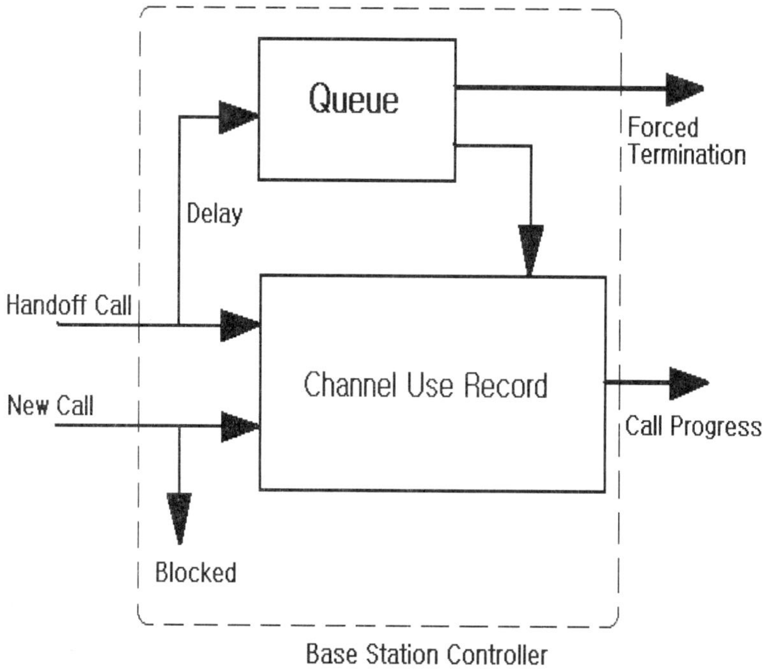

그림 8.7 대기 열을 사용한 Q-가드채널방법

Q-가드채널할당방법에서 사용하는 Q는 1개의 입력과 3개의 출력을 갖게 된다. Q는 입력되는 순서대로 출력되어서 서비스를 받게 되며 출력 3개의 세부적인 과정은 다음과 같다. Q에 대기하는 동안 해당 호가 이전 기지국과의 전파세기가 일정크기 미만이 되면 강제로 호가 차단되며(출력1) 또한 Q에서 해당 호가 오버프로우(overflow)가 되어도 강제로 호가 차단되며(출력2) 나머지 출력은 정상적으로 새로운 기지국으로부터 채널을 할당받고 기존 기지국으로 기존 채널을 반납하고 통화과정을 계속하게 되는 과정(출력3)을 말한다.

1) 시나리오 파일

Q-가드채널할당방법의 실제 사항을 고려하여 알고리즘을 이해하기 위해서 이동통신시스템 사용자들의 사용 환경을 포함하는 시나리오 파일을 작성해 보기로 하자. 그림 8.8에는 이동통신 망구조에 대해서 간단히 표현하였다. 전체 이동통신시스템 구조는 MSC가 4개로 구성되어져 있고 즉 MSC1, MSC2, MSC3, MSC4로 이루어져 있으며 MSC는 16개의 BS로 구성되어져 있다. 즉 MSC1은

BS111부터 BS144까지로 구성되어져 있다. 최초 송신 사용자 U1은 t1시간에는 BS111에 있고 t2시간에는 BS112에 있고 t3시간에는 BS122에 있으며 최초 BS111에서 새로운 호를 요청하게 된다. 사용자 U1은 BS111에서 채널을 할당 받은 후 BS112와 BS122로 이동하는 과정을 거치게 된다. 한편 최초 수신 사용자 U2는 p1시간에는 BS411에 있고 p2시간에는 BS421에 있고 p3시간에는 BS431에 있으며 최초 BS411에서 새로운 호를 요청하게 된다. 사용자 U2는 BS411에서 채널을 할당 받은 후 BS421과 BS431로 이동하는 과정을 거치게 된다. 시간적인 순서는 t1, p1, t2, p2, t3, p3 순서대로 진행된다고 생각한다. 시나리오 파일을 바탕으로 기본적인 알고리즘을 작성하고 순서도를 작성하게 된다.

MSC1 MSC2

BS111 U1(t1)	BS112 U1(t2)			BS211			
	BS122 U1(t3)						
			BS144				BS211
BS311				BS411 U2(p1)			
				BS421 U2(p2)			
				BS431 U2(p3)			
			BS311				BS411

MSC3 MSC4

그림 8.8 이동통신 망구조

2) 알고리즘

사용자가 채널을 요구하는 경우 기지국 내에 유효한 일반채널이 있는 경우에는 일반채널을 할당하고 통화과정을 계속하고 일반채널이 없는 경우 새로운 호는 차단시키고 핸드오버 호는 유효한 일반채널은 없지만 유효한 가드채널이 있는 경우에는 가드채널을 할당하고 통화과정을 계속하고 일반채널도 없고 가드채널도 없는 경우에는 호를 Q에 입력해서 처리한다. Q에 대기하는 동안 해당 호가 이전 기지국과의 전파세기가 일정크기 미만이 되면 강제로 호가 차단되게 되며(출력1) 또한 오버프로우(overflow)가 생겨도 강제로 호가 차단되며(출력2) 나머지 출력은 정상적으로 새로운 기지국으로부터 채널을 할당받고 기존 기지국으로 기존 채널을 반납하고 통화과정을 계속하게 되는 과정을 말한다.

사용자 U1은 BS111에서 새로운 호 요청을 하게 되면 BS111에 유효한 일반채널이 있으면 채널을 할당받고 통신과정을 계속하게 되며 유효한 일반채널이 없으면 통화 차단된다. 사용자 U2는 BS411에서 새로운 호 요청을 하게 되면 유효한 일반채널이 있으면 채널을 할당받고 통신과정을 계속하게 되며 BS411에 유효한 일반채널이 없으면 통화 차단된다.

통화가 계속되는 도중에 사용자 U1이 BS112로 핸드오버 되는 경우에는 BS112에서 핸드오버 호 요청을 하게 된다. BS112에 유효한 일반채널이 있으면 일반채널을 할당받고 통신과정을 계속하게 되고 유효한 일반채널이 없지만 유효한 가드채널이 있으면 가드채널을 할당받고 통신과정을 계속하게 되고 유효한 일반채널도 없고 유효한 가드채널도 없는 경우에는 호를 Q에 입력해서 처리한다. Q에 대기하는 동안 해당 호가 이전 기지국과의 전파세기가 일정크기 미만이 되면 강제로 호가 차단되게 되며(출력1) 또한 오버프로우(overflow)가 생겨도 강제로 호가 차단되며(출력2) 나머지 출력은 정상적으로 새로운 기지국으로부터 채널을 할당받고 기존 기지국으로 기존 채널을 반납하고 통화과정을 계속하게 된다.

통화가 계속되는 도중에 사용자 U2가 BS421로 핸드오버 되는 경우에는 BS421에서 핸드오버 호 요청을 하게 된다. BS421에 유효한 일반채널이 있으면 채널을 할당받고 통신과정을 계속하게 되고 유효한 일반채널이 없지만 유효한 가드채널이 있으면 가드채널을 할당받고 통신과정을 계속하게 되고 유효한 일반채널도 없고 유효한 가드채널도 없는 경우에는 호를 Q에 입력해서 처리한다. Q에 대기하는 동안 해당 호가 이전 기지국과의 전파세기가 일정크기 미만이 되면 강제로 호가 차단되게 되며(출력1) 또한 오버프로우(overflow)가 생겨도 강제로 호가 차단되며(출력2) 나머지 출력은 정상적으로 새로운 기지국으로부터 채널을 할당받고 기존 기지국으로 기존 채널을 반납하고 통화과정을 계속하게 된다.

통화가 계속되는 도중에 사용자 U1이 BS122로 핸드오버 되는 경우에는 BS122에서 핸드오버 호 요청을 하게 된다. 유효한 일반채널이 있으면 채널을 할당받고 통신과정을 계속하게 되고 BS122에 유효한 일반채널이 없지만 유효한 가드채널이 있으면 가드채널을 할당받고 통신과정을 계속하게 되고 유효한 일반채널도 없고 유효한 가드채널도 없는 경우에는 호를 Q에 입력해서 처리한다. Q에 대기하는 동안 해당 호가 이전 기지국과의 전파세기가 일정크기 미만이 되면 강제로 호가 차단되게 되며(출력1) 또한 오버프로우(overflow)가 생겨도 강제로 호가 차단되며(출력2) 나머지 출력은 정상적으로 새로운 기지국으로부터 채널을 할당받고 기존 기지국으로 기존 채널을 반납하고 통화과정을 계속하게 된다.

통화가 계속되는 도중에 사용자 U2가 BS431로 핸드오버 되는 경우에는 BS431에서 핸드오버 호 요청을 하게 된다. 유효한 일반채널이 있으면 채널을 할당받고 통신과정을 계속하게 되고 BS431에 유효한 일반채널이 없지만 유효한 가드채널이 있으면 가드채널을 할당받고 통신과정을 계속하게 되고 유효한 일반채널도 없고 유효한 가드채널도 없는 경우에는 호를 Q에 입력해서 처리한다. Q에 대기하는 동안 해당 호가 이전 기지국과의 전파세기가 일정크기 미만이 되면 강제로 호가 차단되게 되며(출력1) 또한 오버프로우(overflow)가 생겨도 강제로 호가 차단되며(출력2) 나머지 출력은 정상적으로 새로운 기지국으로부터 채널을 할당받고 기존 기지국으로 기존 채널을 반납하고 통화과정을 계속하게 된다.

8.5.4 이중 Q-가드채널할당방법

이중 Q-가드채널할당방법은 사용자의 통신 서비스 향상을 위해 새로운 호와 핸드오버 호의 차단을 줄이기 위해 발전된 알고리즘으로 기존의 가드채널할당방법에 대기열인 Q(Queue)를 2개를 추가하는 방식이다. 하나의 Q는 새로운 호를 위한 대기열이고 또 다른 하나의 Q는 핸드오버 호를 위한 대기열이다. 일반적으로 채널할당방법들은 이동통신 사용자가 채널을 요구하는 시점에 해당 기지국에 유효한 채널이 있을 경우에만 채널을 할당하게 된다. 그렇지만 대부분의 경우 현재의 시간에는 유효한 채널이 없지만 약간의 시간이 지나면 유효한 채널이 생기는 경우가 많이 존재하게 된다. 따라서 채널할당 하는 시간을 약간 지연시키고 사용자의 요구를 확인하고 대기하는 과정을 통해 호의 차단율을 줄일 수 방법들은 시스템 성능을 향상시키는 결과를 가져 올 수 있다. 이중 Q-가드채널할당방법은 앞에서 제시한 Q-가드채널할당방법과 거의 동일한 방법으로 움직인다. 핸드오버 호의 경우에는 Q-가드채널할당방법과 거의 유사하게 동작하며 추가적으로 새로운 호에 대한 통신 서비스 과정이 추가하게 된다. 이동 국이 핸드오버 요청지역으로 들어갔을 때 핸드오버 레벨과 단말기 수신 레벨사이(통화 가능한 전파세기)의 수신레벨을 유지한다.

이 경우 가드채널만을 사용했을 경우 이동 국이 가려고하는 목적 셀에 가용채널이 없으면 핸드오버 호는 바로 차단이 되거나 또는 이전 기지국과의 전파세기가 일정크기 이상(핸드오버 차단 레벨)일 경우에만 통화가 유지된다. 그러나 핸드오버 호를 위한 대기열인 큐를 추가할 경우 핸드오버 호가 목적 셀에 가용채널이 없다면 바로 차단되는 것이 아니라 일단 큐에 들어간다. 즉 이동 국이 핸드오버 지역을 벗어나지 않고 수신레벨도 핸드오버 차단 레벨까지 떨어지지 않은 핸드오버 호에 대해서 바로 차단을 시키는 것이 아니라 큐에 대기시킨 다음 이동 국이 핸드오버 지역을 벗어나기 전에 목적 셀에서 가용채널이 생기면 큐에서 대기하고 있던 핸드오버 호에 채널을 할당해 주는 방식이다. 그러나 현재 셀의 기지국으로부터의 수신전력 레벨이 목적 셀에서 채널이 할당되기 전에 핸드오버 차단 레벨 이하로 떨어진다면 그 호는 강제로 종단된다. 여기서 큐는 먼저 들어온 순서대로 서비스를 받는 FCFS(First Come First Serve)방식을 대부분 채택하고 있다.

새로운 호에 대한 Q를 사용한 추가적인 통신 서비스 사항은 다음과 같다. 새로운 호를 위해 사용하는 Q는 새로운 호가 Q에 대기하는 동안 해당 새로운 호가 채널을 할당 받기 전에 대기하는 시간이 일정 이상 시간(이동통신시스템에 따라 다르게 정할 수 있음)이 되면 강제로 새로운 호가 차단되게 되며 또한 오버프로우(overflow)가 생겨도 강제로 새로운 호가 차단되며 나머지 출력은 정상적으로 새로운 기지국으로부터 채널을 할당받고 기존 기지국으로 기존 채널을 반납하고 통화과정을 계속하게 되는 과정을 말한다.

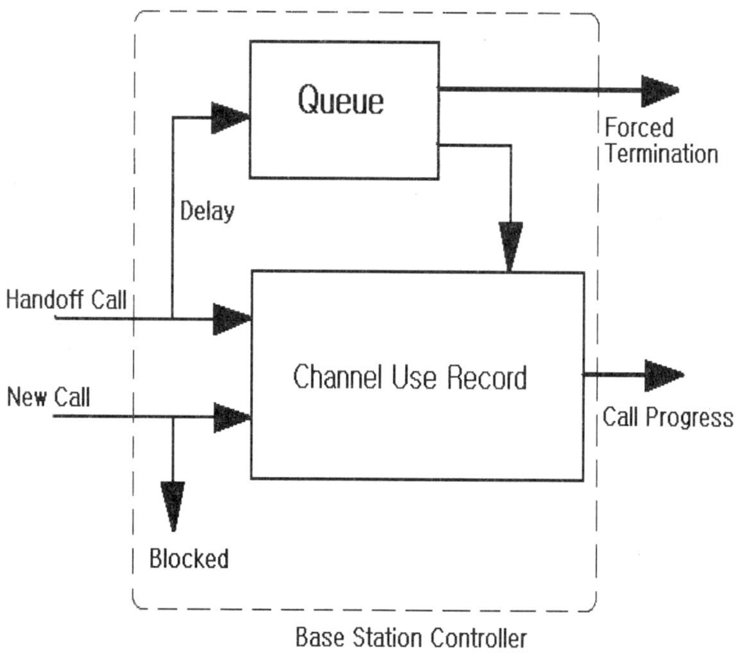

그림 8.9 대기 열을 사용한 이중 Q-가드채널방법

이중 Q-가드채널할당방법에서 사용하는 2개의 Q는 1개의 입력과 3개의 출력을 갖게 된다. Q는 입력되는 순서대로 출력되어서 서비스를 받게 되면 출력 3개의 세부적인 과정은 다음과 같다. 새로운 호를 위해 사용하는 Q는 Q에 대기하는 동안 해당 새로운 호가 채널을 할당 받기 전에 대기하는 시간이 일정 이상 시간(이동통신시스템에 따라 다르게 정할 수 있음)이 되면 강제로 새로운 호가 차단되게 되며(출력1) 또한 오버프로우(overflow)가 생겨도 강제로 새로운 호가 차단되며(출력2) 나머지 출력은 정상적으로 새로운 기지국으로부터 채널을 할당받고 기존 기지국으로 기존 채널을 반납하고 통화과정(출력3)을 계속하게 되는 과정을 말한다. 핸드오버 호를 위해 사용하는 Q는 Q에 대기하는 동안 해당 핸드오버 호가 이전 기지국과의 전파세기가 일정크기 미만이 되면 강제로 핸드오버 호가 차단되게 되며(출력1) 또한 오버프로우(overflow)가 생겨도 강제로 핸드오버 호가 차단되며(출력2) 나머지 출력은 정상적으로 새로운 기지국으로부터 채널을 할당받고 기존 기지국으로 기존 채널을 반납하고 통화과정(출력3)을 계속하게 되는 과정을 말한다.

1) 시나리오 파일

Q-가드채널할당방법의 실제 사항을 고려하여 알고리즘을 이해하기 위해서 이동통신시스템 사용자들의 사용 환경을 포함하는 시나리오 파일을 작성해 보기로 하자. 그림 8.10에는 이동통신 망구조에 대해서 간단히 표현하였다. 전체 이동통신시스템 구조는 MSC가 4개로 구성되어져 있고 즉 MSC1, MSC2, MSC3, MSC4로 이루어져 있으며 MSC는 16개의 BS로 구성되어져 있다. 즉 MSC1은 BS111부터 BS144까지로 구성되어져 있다. 최초 송신 사용자 U1은 t1시간에는 BS111에 있고 t2시간에는 BS112에 있고 t3시간에는 BS122에 있으며 최초 BS111에서 새로운 호를 요청하게 된다. 사용자 U1은 BS111에서 채널을 할당받은 후 BS112와 BS122로 이동하는 과정을 거치게 된다. 한편 최초 수신 사용자 U2는 p1시간에는 BS411에 있고 p2시간에는 BS421에 있고 p3시간에는 BS431에 있으며 최초 BS411에서 새로운 호를 요청하게 된다. 사용자 U2는 BS411에서 채널을 할당 받은 후 BS421과 BS431로 이동하는 과정을 거치게 된다. 시간적인 순서는 t1, p1, t2, p2, t3, p3 순서대로 진행된다고 생각한다. 시나리오 파일을 바탕으로 기본적인 알고리즘을 작성하고 순서도를 작성하게 된다.

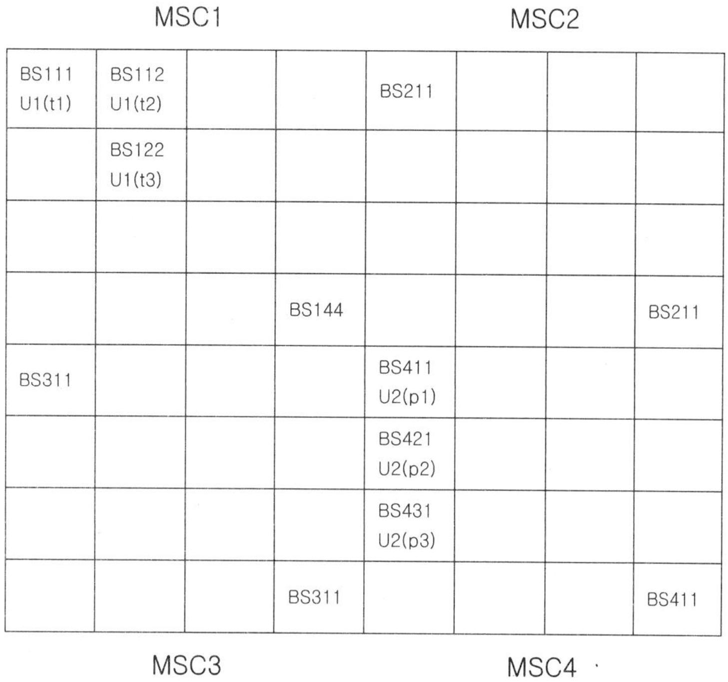

그림 8.10 이동통신 망구조

2) 알고리즘

사용자가 채널을 요구하는 경우 기지국 내에 유효한 일반채널이 있는 경우에는 일반채널을 할당하고 통화과정을 계속하고 일반채널이 없는 경우 새로운 호는 호를 Q에 입력해서 처리한다. Q에 대기하는 동안 해당 호가 Q에 대기하는 동안 해당 새로운 호가 채널을 할당 받기 전에 대기하는 시간이 일정 이상 시간(이동통신 시스템에 따라 다르게 정할 수 있음)이 되면 강제로 새로운 호가 차단되게 되며(출력1) 또한 오버프로우(overflow)가 생겨도 강제로 호가 차단되며(출력2) 나머지 출력은 정상적으로 새로운 기지국으로부터 채널을 할당받고 기존 기지국으로 기존 채널을 반납하고 통화과정을 계속하게 되는 과정(출력3)을 말한다.

핸드오버 호는 유효한 일반채널은 없지만 유효한 가드채널이 있는 경우에는 가드채널을 할당하고 통화과정을 계속하고 일반채널도 없고 가드채널도 없는 경우에는 호를 Q에 입력해서 처리한다. Q에 대기하는 동안 해당 호가 이전 기지국과의 전파세기가 일정크기 미만이 되면 강제로 호가 차단되게 되며(출력1) 또한 오버프로우(overflow)가 생겨도 강제로 호가 차단되며(출력2) 나머지 출력은 정상적으로 새로운 기지국으로부터 채널을 할당받고 기존 기지국으로 기존 채널을 반납하고 통화과정(출력3)을 계속하게 되는 과정을 말한다.

사용자 U1은 BS111에서 새로운 호 요청을 하게 되면 BS111에 유효한 일반채널이 있으면 채널을 할당받고 통신과정을 계속하게 되며 유효한 일반채널이 없으면 새로운 호는 호를 Q에 입력해서 처리한다. Q에 대기하는 동안 해당 호가 Q에 대기하는 동안 해당 새로운 호가 채널을 할당 받기 전에 대기하는 시간이 일정 이상 시간(이동통신시스템에 따라 다르게 정할 수 있음)이 되면 강제로 새로운 호가 차단되게 되며(출력1) 또한 오버프로우(overflow)가 생겨도 강제로 호가 차단되며(출력2) 나머지 출력은 정상적으로 새로운 기지국으로부터 채널을 할당받고 기존 기지국으로 기존 채널을 반납하고 통화과정을 계속하게 된다.

사용자 U2는 BS411에서 새로운 호 요청을 하게 되면 유효한 일반채널이 있으면 채널을 할당받고 통신과정을 계속하게 되며 BS411에 유효한 일반채널이 없으면 새로운 호는 호를 Q에 입력해서 처리한다. Q에 대기하는 동안 해당 호가 Q에 대기하는 동안 해당 새로운 호가 채널을 할당 받기 전에 대기하는 시간이 일정 이상 시간(이동통신시스템에 따라 다르게 정할 수 있음)이 되면 강제로 새로운 호가 차단되게 되며(출력1) 또한 오버프로우(overflow)가 생겨도 강제로 호가 차단되며(출력2) 나머지 출력은 정상적으로 새로운 기지국으로부터 채널을 할당받고 기존 기지국으로 기존 채널을 반납하고 통화과정을 계속하게 된다.

통화가 계속되는 도중에 사용자 U1이 BS112로 핸드오버 되는 경우에는 BS112에서 핸드오버 호 요청을 하게 된다. BS112에 유효한 일반채널이 있으면 일반채널을 할당받고 통신과정을 계속하게 되고 유효한 일반채널이 없지만 유효한 가드채널이 있으면 가드채널을 할당받고 통신과정을 계속하게 되고 유효한 일반채널도 없고 유효한 가드채널도 없는 경우에는 호를 Q에 입력해서 처리한다. Q에 대기하는 동안 해당 호가 이전 기지국과의 전파세기가 일정크기 미만이 되면 강제로 호가 차단되게 되며(출력1) 또한 오버프로우(overflow)가 생겨도 강제로 호가 차단되며(출력2) 나머지 출력은 정상적으로 새로운 기지국으로부터 채널을 할당받고 기존 기지국으로 기존 채널을 반납하고 통화과정을 계속하게 된다.

통화가 계속되는 도중에 사용자 U2가 BS421로 핸드오버 되는 경우에는 BS421에서 핸드오버 호 요청을 하게 된다. BS421에 유효한 일반채널이 있으면 채널을 할당받고 통신과정을 계속하게 되고 유효한 일반채널이 없지만 유효한 가드채널이 있으면 가드채널을 할당받고 통신과정을 계속하게 되고 유효한 일반채널도 없고 유효한 가드채널도 없는 경우에는 호를 Q에 입력해서 처리한다. Q에 대기하는 동안 해당 호가 이전 기지국과의 전파세기가 일정크기 미만이 되면 강제로 호가 차단되게 되며(출력1) 또한 오버프로우(overflow)가 생겨도 강제로 호가 차단되며(출력2) 나머지 출력은 정상적으로 새로운 기지국으로부터 채널을 할당받고 기존 기지국으로 기존 채널을 반납하고 통화과정을 계속하게 된다.

통화가 계속되는 도중에 사용자 U1이 BS122로 핸드오버 되는 경우에는 BS122에서 핸드오버 호 요청을 하게 된다. 유효한 일반채널이 있으면 채널을 할당받고 통신과정을 계속하게 되고 BS122에 유효한 일반채널이 없지만 유효한 가드채널이 있으면 가드채널을 할당받고 통신과정을 계속하게 되고 유효한 일반채널도 없고 유효한 가드채널도 없는 경우에는 호를 Q에 입력해서 처리한다. Q에 대기하는 동안 해당 호가 이전 기지국과의 전파세기가 일정크기 미만이 되면 강제로 호가 차단되게 되며(출력1) 또한 오버프로우(overflow)가 생겨도 강제로 호가 차단되며(출력2) 나머지 출력은 정상적으로 새로운 기지국으로부터 채널을 할당받고 기존 기지국으로 기존 채널을 반납하고 통화과정을 계속하게 된다.

통화가 계속되는 도중에 사용자 U2가 BS431로 핸드오버 되는 경우에는 BS431에서 핸드오버 호 요청을 하게 된다. 유효한 일반채널이 있으면 채널을 할당받고 통신과정을 계속하게 되고 BS431에 유효한 일반채널이 없지만 유효한 가드채널이 있으면 가드채널을 할당받고 통신과정을 계속하게 되고 유효한 일반채널도 없고 유효한 가드채널도 없는 경우에는 호를 Q에 입력해서 처리한다. Q에 대기하는 동안 해당 호가 이전 기지국과의 전파세기가 일정크기 미만이 되면 강제로 호가 차단되게 되며(출력1) 또한 오버프로우(overflow)가 생겨도 강제로 호가 차단되며(출력2) 나머지 출력은 정상적으로 새로운 기지국으로부터 채널을 할당받고 기존 기지국으로 기존 채널을 반납하고 통화과정을 계속하게 된다.

8.5.5 차용채널할당방법

차용채널할당(Borrowing Channel Assignment)방법은 할당 조건이 정상일 때에는 고정채널할당 방식을 사용하고, 모든 고정채널을 이미 사용하고 있어 가용채널이 없을 경우 인접 셀들의 채널 상태를 파악하여 동일채널 간섭이 일어나지 않는 채널에 한해서 차용하는 방식이다.

채널을 차용할 경우 가장 주의해야 할 것이 채널의 락킹(Locking) 문제이다. 즉 고정채널할당 방식에서 셀에 할당된 채널 그룹은 동일 채널간섭이 일어나지 않을 정도의 거리를 두고 주파수 재사용을 하고 있다. 그러나 그림 8.11에서와 같이 2번 셀에서 채널 X를 셀 1로 차용할 경우 2번 셀과 같은 채널을 사용하는 나머지 2번 셀에서 채널 X는 동일채널 간섭 거리가 좁혀짐으로 채널 X를 사용하지 못하게 된다. 이것을 채널의 락킹이라고 한다. 그러므로 채널을 차용할 경우 동일 채널을 사용하는 셀들의 채널 상태를 파악한 후 3개의 셀에서 모두 사용하지 않을 경우에만 채널을 차용할 수 있다. 일반적으로 채널 차용 시 차용할 수 있는 셀들이 많을 경우 그 셀들 중 채널을 가장 많이 가지고 있는 셀의 채널을 차용한다.

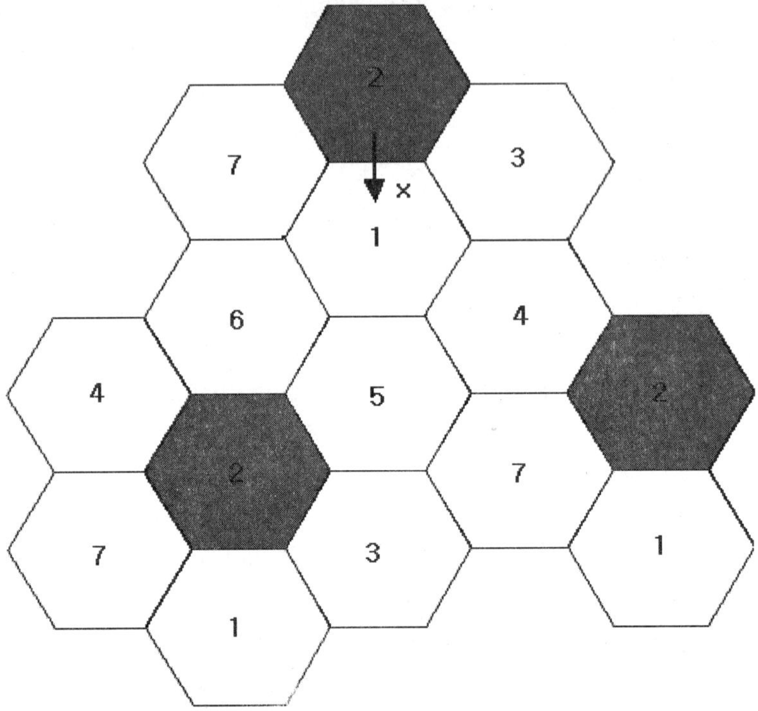

그림 8.11 채널차용방법

8.5.6 순차적차용채널할당방법

순차적채널차용(Borrowing with Channel Ordering)방법은 기본 채널차용방식에서 발전된 형태로 셀에 할당된 채널 그룹에 순서를 정하여 채널을 할당한다는 방법이다. 즉 고정채널할당 방법에 의해 채널 그룹은 각 셀에 할당된다. 그러면 셀은 할당된 일반채널들의 리스트(list)를 가진다. 호의 요청이오면 일반 채널에서 가능한 할당되고, 만약 일반 채널이 모두 할당되었다면 채널을 차용하여 할당을 한다.

셀에 할당된 채널들에 수를 주어 앞 수들의 채널에는 셀에서 발생하는 호에 사용되도록 하며 뒤 수의 채널들에는 이웃의 셀로 일시적으로 빌려주는 것에 우선권을 두는 방식이다. 이것은 채널을 두 그룹으로 확연히 나뉜 하이브리드 채널 할당방식과는 다르다. 채널의 락킹 문제는 앞의 기본 채널차용방법과 같다.
즉 셀 2에서 셀 1로 채널 X를 빌려주면 동일 채널 간섭으로 인해 나머지 이웃의 셀에서는 사용하지 못한다. 그리고 빌린 채널을 사용하던 호가 종단되면 락킹 되었던 3개의 셀에서는 다시 채널 X를 사용할 수 있다. 그러나 채널의 배열 문제에서는 조금 다른 방식을 보인다. 셀에 일반 채널들은 모두 할당되어 채널을 하나 차용하여 사용할 경우 호가 종단되어 일반 채널이 생기면 차용한 채널을 차용한 셀로 반납하고 그 호는 일반채널로 옮겨 사용하게 된다. 이것을 채널 재 정렬(Channel Reassignment)이라고 한다. 또 채널을 차용하지 않고 사용하는 셀에서 일반 채널 리스트 중 사용하던 앞 수의 호가 종단되면 제일 끝수의 채널을 사용하던 호는 종단된 앞 수의 채널로 옮겨 통화를 하는 방식이다.

다음 그림 8.12는 순차적 채널차용 방식을 설명한 것이다. 즉 각 셀에는 10개의 채널이 할당되어 있다. 셀 1에는 채널 1번부터 10번까지 할당되어있고, 셀 2에는 채널 11번부터 20번까지 할당되어있다.

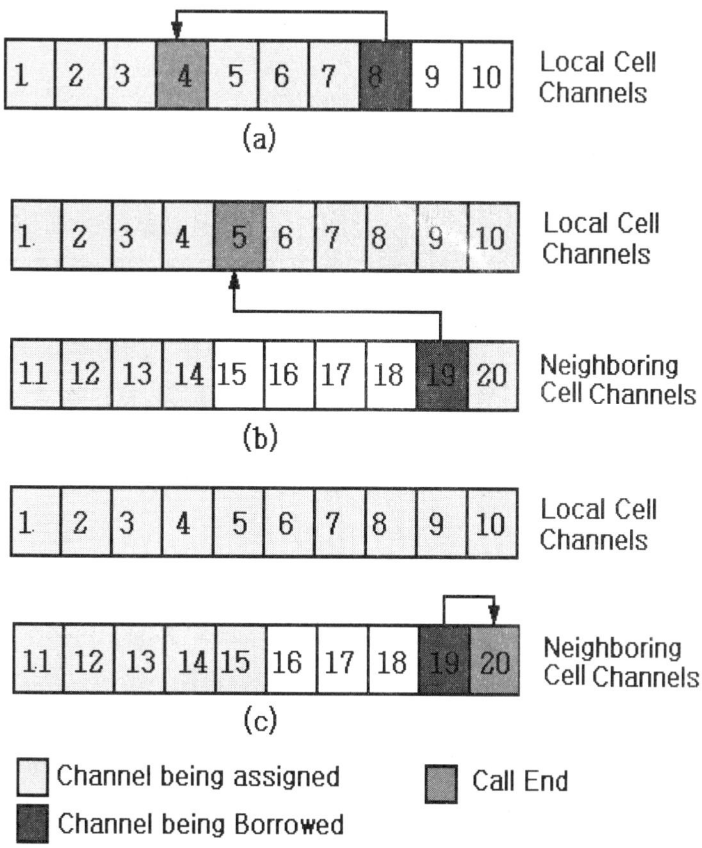

그림 8.12 채널 재 정렬

(a) 셀 1에서 채널 8까지 사용되다가 4번에서 호가 종단된 경우 채널 8을 사용하던 호는 채널 4번으로 옮겨 사용하고 채널 8은 다시 새로운 호에 할당된다.

(b) 셀 1에 12개의 호 요청이 있을 경우 셀 1의 일반채널 10개는 모두 사용되고, 셀 2에서 2개의 채널을 차용하여 사용한다. 이때 셀 2에서는 끝수의 채널 20,19 순으로 차용하여 준다. 이때 채널 5가 종단되면 차용한 채널 19가 채널 7로 옮기게 되고, 채널 19는 다시 자유로워지게 된다.

(c) 셀 1에 12개의 호 요청이 있을 경우 (b)와 같이 사용되다가, 채널 20번을 사용하던 호가 종단되면 채널 19를 사용하던 호는 채널 20으로 옮겨 사용하고 채널 19는 자유로워지게 된다.

8.6 동적채널할당방법

동적채널할당방법(Dynamic Channel Assignment)은 고정채널할당방법처럼 셀에 일정한 채널 그룹을 고정시키는 것이 아니라 시스템 내에서 사용 가능한 채널을 모든 셀들이 사용할 수 있다. 그러므로 사용자의 동적 트래픽 요구에 따라 할당이 이루어지며 따라서 공간적으로 트래픽이 비 균일할 경우에 좋은 성능을 줄 수 있다. 그러나 높은 부하 시에는 고정채널할당방법보다 좋지 않은 결과를 나타낸다. 또 모든 셀들의 채널을 MSC에서 감시하여야 하므로 전송기의 부하가 커지게 되므로 큰 용량의 시스템에서는 바람직하지 못한 방법이다.

동적채널할당방법은 사용자의 채널 요구에 대해 MSC가 채널을 할당하는 방법으로서 기본동적채널할당방법, 동적 가드채널할당방법, 동적 Q-가드채널할당방법, 동적 이중 Q-가드채널할당방법 등이 있다. 상세하게 살펴보기로 하자.

8.6.1 기본동적채널할당방법

기본동적채널할당(BDCA : Basis Dynamic Channel Assignment)은 일반적으로 이동통신시스템에서 공간적으로 트래픽이 비 균일할 경우에 가장 많이 사용되는 방식이며 또한 동적채널할당방법 중에서 가장 기본이 되는 동적채널할당방법이다. 즉 동적채널할당방법은 일정한 수의 BS를 관리하고 있는 MSC가 자신의 범위 안에 있는 셀들의 통화량으로부터 요구되는 채널의 수를 계산하고, 또 주위 셀들로의 간섭의 정도를 예측하여 통신수요 모델을 적용하여 계산한 후 시스템에 배정된 채널들을 MSC에 적절히 미리 할당하는 방식을 말한다. 이때 동일채널간섭을 피하기위해 주파수 재사용 거리를 만족하는 셀들에 대해서는 같은 채널들이 재 할당된다. 어떤 MSC 안 에서 모든 채널이 이미 다른 사용자들에게 사용 중일 경우에는 통화는 불가능하다. 동적고정채널할당방법은 새로운 호(new call)와 핸드오프 호(hand off call) 또는 핸드오버 호(hand over call)에 특별한 우선권은 없다. 이 방법은 대부분의 셀룰러 이동전화 시스템에서 채용하고 있는 것으로 MSC가 단말기에 채널을 할당한다. 새로운 호나 핸드오버 호 발생 시 MSC 내에 가용채널이 있으면 호에 채널을 할당하고 가용채널이 없는 경우에는 새로운 호와 핸드오버 호에 상관없이 통화 차단시킨다. 여기서 중요한 것은 고정채널할당방식에서는 핸드오버 호의 종류가 하나이지만 동적채널할당방식에서는 핸드오버 호의 종류가 두 가지라는 점이다. 첫 번째 핸드오버 호는 같은 MSC 내에서 BS 사이를 이동하는 경우이고 두 번째 핸드오버 호는 다른 MSC 내에서 BS 사이를 이동하는 경우를 말한다. 실제로 동적채널할당방법은 핸드오버 호를 처리하는 과정에서 첫 번째 핸드오버 호는 핸드오버 호 과정에서 통신 관리만 이동된 BS에서 관리하고 채널을 변경시키지 않는다. 왜냐하면 결국 같은 MSC가 채널을 할당하는 것이기 때문에 복잡하게 채널 변경 과정은 거치지 않고 전파세기를 최대로 유지하기 위해 BS를 변경하는 것으로 과정을 마치게 된다. 두 번째 핸드오버 호의 처리는 일반적인 방식에 따른다. 이 방식이 가장 일반적인 방식(알고리즘1)이며 또 다른 방법은 MSC 내에 가용채널이 없는 경우 새로운 호와 핸드오버 호를 구분하여 처리하는 방식이다. 즉 새로운 호는 차단(blocking)시키고 핸드오버 호는 이전 기지국과의 전파세기가 일정 크기 이상이면 통화를 계속하고 전파세기가 일정 크기 미만이면 차단시키는 방식(알고리즘2)이다. 이 경우도 두 번째 핸드오버 호의 경우만 해당된다. 이전 방식에 비해 추가적인 처리 과정이 필요하지만 핸드오버 호에 대한 통신서비스를 강화한다는 점에서 장점을 가지고 있다.

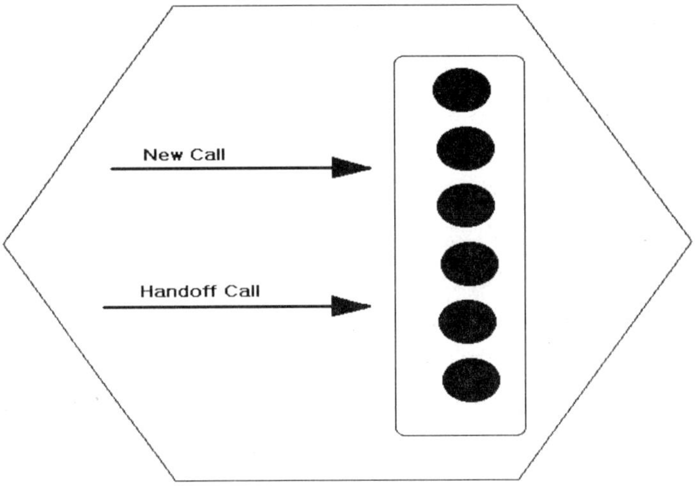

그림 8.13 기본동적채널할당방법(MSC에서 채널 할당)

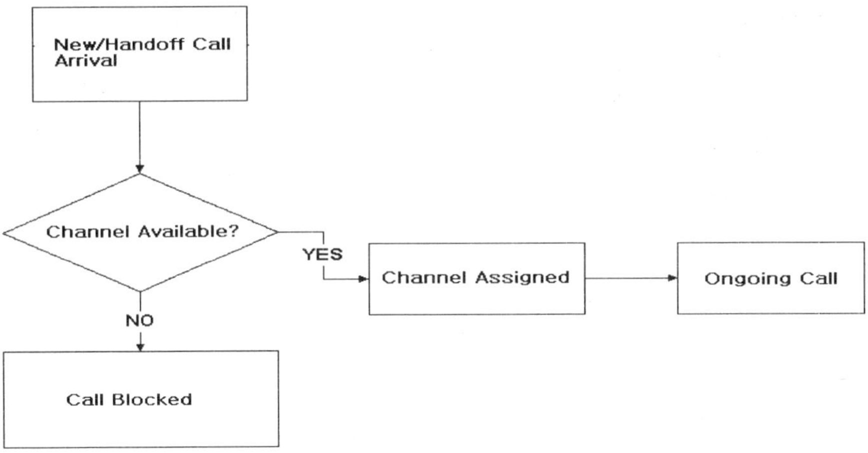

그림 8.14 기본동적채널할당방법의 순서도(알고리즘1)

1) 시나리오 파일

기본동적채널할당방법의 실제 사항을 고려하여 알고리즘을 이해하기 위해서 이동통신시스템 사용자들의 사용 환경을 포함하는 시나리오 파일을 작성해 보기로 하자. 그림 8.15에는 이동통신 망구조에 대해서 간단히 표현하였다. 전체 이동통신시스템 구조는 MSC가 4개로 구성되어져 있고 즉 MSC1, MSC2, MSC3, MSC4로 이루어져 있으며 MSC는 16개의 BS로 구성되어져 있다. 즉 MSC1은 BS111부터 BS144까지로 구성되어져 있다. 최초 송신 사용자 U1은 t1시간에는 BS124에 있고 t2시간에는 BS134에 있고 t3시간에는 BS231에 있으며 최초 BS124에서 새로운 호를 요청하게 된다. 사용자 U1은 BS124에서 채널을 할당 받은 후 BS134와 BS231로 이동하는 과정을 거치게 된다. 한편 최초 수신 사용자 U2는 p1시간에는 BS411에 있고 p2시간에는 BS421에 있고 p3시간에는 BS324에 있으며 최초 BS411에서 새로운 호를 요청하게 된다. 사용자 U2는 BS411에서 채널을 할당 받은 후 BS421과 BS324로 이동하는 과정을 거치게 된다. 시간적인 순서는 t1, p1, t2, p2, t3, p3 순서대로 진행된다고 생각한다. 시나리오 파일을 바탕으로 기본적인 알고리즘을 작성하고 순서도를 작성하게 된다.

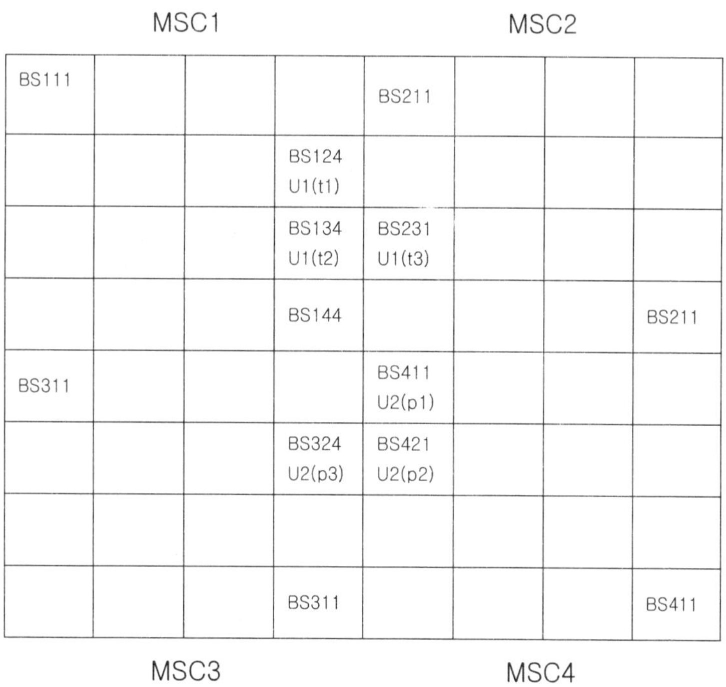

그림 8.15 이동통신 망구조

2) 알고리즘

사용자가 채널을 요구하는 경우 MSC 내에 유효한 일반채널이 있는 경우에는 일반채널을 할당하고 통화과정 계속하고 유효한 일반채널이 없는 경우 새로운 호와 핸드오버 호에 상관없이 호를 차단시키는 알고리즘1과 새로운 호는 차단시키고 핸드오버 호는 이전 기지국과의 전파세기가 일정 크기 이상인 경우에는 통화를 계속하고 전파세기가 일정 크기 미만이면 호를 차단시키는 알고리즘2를 구분하여 기술하도록 하자. 앞에서 언급하였듯이 여기서도 첫 번째 종류의 핸드오버 호는(같은 MSC 내에서 핸드오버 되는 경우) 채널을 변경하지는 않고 관리만 이동한 기지국으로 넘겨주고 두 번째 핸드오버 호는(다른 MSC로 핸드오버 되는 경우) 정상적인 핸드오버 절차를 수행하게 된다.

(1) 알고리즘1

사용자 U1은 BS124에서 새로운 호 요청을 하게 되면 MSC1에 유효한 일반채널이 있으면 채널을 할당받고 통신과정을 계속하게 되며 유효한 일반채널이 없으면 통화 차단된다. 사용자 U2는 BS411에서 새로운 호 요청을 하게 되면 MSC4에 유효한 일반채널이 있으면 채널을 할당받고 통신과정을 계속하게 되며 MSC4에 유효한 일반채널이 없으면 통화 차단된다.

통화가 계속되는 도중에 사용자 U1이 BS134로 핸드오버 되는 경우에는 같은 MSC1 내의 기지국 사이의 핸드오버이므로 채널 변경은 하지 않고 통화 관리만 BS134에게 넘겨주고 통신과정을 계속하게 된다.

통화가 계속되는 도중에 사용자 U2가 BS421로 핸드오버 되는 경우에는 같은 MSC4 내의 기지국 사이의 핸드오버이므로 채널 변경은 하지 않고 통화 관리만 BS421에게 넘겨주고 통신과정을 계속하게 된다.

통화가 계속되는 도중에 사용자 U1이 BS231로 핸드오버 되는 경우에는(서로 다른 MSC 사이의 핸드오버인 경우) MSC2에게 핸드오버 호 요청을 하게 된다. 유효한 일반채널이 있으면 채널을 할당받고 통신과정을 계속하게 되고 MSC2에 유효한 일반채널이 없으면 통화 차단된다.

통화가 계속되는 도중에 사용자 U2가 BS324로 핸드오버 되는 경우에는(서로 다른 MSC 사이의 핸드오버인 경우) MSC3에게 핸드오버 호 요청을 하게 된다. 유효한 일반채널이 있으면 채널을 할당받고 통신과정을 계속하게 되고 MSC3에 유효한 일반채널이 없으면 통화 차단된다.

(2) 알고리즘2

사용자 U1은 BS124에서 새로운 호 요청을 하게 되면 MSC1에 유효한 일반채널이 있으면 채널을 할당받고 통신과정을 계속하게 되며 유효한 일반채널이 없으면 통화 차단된다. 사용자 U2는 BS411에서 새로운 호 요청을 하게 되면 MSC4에 유효한 일반채널이 있으면 채널을 할당받고 통신과정을 계속하게 되며

MSC4에 유효한 일반채널이 없으면 통화 차단된다.

통화가 계속되는 도중에 사용자 U1이 BS134로 핸드오버 되는 경우에는 같은 MSC1 내의 기지국 사이의 핸드오버이므로 채널 변경은 하지 않고 통화 관리만 BS134에게 넘겨주고 통신과정을 계속하게 된다.

통화가 계속되는 도중에 사용자 U2가 BS421로 핸드오버 되는 경우에는 같은 MSC4 내의 기지국 사이의 핸드오버이므로 채널 변경은 하지 않고 통화 관리만 BS421에게 넘겨주고 통신과정을 계속하게 된다.

통화가 계속되는 도중에 사용자 U1이 BS231로 핸드오버 되는 경우에는 MSC2에게 핸드오버 호 요청을 하게 된다. MSC2에 유효한 일반채널이 있으면 채널을 할당받고 통신과정을 계속하게 되고 유효한 일반채널이 없으면 기존의 BS134와의 전파세기가 일정크기 이상이면 통신 상태를 계속 유지하지만 전파세기가 일정크기 미만이면 통화 차단된다.

통화가 계속되는 도중에 사용자 U2가 BS324로 핸드오버 되는 경우에는 MSC3에게 핸드오버 호 요청을 하게 된다. MSC3에 유효한 일반채널이 있으면 채널을 할당받고 통신과정을 계속하게 되고 유효한 일반채널이 없으면 기존의 BS421과의 전파세기가 일정크기 이상이면 통신 상태를 계속 유지하지만 전파세기가 일정크기 미만이면 통화 차단된다.

8.6.2 동적가드채널할당방법

새로운 호와 핸드오버 호에 대해 구분하여 채널 할당을 해야 할 필요성이 대두되었다. 이동통신 사용자가 처음으로 음성 통화를 시도할 때 음성 통화 서비스를 못 받는 경우와 음성 통화 서비스를 받고 있는 도중에 음성 통화 서비스가 차단되는 경우의 사용자 불편을 조사한 내용을 보면 후자가 훨씬 더 불편하다는 결과를 얻게 되었다.

단순한 기본동적채널할당방법에서는 새로운 호와 핸드오버 호에 우선권이 없어 비슷한 확률로 차단이 일어났다. 그러나 통화 중에 호가 차단되면 사용자 측면에서는 더욱 불편함을 느끼게 된다. 그러므로 핸드오버 호에 우선권을 두어 채널을 할당하는 방법들이 연구개발 되었다. 그 대표적인 예가 동적가드채널할당(Dynamic Guard Channel Assignment) 또는 동적예약채널할당(Dynamic Reserved Channel Assignment)이다. 방법은 동적채널할당방법을 발전시킨 것으로 핸드오버 호 만을 위해서 몇 개의 채널들(G) 즉 가드 채널을 고정시켜두는 방법이다. 즉 가드채널을 제외한 나머지 채널들(N-G)을 새로운 호와 핸드오버 호가 같이 사용하되 만약 가용채널이 없는 경우 새로운 호는 차단되고 핸드오버 호만 가드채널을 이용하는 방법이다.

동적가드채널할당방법은 바로 핸드오버 호의 차단 율을 직접적으로 줄여주는 채널할당 알고리즘이다. 시스템에서는 핸드오버의 수가 얼마나 되는가에 따라 가드채널의 수를 결정한다. 그러나 가드채널방법의 단점은 핸드오버 호에만 채널을 일부 할당하기 때문에 새로운 호의 차단이 커진다는 단점이 있다.

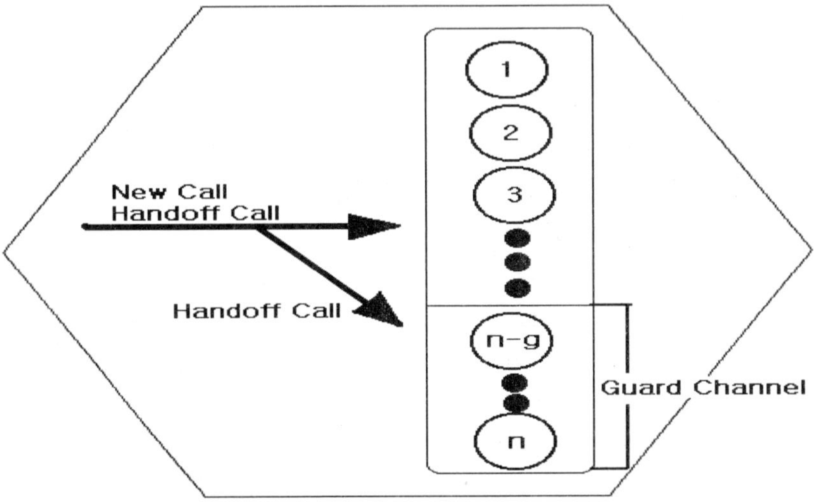

그림 8.16 동적가드채널할당방법(MSC에서 채널 할당)

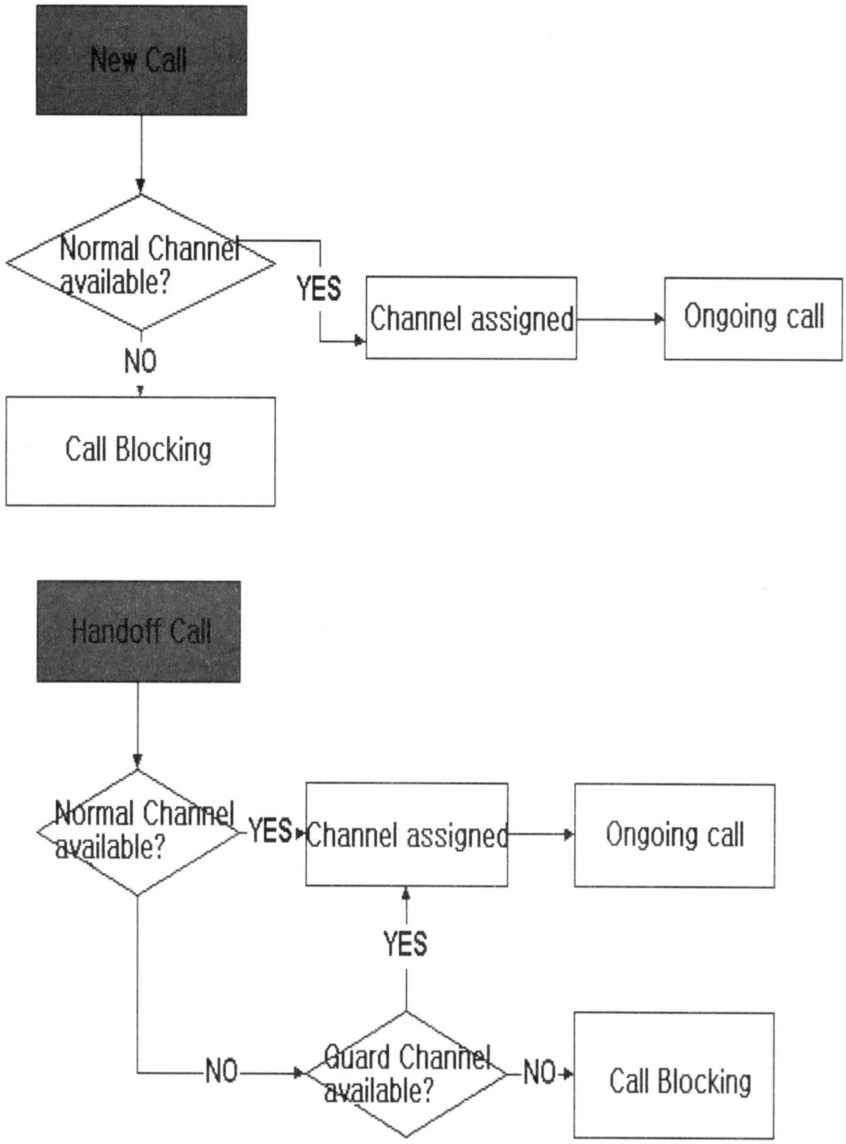

그림 8.17 동적가드채널할당의 순서도(MSC에서 채널 할당, 알고리즘1)

1) 시나리오 파일

동적가드채널할당방법의 실제 사항을 고려하여 알고리즘을 이해하기 위해서 이동통신시스템 사용자들의 사용 환경을 포함하는 시나리오 파일을 작성해 보기로 하자. 그림 8.18에는 이동통신 망구조에 대해서 간단히 표현하였다. 전체 이동통신시스템 구조는 MSC가 4개로 구성되어져 있고 즉 MSC1, MSC2, MSC3, MSC4로 이루어져 있으며 MSC는 16개의 BS로 구성되어져 있다. 즉 MSC1은 BS111부터 BS144까지로 구성되어져 있다. 최초 송신 사용자 U1은 t1시간에는 BS124에 있고 t2시간에는 BS134에 있고 t3시간에는 BS231에 있으며 최초 BS124에서 새로운 호를 요청하게 된다. 사용자 U1은 BS124에서 채널을 할당 받은 후 BS134와 BS231로 이동하는 과정을 거치게 된다. 한편 최초 수신 사용자 U2는 p1시간에는 BS411에 있고 p2시간에는 BS421에 있고 p3시간에는 BS324에 있으며 최초 BS411에서 새로운 호를 요청하게 된다. 사용자 U2는 BS411에서 채널을 할당 받은 후 BS421과 BS324로 이동하는 과정을 거치게 된다. 시간적인 순서는 t1, p1, t2, p2, t3, p3 순서대로 진행된다고 생각한다. 시나리오 파일을 바탕으로 기본적인 알고리즘을 작성하고 순서도를 작성하게 된다.

MSC1 MSC2

BS111				BS211			
			BS124 U1(t1)				
			BS134 U1(t2)	BS231 U1(t3)			
			BS144				BS211
BS311				BS411 U2(p1)			
			BS324 U2(p3)	BS421 U2(p2)			
			BS311				BS411

MSC3 MSC4

그림 8.18 이동통신 망 구조

2) 알고리즘

사용자가 채널을 요구하는 경우 기지국 내에 유효한 일반채널이 있는 경우에는 일반채널을 할당하고 통화과정을 계속하고 일반채널이 없는 경우 새로운 호는 차단시키고 핸드오버 호는 유효한 일반채널은 없지만 유효한 가드채널이 있는 경우에는 가드채널을 할당하고 통화과정을 계속하고 일반채널도 없고 가드채널도 없는 경우에는 호를 차단시키는 알고리즘1과 새로운 호는 차단시키고 핸드오버 호는 일반채널도 없고 가드채널도 없는 경우에는 이전 기지국과의 전파세기가 일정 크기 이상인 경우에는 통화를 계속하고 전파세기가 일정 크기 미만이면 호를 차단시키는 알고리즘2를 구분하여 기술하도록 하자. 앞에서 언급하였듯이 여기서도 첫 번째 종류의 핸드오버 호는(같은 MSC 내에서 핸드오버 되는 경우) 채널을 변경하지는 않고 관리만 이동한 기지국으로 넘겨주고 두 번째 핸드오버 호는(다른 MSC로 핸드오버 되는 경우) 정상적인 핸드오버 절차를 수행하게 된다.

(1) 알고리즘1

사용자 U1은 BS124에서 새로운 호 요청을 하게 되면 MSC1에 유효한 일반채널이 있으면 채널을 할당받고 통신과정을 계속하게 되며 유효한 일반채널이 없으면 통화 차단된다. 사용자 U2는 BS411에서 새로운 호 요청을 하게 되면 MSC4에 유효한 일반채널이 있으면 채널을 할당받고 통신과정을 계속하게 되며 유효한 일반채널이 없으면 통화 차단된다.

통화가 계속되는 도중에 사용자 U1이 BS134로 핸드오버 되는 경우에는 같은 MSC1 내의 기지국 사이의 핸드오버이므로 채널 변경은 하지 않고 통화 관리만 BS134에게 넘겨주고 통신과정을 계속하게 된다.

통화가 계속되는 도중에 사용자 U2가 BS421로 핸드오버 되는 경우에는 같은 MSC4 내의 기지국 사이의 핸드오버이므로 채널 변경은 하지 않고 통화 관리만 BS421에게 넘겨주고 통신과정을 계속하게 된다.

통화가 계속되는 도중에 사용자 U1이 BS231로 핸드오버 되는 경우에는(서로 다른 MSC 사이의 핸드오버인 경우) MSC2에게 핸드오버 호 요청을 하게 된다. 유효한 일반채널이 있으면 채널을 할당받고 통신과정을 계속하게 되고 MSC2에 유효한 일반채널이 없지만 유효한 가드채널이 있으면 가드채널을 할당받고 통신과정을 계속하게 되고 유효한 일반채널도 없고 유효한 가드채널도 없는 경우에는 통화 차단된다.

통화가 계속되는 도중에 사용자 U2가 BS324로 핸드오버 되는 경우에는(서로 다른 MSC 사이의 핸드오버인 경우) MSC3에게 핸드오버 호 요청을 하게 된다. 유효한 일반채널이 있으면 채널을 할당받고 통신과정을 계속하게 되고 MSC3에 유효한 일반채널이 없지만 유효한 가드채널이 있으면 가드채널을 할당받고 통신과정을 계속하게 되고 유효한 일반채널도 없고 유효한 가드채널도 없는 경우에는 통화 차단된다.

(2) 알고리즘2

사용자 U1은 BS124에서 새로운 호 요청을 하게 되면 MSC1에 유효한 일반채널이 있으면 채널을 할당받고 통신과정을 계속하게 되며 유효한 일반채널이 없으면 통화 차단된다. 사용자 U2는 BS411에서 새로운 호 요청을 하게 되면 MSC4에 유효한 일반채널이 있으면 채널을 할당받고 통신과정을 계속하게 되며 유효한 일반채널이 없으면 통화 차단된다.

통화가 계속되는 도중에 사용자 U1이 BS134로 핸드오버 되는 경우에는 같은 MSC1 내의 기지국 사이의 핸드오버이므로 채널 변경은 하지 않고 통화 관리만 BS134에게 넘겨주고 통신과정을 계속하게 된다.

통화가 계속되는 도중에 사용자 U2가 BS421로 핸드오버 되는 경우에는 같은 MSC4 내의 기지국 사이의 핸드오버이므로 채널 변경은 하지 않고 통화 관리만 BS421에게 넘겨주고 통신과정을 계속하게 된다.

통화가 계속되는 도중에 사용자 U1이 BS231로 핸드오버 되는 경우에는 MSC2에게 핸드오버 호 요청을 하게 된다. MSC2에 유효한 일반채널이 있으면 채널을 할당받고 통신과정을 계속하게 되고 유효한 일반채널이 없지만 유효한 가드채널이 있으면 가드채널을 할당받고 통신과정을 계속하게 되고 유효한 일반채널도 없고 유효한 가드채널도 없는 경우에는 기존의 BS134와의 전파세기가 일정크기 이상이면 통신 상태를 계속 유지하지만 전파세기가 일정크기 미만이면 통화 차단된다.

통화가 계속되는 도중에 사용자 U2가 BS324로 핸드오버 되는 경우에는 MSC3에게 핸드오버 호 요청을 하게 된다. MSC3에 유효한 일반채널이 있으면 채널을 할당받고 통신과정을 계속하게 되고 유효한 일반채널이 없지만 유효한 가드채널이 있으면 가드채널을 할당받고 통신과정을 계속하게 되고 유효한 일반채널도 없고 유효한 가드채널도 없는 경우에는 기존의 BS421과의 전파세기가 일정크기 이상이면 통신 상태를 계속 유지하지만 전파세기가 일정크기 미만이면 통화 차단된다.

8.6.3 동적 Q-가드채널할당방법

동적 Q-가드채널할당방법은 사용자의 통신 서비스 향상을 위해 핸드오버 호의 차단을 줄이기 위해 발전된 알고리즘으로 기존의 동적가드채널할당방법에 대기열인 Q(Queue)를 추가하는 방식이다. 일반적으로 채널할당방법들은 이동통신 사용자가 채널을 요구하는 시점에 해당 기지국에 유효한 채널이 있을 경우에만 채널을 할당하게 된다. 그렇지만 대부분의 경우 현재의 시간에는 유효한 채널이 없지만 약간의 시간이 지나면 유효한 채널이 생기는 경우가 많이 존재하게 된다. 따라서 채널할당 하는 시간을 약간 지연시키고 사용자의 요구를 확인하고 대기하는 과정을 통해 호의 차단율을 줄일 수 방법들은 시스템 성능을 향상시키는 결과를 가져 올 수 있다. 동적 Q-가드채널할당방법은 앞에서 제시한 동적가드채널할당방법과 거의 동일한 방법으로 움직인다. 이동 국이 핸드오버 요청지역으로 들어갔을 때 핸드오버 레벨과 단말기 수신 레벨사이(통화 가능한 전파세기)의 수신레벨을 유지한다.

이 경우 가드채널만을 사용했을 경우 이동 국이 가려고하는 목적 셀을 관리하고 있는 MSC에 가용채널이 없으면 핸드오버 호는 바로 차단이 되거나 또는 이전 기지국과의 전파세기가 일정크기 이상(핸드오버 차단 레벨)일 경우에만 통화가 유지된다. 그러나 핸드오버 호를 위한 대기열인 큐를 추가할 경우 핸드오버 호가 MSC에 가용채널이 없다면 바로 차단되는 것이 아니라 일단 큐에 들어간다. 즉 이동 국이 핸드오버 지역을 벗어나지 않고 수신레벨도 핸드오버 차단 레벨까지 떨어지지 않은 핸드오버 호에 대해서 바로 차단을 시키는 것이 아니라 큐에 대기시킨 다음 이동 국이 핸드오버 지역을 벗어나기 전에 MSC에서 가용채널이 생기면 큐에서 대기하고 있던 핸드오버 호에 채널을 할당해 주는 방식이다. 그러나 현재 셀의 기지국으로부터의 수신전력 레벨이 목적 셀에서 채널이 할당되기 전에 핸드오버 차단 레벨 이하로 떨어진다면 그 호는 강제로 종단된다. 여기서 큐는 먼저 들어온 순서대로 서비스를 받는 FCFS(First Come First Serve) 방식을 대부분 채택하고 있다.

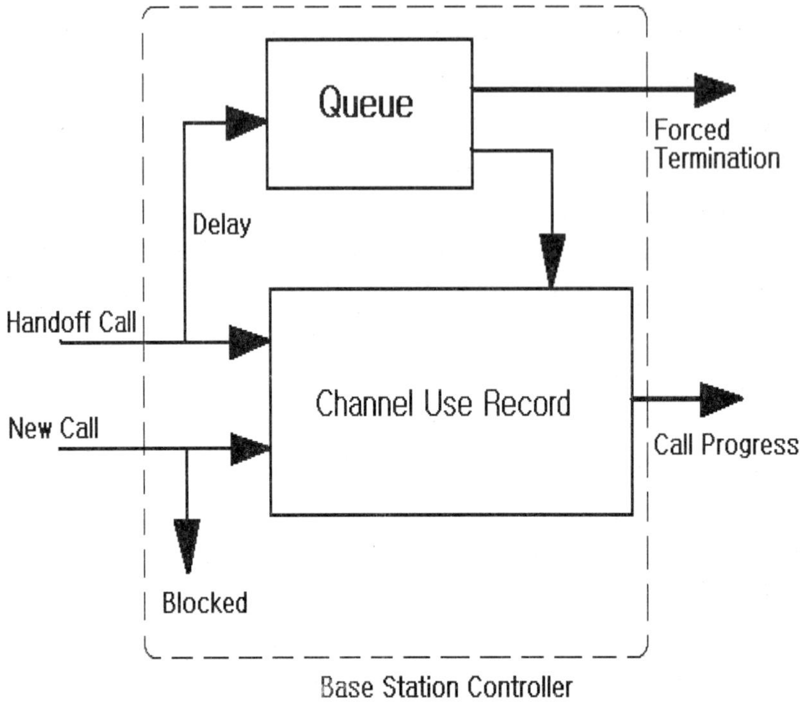

그림 8.19 대기열을 사용한 동적 Q-가드채널방법(MSC에서 채널 할당)

동적 Q-가드채널할당방법에서 사용하는 Q는 1개의 입력과 3개의 출력을 갖게 된다. Q는 입력되는 순서대로 출력되어서 서비스를 받게 되면 출력 3개의 세부적인 과정은 다음과 같다. Q에 대기하는 동안 해당 호가 이전 기지국과의 전파세기가 일정크기 미만이 되면 강제로 호가 차단되게 되며(출력1) 또한 오버프로우(overflow)가 생겨도 강제로 호가 차단되며(출력2) 나머지 출력은 정상적으로 새로운 MSC로부터 채널을 할당받고 기존 MSC로 기존 채널을 반납하고 통화과정을 계속하게 되는 과정(출력3)을 말한다.

1) 시나리오 파일

동적 Q-가드채널할당방법의 실제 사항을 고려하여 알고리즘을 이해하기 위해서 이동통신시스템 사용자들의 사용 환경을 포함하는 시나리오 파일을 작성해 보기로 하자. 그림 8.20에는 이동통신 망 구조에 대해서 간단히 표현하였다. 전체 이동통신시스템 구조는 MSC가 4개로 구성되어져 있고 즉 MSC1, MSC2,

MSC3, MSC4로 이루어져 있으며 MSC는 16개의 BS로 구성되어져 있다. 즉 MSC1은 BS111부터 BS144까지로 구성되어져 있다. 최초 송신 사용자 U1은 t1시간에는 BS124에 있고 t2시간에는 BS134에 있고 t3시간에는 BS231에 있으며 최초 BS124에서 새로운 호를 요청하게 된다. 사용자 U1은 BS124에서 채널을 할당 받은 후 BS134와 BS231로 이동하는 과정을 거치게 된다. 한편 최초 수신 사용자 U2는 p1시간에는 BS411에 있고 p2시간에는 BS421에 있고 p3시간에는 BS324에 있으며 최초 BS411에서 새로운 호를 요청하게 된다. 사용자 U2는 BS411에서 채널을 할당 받은 후 BS421과 BS324로 이동하는 과정을 거치게 된다. 시간적인 순서는 t1, p1, t2, p2, t3, p3 순서대로 진행된다고 생각한다. 시나리오 파일을 바탕으로 기본적인 알고리즘을 작성하고 순서도를 작성하게 된다.

MSC1 MSC2

BS111				BS211			
			BS124 U1(t1)				
			BS134 U1(t2)	BS231 U1(t3)			
			BS144				BS211
BS311				BS411 U2(p1)			
			BS324 U2(p3)	BS421 U2(p2)			
			BS311				BS411

MSC3 MSC4

그림 8.20 이동통신 망구조

2) 알고리즘

사용자가 채널을 요구하는 경우 MSC 내에 유효한 일반채널이 있는 경우에는 일반채널을 할당하고 통화과정을 계속하고 일반채널이 없는 경우 새로운 호는 차단시키고 핸드오버 호는 유효한 일반채널은 없지만 유효한 가드채널이 있는 경우에는 가드채널을 할당하고 통화과정을 계속하고 일반채널도 없고 가드채널도 없는 경우에는 호를 Q에 입력해서 처리한다. Q에 대기하는 동안 해당 호가 이전 기지국과의 전파세기가 일정크기 미만이 되면 강제로 호가 차단되게 되며(출력1) 또한 오버프로우(overflow)가 생겨도 강제로 호가 차단되며(출력2) 나머지 출력은 정상적으로 새로운 MSC로부터 채널을 할당받고 기존 MSC로 기존 채널을 반납하고 통화과정을 계속하게 되는 과정을 말한다.

사용자 U1은 BS124에서 새로운 호 요청을 하게 되면 MSC1에 유효한 일반채널이 있으면 채널을 할당받고 통신과정을 계속하게 되며 유효한 일반채널이 없으면 통화 차단된다. 사용자 U2는 BS411에서 새로운 호 요청을 하게 되면 MSC4에 유효한 일반채널이 있으면 채널을 할당받고 통신과정을 계속하게 되며 MSC4에 유효한 일반채널이 없으면 통화 차단된다.

통화가 계속되는 도중에 사용자 U1이 BS134로 핸드오버 되는 경우에는 같은 MSC1 내의 기지국 사이의 핸드오버이므로 채널 변경은 하지 않고 통화 관리만 BS134에게 넘겨주고 통신과정을 계속하게 된다.

통화가 계속되는 도중에 사용자 U2가 BS421로 핸드오버 되는 경우에는 같은 MSC4 내의 기지국 사이의 핸드오버이므로 채널 변경은 하지 않고 통화 관리만 BS421에게 넘겨주고 통신과정을 계속하게 된다.

통화가 계속되는 도중에 사용자 U1이 BS231로 핸드오버 되는 경우에는 MSC2에게 핸드오버 호 요청을 하게 된다. 유효한 일반채널이 있으면 채널을 할당받고 통신과정을 계속하게 되고 MSC2에 유효한 일반채널이 없지만 유효한 가드채널이 있으면 가드채널을 할당받고 통신과정을 계속하게 되고 유효한 일반채널도 없고 유효한 가드채널도 없는 경우에는 호를 Q에 입력해서 처리한다. Q에 대기하는 동안 해당 호가 이전 기지국과의 전파세기가 일정크기 미만이 되면 강제로 호가 차단되게 되며(출력1) 또한 오버프로우(overflow)가 생겨도 강제로 호가 차단되며(출력2) 나머지 출력은 정상적으로 새로운 MSC로부터 채널을 할당받고 기존 MSC로 기존 채널을 반납하고 통화과정을 계속하게 된다.

통화가 계속되는 도중에 사용자 U2가 BS324로 핸드오버 되는 경우에는 MSC3에게 핸드오버 호 요청을 하게 된다. 유효한 일반채널이 있으면 채널을 할당받고 통신과정을 계속하게 되고 MSC3에 유효한 일반채널이 없지만 유효한 가드채널이 있으면 가드채널을 할당받고 통신과정을 계속하게 되고 유효한 일반채널도 없고 유효한 가드채널도 없는 경우에는 호를 Q에 입력해서 처리한다. Q에 대기하는 동안 해당 호가 이전 기지국과의 전파세기가 일정크기 미만이 되면 강제로 호가 차단되게 되며(출력1) 또한 오버프로우(overflow)가 생겨도 강제로 호가 차단되며(출력2) 나머지 출력은 정상적으로 새로운 MSC로부터 채널을 할당받고 기존 MSC로 기존 채널을 반납하고 통화과정을 계속하게 된다.

8.6.4 동적 이중 Q-가드채널할당방법

동적 이중 Q-가드채널할당방법은 사용자의 통신 서비스 향상을 위해 새로운 호와 핸드오버 호의 차단을 줄이기 위해 발전된 알고리즘으로 기존의 가드채널할당방법에 대기열인 Q(Queue)를 2개를 추가하는 방식이다. 하나의 Q는 새로운 호를 위한 대기열이고 또 다른 하나의 Q는 핸드오버 호를 위한 대기열이다. 일반적으로 채널할당방법들은 이동통신 사용자가 채널을 요구하는 시점에 해당 MSC에 유효한 채널이 있을 경우에만 채널을 할당하게 된다. 그렇지만 대부분의 경우 현재의 시간에는 유효한 채널이 없지만 약간의 시간이 지나면 유효한 채널이 생기는 경우가 많이 존재하게 된다. 따라서 채널할당 하는 시간을 약간 지연시키고 사용자의 요구를 확인하고 대기하는 과정을 통해 호의 차단율을 줄일 수 방법들은 시스템 성능을 향상시키는 결과를 가져 올 수 있다. 동적 이중 Q-가드채널할당방법은 앞에서 제시한 동적 Q-가드채널할당방법과 거의 동일한 방법으로 움직인다. 핸드오버 호의 경우에는 동적 Q-가드채널할당방법과 거의 유사하게 동작하며 추가적으로 새로운 호에 대한 통신 서비스 과정이 추가하게 된다. 이동 국이 핸드오버 요청지역으로 들어갔을 때 핸드오버 레벨과 단말기 수신 레벨사이(통화 가능한 전파세기)의 수신레벨을 유지한다.

이 경우 가드채널만을 사용했을 경우 이동 국이 가려고하는 목적 셀에 가용채널이 없으면 핸드오버 호는 바로 차단이 되거나 또는 이전 기지국과의 전파세기가 일정크기 이상(핸드오버 차단 레벨)일 경우에만 통화가 유지된다. 그러나 핸드오버 호를 위한 대기열인 큐를 추가할 경우 핸드오버 호가 목적 셀을 관리하고 있는 MSC에 가용채널이 없다면 바로 차단되는 것이 아니라 일단 큐에 들어간다. 즉 이동 국이 핸드오버 지역을 벗어나지 않고 수신레벨도 핸드오버 차단 레벨까지 떨어지지 않은 핸드오버 호에 대해서 바로 차단을 시키는 것이 아니라 큐에 대기시킨 다음 이동 국이 핸드오버 지역을 벗어나기 전에 MSC에서 가용채널이 생기면 큐에서 대기하고 있던 핸드오버 호에 채널을 할당해 주는 방식이다. 그러나 현재 셀의 기지국으로부터의 수신전력 레벨이 목적 셀에서 채널이 할당되기 전에 핸드오버 차단 레벨 이하로 떨어진다면 그 호는 강제로 종단된다. 여기서 큐는 먼저 들어온 순서대로 서비스를 받는 FCFS(First Come First Serve) 방식을 대부분 채택하고 있다.

새로운 호에 대한 Q를 사용한 추가적인 통신 서비스 사항은 다음과 같다. 새로운 호를 위해 사용하는 Q는 새로운 호가 Q에 대기하는 동안 해당 새로운 호가 채널을 할당 받기 전에 대기하는 시간이 일정 이상 시간(이동통신시스템에 따라 다르게 정할 수 있음)이 되면 강제로 새로운 호가 차단되게 되며 또한 오버프로우(overflow)가 생겨도 강제로 새로운 호가 차단되며 나머지 출력은 정상적으로 새로운 MSC로부터 채널을 할당받고 기존 MSC로 기존 채널을 반납하고 통화 과정을 계속하게 되는 과정을 말한다.

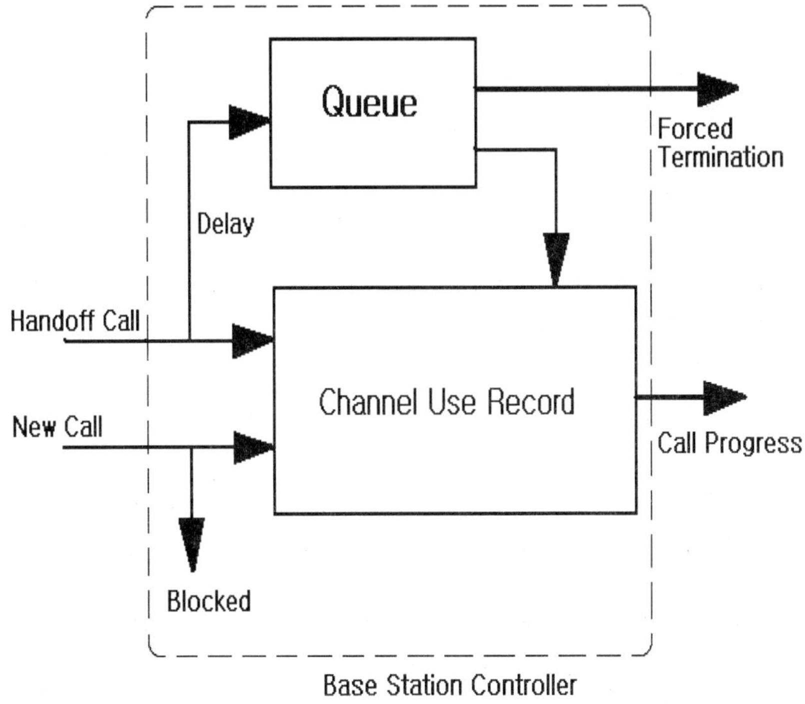

그림 8.21 대기열을 사용한 동적 이중 Q-가드채널방법
(MSC가 채널할당)

동적 이중 Q-가드채널할당방법에서 사용하는 2개의 Q는 1개의 입력과 3개의 출력을 갖게 된다. Q는 입력되는 순서대로 출력되어서 서비스를 받게 되면 출력 3개의 세부적인 과정은 다음과 같다. 새로운 호를 위해 사용하는 Q는 Q에 대기하는 동안 해당 새로운 호가 채널을 할당 받기 전에 대기하는 시간이 일정 이상 시간(이동통신시스템에 따라 다르게 정할 수 있음)이 되면 강제로 새로운 호가 차단되게 되며(출력1) 또한 오버프로우(overflow)가 생겨도 강제로 새로운 호가 차단되며(출력2) 나머지 출력은 정상적으로 새로운 MSC로부터 채널을 할당받고 기존 MSC로 기존 채널을 반납하고 통화과정(출력3)을 계속하게 되는 과정을 말한다. 핸드오버 호를 위해 사용하는 Q는 Q에 대기하는 동안 해당 핸드오버 호가 이전 기지국과의 전파세기가 일정크기 미만이 되면 강제로 핸드오버 호가 차단

되게 되며(출력1) 또한 오버프로우(overflow)가 생겨도 강제로 핸드오버 호가 차단되며(출력2) 나머지 출력은 정상적으로 새로운 MSC로부터 채널을 할당받고 기존 MSC로 기존 채널을 반납하고 통화과정(출력3)을 계속하게 되는 과정을 말한다.

1) 시나리오 파일

동적 이중 Q-가드채널할당방법의 실제 사항을 고려하여 알고리즘을 이해하기 위해서 이동통신시스템 사용자들의 사용 환경을 포함하는 시나리오 파일을 작성해 보기로 하자. 그림 8.22에는 이동통신 망구조에 대해서 간단히 표현하였다. 전체 이동통신시스템 구조는 MSC가 4개로 구성되어져 있고 즉 MSC1, MSC2, MSC3, MSC4로 이루어져 있으며 MSC는 16개의 BS로 구성되어져 있다. 즉 MSC1은 BS111부터 BS144까지로 구성되어져 있다. 최초 송신 사용자 U1은 t1 시간에는 BS124에 있고 t2시간에는 BS134에 있고 t3시간에는 BS231에 있으며 최초 BS124에서 새로운 호를 요청하게 된다. 사용자 U1은 BS124에서 채널을 할당 받은 후 BS134와 BS231로 이동하는 과정을 거치게 된다. 한편 최초 수신 사용자 U2는 p1시간에는 BS411에 있고 p2시간에는 BS421에 있고 p3시간에는 BS324에 있으며 최초 BS411에서 새로운 호를 요청하게 된다. 사용자 U2는 BS411에서 채널을 할당 받은 후 BS421과 BS324로 이동하는 과정을 거치게 된다. 시간적인 순서는 t1, p1, t2, p2, t3, p3 순서대로 진행된다고 생각한다. 시나리오 파일을 바탕으로 기본적인 알고리즘을 작성하고 순서도를 작성하게 된다.

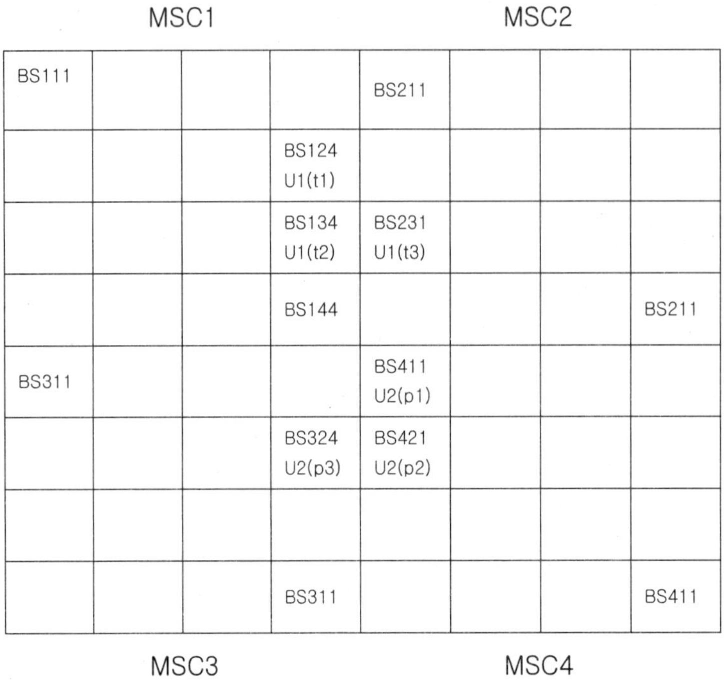

그림 8.22 이동통신 망구조

2) 알고리즘

사용자가 채널을 요구하는 경우 MSC 내에 유효한 일반채널이 있는 경우에는 일반채널을 할당하고 통화과정을 계속하고 일반채널이 없는 경우 새로운 호는 호를 Q에 입력해서 처리한다. Q에 대기하는 동안 해당 호가 Q에 대기하는 동안 해당 새로운 호가 채널을 할당 받기 전에 대기하는 시간이 일정 이상 시간(이동통신시스템에 따라 다르게 정할 수 있음)이 되면 강제로 새로운 호가 차단되게 되며(출력1) 또한 오버프로우(overflow)가 생겨도 강제로 호가 차단되며(출력2) 나머지 출력은 정상적으로 새로운 MSC로부터 채널을 할당받고 기존 MSC로 기존 채널을 반납하고 통화과정을 계속하게 되는 과정(출력3)을 말한다.

핸드오버 호는 유효한 일반채널은 없지만 유효한 가드채널이 있는 경우에는 가드채널을 할당하고 통화과정을 계속하고 일반채널도 없고 가드채널도 없는 경우에는 호를 Q에 입력해서 처리한다. Q에 대기하는 동안 해당 호가 이전 기지국과의 전파세기가 일정크기 미만이 되면 강제로 호가 차단되게 되며(출력1) 또한 오버프로우(overflow)가 생겨도 강제로 호가 차단되며(출력2) 나머지 출력은 정상적으로 새로운 MSC로부터 채널을 할당받고 기존 MSC로 기존 채널을 반납하고 통화과정(출력3)을 계속하게 되는 과정을 말한다.

사용자 U1은 BS124에서 새로운 호 요청을 하게 되면 MSC1에 유효한 일반채널이 있으면 채널을 할당받고 통신과정을 계속하게 되며 유효한 일반채널이 없으면 새로운 호는 호를 Q에 입력해서 처리한다. Q에 대기하는 동안 해당 호가 Q에 대기하는 동안 해당 새로운 호가 채널을 할당 받기 전에 대기하는 시간이 일정 이상 시간(이동통신시스템에 따라 다르게 정할 수 있음)이 되면 강제로 새로운 호가 차단되게 되며(출력1) 또한 오버프로우(overflow)가 생겨도 강제로 호가 차단되며(출력2) 나머지 출력은 정상적으로 새로운 MSC로부터 채널을 할당받고 기존 MSC로 기존 채널을 반납하고 통화과정을 계속하게 된다.

사용자 U2는 BS411에서 새로운 호 요청을 하게 되면 MSC4에 유효한 일반채널이 있으면 채널을 할당받고 통신과정을 계속하게 되며 MSC4에 유효한 일반채널이 없으면 새로운 호는 호를 Q에 입력해서 처리한다. Q에 대기하는 동안 해당 호가 Q에 대기하는 동안 해당 새로운 호가 채널을 할당 받기 전에 대기하는 시간이 일정 이상 시간(이동통신시스템에 따라 다르게 정할 수 있음)이 되면 강제로 새로운 호가 차단되게 되며(출력1) 또한 오버프로우(overflow)가 생겨도 강제로 호가 차단되며(출력2) 나머지 출력은 정상적으로 새로운 MSC로부터 채널을 할당받고 기존 MSC로 기존 채널을 반납하고 통화과정을 계속하게 된다.

통화가 계속되는 도중에 사용자 U1이 BS134로 핸드오버 되는 경우에는 같은 MSC1 내의 기지국 사이의 핸드오버이므로 채널 변경은 하지 않고 통화 관리만 BS134에게 넘겨주고 통신과정을 계속하게 된다.

통화가 계속되는 도중에 사용자 U2가 BS421로 핸드오버 되는 경우에는 같은 MSC4 내의 기지국 사이의 핸드오버이므로 채널 변경은 하지 않고 통화 관리만 BS134에게 넘겨주고 통신과정을 계속하게 된다.

통화가 계속되는 도중에 사용자 U1이 BS231로 핸드오버 되는 경우에는 MSC2에게 핸드오버 호 요청을 하게 된다. 유효한 일반채널이 있으면 채널을 할당받고 통신과정을 계속하게 되고 MSC2에 유효한 일반채널이 없지만 유효한 가드채널이 있으면 가드채널을 할당받고 통신과정을 계속하게 되고 유효한 일반채널도 없고 유효한 가드채널도 없는 경우에는 호를 Q에 입력해서 처리한다. Q에 대기하는 동안 해당 호가 이전 기지국과의 전파세기가 일정크기 미만이 되면 강제로 호가 차단되게 되며(출력1) 또한 오버프로우(overflow)가 생겨도 강제로 호가 차단되며(출력2) 나머지 출력은 정상적으로 새로운 MSC로부터 채널을 할당받고 기존 MSC로 기존 채널을 반납하고 통화과정을 계속하게 된다.

통화가 계속되는 도중에 사용자 U2가 BS324로 핸드오버 되는 경우에는 MSC3에게 핸드오버 호 요청을 하게 된다. 유효한 일반채널이 있으면 채널을 할당받고 통신과정을 계속하게 되고 MSC3에 유효한 일반채널이 없지만 유효한 가드채널이 있으면 가드채널을 할당받고 통신과정을 계속하게 되고 유효한 일반채널도 없고 유효한 가드채널도 없는 경우에는 호를 Q에 입력해서 처리한다. Q에 대기하는 동안 해당 호가 이전 기지국과의 전파세기가 일정크기 미만이 되면 강제로 호가 차단되게 되며(출력1) 또한 오버프로우(overflow)가 생겨도 강제로 호가 차단되며(출력2) 나머지 출력은 정상적으로 새로운 MSC로부터 채널을 할당받고 기존 MSC로 기존 채널을 반납하고 통화과정을 계속하게 된다.

8.7 하이브리드채널할당방법

하이브리드(hybrid)의 의미는 여러 가지 종류의 것을 혼합한다는 것을 의미한다. 각각의 것들이 가지고 있는 장점들을 모아서 효율을 높인다는 의미에서 다양한 분야에서 사용되어지고 있다. 자동차에도 하이브리드 기술이 적용되는 것이 좋은 예라고 할 수 있다. 하이브리드채널할당(Hybrid Channel Assignment)방법은 앞서 언급한 고정채널할당방법과 동적채널할당방법을 적절하게 혼합한 방식이다. BS와 MSC가 다양한 통신 환경에 적응하여 채널을 나누어서 할당하게 된다. 즉 각 BS는 미리 할당된 채널의 일부만을 사용하고, 나머지 채널은 동적으로 MSC가 할당하게 된다. 따라서 성능은 트래픽의 분포와 고정된 채널 대 동적으로 할당되는 채널간의 비에 따라 결정된다. 그러나 이 방법도 동적채널할당방법과 같이 높은 부하 시에는 좋지 않은 결과를 나타낸다. 따라서 우리가 사용하는 통신 환경에 따라 적합한 채널할당방법을 사용하는 것이 무엇보다도 중요하다고 할 수 있다.

하이브리드채널할당방법은 사용자의 채널 요구에 대해 BS와 MSC가 공동으로 채널을 할당하는 방법으로서 기본하이브리드채널할당방법, 하이브리드 가드채널할당방법, 하이브리드 Q-가드채널할당방법, 하이브리드 이중 Q-가드채널할당방법 등이 있다. 상세하게 살펴보기로 하자.

8.7.1 기본하이브리드채널할당방법

기본하이브리드채널할당(BDCA : Basis Hybrid Channel Assignment)은 일반적으로 이동통신시스템에서 공간적으로 통신 환경이 복잡한 경우에 가장 많이 사용되는 방식이며 또한 하이브리드채널할당방법 중에서 가장 기본이 되는 채널할당방법이다. 즉 기본하이브리드채널할당방법은 일정한 수의 BS를 관리하고 있는 MSC가 자신의 범위 안에 있는 셀들의 통화량으로부터 요구되는 채널의 수를 계산하고, 또 주위 셀들로의 간섭의 정도를 예측하여 통신수요 모델을 적용하여 계산한 후 시스템에 배정된 채널들을 MSC와 BS에 적절히 미리 할당하는 방식을 말한다. 이때 동일채널간섭을 피하기위해 주파수 재사용 거리를 만족하는 셀들에 대해서는 같은 채널들이 재 할당된다. 채널을 요구하는 호를 관리하는 BS와 MSC에서 모든 채널이 이미 다른 사용자들에게 사용 중일 경우에는 통화는 불가능하다. 기본하이브리드채널할당방법은 새로운 호(new call)와 핸드오프 호(hand off call) 또는 핸드오버 호(hand over call)에 특별한 우선권은 없다. 이 방법은 대부분의 셀룰러 이동전화 시스템에서 채용하고 있는 것으로 MSC와 BS가 공동으로 단말기에 채널을 할당한다. 새로운 호나 핸드오버 호 발생 시 BS에 유효한 일반채널이 있으며 채널 할당하고 없지만 MSC 내에 유효한 일반채널이 있으면 호에 채널을 할당하고 BS와 MSC에 동시에 유효한 일반채널이 없는 경우에는 새로운 호와 핸드오버 호에 상관없이 통화 차단시킨다. 여기서 중요한 것은 고정채널할당방식에서는 핸드오버 호의 종류가 하나이고 동적채널할당방식에서는 핸드오버 호의 종류가 두 가지이지만 하이브리드채널할당방식에서는 핸드오버 호의 종류가 네 가지라는 점이다. 첫 번째 핸드오버 호는 이전에 BS에게서 채널을 할당 받은 상태에서 같은 MSC 내에서 BS 사이를 이동하는 경우이고 두 번째 핸드오버 호는 이전에 BS에게서 채널을 할당 받은 상태에서 다른 MSC 사이에서 BS 사이를 이동하는 경우이고 세 번째 핸드오버 호는 이전에 MSC에게서 채널을 할당 받은 상태에서 같은 MSC 내에서 BS 사이를 이동하는 경우이고 네 번째 핸드오버 호는 이전에 MSC에게서 채널을 할당 받은 상태에서 다른 MSC 사이에서 BS 사이를 이동하는 경우이다. 실제로 하이브리드채널할당방법은 핸드오버 호를 처리하는 과정에서 세 번째 핸드오버 호는 핸드오버 호 과정에서 통신 관리만 이동된 BS에서 관리하고 채널을 변경시키지 않는다. 왜냐하면 결국 같은 MSC가 채널을 할당하는 것이기 때문에 복잡하게 채널 변경 과정은 거치지 않고 전파 세기를 최대로 유지하기 위해 BS를 변경하는 것으로 과정을 마치게 된다. 첫 번째, 두 번째와 네 번째 핸드오버 호의 처리는 일반적인 방식에 따른다. 이 방식이 가장 일반적인 방식(알고리즘1)이며 또 다른 방법은 MSC와 BS 내에 유효한 가용채널이 없는 경우 새로운 호와 핸드오버 호를 구분하여 처리하는 방식이다. 즉 새로운 호는 차단(blocking)시키고 핸드오버 호는 이전 기지국과의 전파세기가 일정 크기 이상이면 통화를 계속하고 전파세기가 일정 크기 미만이면 차단시키는 방식(알고리즘2)이다. 이 경우도 첫 번째, 두 번째와 네 번째 핸드오버 호의 경우만 해당된다. 이전 방식에 비해 추가적인 처리 과정이 필요하지만 핸드오버 호에 대한 통신서비스를 강화한다는 점에서 장점을 가지고 있다.

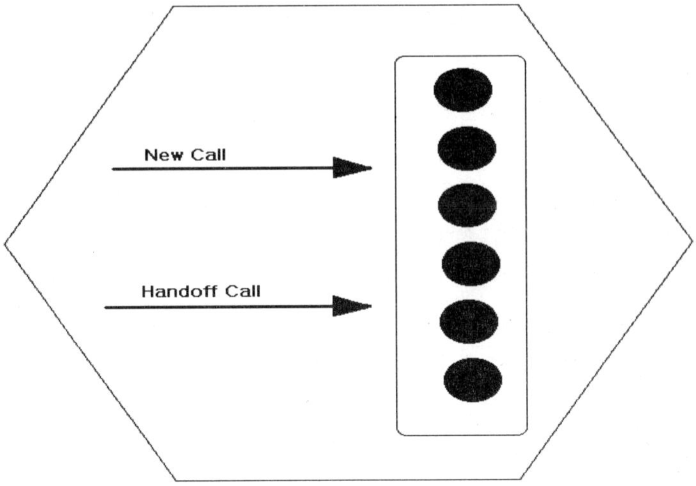

그림 8.23 기본하이브리드채널할당방법(BS와 MSC에서 채널 할당)

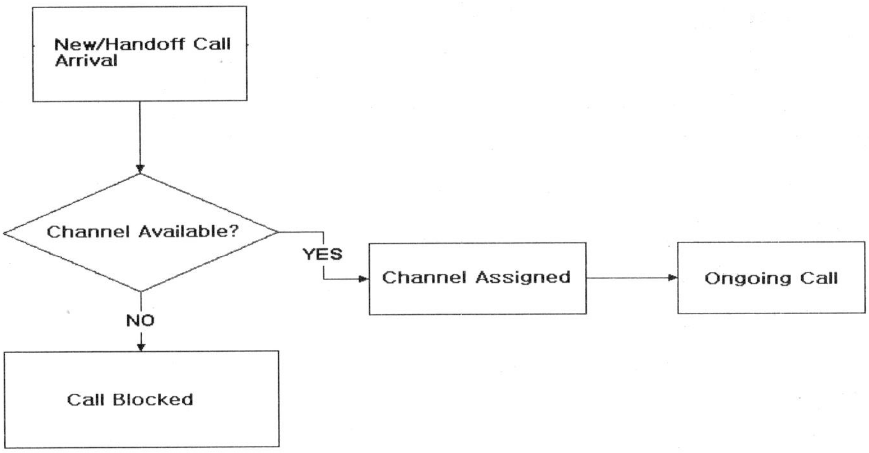

그림 8.24 기본하이브리드채널할당방법의 순서도
(BS와 MSC에서 채널 할당)

1) 시나리오 파일

기본하이브리드채널할당방법의 실제 사항을 고려하여 알고리즘을 이해하기 위해서 이동통신시스템 사용자들의 사용 환경을 포함하는 시나리오 파일을 작성해 보기로 하자. 그림 8.25에는 이동통신 망구조에 대해서 간단히 표현하였다. 전체 이동통신시스템 구조는 MSC가 4개로 구성되어져 있고 즉 MSC1, MSC2, MSC3, MSC4로 이루어져 있으며 MSC는 16개의 BS로 구성되어져 있다. 즉 MSC1은 BS111부터 BS144까지로 구성되어져 있다. 최초 송신 사용자 U1은 t1 시간에는 BS124에 있고 t2시간에는 BS134에 있고 t3시간에는 BS231에 있으며 최초 BS124에서 새로운 호를 요청하게 된다. 사용자 U1은 BS124에서 채널을 할당 받은 후 BS134와 BS231로 이동하는 과정을 거치게 된다. 한편 최초 수신 사용자 U2는 p1시간에는 BS411에 있고 p2시간에는 BS421에 있고 p3시간에는 BS324에 있으며 최초 BS411에서 새로운 호를 요청하게 된다. 사용자 U2는 BS411에서 채널을 할당 받은 후 BS421과 BS324로 이동하는 과정을 거치게 된다. 시간적인 순서는 t1, p1, t2, p2, t3, p3 순서대로 진행된다고 생각한다. 시나리오 파일을 바탕으로 기본적인 알고리즘을 작성하고 순서도를 작성하게 된다.

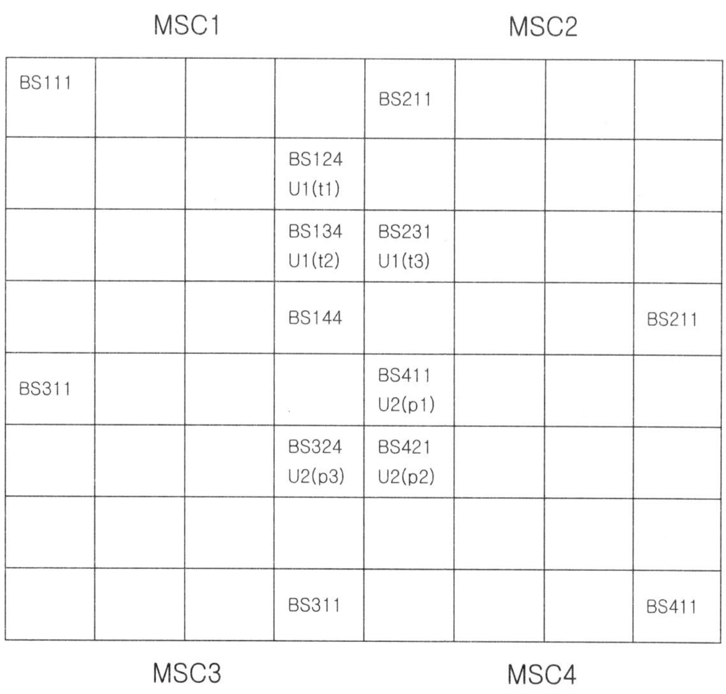

그림 8.25 이동통신 망구조

2) 알고리즘

사용자가 채널을 요구하는 경우 BS 내에 유효한 일반채널이 있는 경우에는 일반채널을 할당하고 통화과정 계속하고 BS 내에 유효한 일반채널이 없지만 MSC

내에 유효한 일반채널이 있는 경우에는 일반채널을 할당하고 통화과정 계속하고 BS와 MSC에 동시에 유효한 일반채널이 없는 경우 새로운 호와 핸드오버 호에 상관없이 호를 차단시키는 알고리즘1과 새로운 호는 차단시키고 핸드오버 호는 이전 기지국과의 전파세기가 일정 크기 이상인 경우에는 통화를 계속하고 전파세기가 일정 크기 미만이면 호를 차단시키는 알고리즘2를 구분하여 기술하도록 하자. 앞에서 언급하였듯이 여기서도 세 번째 종류의 핸드오버 호는 채널을 변경하지는 않고 관리만 이동한 기지국으로 넘겨주고 첫 번째, 두 번째와 네 번째 핸드오버 호는 정상적인 핸드오버 절차를 수행하게 된다.

(1) 알고리즘1

사용자 U1은 BS124에서 새로운 호 요청을 하게 되면 BS124에 유효한 일반채널이 있으면 채널을 할당받고 통신과정을 계속하게 되며 BS124에는 유효한 일반채널이 없지만 MSC1에 유효한 일반채널이 있으면 채널을 할당받고 통신과정을 계속하게 되며 BS124와 MSC1에 동시에 유효한 일반채널이 없으면 통화 차단된다. 사용자 U2는 BS411에서 새로운 호 요청을 하게 되면 BS411에 유효한 일반채널이 있으면 채널을 할당받고 통신과정을 계속하게 되며 BS411에는 유효한 일반채널이 없지만 MSC4에 유효한 일반채널이 있으면 채널을 할당받고 통신과정을 계속하게 되며 BS411와 MSC4에 동시에 유효한 일반채널이 없으면 통화 차단된다.

통화가 계속되는 도중에 사용자 U1이 BS134로 핸드오버 될 때 이전에 MSC1에게서 채널을 할당 받은 경우에는 같은 MSC1 내의 기지국 사이의 핸드오버이므로 채널 변경은 하지 않고 통화 관리만 BS134에게 넘겨주고 통신과정을 계속하게 되고 이전에 BS124에게서 채널을 할당 받은 경우에는 BS134에 유효한 일반채널이 있으면 채널을 할당받고 통신과정을 계속하게 되며 BS134에는 유효한 일반채널이 없지만 MSC1에 유효한 일반채널이 있으면 채널을 할당받고 통신과정을 계속하게 되며 BS134와 MSC1에 동시에 유효한 일반채널이 없으면 통화 차단된다.

통화가 계속되는 도중에 사용자 U2가 BS421로 핸드오버 될 때 이전에 MSC4에게서 채널을 할당 받은 경우에는 같은 MSC4 내의 기지국 사이의 핸드오버이므로 채널 변경은 하지 않고 통화 관리만 BS421에게 넘겨주고 통신과정을 계속하게 되고 이전에 BS411에게서 채널을 할당 받은 경우에는 BS421에 유효한 일반채널이 있으면 채널을 할당받고 통신과정을 계속하게 되며 BS421에는 유효한 일반채널이 없지만 MSC4에 유효한 일반채널이 있으면 채널을 할당받고 통신과정을 계속하게 되며 BS421와 MSC4에 동시에 유효한 일반채널이 없으면 통화 차단된다.

통화가 계속되는 도중에 사용자 U1이 BS231로 핸드오버 되는 경우에는(서로 다른 MSC 사이의 핸드오버인 경우) 먼저 BS231에게 핸드오버 호 요청을 하게 된다. BS231에 유효한 일반채널이 있으면 채널을 할당받고 통신과정을 계속하게 되며 BS231에는 유효한 일반채널이 없지만 MSC2에 유효한 일반채널이 있으면 채널을 할당받고 통신과정을 계속하게 되며 BS231과 MSC2에 동시에 유효한 일반채널이 없으면 통화 차단된다.

통화가 계속되는 도중에 사용자 U2가 BS324로 핸드오버 되는 경우에는(서로 다른 MSC 사이의 핸드오버인 경우) 먼저 BS231에게 핸드오버 호 요청을 하게 된다. BS324에 유효한 일반채널이 있으면 채널을 할당받고 통신과정을 계속하게 되며 BS324에는 유효한 일반채널이 없지만 MSC3에 유효한 일반채널이 있으면 채널을 할당받고 통신과정을 계속하게 되며 BS324와 MSC3에 동시에 유효한 일반채널이 없으면 통화 차단된다.

(2) 알고리즘2

사용자 U1은 BS124에서 새로운 호 요청을 하게 되면 BS124에 유효한 일반채널이 있으면 채널을 할당받고 통신과정을 계속하게 되며 BS124에는 유효한 일반채널이 없지만 MSC1에 유효한 일반채널이 있으면 채널을 할당받고 통신과정을 계속하게 되며 BS124와 MSC1에 동시에 유효한 일반채널이 없으면 통화 차단된다. 사용자 U2는 BS411에서 새로운 호 요청을 하게 되면 BS411에 유효한 일반채널이 있으면 채널을 할당받고 통신과정을 계속하게 되며 BS411에는 유효한 일반채널이 없지만 MSC4에 유효한 일반채널이 있으면 채널을 할당받고 통신과정을 계속하게 되며 BS411와 MSC4에 동시에 유효한 일반채널이 없으면 통화 차단된다.

통화가 계속되는 도중에 사용자 U1이 BS134로 핸드오버 될 때 이전에 MSC1에게서 채널을 할당 받은 경우에는 같은 MSC1 내의 기지국 사이의 핸드오버이므로 채널 변경은 하지 않고 통화 관리만 BS134에게 넘겨주고 통신과정을 계속하게 되고 이전에 BS124에게서 채널을 할당 받은 경우에는 BS134에 유효한 일반채널이 있으면 채널을 할당받고 통신과정을 계속하게 되며 BS134에는 유효한 일반채널이 없지만 MSC1에 유효한 일반채널이 있으면 채널을 할당받고 통신과정을 계속하게 되며 BS134와 MSC1에 동시에 유효한 일반채널이 없으면 기존의 BS124와의 전파세기가 일정크기 이상이면 통신 상태를 계속 유지하지만 전파세기가 일정크기 미만이면 통화 차단된다.

통화가 계속되는 도중에 사용자 U2가 BS421로 핸드오버 될 때 이전에 MSC4

에게서 채널을 할당 받은 경우에는 같은 MSC4 내의 기지국 사이의 핸드오버이므로 채널 변경은 하지 않고 통화 관리만 BS421에게 넘겨주고 통신과정을 계속하게 되고 이전에 BS411에게서 채널을 할당 받은 경우에는 BS421에 유효한 일반채널이 있으면 채널을 할당받고 통신과정을 계속하게 되며 BS421에는 유효한 일반채널이 없지만 MSC4에 유효한 일반채널이 있으면 채널을 할당받고 통신과정을 계속하게 되며 BS421와 MSC4에 동시에 유효한 일반채널이 없으면 기존의 BS411과의 전파세기가 일정크기 이상이면 통신 상태를 계속 유지하지만 전파세기가 일정크기 미만이면 통화 차단된다.

통화가 계속되는 도중에 사용자 U1이 BS231로 핸드오버 되는 경우에는(서로 다른 MSC 사이의 핸드오버인 경우) 먼저 BS231에게 핸드오버 호 요청을 하게 된다. BS231에 유효한 일반채널이 있으면 채널을 할당받고 통신과정을 계속하게 되며 BS231에는 유효한 일반채널이 없지만 MSC2에 유효한 일반채널이 있으면 채널을 할당받고 통신과정을 계속하게 되며 BS231과 MSC2에 동시에 유효한 일반채널이 없으면 기존의 BS134와의 전파세기가 일정크기 이상이면 통신 상태를 계속 유지하지만 전파세기가 일정크기 미만이면 통화 차단된다.

통화가 계속되는 도중에 사용자 U2가 BS324로 핸드오버 되는 경우에는(서로 다른 MSC 사이의 핸드오버인 경우) 먼저 BS231에게 핸드오버 호 요청을 하게 된다. BS324에 유효한 일반채널이 있으면 채널을 할당받고 통신과정을 계속하게 되며 BS324에는 유효한 일반채널이 없지만 MSC3에 유효한 일반채널이 있으면 채널을 할당받고 통신과정을 계속하게 되며 BS324와 MSC3에 동시에 유효한 일반채널이 없으면 기존의 BS421과의 전파세기가 일정크기 이상이면 통신 상태를 계속 유지하지만 전파세기가 일정크기 미만이면 통화 차단된다.

8.7.2 하이브리드가드채널할당방법

새로운 호와 핸드오버 호에 대해 구분하여 채널 할당을 해야 할 필요성이 대두되었다. 이동통신 사용자가 처음으로 음성 통화를 시도할 때 음성 통화 서비스를 못 받는 경우와 음성 통화 서비스를 받고 있는 도중에 음성 통화 서비스가 차단되는 경우의 사용자 불편을 조사한 내용을 보면 후자가 훨씬 더 불편하다는 결과를 얻게 되었다.

단순한 기본하이브리드채널할당방법에서는 새로운 호와 핸드오버 호에 우선권이 없어 비슷한 확률로 차단이 일어났다. 그러나 통화 중에 호가 차단되면 사용자 측면에서는 더욱 불편함을 느끼게 된다. 그러므로 핸드오버 호에 우선권을 두어 채널을 할당하는 방법들이 연구개발 되었다. 그 대표적인 예가 하이브리드가드채널할당(Hybrid Guard Channel Assignment) 또는 하이브리드예약채널할당

(Hybrid Reserved Channel Assignment)이다. 이 방법은 하이브리드채널할당방법을 발전시킨 것으로 핸드오버 호 만을 위해서 몇 개의 채널들(G) 즉 가드 채널을 고정시켜두는 방법이다. 즉 가드채널을 제외한 나머지 채널들(N-G)을 새로운 호와 핸드오버 호가 같이 사용하되 만약 가용채널이 없는 경우 새로운 호는 차단되고 핸드오버 호만 가드채널을 이용하는 방법이다.

하이브리드가드채널할당방법은 바로 핸드오버 호의 차단 율을 직접적으로 줄여주는 채널할당 알고리즘이다. 시스템에서는 핸드오버의 수가 얼마나 되는가에 따라 가드채널의 수를 결정한다. 그러나 가드채널방법의 단점은 핸드오버 호에만 채널을 일부 할당하기 때문에 새로운 호의 차단이 커진다는 단점이 있다.

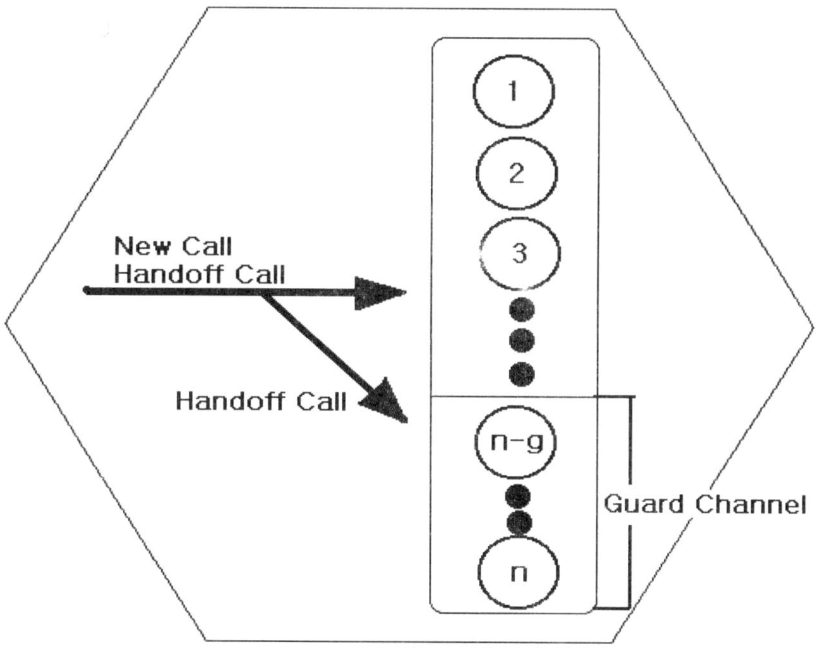

그림 8.26 하이브리드가드채널할당방법(MSC와 BS에서 채널 할당)

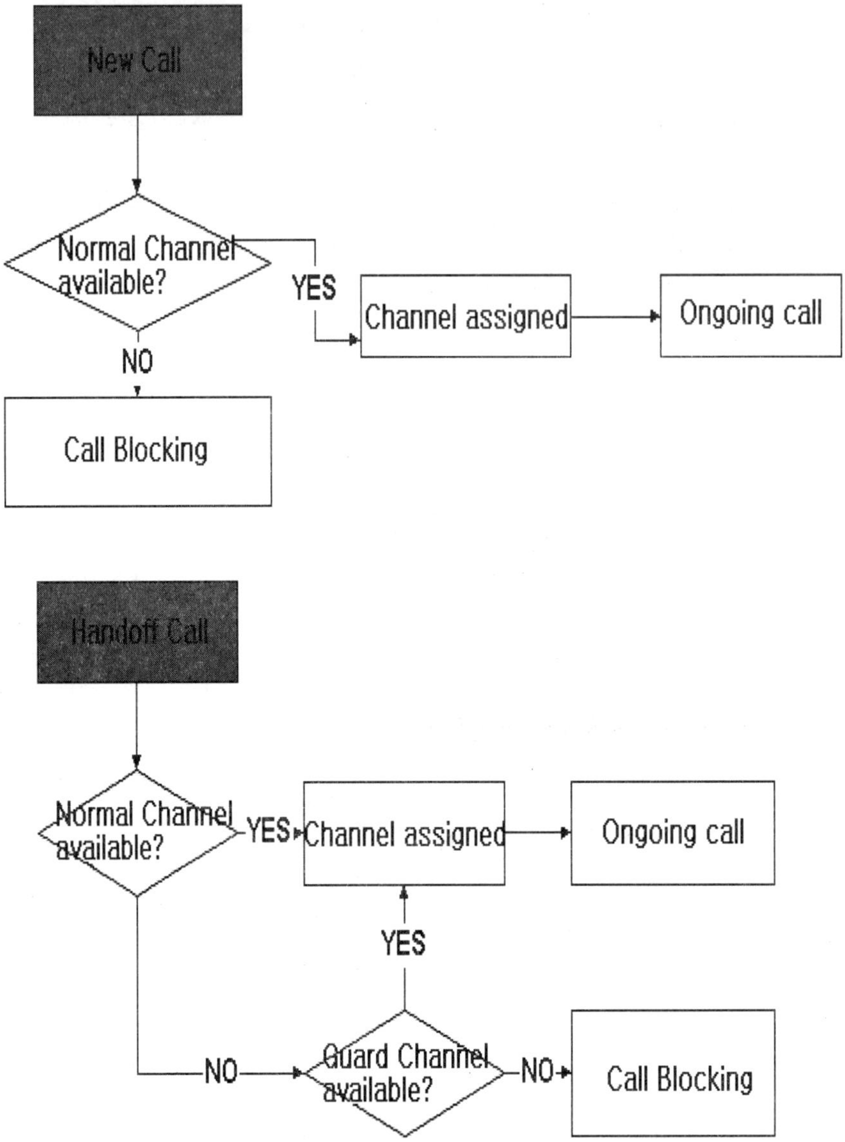

그림 8.27 하이브리드가드채널할당의 순서도
(MSC와 BS에서 채널 할당)

1) 시나리오 파일

하이브리드가드채널할당방법의 실제 사항을 고려하여 알고리즘을 이해하기 위해서 이동통신시스템 사용자들의 사용 환경을 포함하는 시나리오 파일을 작성해 보기로 하자. 그림 8.28에는 이동통신 망구조에 대해서 간단히 표현하였다. 전체 이동통신시스템 구조는 MSC가 4개로 구성되어져 있고 즉 MSC1, MSC2, MSC3, MSC4로 이루어져 있으며 MSC는 16개의 BS로 구성되어져 있다. 즉 MSC1은 BS111부터 BS144까지로 구성되어져 있다. 최초 송신 사용자 U1은 t1시간에는 BS124에 있고 t2시간에는 BS134에 있고 t3시간에는 BS231에 있으며 최초 BS124에서 새로운 호를 요청하게 된다. 사용자 U1은 BS124에서 채널을 할당 받은 후 BS134와 BS231로 이동하는 과정을 거치게 된다. 한편 최초 수신 사용자 U2는 p1시간에는 BS411에 있고 p2시간에는 BS421에 있고 p3시간에는 BS324에 있으며 최초 BS411에서 새로운 호를 요청하게 된다. 사용자 U2는 BS411에서 채널을 할당 받은 후 BS421과 BS324로 이동하는 과정을 거치게 된다. 시간적인 순서는 t1, p1, t2, p2, t3, p3 순서대로 진행된다고 생각한다. 시나리오 파일을 바탕으로 기본적인 알고리즘을 작성하고 순서도를 작성하게 된다.

MSC1 MSC2

BS111				BS211			
			BS124 U1(t1)				
			BS134 U1(t2)	BS231 U1(t3)			
			BS144				BS211
BS311				BS411 U2(p1)			
			BS324 U2(p3)	BS421 U2(p2)			
			BS311				BS411

MSC3 MSC4

그림 8.28 이동통신 망구조

2) 알고리즘

새로운 호 사용자가 채널을 요구하는 경우 BS 내에 유효한 일반채널이 있는 경우에는 일반채널을 할당하고 통화과정 계속하고 BS 내에 유효한 일반채널이 없지만 MSC 내에 유효한 일반채널이 있는 경우에는 일반채널을 할당하고 통화과정 계속하고 BS와 MSC에 동시에 유효한 일반채널이 없는 경우에는 호를 차단시킨다.

핸드오버 호 사용자가 채널을 요구하는 경우 BS 내에 유효한 일반채널이 있는 경우에는 일반채널을 할당하고 통화과정 계속하고 BS 내에 유효한 일반채널이 없지만 가드채널이 있는 경우에는 가드채널을 할당하고 통화과정 계속하고 BS 내에 유효한 일반채널과 가드채널이 없지만 MSC 내에 유효한 일반채널이 있는 경우에는 일반채널을 할당하고 통화과정 계속하고 BS 내에 유효한 일반채널과 가드채널이 없고 또한 MSC 내에 유효한 일반채널이 없지만 유효한 가드채널이 있는 경우에는 가드채널을 할당하고 통화과정 계속하고 BS와 MSC에 동시에 유효한 일반채널과 가드채널이 없는 경우에는 호를 차단시키는 알고리즘1과 새로운 호는 차단시키고 핸드오버 호는 이전 기지국과의 전파세기가 일정 크기 이상인 경우에는 통화를 계속하고 전파세기가 일정 크기 미만이면 호를 차단시키는 알고리즘2를 구분하여 기술하도록 하자. 앞에서 언급하였듯이 여기서도 세 번째 종류의 핸드오버 호는(이전 MSC에게서 채널을 할당 받고 같은 MSC 내에서 핸드오버 되는 경우) 채널을 변경하지는 않고 관리만 이동한 기지국으로 넘겨주고 첫 번째, 두 번째와 네 번째 핸드오버 호는(다른 MSC로 핸드오버 되는 경우 또는 이전 BS에게서 채널을 할당 받고 같은 MSC 내에서 핸드오버 되는 경우) 정상적인 핸드오버 절차를 수행하게 된다.

(1) 알고리즘1

사용자 U1은 BS124에서 새로운 호 요청을 하게 되면 BS124에 유효한 일반채널이 있으면 채널을 할당받고 통신과정을 계속하게 되며 BS124에는 유효한 일반채널이 없지만 MSC1에 유효한 일반채널이 있으면 채널을 할당받고 통신과정을 계속하게 되며 BS124와 MSC1에 동시에 유효한 일반채널이 없으면 통화 차단된다.

사용자 U2는 BS411에서 새로운 호 요청을 하게 되면 BS411에 유효한 일반채널이 있으면 채널을 할당받고 통신과정을 계속하게 되며 BS411에는 유효한 일반채널이 없지만 MSC4에 유효한 일반채널이 있으면 채널을 할당받고 통신과정을 계속하게 되며 BS411와 MSC4에 동시에 유효한 일반채널이 없으면 통화 차단된다.

통화가 계속되는 도중에 사용자 U1이 BS134로 핸드오버 될 때 이전에 MSC1에게서 채널을 할당 받은 경우에는 같은 MSC1 내의 기지국 사이의 핸드오버이므로 채널 변경은 하지 않고 통화 관리만 BS134에게 넘겨주고 통신과정을 계속하게 되고 이전에 BS124에게서 채널을 할당 받은 경우에는 BS134에 유효한 일반채널이 있으면 채널을 할당받고 통신과정을 계속하게 되며 BS134 내에 유효한 일반채널이 없지만 가드채널이 있는 경우에는 가드채널을 할당하고 통화과정 계속하고 BS134 내에 유효한 일반채널과 가드채널이 없지만 MSC1 내에 유효한 일반채널이 있는 경우에는 일반채널을 할당하고 통화과정 계속하고 BS134 내에 유효한 일반채널과 가드채널이 없고 또한 MSC1 내에 유효한 일반채널이 없지만 유효한 가드채널이 있는 경우에는 가드채널을 할당하고 통화과정 계속하고 BS134와 MSC1에 동시에 유효한 일반채널과 가드채널이 없는 경우에는 호를 차단시킨다.

통화가 계속되는 도중에 사용자 U2가 BS421로 핸드오버 될 때 이전에 MSC4에게서 채널을 할당 받은 경우에는 같은 MSC4 내의 기지국 사이의 핸드오버이므로 채널 변경은 하지 않고 통화 관리만 BS421에게 넘겨주고 통신과정을 계속하게 되고 이전에 BS411에게서 채널을 할당 받은 경우에는 BS421에 유효한 일반채널이 있으면 채널을 할당받고 통신과정을 계속하게 되며 BS421 내에 유효한 일반채널이 없지만 가드채널이 있는 경우에는 가드채널을 할당하고 통화과정 계속하고 BS421 내에 유효한 일반채널과 가드채널이 없지만 MSC4 내에 유효한 일반채널이 있는 경우에는 일반채널을 할당하고 통화과정 계속하고 BS421 내에 유효한 일반채널과 가드채널이 없고 또한 MSC4 내에 유효한 일반채널이 없지만 유효한 가드채널이 있는 경우에는 가드채널을 할당하고 통화과정 계속하고 BS421과 MSC4에 동시에 유효한 일반채널과 가드채널이 없는 경우에는 호를 차단시킨다.

통화가 계속되는 도중에 사용자 U1이 BS231로 핸드오버 되는 경우에는(서로 다른 MSC 사이의 핸드오버인 경우) 먼저 BS231에게 핸드오버 호 요청을 하게 된다. BS231에 유효한 일반채널이 있으면 채널을 할당받고 통신과정을 계속하게 되며 BS231에는 유효한 일반채널이 없지만 가드채널이 있는 경우에는 가드채널을 할당하고 통화과정 계속하고 BS231 내에 유효한 일반채널과 가드채널이 없지만 MSC2 내에 유효한 일반채널이 있는 경우에는 일반채널을 할당하고 통화과정 계속하고 BS231 내에 유효한 일반채널과 가드채널이 없고 또한 MSC2 내에 유효한 일반채널이 없지만 유효한 가드채널이 있는 경우에는 가드채널을 할당하고 통화과정 계속하고 BS231과 MSC2에 동시에 유효한 일반채널과 가드채널이 없는 경우에는 호를 차단시킨다.

통화가 계속되는 도중에 사용자 U2가 BS324로 핸드오버 되는 경우에는(서로 다른 MSC 사이의 핸드오버인 경우) 먼저 BS324에게 핸드오버 호 요청을 하게 된다. BS324에 유효한 일반채널이 있으면 채널을 할당받고 통신과정을 계속하게 되며 BS324에는 유효한 일반채널이 없지만 가드채널이 있는 경우에는 가드채널을 할당하고 통화과정 계속하고 BS324 내에 유효한 일반채널과 가드채널이 없지만 MSC3 내에 유효한 일반채널이 있는 경우에는 일반채널을 할당하고 통화과정 계속하고 BS324 내에 유효한 일반채널과 가드채널이 없고 또한 MSC3 내에 유효한 일반채널이 없지만 유효한 가드채널이 있는 경우에는 가드채널을 할당하고 통화과정 계속하고 BS324과 MSC3에 동시에 유효한 일반채널과 가드채널이 없는 경우에는 호를 차단시킨다.

(2) 알고리즘2

사용자 U1은 BS124에서 새로운 호 요청을 하게 되면 BS124에 유효한 일반채널이 있으면 채널을 할당받고 통신과정을 계속하게 되며 BS124에는 유효한 일반채널이 없지만 MSC1에 유효한 일반채널이 있으면 채널을 할당받고 통신과정을 계속하게 되며 BS124와 MSC1에 동시에 유효한 일반채널이 없으면 통화 차단된다.

사용자 U2는 BS411에서 새로운 호 요청을 하게 되면 BS411에 유효한 일반채널이 있으면 채널을 할당받고 통신과정을 계속하게 되며 BS411에는 유효한 일반채널이 없지만 MSC4에 유효한 일반채널이 있으면 채널을 할당받고 통신과정을 계속하게 되며 BS411와 MSC4에 동시에 유효한 일반채널이 없으면 통화 차단된다.

통화가 계속되는 도중에 사용자 U1이 BS134로 핸드오버 될 때 이전에 MSC1에게서 채널을 할당 받은 경우에는 같은 MSC1 내의 기지국 사이의 핸드오버이므로 채널 변경은 하지 않고 통화 관리만 BS134에게 넘겨주고 통신과정을 계속하게 되고 이전에 BS124에게서 채널을 할당 받은 경우에는 BS134에 유효한 일반채널이 있으면 채널을 할당받고 통신과정을 계속하게 되며 BS134 내에 유효한 일반채널이 없지만 가드채널이 있는 경우에는 가드채널을 할당하고 통화과정 계속하고 BS134 내에 유효한 일반채널과 가드채널이 없지만 MSC1 내에 유효한 일반채널이 있는 경우에는 일반채널을 할당하고 통화과정 계속하고 BS134 내에 유효한 일반채널과 가드채널이 없고 또한 MSC1 내에 유효한 일반채널이 없지만 유효한 가드채널이 있는 경우에는 가드채널을 할당하고 통화과정 계속하고 BS134와 MSC1에 동시에 유효한 일반채널과 가드채널이 없는 경우에는 기존의 BS124와의 전파세기가 일정크기 이상이면 통신 상태를 계속 유지하지만 전파세기가 일정크기 미만이면 통화 차단된다.

통화가 계속되는 도중에 사용자 U2가 BS421로 핸드오버 될 때 이전에 MSC4

에게서 채널을 할당 받은 경우에는 같은 MSC4 내의 기지국 사이의 핸드오버이므로 채널 변경은 하지 않고 통화 관리만 BS421에게 넘겨주고 통신과정을 계속하게 되고 이전에 BS411에게서 채널을 할당 받은 경우에는 BS421에 유효한 일반채널이 있으면 채널을 할당받고 통신과정을 계속하게 되며 BS421 내에 유효한 일반채널이 없지만 가드채널이 있는 경우에는 가드채널을 할당하고 통화과정 계속하고 BS421 내에 유효한 일반채널과 가드채널이 없지만 MSC4 내에 유효한 일반채널이 있는 경우에는 일반채널을 할당하고 통화과정 계속하고 BS421 내에 유효한 일반채널과 가드채널이 없고 또한 MSC4 내에 유효한 일반채널이 없지만 유효한 가드채널이 있는 경우에는 가드채널을 할당하고 통화과정 계속하고 BS421과 MSC4에 동시에 유효한 일반채널과 가드채널이 없는 경우에는 기존의 BS411과의 전파세기가 일정크기 이상이면 통신 상태를 계속 유지하지만 전파세기가 일정크기 미만이면 통화 차단된다.

통화가 계속되는 도중에 사용자 U1이 BS231로 핸드오버 되는 경우에는(서로 다른 MSC 사이의 핸드오버인 경우) 먼저 BS231에게 핸드오버 호 요청을 하게 된다. BS231에 유효한 일반채널이 있으면 채널을 할당받고 통신과정을 계속하게 되며 BS231에는 유효한 일반채널이 없지만 가드채널이 있는 경우에는 가드채널을 할당하고 통화과정 계속하고 BS231 내에 유효한 일반채널과 가드채널이 없지만 MSC2 내에 유효한 일반채널이 있는 경우에는 일반채널을 할당하고 통화과정 계속하고 BS231 내에 유효한 일반채널과 가드채널이 없고 또한 MSC2 내에 유효한 일반채널이 없지만 유효한 가드채널이 있는 경우에는 가드채널을 할당하고 통화과정 계속하고 BS231과 MSC2에 동시에 유효한 일반채널과 가드채널이 없는 경우에는 기존의 BS134와의 전파세기가 일정크기 이상이면 통신 상태를 계속 유지하지만 전파세기가 일정크기 미만이면 통화 차단된다.

통화가 계속되는 도중에 사용자 U2가 BS324로 핸드오버 되는 경우에는(서로 다른 MSC 사이의 핸드오버인 경우) 먼저 BS324에게 핸드오버 호 요청을 하게 된다. BS324에 유효한 일반채널이 있으면 채널을 할당받고 통신과정을 계속하게 되며 BS324에는 유효한 일반채널이 없지만 가드채널이 있는 경우에는 가드채널을 할당하고 통화과정 계속하고 BS324 내에 유효한 일반채널과 가드채널이 없지만 MSC3 내에 유효한 일반채널이 있는 경우에는 일반채널을 할당하고 통화과정 계속하고 BS324 내에 유효한 일반채널과 가드채널이 없고 또한 MSC3 내에 유효한 일반채널이 없지만 유효한 가드채널이 있는 경우에는 가드채널을 할당하고 통화과정 계속하고 BS324과 MSC3에 동시에 유효한 일반채널과 가드채널이 없는 경우에는 기존의 BS421과의 전파세기가 일정크기 이상이면 통신 상태를 계속 유지하지만 전파세기가 일정크기 미만이면 통화 차단된다.

8.7.3 하이브리드 Q-가드채널할당방법

하이브리드 Q-가드채널할당방법은 사용자의 통신 서비스 향상을 위해 핸드오버 호의 차단을 줄이기 위해 발전된 알고리즘으로 기존의 하이브리드가드채널할당방법에 대기열인 Q(Queue)를 추가하는 방식이다. 일반적으로 채널할당방법들은 이동통신 사용자가 채널을 요구하는 시점에 해당 BS와 MSC에 유효한 채널이 있을 경우에만 채널을 할당하게 된다. 그렇지만 대부분의 경우 현재의 시간에는 유효한 채널이 없지만 약간의 시간이 지나면 유효한 채널이 생기는 경우가 많이 존재하게 된다. 따라서 채널할당 하는 시간을 약간 지연시키고 사용자의 요구를 확인하고 대기하는 과정을 통해 호의 차단율을 줄일 수 방법들은 시스템 성능을 향상시키는 결과를 가져 올 수 있다. 하이브리드 Q-가드채널할당방법은 앞에서 제시한 하이브리드가드채널할당방법과 거의 동일한 방법으로 움직인다. 이동 국이 핸드오버 요청지역으로 들어갔을 때 핸드오버 레벨과 단말기 수신 레벨사이(통화 가능한 전파세기)의 수신레벨을 유지한다.

이 경우 가드채널만을 사용했을 경우 이동 국이 가려고하는 목적 셀을 관리하고 있는 MSC와 BS에 가용채널이 없으면 핸드오버 호는 바로 차단이 되거나 또는 이전 기지국과의 전파세기가 일정크기 이상(핸드오버 차단 레벨)일 경우에만 통화가 유지된다. 그러나 핸드오버 호를 위한 대기열인 큐를 추가할 경우 핸드오버 호가 MSC와 BS에 가용채널이 없다면 바로 차단되는 것이 아니라 일단 큐에 들어간다. 즉 이동 국이 핸드오버 지역을 벗어나지 않고 수신레벨도 핸드오버 차단 레벨까지 떨어지지 않은 핸드오버 호에 대해서 바로 차단을 시키는 것이 아니라 큐에 대기시킨 다음 이동 국이 핸드오버 지역을 벗어나기 전에 MSC와 BS에서 가용채널이 생기면 큐에서 대기하고 있던 핸드오버 호에 채널을 할당해 주는 방식이다. 그러나 현재 셀의 기지국으로부터의 수신전력 레벨이 목적 셀에서 채널이 할당되기 전에 핸드오버 차단 레벨 이하로 떨어진다면 그 호는 강제로 종단된다. 여기서 큐는 먼저 들어온 순서대로 서비스를 받는 FCFS(First Come First Serve)방식을 대부분 채택하고 있다.

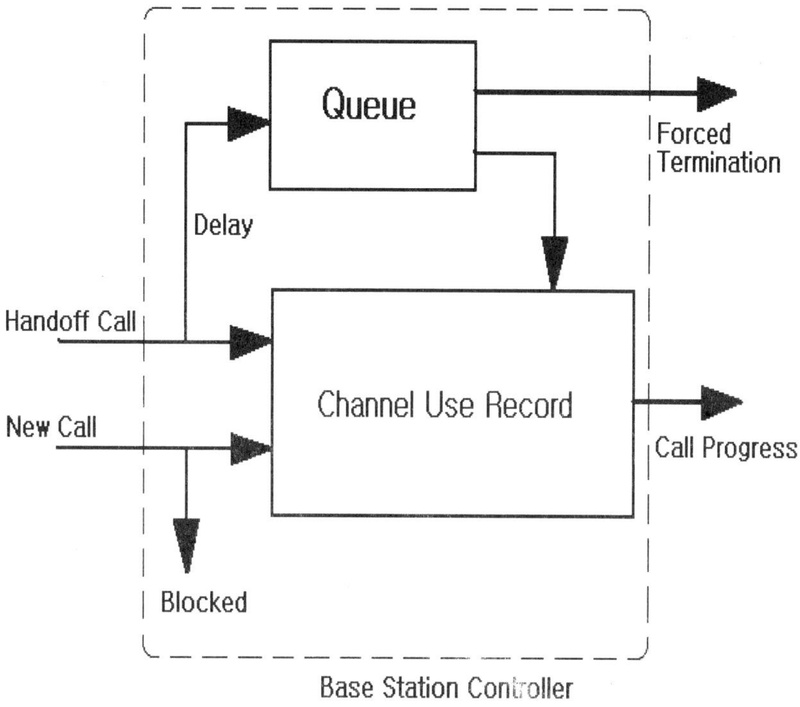

그림 8.29 대기열을 사용한 하이브리드 Q-가드채널방법
(MSC와 BS에서 채널 할당)

하이브리드 Q-가드채널할당방법에서 사용하는 Q는 1개의 입력과 3개의 출력을 갖게 된다. Q는 입력되는 순서대로 출력되어서 서비스를 받게 되면 출력 3개의 세부적인 과정은 다음과 같다. Q에 대기하는 동안 해당 호가 이전 기지국과의 전파세기가 일정크기 미만이 되면 강제로 호가 차단되게 되며(출력1) 또한 오버프로우(overflow)가 생겨도 강제로 호가 차단되며(출력2) 나머지 출력은 정상적으로 새로운 MSC와 BS로부터 채널을 할당받고 기존 MSC와 BS로 기존 채널을 반납하고 통화과정을 계속하게 되는 과정(출력3)을 말한다.

1) 시나리오 파일

하이브리드 Q-가드채널할당방법의 실제 사항을 고려하여 알고리즘을 이해하기 위해서 이동통신시스템 사용자들의 사용 환경을 포함하는 시나리오 파일을 작성해 보기로 하자. 그림 8.30에는 이동통신 망구조에 대해서 간단히 표현하였다.

전체 이동통신시스템 구조는 MSC가 4개로 구성되어져 있고 즉 MSC1, MSC2, MSC3, MSC4로 이루어져 있으며 MSC는 16개의 BS로 구성되어져 있다. 즉 MSC1은 BS111부터 BS144까지로 구성되어져 있다. 최초 송신 사용자 U1은 t1시간에는 BS124에 있고 t2시간에는 BS134에 있고 t3시간에는 BS231에 있으며 최초 BS124에서 새로운 호를 요청하게 된다. 사용자 U1은 BS124에서 채널을 할당 받은 후 BS134와 BS231로 이동하는 과정을 거치게 된다. 한편 최초 수신 사용자 U2는 p1시간에는 BS411에 있고 p2시간에는 BS421에 있고 p3시간에는 BS324에 있으며 최초 BS411에서 새로운 호를 요청하게 된다. 사용자 U2는 BS411에서 채널을 할당 받은 후 BS421과 BS324로 이동하는 과정을 거치게 된다. 시간적인 순서는 t1, p1, t2, p2, t3, p3 순서대로 진행된다고 생각한다. 시나리오 파일을 바탕으로 기본적인 알고리즘을 작성하고 순서도를 작성하게 된다.

MSC1 MSC2

BS111				BS211			
			BS124 U1(t1)				
			BS134 U1(t2)	BS231 U1(t3)			
			BS144				BS211
BS311				BS411 U2(p1)			
			BS324 U2(p3)	BS421 U2(p2)			
			BS311				BS411

MSC3 MSC4

그림 8.30 이동통신 망구조

2) 알고리즘

새로운 호 사용자가 채널을 요구하는 경우 BS 내에 유효한 일반채널이 있는 경우에는 일반채널을 할당하고 통화과정 계속하고 BS 내에 유효한 일반채널이 없지만 MSC 내에 유효한 일반채널이 있는 경우에는 일반채널을 할당하고 통화과정 계속하고 BS와 MSC에 동시에 유효한 일반채널이 없는 경우에는 호를 차단시킨다.

핸드오버 호 사용자가 채널을 요구하는 경우 BS 내에 유효한 일반채널이 있는 경우에는 일반채널을 할당하고 통화과정 계속하고 BS 내에 유효한 일반채널이 없지만 가드채널이 있는 경우에는 가드채널을 할당하고 통화과정 계속하고 BS 내에 유효한 일반채널과 가드채널이 없지만 MSC 내에 유효한 일반채널이 있는 경우에는 일반채널을 할당하고 통화과정 계속하고 BS 내에 유효한 일반채널과 가드채널이 없고 또한 MSC 내에 유효한 일반채널이 없지만 유효한 가드채널이 있는 경우에는 가드채널을 할당하고 통화과정 계속하고 BS와 MSC에 동시에 유효한 일반채널과 가드채널이 없는 경우에는 호를 Q에 입력해서 처리한다. Q에 대기하는 동안 해당 호가 이전 기지국과의 전파세기가 일정크기 미만이 되면 강제로 호가 차단되게 되며(출력1) 또한 오버프로우(overflow)가 생겨도 강제로 호가 차단되며(출력2) 나머지 출력은 정상적으로 새로운 MSC와 BS로부터 채널을 할당받고 기존 MSC와 BS로 기존 채널을 반납하고 통화과정을 계속하게 되는 과정을 말한다.

사용자 U1은 BS124에서 새로운 호 요청을 하게 되면 BS124에 유효한 일반채널이 있으면 채널을 할당받고 통신과정을 계속하게 되며 BS124에는 유효한 일반채널이 없지만 MSC1에 유효한 일반채널이 있으면 채널을 할당받고 통신과정을 계속하게 되며 BS124와 MSC1에 동시에 유효한 일반채널이 없으면 통화 차단된다.

사용자 U2는 BS411에서 새로운 호 요청을 하게 되면 BS411에 유효한 일반채널이 있으면 채널을 할당받고 통신과정을 계속하게 되며 BS411에는 유효한 일반채널이 없지만 MSC4에 유효한 일반채널이 있으면 채널을 할당받고 통신과정을 계속하게 되며 BS411와 MSC4에 동시에 유효한 일반채널이 없으면 통화 차단된다.

통화가 계속되는 도중에 사용자 U1이 BS134로 핸드오버 될 때 이전에 MSC에게서 채널을 할당 받은 경우에는 같은 MSC1 내의 기지국 사이의 핸드오버이므로 채널 변경은 하지 않고 통화 관리만 BS134에게 넘겨주고 통신과정을 계속하게 되고 이전에 BS124에게서 채널을 할당 받은 경우에는 BS134에 유효한 일반채널이 있으면 채널을 할당받고 통신과정을 계속하게 되며 BS134 내에 유효한 일반채널이 없지만 가드채널이 있는 경우에는 가드채널을 할당하고 통화과정 계속하고 BS134 내에 유효한 일반채널과 가드채널이 없지만 MSC1 내에 유효한 일반채널이 있는 경우에는 일반채널을 할당하고 통화과정 계속하고 BS134 내에 유효한 일반채널과 가드채널이 없고 또한 MSC1 내에 유효한 일반채널이 없지만 유효한 가드채널이 있는 경우에는 가드채널을 할당하고 통화과정 계속하고 BS134와 MSC1에 동시에 유효한 일반채널과 가드채널이 없는 경우에는 호를 Q에 입력해서 처리한다. Q에 대기하는 동안 해당 호가 이전 기지국과의 전파세기가 일정크기 미만이 되면 강제로 호가 차단되게 되며(출력1) 또한 오버프로우(overflow)가 생겨도 강제로 호가 차단되며(출력2) 나머지 출력은 정상적으로 새로운 MSC와 BS로부터 채널을 할당받고 기존 MSC와 BS로 기존 채널을 반납하고 통화과정을 계속하게 되는 과정을 말한다.

통화가 계속되는 도중에 사용자 U2가 BS421로 핸드오버 될 때 이전에 MSC에게서 채널을 할당 받은 경우에는 같은 MSC4 내의 기지국 사이의 핸드오버이므로 채널 변경은 하지 않고 통화 관리만 BS421에게 넘겨주고 통신과정을 계속하게 되고 이전에 BS411에게서 채널을 할당 받은 경우에는 BS421에 유효한 일반채널이 있으면 채널을 할당받고 통신과정을 계속하게 되며 BS421 내에 유효한 일반채널이 없지만 가드채널이 있는 경우에는 가드채널을 할당하고 통화과정 계속하고 BS421 내에 유효한 일반채널과 가드채널이 없지만 MSC 내에 유효한 일반채널이 있는 경우에는 일반채널을 할당하고 통화과정 계속하고 BS421 내에 유효한 일반채널과 가드채널이 없고 또한 MSC4 내에 유효한 일반채널이 없지만 유효한 가드채널이 있는 경우에는 가드채널을 할당하고 통화과정 계속하고 BS421과 MSC4에 동시에 유효한 일반채널과 가드채널이 없는 경우에는 호를 Q에 입력해서 처리한다. Q에 대기하는 동안 해당 호가 이전 기지국과의 전파세기가 일정크기 미만이 되면 강제로 호가 차단되게 되며(출력1) 또한 오버프로우(overflow)가 생겨도 강제로 호가 차단되며(출력2) 나머지 출력은 정상적으로 새로운 MSC와 BS로부터 채널을 할당받고 기존 MSC와 BS로 기존 채널을 반납하고 통화과정을 계속하게 되는 과정을 말한다.

통화가 계속되는 도중에 사용자 U1이 BS231로 핸드오버 되는 경우에는(서로 다른 MSC 사이의 핸드오버인 경우) 먼저 BS231에게 핸드오버 호 요청을 하게 된다. BS231에 유효한 일반채널이 있으면 채널을 할당받고 통신과정을 계속하게 되며 BS231에는 유효한 일반채널이 없지만 가드채널이 있는 경우에는 가드채널을 할당하고 통화과정 계속하고 BS231 내에 유효한 일반채널과 가드채널이 없지만 MSC2 내에 유효한 일반채널이 있는 경우에는 일반채널을 할당하고 통화과정 계속하고 BS231 내에 유효한 일반채널과 가드채널이 없고 또한 MSC2 내에 유효한 일반채널이 없지만 유효한 가드채널이 있는 경우에는 가드채널을 할당하고 통화과정 계속하고 BS231과 MSC2에 동시에 유효한 일반채널과 가드채널이 없는 경우에는 호를 Q에 입력해서 처리한다. Q에 대기하는 동안 해당 호가 이전 기지국과의 전파세기가 일정크기 미만이 되면 강제로 호가 차단되게 되며(출력1) 또한 오버프로우(overflow)가 생겨도 강제로 호가 차단되며(출력2) 나머지 출력은 정상적으로 새로운 MSC와 BS로부터 채널을 할당받고 기존 MSC와 BS로 기존 채널을 반납하고 통화과정을 계속하게 되는 과정을 말한다.

통화가 계속되는 도중에 사용자 U2가 BS324로 핸드오버 되는 경우에는(서로 다른 MSC 사이의 핸드오버인 경우) 먼저 BS324에게 핸드오버 호 요청을 하게 된다. BS324에 유효한 일반채널이 있으면 채널을 할당받고 통신과정을 계속하게 되며 BS324에는 유효한 일반채널이 없지만 가드채널이 있는 경우에는 가드채널을 할당하고 통화과정 계속하고 BS324 내에 유효한 일반채널과 가드채널이 없지만 MSC3 내에 유효한 일반채널이 있는 경우에는 일반채널을 할당하고 통화과정 계속하고 BS324 내에 유효한 일반채널과 가드채널이 없고 또한 MSC3 내에 유효한 일반채널이 없지만 유효한 가드채널이 있는 경우에는 가드채널을 할당하고 통화과정 계속하고 BS324과 MSC3에 동시에 유효한 일반채널과 가드채널이 없는 경우에는 호를 Q에 입력해서 처리한다. Q에 대기하는 동안 해당 호가 이전 기지국과의 전파세기가 일정크기 미만이 되면 강제로 호가 차단되게 되며(출력1) 또한 오버프로우(overflow)가 생겨도 강제로 호가 차단되며(출력2) 나머지 출력은 정상적으로 새로운 MSC와 BS로부터 채널을 할당받고 기존 MSC와 BS로 기존 채널을 반납하고 통화과정을 계속하게 되는 과정을 말한다.

8.7.4 하이브리드 이중 Q-가드채널할당방법

하이브리드 이중 Q-가드채널할당방법은 사용자의 통신 서비스 향상을 위해 새로운 호와 핸드오버 호의 차단을 줄이기 위해 발전된 알고리즘으로 기존의 가드채널할당방법에 대기열인 Q(Queue)를 2개를 추가하는 방식이다. 하나의 Q는 새로운 호를 위한 대기열이고 또 다른 하나의 Q는 핸드오버 호를 위한 대기열이다. 일반적으로 채널할당방법들은 이동통신 사용자가 채널을 요구하는 시점에 해당 BS와 MSC에 유효한 채널이 있을 경우에만 채널을 할당하게 된다. 그렇지만 대부분의 경우 현재의 시간에는 유효한 채널이 없지만 약간의 시간이 지나면 유효한 채널이 생기는 경우가 많이 존재하게 된다. 따라서 채널할당 하는 시간을 약간 지연시키고 사용자의 요구를 확인하고 대기하는 과정을 통해 호의 차단율을 줄일 수 방법들은 시스템 성능을 향상시키는 결과를 가져 올 수 있다. 하이브리드 이중 Q-가드채널할당방법은 앞에서 제시한 하이브리드가드채널할당방법과 거의 동일한 방법으로 움직인다. 이동 국이 핸드오버 요청지역으로 들어갔을 때 핸드오버 레벨과 단말기 수신 레벨사이(통화 가능한 전파세기)의 수신레벨을 유지한다.

이 경우 가드채널만을 사용했을 경우 이동 국이 가려고하는 목적 셀을 관리하고 있는 MSC와 BS에 가용채널이 없으면 핸드오버 호는 바로 차단이 되거나 또는 이전 기지국과의 전파세기가 일정크기 이상(핸드오버 차단 레벨)일 경우에만 통화가 유지된다. 그러나 핸드오버 호를 위한 대기열인 큐를 추가할 경우 핸드오버 호가 MSC와 BS에 가용채널이 없다면 바로 차단되는 것이 아니라 일단 큐에 들어간다. 즉 이동 국이 핸드오버 지역을 벗어나지 않고 수신레벨도 핸드오버 차단 레벨까지 떨어지지 않은 핸드오버 호에 대해서 바로 차단을 시키는 것이 아니라 큐에 대기시킨 다음 이동 국이 핸드오버 지역을 벗어나기 전에 MSC와 BS에서 가용채널이 생기면 큐에서 대기하고 있던 핸드오버 호에 채널을 할당해 주는 방식이다. 그러나 현재 셀의 기지국으로부터의 수신전력 레벨이 목적 셀에서 채널이 할당되기 전에 핸드오버 차단 레벨 이하로 떨어진다면 그 호는 강제로 종단된다. 여기서 큐는 먼저 들어온 순서대로 서비스를 받는 FCFS(First Come First Serve)방식을 대부분 채택하고 있다.

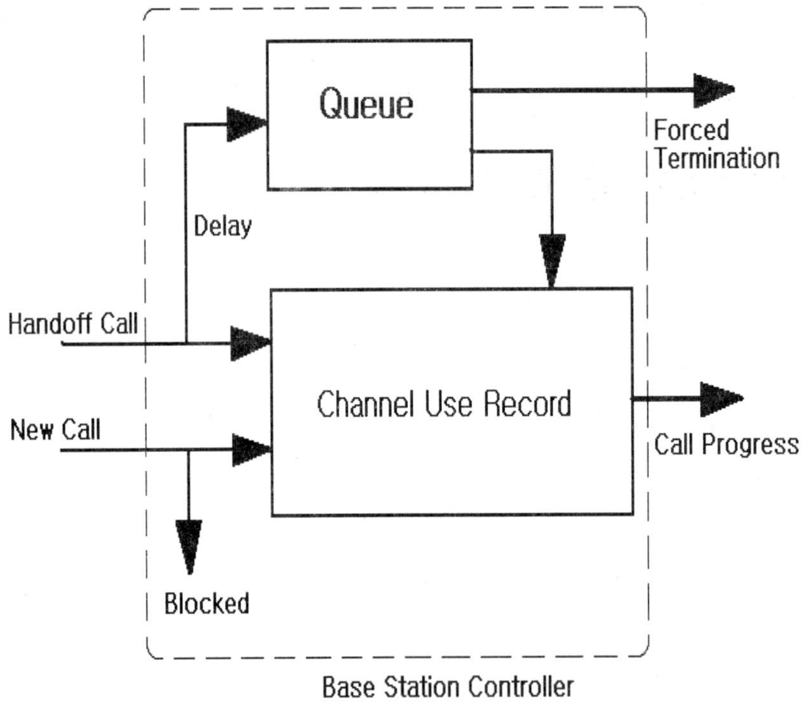

그림 8.31 대기열을 사용한 하이브리드 이중 Q-가드채널방법
(MSC와 BS에서 채널 할당)

하이브리드 이중 Q-가드채널할당방법에서 사용하는 Q는 1개의 입력과 3개의 출력을 갖게 된다. Q는 입력되는 순서대로 출력되어서 서비스를 받게 되면 출력 3개의 세부적인 과정은 다음과 같다. Q에 대기하는 동안 해당 호가 이전 기지국과의 전파세기가 일정크기 미만이 되면 강제로 호가 차단되게 되며(출력1) 또한 오버프로우(overflow)가 생겨도 강제로 호가 차단되며(출력2) 나머지 출력은 정상적으로 새로운 MSC와 BS로부터 채널을 할당받고 기존 MSC와 BS로 기존 채널을 반납하고 통화과정을 계속하게 되는 과정(출력3)을 말한다.

1) 시나리오 파일

하이브리드 이중 Q-가드채널할당방법의 실제 사항을 고려하여 알고리즘을 이해하기 위해서 이동통신시스템 사용자들의 사용 환경을 포함하는 시나리오 파일을 작성해 보기로 하자. 그림 8.32에는 이동통신 망구조에 대해서 간단히 표현하였다. 전체 이동통신시스템 구조는 MSC가 4개로 구성되어져 있고 즉 MSC1, MSC2, MSC3, MSC4로 이루어져 있으며 MSC는 16개의 BS로 구성되어져 있다. 즉 MSC1은 BS111부터 BS144까지로 구성되어져 있다. 최초 송신 사용자 U1은 t1시간에는 BS124에 있고 t2시간에는 BS134에 있고 t3시간에는 BS231에 있으며 최초 BS124에서 새로운 호를 요청하게 된다. 사용자 U1은 BS124에서 채널을 할당 받은 후 BS134와 BS231로 이동하는 과정을 거치게 된다. 한편 최초 수신 사용자 U2는 p1시간에는 BS411에 있고 p2시간에는 BS421에 있고 p3시간에는 BS324에 있으며 최초 BS411에서 새로운 호를 요청하게 된다. 사용자 U2는 BS411에서 채널을 할당 받은 후 BS421과 BS324로 이동하는 과정을 거치게 된다. 시간적인 순서는 t1, p1, t2, p2, t3, p3 순서대로 진행된다고 생각한다. 시나리오 파일을 바탕으로 기본적인 알고리즘을 작성하고 순서도를 작성하게 된다.

MSC1 MSC2

BS111				BS211			
			BS124 U1(t1)				
			BS134 U1(t2)	BS231 U1(t3)			
			BS144				BS211
BS311				BS411 U2(p1)			
			BS324 U2(p3)	BS421 U2(p2)			
			BS311				BS411

MSC3 MSC4

그림 8.32 이동통신 망구조

2) 알고리즘

새로운 호 사용자가 채널을 요구하는 경우 BS 내에 유효한 일반채널이 있는 경우에는 일반채널을 할당하고 통화과정 계속하고 BS 내에 유효한 일반채널이 없지만 MSC 내에 유효한 일반채널이 있는 경우에는 일반채널을 할당하고 통화과정 계속하고 BS와 MSC에 동시에 유효한 일반채널이 없는 경우에는 새로운 호를 Q에 입력해서 처리한다. Q에 대기하는 동안 해당 호가 Q에 대기하는 동안 해당 새로운 호가 채널을 할당 받기 전에 대기하는 시간이 일정 이상 시간(이동통신시스템에 따라 다르게 정할 수 있음)이 되면 강제로 새로운 호가 차단되게 되며(출력1) 또한 오버프로우(overflow)가 생겨도 강제로 호가 차단되며(출력2) 나머지 출력은 정상적으로 새로운 MSC와 BS로부터 채널을 할당받고 기존 MSC와 BS로 기존 채널을 반납하고 통화과정을 계속하게 되는 과정(출력3)을 말한다.

핸드오버 호 사용자가 채널을 요구하는 경우 BS 내에 유효한 일반채널이 있는 경우에는 일반채널을 할당하고 통화과정 계속하고 BS 내에 유효한 일반채널이 없지만 가드채널이 있는 경우에는 가드채널을 할당하고 통화과정 계속하고 BS 내에 유효한 일반채널과 가드채널이 없지만 MSC 내에 유효한 일반채널이 있는 경우에는 일반채널을 할당하고 통화과정 계속하고 BS 내에 유효한 일반채널과 가드채널이 없고 또한 MSC 내에 유효한 일반채널이 없지만 유효한 가드채널이 있는 경우에는 가드채널을 할당하고 통화과정 계속하고 BS와 MSC에 동시에 유효한 일반채널과 가드채널이 없는 경우에는 호를 Q에 입력해서 처리한다. Q에 대기하는 동안 해당 호가 이전 기지국과의 전파세기가 일정크기 미만이 되면 강제로 호가 차단되게 되며(출력1) 또한 오버프로우(overflow)가 생겨도 강제로 호가 차단되며(출력2) 나머지 출력은 정상적으로 새로운 MSC와 BS로부터 채널을 할당받고 기존 MSC와 BS로 기존 채널을 반납하고 통화과정을 계속하게 되는 과정을 말한다.

사용자 U1은 BS124에서 새로운 호 요청을 하게 되면 BS124에 유효한 일반채널이 있으면 채널을 할당받고 통신과정을 계속하게 되며 BS124에는 유효한 일반채널이 없지만 MSC1에 유효한 일반채널이 있으면 채널을 할당받고 통신과정을 계속하게 되며 BS124와 MSC1에 동시에 유효한 일반채널이 없으면 새로운 호를 Q에 입력해서 처리한다. Q에 대기하는 동안 해당 호가 Q에 대기하는 동안 해당 새로운 호가 채널을 할당 받기 전에 대기하는 시간이 일정 이상 시간(이동통신시스템에 따라 다르게 정할 수 있음)이 되면 강제로 새로운 호가 차단되게 되며(출력1) 또한 오버프로우(overflow)가 생겨도 강제로 호가 차단되며(출력2) 나머지 출력은 정상적으로 새로운 MSC로부터 채널을 할당받고 기존 MSC로 기존 채널을 반납하고 통화과정을 계속하게 되는 과정(출력3)을 말한다.

사용자 U2는 BS411에서 새로운 호 요청을 하게 되면 BS411에 유효한 일반채널이 있으면 채널을 할당받고 통신과정을 계속하게 되며 BS411에는 유효한 일반채널이 없지만 MSC4에 유효한 일반채널이 있으면 채널을 할당받고 통신과정을 계속하게 되며 BS411와 MSC4에 동시에 유효한 일반채널이 없으면 새로운 호를 Q에 입력해서 처리한다. Q에 대기하는 동안 해당 호가 Q에 대기하는 동안 해당 새로운 호가 채널을 할당 받기 전에 대기하는 시간이 일정 이상 시간(이동통신시스템에 따라 다르게 정할 수 있음)이 되면 강제로 새로운 호가 차단되게 되며(출력1) 또한 오버프로우(overflow)가 생겨도 강제로 호가 차단되며(출력2) 나머지 출력은 정상적으로 새로운 MSC로부터 채널을 할당받고 기존 MSC로 기존 채널을 반납하고 통화과정을 계속하게 되는 과정(출력3)을 말한다.

통화가 계속되는 도중에 사용자 U1이 BS134로 핸드오버 될 때 이전에 MSC1에게서 채널을 할당 받은 경우에는 같은 MSC1 내의 기지국 사이의 핸드오버이므로 채널 변경은 하지 않고 통화 관리만 BS134에게 넘겨주고 통신과정을 계속하게 되고 이전에 BS124에게서 채널을 할당 받은 경우에는 BS134에 유효한 일반채널이 있으면 채널을 할당받고 통신과정을 계속하게 되며 BS134 내에 유효한 일반채널이 없지만 가드채널이 있는 경우에는 가드채널을 할당하고 통화과정 계속하고 BS134 내에 유효한 일반채널과 가드채널이 없지만 MSC1 내에 유효한 일반채널이 있는 경우에는 일반채널을 할당하고 통화과정 계속하고 BS134 내에 유효한 일반채널과 가드채널이 없고 또한 MSC1 내에 유효한 일반채널이 없지만 유효한 가드채널이 있는 경우에는 가드채널을 할당하고 통화과정 계속하고 BS134와 MSC1에 동시에 유효한 일반채널과 가드채널이 없는 경우에는 호를 Q에 입력해서 처리한다. Q에 대기하는 동안 해당 호가 이전 기지국과의 전파세기가 일정크기 미만이 되면 강제로 호가 차단되게 되며(출력1) 또한 오버프로우(overflow)가 생겨도 강제로 호가 차단되며(출력2) 나머지 출력은 정상적으로 새로운 MSC와 BS로부터 채널을 할당받고 기존 MSC와 BS로 기존 채널을 반납하고 통화과정을 계속하게 되는 과정을 말한다.

통화가 계속되는 도중에 사용자 U2가 BS421로 핸드오버 될 때 이전에 MSC4에게서 채널을 할당 받은 경우에는 같은 MSC4 내의 기지국 사이의 핸드오버이므로 채널 변경은 하지 않고 통화 관리만 BS421에게 넘겨주고 통신과정을 계속하게 되고 이전에 BS411에게서 채널을 할당 받은 경우에는 BS421에 유효한 일반채널이 있으면 채널을 할당받고 통신과정을 계속하게 되며 BS421 내에 유효한 일반채널이 없지만 가드채널이 있는 경우에는 가드채널을 할당하고 통화과정 계속하고 BS421 내에 유효한 일반채널과 가드채널이 없지만 MSC 내에 유효한 일반채널이 있는 경우에는 일반채널을 할당하고 통화과정 계속하고 BS421 내에 유효한 일반채널과 가드채널이 없고 또한 MSC4 내에 유효한 일반채널이 없지만 유효한 가드채널이 있는 경우에는 가드채널을 할당하고 통화과정 계속하고 BS421과 MSC4에 동시에 유효한 일반채널과 가드채널이 없는 경우에는 호를 Q에 입력해서 처리한다. Q에 대기하는 동안 해당 호가 이전 기지국과의 전파세기가 일정크기 미만이 되면 강제로 호가 차단되게 되며(출력1) 또한 오버프로우(overflow)가 생겨도 강제로 호가 차단되며(출력2) 나머지 출력은 정상적으로 새로운 MSC와 BS로부터 채널을 할당받고 기존 MSC와 BS로 기존 채널을 반납하고 통화과정을 계속하게 되는 과정을 말한다.

통화가 계속되는 도중에 사용자 U1이 BS231로 핸드오버 되는 경우에는(서로 다른 MSC 사이의 핸드오버인 경우) 먼저 BS231에게 핸드오버 호 요청을 하게 된다. BS231에 유효한 일반채널이 있으면 채널을 할당받고 통신과정을 계속하게 되며 BS231에는 유효한 일반채널이 없지만 가드채널이 있는 경우에는 가드채널을 할당하고 통화과정 계속하고 BS231 내에 유효한 일반채널과 가드채널이 없지만 MSC2 내에 유효한 일반채널이 있는 경우에는 일반채널을 할당하고 통화과정 계속하고 BS231 내에 유효한 일반채널과 가드채널이 없고 또한 MSC2 내에 유효한 일반채널이 없지만 유효한 가드채널이 있는 경우에는 가드채널을 할당하고 통화과정 계속하고 BS231과 MSC2에 동시에 유효한 일반채널과 가드채널이 없는 경우에는 호를 Q에 입력해서 처리한다. Q에 대기하는 동안 해당 호가 이전 기지국과의 전파세기가 일정크기 미만이 되면 강제로 호가 차단되게 되며(출력1)

또한 오버프로우(overflow)가 생겨도 강제로 호가 차단되며(출력2) 나머지 출력은 정상적으로 새로운 MSC와 BS로부터 채널을 할당받고 기존 MSC와 BS로 기존 채널을 반납하고 통화과정을 계속하게 되는 과정을 말한다.

통화가 계속되는 도중에 사용자 U2가 BS324로 핸드오버 되는 경우에는(서로 다른 MSC 사이의 핸드오버인 경우) 먼저 BS324에게 핸드오버 호 요청을 하게 된다. BS324에 유효한 일반채널이 있으면 채널을 할당받고 통신과정을 계속하게 되며 BS324에는 유효한 일반채널이 없지만 가드채널이 있는 경우에는 가드채널을 할당하고 통화과정 계속하고 BS324 내에 유효한 일반채널과 가드채널이 없지만 MSC3 내에 유효한 일반채널이 있는 경우에는 일반채널을 할당하고 통화과정 계속하고 BS324 내에 유효한 일반채널과 가드채널이 없고 또한 MSC3 내에 유효한 일반채널이 없지만 유효한 가드채널이 있는 경우에는 가드채널을 할당하고 통화과정 계속하고 BS324과 MSC3에 동시에 유효한 일반채널과 가드채널이 없는 경우에는 호를 Q에 입력해서 처리한다. Q에 대기하는 동안 해당 호가 이전 기지국과의 전파세기가 일정크기 미만이 되면 강제로 호가 차단되게 되며(출력1) 또한 오버프로우(overflow)가 생겨도 강제로 호가 차단되며(출력2) 나머지 출력은 정상적으로 새로운 MSC와 BS로부터 채널을 할당받고 기존 MSC와 BS로 기존 채널을 반납하고 통화과정을 계속하게 되는 과정을 말한다.

8.8 적응적인 채널할당방법

8.8.1 시스템 구성

매크로 셀은 많은 수의 마이크로 셀이 포함되는 경우 저속 이동국은 호 발신 시 마이크로 셀 기지국에 접속을 한다. 접속을 하여 채널할당 방법을 사용하여 통화 채널을 할당 받는다. 저속 이동국은 착신을 원하는 경우에는 매크로 셀 기지국의 페이징 채널을 감시한다. 고속 이동국은 발신과 착신을 구별하지 않고 매크로 셀 기지국에 접속을 한다. 이러한 방법을 통해 각각의 모든 마이크로 셀들에게 할당했던 페이징 채널을 줄임으로써 그만큼 호출·등록비용을 줄일 수 있다. 즉, 이것은 매크로 셀 영역 내에 다수의 마이크로 셀이 포함되어 있는 경우 항상 적용 가능하다.

저속이동국의 경우 호출·등록이 서로 다른 경로를 통해 이루어지므로 균형 있게 설계된 무선네트워크 시스템의 고려와 매크로 셀의 통화채널 수와 마이크로 셀의 통화채널 수 사이에는 일정한 관계가 성립되므로 이러한 관계 파악을 통한 채널분할 시스템이 필요하다. 그림 8.33은 매크로와 마이크로셀룰러 시스템 사이의 시스템분할개념을 보여주고 있다. 이 그림에서 보여주듯이, 전체적인 주파수 대역폭들이 분할에 의해 나누어져 매크로와 마이크로 셀에 할당되어진다. 이 경우 8 배나 더 넓은 대역폭이 마이크로 시스템에 할당이 된다. 이것은 매크로 시스템에 대한 지연현상이 마이크로 시스템보다 열배 정도 크다는 생각에서 나온 것이다.

시스템에서 안정된 트래픽 유지를 위해 매크로 이동 국에 고정채널할당 방법이 사용되고 마이크로 이동 국에 동적채널할당방법이 사용된다. 매크로와 마이크로셀룰러 시스템에서 이용할 수 있는 채널들이 그림 8.33에서 보여 지는 것처럼 우선순위에 따라 탐색되어지고 분할의 위치는 트래픽의 상태에 따라 적응적으로 선택되어진다.

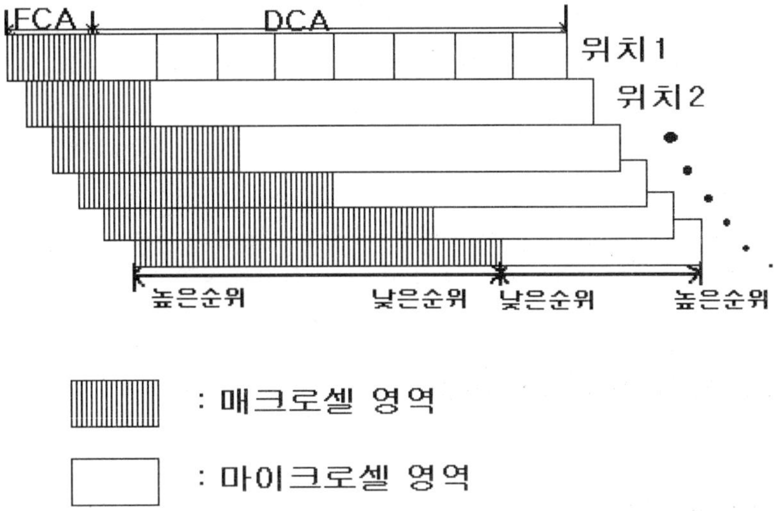

그림 8.33 두 무선시스템의 채널 분할

8.8.2 채널분배 기법

그림 8.34는 시스템의 채널할당 과정을 보여주고 있다. 첫 번째로 각각의 이동국은 현재 기지국에서의 수신 전력과 신호 대 간섭 비를 측정하여 그 기지국에서 주어진 기준 값과 비교 했을 때, 기준 값보다 작다면 핸드오버 초기화를 시작한다. 그 다음 근접한 기지국들 신호강도 측정 테이블을 순차적인 순서에 따라 구성하여 이웃한 기지국의 신호강도가 현재 기지국의 신호강도 보다 크면 핸드오버를 행한다. 각각 이동국은 수신전계 강도가 가장 강하게 받아들여진 마이크로 기지국으로부터 분할의 위치에 관한 정보를 받는다. 그리고 분할위치 정보를 사용하여 이용할 수 있는 채널탐색 과정을 행한다. 이러한 경우 매크로나 마이크

로의 선택은 이동국의 속도에 따라 결정이 된다. 적절한 채널을 찾는 과정은 그림 8.33에서 보여 지는 채널우선순위 절차에 따라 찾아진다.

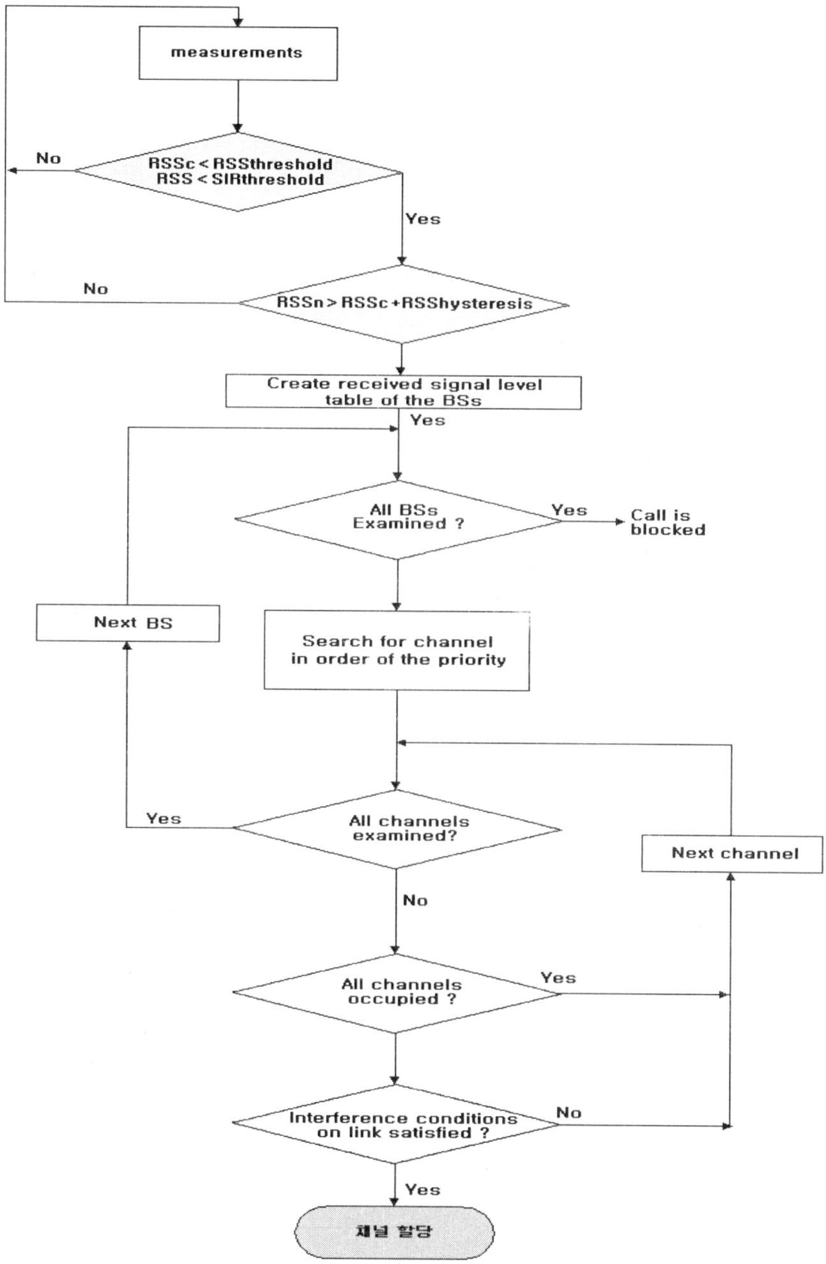

그림 8.34 채널할당 흐름도

적합한 채널이 발견되지 않았다면, 이동국은 같은 채널탐색과정을 테이블에 주어진 다음번 기지국에서 같은 채널탐색 과정을 행한다. 만약 주위 셀 기지국의 탐색에서 이용할 수 있는 채널이 발견되지 않았다면 그 호는 차단된다.

8.8.3 분할제어방법

매크로와 마이크로 셀에서 한정된 주파수 자원은 순간적으로 변화하는 트래픽에 적응하기 위한 적응적인 다층 셀 구조를 요구한다. 예를 들어, 저속의 이동국이 어떤 특정한 시간, 즉 최대 통화 부하 시간에 마이크로 셀에 할당된 채널이 작다면 그 만큼 마이크로 셀의 차단 확률은 증가하게 된다. 만약 상대적으로 고속 이동 국, 즉 매크로 셀의 이용자의 수가 할당된 채널을 사용하고도 남는다면, 그 만큼 전체적인 차단율의 증가는 당연한 것이다. 따라서 매크로와 마이크로 통화채널 수를 결정하여 채널의 용량을 적응적으로 판단하여 각 셀의 채널수를 최대한 효율적으로 사용해야 한다.

무엇보다도 먼저 매크로 셀 기지국은 그 안에 존재하는 마이크로 셀의 기지국들에게 차단된 호의 수와 차단되지 않는 호의 수를 브로드캐스트를 통해 알려준다. 각각의 마이크로 셀 기지국들에서는 마이크로 셀과 오버레이 된 매크로 셀들의 호 차단 비율을 최소화하기 위해 분할 최적의 위치를 적절하게 관리하게 된다. 각각의 마이크로 셀 기지국들이 그들 자신의 분할위치를 브로드캐스트 하기 때문에 각각의 이동국은 앞에서 언급한 채널할당 알고리즘을 사용하여 매크로 또는 마이크로 셀룰러 시스템의 채널을 찾을 수 있다. 이 시스템의 전체적인 차단 확률은 다음과 같이 주어진다.

전체적인 차단확률 P_{bl}은 다음과 같이 주어진다.

$$P_{bl} = P_{blm} (1 - p) + P_{blM} * P$$

여기서 P_{blm}은 마이크로 셀의 차단 확률을 말하고, P_{blM}은 매크로 셀룰러 시스템의 차단확률을 말한다. 그리고 p는 전체적인 호의 수에 대한 매크로 셀 호의 수비율이다. 여기서 차단이라는 것은 이동국의 호를 초기화하기위한 채널을 발견할 수 없는 경우를 말한다.

이러한 가정을 기초로 하여

$$P_{blm} = N_{blm} / N_{call}$$

$$P_{blM} = N_{blM} / N_{callM}$$

$$P = N_{callM} / (N_{callm} + N_{callM})$$

여기서 N_{blm}, N_{blM}이 나타내는 것은 마이크로와 매크로 셀에서 차단되는 호의 수를 나타낸다. 그리고 N_{callm}, N_{callM}은 마이크로와 매크로 셀룰러 시스템에서의 호의 수를 나타낸다.

위의 식을 이용하여 P_{bl}(전체적인 차단호의 확률)은 다음과 같이 표현할 수 있다. Pbl = (Nblm + Ncallm) / (NcallM + NcallM)

그러므로 시스템 상에서 전체적인 차단확률 Pbl을 최소화하기 위해서는, 각각의 마이크로 셀 기지국은 모든 가능한 분할순환들에 대한 전체적인 수의 차단호의 수를 예견할 수 있어야 한다. 그리고 차단 호의 수를 최소화하기위해 분할위치를 선택해야한다. 마이크로 셀, 매크로 셀로 구성된 계층구조 셀룰러 시스템의 적응적 채널할당 기법은 다음과 같다.

일반적인 방법에서 서비스 영역의 중앙에 위치한 도심지역의 매크로 셀 모든 영역에 마이크로 셀이 설치되어있지만 이 지역의 통화량 분포 특성은 항상 가변적이므로 스펙트럼 효율이 작아지는데 단점이 있었다. 이러한 문제점을 해결하는 방법으로 여러 트래픽 상태에 따라 주어진 채널을 최적으로 사용할 수 있는 방법을 제시하였다. 이러한 여러 트래픽 값들 즉, 착 신호비율, 밀집도 증가, 저속 이동국의 비율 등 여러 트래픽 조건변화에 따라 적절한 셀 용량변화를 예측하여 동적으로 채널을 할당할 수 있음을 확인하였다. 다양한 무선 매체의 증가는 향후 급속하게 이루어 질 것이며 트래픽 상태는 시간과 공간적으로 매 순간 변화된다.

8.9 정적 무선시스템 개요

마이크로 셀 시스템은 용량이 큰 장점이 있지만 커버리지가 작은 단점이 있다. 한편으로, 현재 DECT(Digital European Cordless Telecommunication)나 PACS(Personal Access Communication System) 등의 마이크로 셀 시스템들은 고속의 사용자들을 서비스하지 못하는 단점이 있다. 매크로 셀 시스템은 사용자의 이동성에 제한이 없지만 현재 용량의 한계를 보이고 있다. 이러한 각 계층 셀의 장점들을 활용하여 계층구조 셀룰러 시스템을 구성하여 어느 곳에 위치한 사용자에게나 양질의 서비스를 제공할 수 있어야 한다. 그러기 위해서는 효과적으로 각 계층 셀의 설치 영역을 결정하고 각 계층 셀로 시스템의 채널을 분배하여야 한다. 이러한 셀 및 채널 분배는 서비스 지역의 통화량 분포 특성, 사용되는 통화 관리 기법, 목표로 하는 서비스의 품질 등에 따라서 달라져야한다. 여기서 계층구조셀룰러 시스템의 구성 및 동작 모델을 설정하여 그에 적합한 셀 및 채널분배 기법을 무선 시스템 상에 정적으로 구성한 것을 말한다.

시스템 구성 및 동작 모델 설정을 위하여 몇 가지 시스템 특성을 가정하였다. 우선 시스템의 사용자들을 저속 사용자와 고속 사용자로 크게 구분하였다. 고속 사용자는 빠른 이동성 때문에 마이크로 셀에 의하여 서비스를 받지 못하는 사용자로 정의하고 고속 사용자는 매크로 셀에 의해서만 서비스를 제공받을 수 있다고 가정하였다. 하지만 저속 사용자는 모든 계층 셀에서 서비스를 제공받을 수 있는 것으로 가정하였다. 이러한 고속 사용자와 저속 사용자의 구분은 설정된 마이크로 셀 시스템의 특성과 사양에 따라 구분 기준이 결정된다.

다음으로 서비스 영역 내에 통화량 분포 특성을 가정하였다. 많은 경우 통화량은 도심에 집중되어 있고 외곽, 교외로 갈수록 감소하는 종형 분포를 따르는 것으로 알려져 있다. 그 한 예로서 동경지역의 통화량 분포도를 그림 8.35에 도시하였다. 이러한 중앙 집중적인 종형분포를 가우시안 분포로 모델링 하였다. 따라서 서비스 영역의 정 중앙에서 거리 r 떨어진 지점에서의 정규화 된 통화량 분포 함수는 다음 식으로 주어진다.

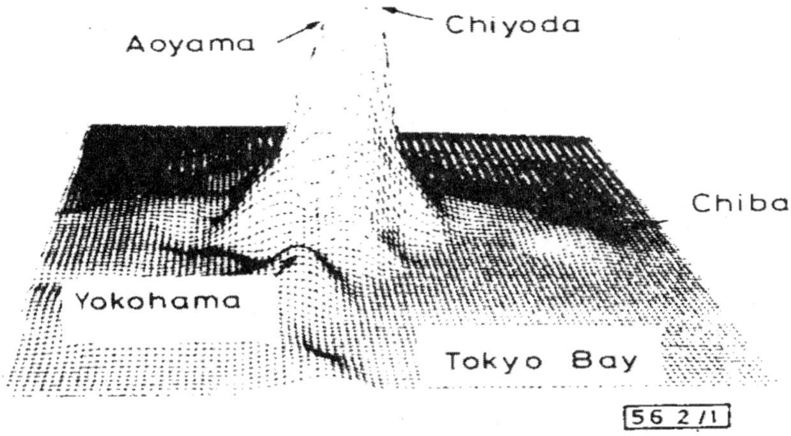

그림 8.35 통화량 분포

통화량이 중앙에 집중되어 있으므로 중앙 일부 영역에는 매크로 셀 이외에도 마이크로 셀이 추가로 설치되어야 한다. 한편, 통화량이 매우 적은 외곽 영역에서는 더 이상 지상 셀을 설치하지 않고 위성 셀만이 이동통신서비스를 제공한다. 이러한 시스템 구성 모델을 그림 8.36에 나타내었다.

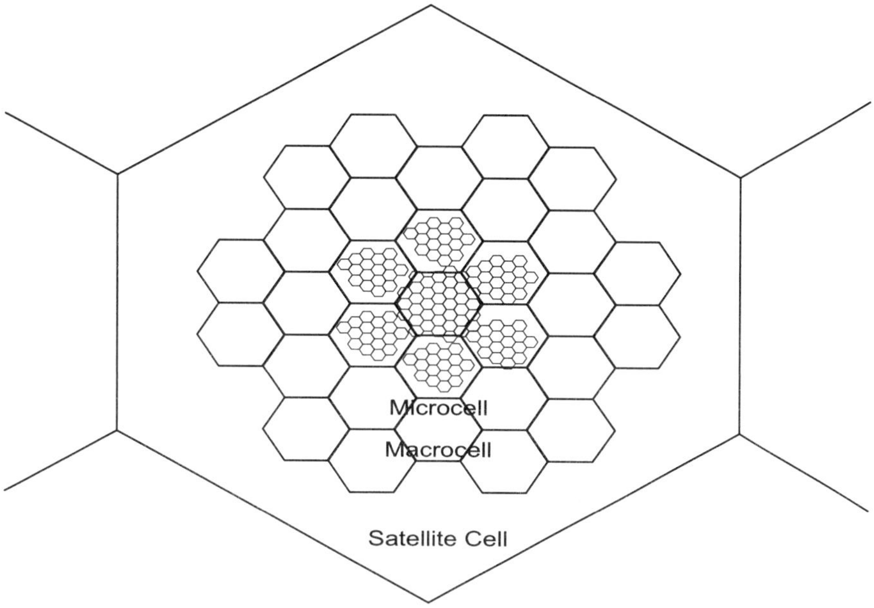

그림 8.36 시스템 모델

시스템의 통화관리기법을 다음과 같이 가정하였다. 저속 사용자는 우선적으로 마이크로 셀에 접속하여 이동 통신 서비스를 제공받는다. 하지만 마이크로 셀이 설치되어 있지 않는 영역에 위치한 저속 사용자는 매크로 셀을 통하여 서비스를 제공받는다. 한편, 지상 셀이 존재하지 않는 영역에 위치한 경우는 위성 셀을 통하여 서비스를 제공받는다. 고속 사용자는 우선적으로 매크로 셀에 접속하여 이동 통신 서비스를 제공받는다. 하지만 매크로 셀이 설치되어 있지 않은 영역에 위치한 사용자는 위성 셀에 접속하여 서비스를 제공받는다. 각 사용자는 새로운 통화를 요구할 때 초기 접속 셀에 사용 가능한 채널이 없으면 차단된다. 하지만 일단 통화를 시작한 호가 핸드오버를 요청할 때에 인접 셀에 사용 가능한 채널이 없으면 마이크로 셀에 연결되어 있는 호는 매크로 셀로 또 매크로 셀에 연결되어 있는 호는 위성 셀로 즉 상위 계층 셀로 핸드오버 되어 추가적인 채널을 제공받게 된다. 이러한 핸드오버 차단호의 상위 계층 셀로의 핸드오버 기법을 통하여 핸드오버 실패에 의한 호 손실률을 매우 작게 하고자 했다.

8.10 셀 및 채널분배 기법

지역적인 통화량 분포특성에 적합하도록 각 계층 셀의 설치영역을 결정하는 셀 분배 기법과, 시스템에 제한되어 있는 채널을 효과적으로 각 계층 셀로 할당하는 채널 분배 기법이 필요하게 된다. 이러한 기법들은 시스템 안의 어느 곳에 위치한 사용자들에게도 양질의 서비스를 제공하기 위하여 필요하다. 기본적으로 전체 시스템에서 사용 할 수 있는 채널들을 적절히 분배하고 또 위성 셀에 할당된 채널로 양질의 서비스를 제공할 수 없이 발생 통화량이 많은 지역에는 지상 시스템을 설치하고, 지상 시스템에서는 필요한 곳에 마이크로 셀을 설치하고 또 지상시스템에 분배된 채널을 마이크로 셀과 매크로 셀에 최대한 효율적으로 분배하여 사용하는 것을 목표로 한다.

본 방법의 접근방법은 다음과 같다. 우선 지상 시스템에서 가장 통화량이 많은 지역에서 전체 시스템의 설계 기준을 만족시키기 위하여 필요한 채널의 수를 구한다. 그리고 시스템 내의 각 지역의 통화량 분포에 따라 매크로 셀의 설치 여부 마이크로 셀의 설치 여부 그리고 매크로 셀과 마이크로 셀에 할당할 채널의 수 등을 결정한다. 만약 지상시스템에서 요구되는 채널의 수가 전체 가용 채널 수보다 크면 지상 시스템의 설계 변수를 바꾸어 지상시스템에서 요구되는 채널의 수를 전체 채널의 수 이하로 줄이고 나머지 설계를 수행한다.

우선 몇 가지 변수들을 정의한다. 계층구조 셀룰러 시스템의 설계 기준이 되는 호 차단율과 호 손실률의 기준 값은 각각 P_{Bth} 와 P_{Dth}이다. 전체 시스템내의 채널은 C_{tot}개로 제한되어 있고, 그중에 C_S 개는 위성시스템으로 분배되고 나머지 $C_T\ (= C_{tot} - C_S)$ 개는 지상 시스템(마이크로 셀과 매크로 셀)에 분배된다. 그리고 지상 시스템의 스펙트럼 효율을 다음과 같이 정의하였다. 스펙트럼 효율은 지상 시스템에 할당된 채널 하나가 처리하는 통화량을 의미한다. 전체 셀룰러 시스템에는 채널이 제한되어 있으므로, 계층구조 셀룰러 시스템의 셀 및 채널 분배는 스펙트럼 효율 S_{eff}를 극대화시키고 어느 곳에서도 호 차단율과 호 손실률이 P_{Bth} 와 P_{Dth} 값 이하로 유지될 수 있도록 이루어져야 한다. 우선 서비스 영역내의 매크로 셀들에 식별수를 부가하였고, 이를 그림 8.37에 도시하였다. 서비스 영역의 정 중앙에 위치한 매크로 셀을 1번 셀로 설정하고, 중앙에서 거리가 멀어짐에 따라서 2, 3, 4번순으로 식별수를 부가하였다. 시스템 내에는 1개의 1번 셀, 6개의 2,3,4번 셀, 12개의 5번 셀 등이 존재하게 된다.

중앙 집중적인 통화량 분포 모델을 가정할 때 1번 셀 내에 가장 통화량이 많고 2, 3, 4번순으로 통화량은 감소하게 된다. 주파수 재사용 패턴으로 결정되는 매크로 셀의 클러스터 크기가 K_M 일 때, 특히 중앙 매크로 셀 클러스터(K_M = 7인 경우 1개의 1번 셀과 6개의 2번 셀)내에 가장 통화량이 많고 가장 많은 채널이 할당되어야 한다. 따라서 용량이 큰 마이크로 셀들을 중앙 매크로 셀 클러스터 내의 모든 영역에 설치하여 할당되는 채널수를 최소화시킬 수 있고 S_{eff}을 극대화시킬 수 있다.

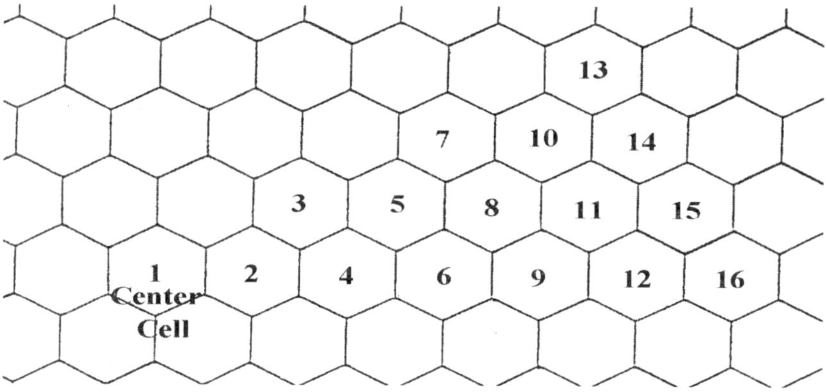

그림 8.37 매크로 셀에 식별수부가

우선 중앙 매크로 셀(1번 셀)에서의 채널 할당은 다음과 같다. 중앙 매크로 셀에서의 통화량을 $E_T(1)$ 이라 하면 $E_T(1)$ 는 저속사용자와 고속 사용자로부터 발생되는 통화량의 합이므로 시스템의 가장 중앙에 있는 매크로 셀에서 가장 많은 통화가 발생한다. 따라서 이 매크로 셀에는 일단 마이크로 셀을 가능한 한 많이 설치한다. 이 경우 하나의 마이크로 셀에서는 $E_L(1)/\eta$ 의 통화량을 호 차단 율 P_{Bth}이내로 서비스할 수 있도록 채널이 할당된다. 할당된 채널 수를 $C_m(1)$으로 표시한다. 이 매크로 셀은 $E_H(1)$의 새로운 호의 통화량과 η개의 마이크로 셀들로부터의 핸드오버 트래픽을 처리해 주어야 하며 이 경우 할당되어야하는 채널 수 $C_M(1)$은 매크로 셀 해석 기법을 적용하여 도출된다.

중앙 매크로 셀 클러스터를 구성하는 나머지 매크로 셀들에 대해서도 동일한 과정으로 채널이 할당된다. 결과적으로 전체 지상 시스템에서 요구되는 채널의 수

C_T는 중앙 매크로 셀 클러스터와 중앙 마이크로 셀 클러스터에 할당되는 채널의 합으로 다음과 같다. 한편, 중앙 매크로 셀 클러스터를 벗어나 셀 수가 증가하면 전체적으로 통화량이 감소하고, 저속 사용자의 통화량은 감소하여 마이크로 셀에 필요한 채널수가 감소한다. 이에 따라 마이크로 셀에 할당하는 채널수를 줄이고, 대신에 매크로 셀에 더욱 많은 채널을 할당할 수 있게 된다. 따라서 매크로 셀의 용량이 증가되고 매크로 셀은 셀 내부의 고속사용자들 뿐만 아니라 일부의 저속 사용자들을 서비스할 수 있게 된다. 그러므로 매크로 셀의 모든 영역에 마이크로 셀을 설치하지 않고 $n-k$개의 마이크로 셀만을 설치할 수 있다. k값은 매크로 셀의 호 차단 율이 P_{Bth} 이내가 되는 범위 안에서 최대값으로 설정되고 셀 수가 증가함에 따라서 커지게 된다. 중앙에서 멀리 멀어져서 매크로 셀 내의 전체 통화량이 C_T개의 채널을 모두 매크로 셀이 사용하여 매크로 셀이 처리할 수 있는 통화량($E_{\max}$)보다 작아지면 마이크로 셀은 더 이상 설치되지 않는다. 매크로 셀은 중앙에서 r_{th} 떨어진 영역까지 설치된다. 따라서 위성 셀은 r_{th} 이상 영역의 모든 사용자들을 서비스하고 지상 셀들로부터의 핸드오버 통화를 서비스해야 한다. r_{th} 이상 영역에서의 통화량은 다음과 같다. 위성 셀에 C_S 개의 채널이 존재할 때에, 위성 셀에서의 호 차단 율이 P_{Bth} 이내가 되는 최대의 r_{th} 값이 산출되어 매크로 셀의 설치 영역이 결정된다.

8.11 개선된 채널할당 알고리즘

8.11.1 핸드오버 호의 재시도

핸드오버 호에 재시도(hand over retry)그룹을 사용하는 것은 핸드오버 호의 차단을 줄이는 방법이다. 핸드오버 호가 한번 실패하면 핸드오버 호는 바로 차단되는 것이 아니라 재시도 그룹으로 들어간다. 재시도 그룹으로 들어간 핸드오버 호는 이동국은 핸드오버 지역을 벗어나 강제로 종단되기 전까지 재시도 그룹에서 계속 핸드오버 시도를 하게 된다.

재시도 그룹에 들어가는 핸드오버 호의 수는 시스템의 경우에 따라 환경에 적합하도록 제한된다. 왜냐하면 재시도 그룹의 크기가 크면 재시도 그룹에서 핸드오버 호를 지연할 수 있는 시간이 커지므로 새로운 핸드오버 호가 서비스 받기에는 적합하지 않기 때문이다. 재시도 메커니즘은 Two-level 핸드오버로 나타난다. 즉 핸드오버 호의 신호강도가 첫 번째 핸드오버 신호레벨인 L_{retry}까지 떨어지면 핸드오버가 요청된다. 이 상태는 통화를 할 정도의 충분한 신호강도이다. 그러나 신호강도가 신호레벨인 L_{urgent}까지 떨어질 동안 핸드오버 호는 계속 호 시도를 하고 그때까지 채널을 얻지 못하면 핸드오버 호는 강제 종단된다.

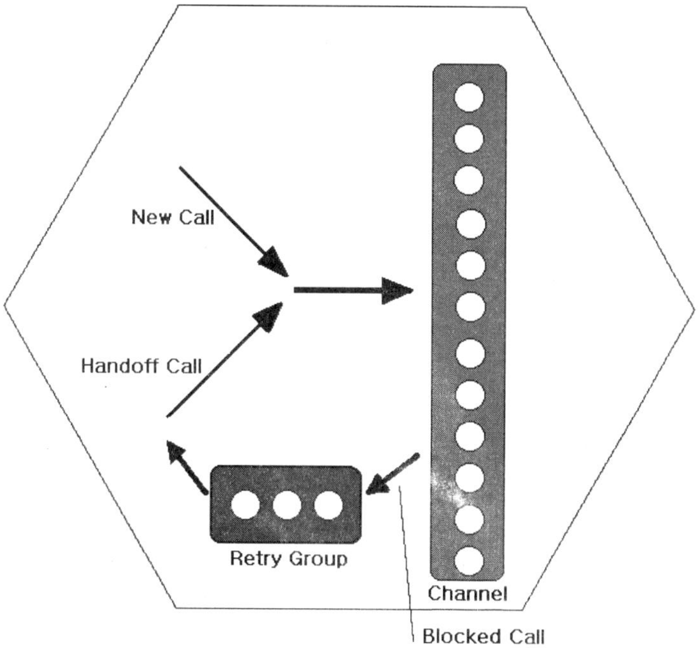

그림 8.38 재시도 그룹

8.11.2 방향성 락킹을 고려한 채널차용방법

순차적 채널차용 방법(BCO)에서는 채널을 차용할 경우 채널에 수가 매겨져 앞쪽의 채널은 일반 호에 우선권을 두어 채널 할당을 하고, 뒤쪽의 채널들은 차용채널을 할당하는데 우선권을 두어 채널을 할당하는 방법이다. 그리고 X라는 채널을 차용할 경우 X라는 채널을 사용하는 동일 채널 셀에서는 X 채널을 사용하지도, 빌려주지도 못하는 채널 락킹 상태가 된다. 이 방법의 단점은 3개의 셀에서 차용할 채널이 모두 사용하지 않은 상태이어야 하므로 매우 엄격하다. 다음 그림 8.39는 BCDL을 나타낸 것이다.

그림 8.39에서 보면 셀 K에서 X채널을 차용할 경우 A1, A2, A3에서 모두 X채

널을 사용할 수 없다. 그러나 T에서는 A3으로부터 채널을 차용할 수 있음에도 불구하고 BCO에서는 차용을 할 수 없다.

A1에서 X를 차용하여 K에서 사용하고 있으면 A1, A2, A3은 락킹이 된다. 그러면 A4로부터 셀 W는 채널 X를 차용하지 못한다. 왜냐하면 BCO에서는 3개의 셀에서 차용할 채널이 모두 사용하지 않은 상태이어야 채널을 할당할 수 있기 때문이다. 그런데 셀 W는 셀 K로부터 충분히 떨어져있는 상태이고, A4 에서 채널 X를 차용해도 간섭이 없음에도 불구하고 위의 조건으로 인해 채널을 차용할 수 없다.

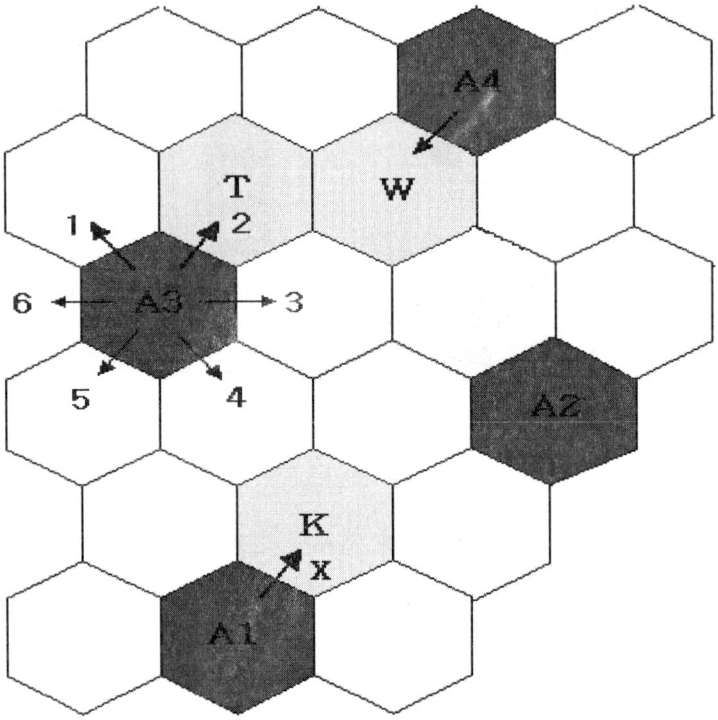

그림 8.39 방향성 채널 락킹을 고려한 차용채널할당

이러한 단점을 보완한 방법이 방향성 채널 락킹을 고려한 차용방식(BCDL)이다. 즉 셀 K에서 셀 A1로부터 채널 X를 차용할 경우 셀 A3에서는 3, 4, 5방향으로만 채널을 빌려줄 수 없게 된다. 그러나 1, 2, 6방향으로는 차용하여 줄 수 있다. 그러므로 셀 T에서 채널 X를 차용할 수 있다.

BCDL방식에서는 BCO와 같이 채널 재 정렬 방식을 도입하여 채널의 상태를 효과적으로 관리하고 있다. 즉 각 셀에서는 셀의 상태를 알 수 있는 테이블을 가지고 있어 빈 채널과 서비스되는 채널 그리고 락킹 된 채널의 정보를 관리한다.

8.11.3 알고리즘 개요

고정채널할당 방법은 현 셀룰러 방식 및 PCS 방식에서도 널리 사용되는 방식이다. 트래픽의 양이 커질수록 고정채널할당 방법이 효율적이기 때문이다. 셀룰러 방식과 셀의 크기가 더 작은 PCS에서도 핸드오버 호의 중요성은 더 크게 나타난다. 즉 핸드오버 호가 차단되면 통화 중에 호가 절단되는 것을 의미하므로 이동가입자가 느끼는 불편함은 새로운 호의 차단 보다 훨씬 크게 느껴지므로 가능한 핸드오버 호의 차단을 낮추는 것이 중요한 시스템 성능평가의 자료가 되고 있다. 이러한 방식은 핸드오버 호의 차단율을 낮추는데 목적을 두었다. 가드채널 방법은 핸드오버 호의 차단율을 직접적으로 낮추는 역할을 한다. 그리고 트래픽 양이 적을 때 가장 효율적인 채널차용방법을 도입하여 핸드오버 호의 차단을 더욱 줄이려 하였다.

이 방식은 가드채널방법을 사용하였고 목적 셀 내에 가용채널이 없어 블록킹 되는 핸드오버 호를 위해 가드채널에 재시도 그룹을 도입하였다. 재시도 그룹에 들어간 핸드오버 호는 목적 셀에서 가용채널이나 이웃의 셀의 상태를 조사하여 차용하여 줄 채널이 있는지 조사하고 계속 호 시도요청을 한다. 만약 차용할 채널이 있으면 BCDL 방법으로 채널을 할당한다. 이때 각 셀에서는 채널의 상태를 알 수 있는 테이블을 갖고 있어 채널들을 관리하며 채널 재 정렬방법을 도입하였다.

알고리즘 수행은 다음과 같다.

① 새로운 호 혹은 핸드오버 호가 채널을 요구한다.

② 각 기지국에서는 자신의 액티비티 인덱스(activity index)를 조사하여 가용채널이 있는지를 확인하고, 가용채널이 있으면 채널을 할당하고 인덱스의 값을 고친다.

③ 만약 셀 내에 가용채널이 없을 경우에는 새로운 호는 차단을 시키고 핸드오버 호에 한해서 재시도 그룹으로 들어간다.

④ 재시도 그룹으로 들어간 핸드오버 호는 이웃의 기지국에 차용할 수 있는 채널이나 셀 내의 가용채널이 있는지 확인하면서, 계속 호 접속을 시도한다.

⑤ 차용할 수 있는 채널을 가진 셀들이 여러 개인 경우 그중 채널을 가장 많이 가지고 있는 셀을 선택하여 채널을 차용한다.

⑥ 채널을 차용한 셀과 차용해준 셀에서는 자신의 채널 액티비티 인덱스 값을 고친다.

⑦ 목적 셀에 가용채널이 생겼을 경우에는 차용한 채널을 반납하고 목적 셀의 가용채널로 호를 연결시킨다.

⑧ 채널 재 정렬을 하고 다시 셀의 채널 인덱스 값을 고친다.

⑨ 핸드오버 호를 재시도 그룹에 대기시킨 후 이동국은 핸드오버 지역을 벗어날 때 까지 셀 내에 가용채널이나 차용채널을 구하지 못할 경우 핸드오버 호는 실패하게 된다.

그림 8.40는 알고리즘의 셀 모델을 나타낸 것이다. 또한 알고리즘의 수행 과정을 순서도로 나타내면 그림 8.41과 같다.

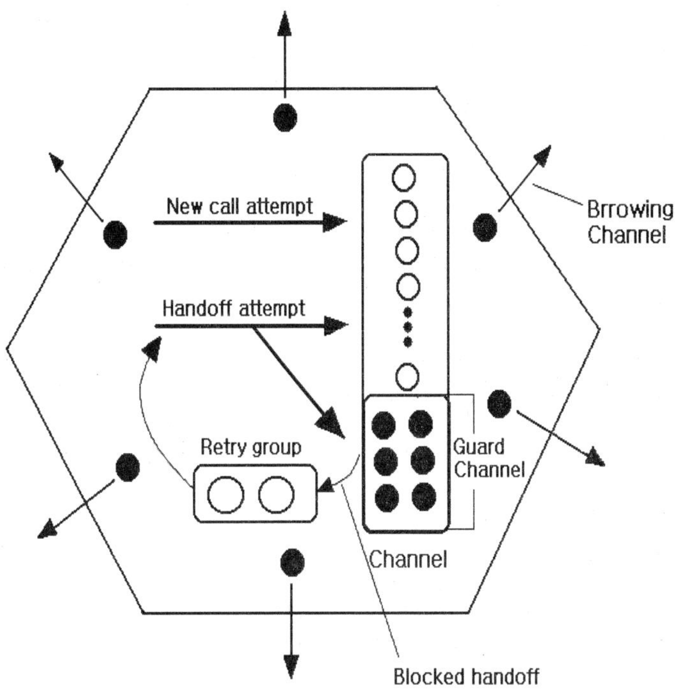

그림 8.40 셀 구조

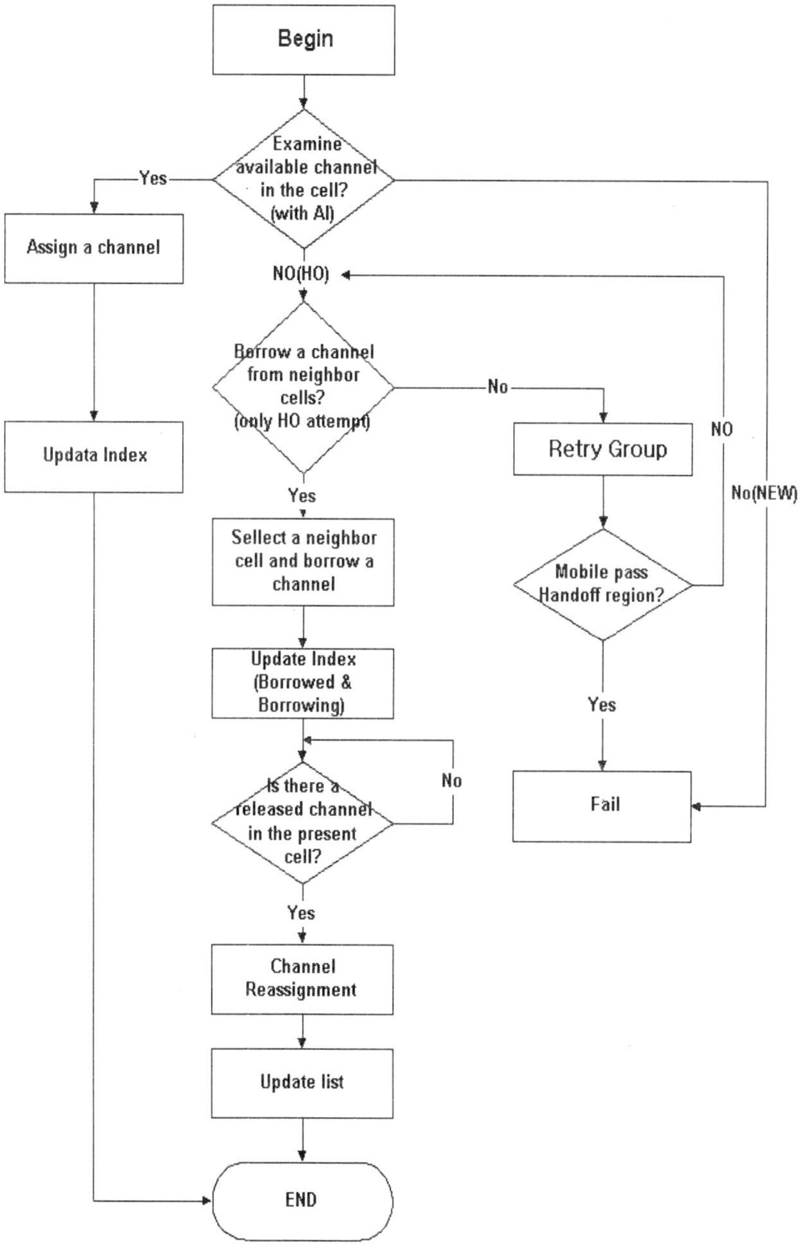

그림 8.41 채널할당방법의 순서도

제9장 위치관리

이동통신시스템에서 가장 중요한 대표적인 운영 알고리즘을 말하라 하면 대부분 채널할당알고리즘과 위치관리알고리즘을 언급하게 된다. 이동통신서비스를 받기위한 시작을 사용자가 채널을 받는 것이라고 8장에서 설명하였다. 위치관리는 이동통신서비스의 시작에 앞서 미리 전처리하고 준비하는 절대적인 필요한 사용자 관리에 대한 개념이다.

유선통신, 무선통신과 달리 이동통신은 사용자들이 서비스 영역을 이동하기 때문에 이동통신시스템 관점에서는 이동통신 사용자들의 위치정보가 상당히 중요한 요소로 작용하게 된다. 왜냐하면 사용자 서비스 요청 시 사용자 위치를 서비스 시작과 동시에 찾을 것이냐 또는 이미 관리하고 있을 것이냐는 다양한 이동통신시스템의 수행능력을 평가하는 중요한 요소로 작용하기 때문이다. 대부분의 이동통신 회사들은 자신의 회사에 가입하고 있는 사용자들의 현재 위치정보를 관리 유지하는 기술개발에 역점을 두고 있다.

9.1 위치관리

위치관리의 기본 개념은 이동통신시스템에서 사용자들의 위치정보를 관리하고 유지하고자 하는 것이다. 송신자는 정보 송신 요구 시 자연스럽게 위치가 파악되지만 수신자는 통신 개시 시 위치를 파악해야 한다. 가장 기본적인 위치관리는 위치관리를 하지 않은 것이다. 즉 통신 개시 시 수신자의 위치를 시스템 내에서 찾는 것이다. 위치 정보 유지비용은 들지 않지만 위치를 찾는 비용이 많이 들게 된다. 다른 방법으로는 우리가 앞으로 학습하게 될 미리 이동통신시스템 내의 사용자들에 대한 위치관리를 하는 것이다. 미리 사용자 위치정보를 파악하고 관리하는 것은 위치 유지비용은 들지만 위치를 찾는 비용은 적게 드는 편이다. 각각의 통신 환경에 따라 적절한 위치관리 알고리즘을 사용해야 한다.

이동통신시스템에서 위치관리는 위치 갱신(location update)과 페이징(paging)의 두 가지 동작으로 관리 된다. 기존의 위치 갱신 기법으로는 이동 기반 위치 갱신, 시간 기반 위치 갱신, 거리 기반 위치 갱신기법 등이 널리 사용되고 있다. 위에서 언급한 세 가지 방식은 다양한 통신 환경에 따라 통신 성능이 차이가 있기 때문에 여러 가지 사항들을 정확하게 분석하여 선택되어져야 한다.

9.1.1 위치관리 개념

이동통신시스템에서의 위치관리의 개념을 한 마디로 표현하면 시스템 내의 사용자들의 현재 위치정보를 시스템 내의 데이터베이스에 항상 유지하고 관리하는 것을 의미한다. 개인의 이동성을 지원하기 위해서 이동통신시스템은 위치갱신(location update)과 페이징(paging) 등의 과정을 통해서 이동국(mobile terminal)을 추적하고 있다가 호(call 또는 arc) 설정이 요구될 때 네트워크가 이동 국을 찾을 수 있도록 한다.

이동통신시스템은 사용자들의 서비스 향상과 이동국의 위치를 추적하기 위해서 전체 시스템 영역을 여러 위치영역(Location Region)으로 분할하고 각 위치영역에 다른 위치영역과의 구분을 위해서 서로 다른 식별코드를 부여한다. 위치영역을 관리하고 있는 서버를 위치서버(Location Server)라고 하며 특성과 기능에 따라 HLS(Home Location Server)와 VLS(Visitor Location Server)로 나뉘어진다. 자세한 내용은 다음 절에서 다루도록 하겠다.

위치영역은 보통 여러 개의 셀로 구성되는데, 기지국은 방송채널을 통해 자신이 담당하고 있는 셀의 위치영역 식별코드를 주기적으로 방송한다. 이동 중인 이동국은 기지국으로부터의 방송채널을 감시하다가 새로운 위치영역으로 진입하였다고 판단되었을 때 즉 방송채널을 통해 수신되는 위치영역 식별코드가 변경되었다는 것을 확인하는 순간 자신의 위치 정보와 상태 정보를 네트워크에 알리기 위해 기지국을 통해 위치등록(location registration) 절차를 수행한다. 네트워크는 위치등록 시에 VLR(Visitor Location Register)과 HLR(Home Location Register) 등의 데이터베이스를 갱신하며 이동 국 착 신호 설정 시에 목적지 이동국(mobile terminal)의 실제 위치를 찾기 위해 이들 데이터베이스에 질의하여 해당 이동국의 현재 위치정보를 알아냄으로써 전체 시스템을 페이징 하는 대신 특정 지역만을 페이징 할 수 있다. 여기서 VLR(Visitor Location Register)은 이동국이 현재 방문하고 있는 위치영역의 데이터베이스로서 이곳에는 방문하고 있는 많은 이동국들의 상세정보를 보관하고 있다. 한편 HLR(Home Location Register)은 이동국이 기본적으로 처음 이동통신시스템에 가입할 때 최초 등록된 위치영역으로서 이곳에는 최초 등록된 이동국들에 대한 상세정보를 보관하고 있다.

9.1.2 이동통신시스템 네트워크 구조

현재 이동통신시스템에서 사용하는 네트워크 구조는 셀을 기반으로 하는 셀룰러 네트워크를 사용하고 있다. 셀룰러 방식에서는 전체 시스템 영역을 여러 개의 셀로 이루어진 위치영역으로 분할하는 위치관리를 하고 있다.

그림 9.1에서 보듯이 전체 네트워크는 셀(기지국이 관리)로 나누어지고, 각 셀에 있는 이동국들은 기지국(BS)을 통하여 유선네트워크 또는 무선네트워크로 다른 이동국과 통신한다. 하나의 위치영역은 여러 개의 셀들로 구성되고, 각 위치영역에는 LS(Location Server)가 있다. 위치영역에 있는 모든 기지국은 이동교환국(MSC)과 연결된다. 각 이동교환국은 유선네트워크인 백본(backbone) ATM(Asynchronous Transfer Mode) 네트워크와 연결되어 이동 국이 유선네트워크나 다른 이동교환국의 사용자들과 통신할 수 있도록 한다. 각 이동국은 특정한 위치영역에 영구적으로 홈(home)으로 등록되어 있다고 가정한다. 그 위치영역의 위치서버를 이동국에 대한 HLS(Home Location Server)라 부른다. 각 HLS는 자신을 홈으로 등록한 이동국에 대한 위치정보를 유지한다. 한편 VLS(Visitor Location Server)는 자신이 담당한 위치영역 내의 셀에 위치하고 있는 이동국에 관한 위치정보도 유지한다. 즉 LS는 HLS와 VLS로 나뉘어 져 각자의 특성과 기능에 따라 이동국들의 위치를 관리하는 역할을 수행하게 된다.

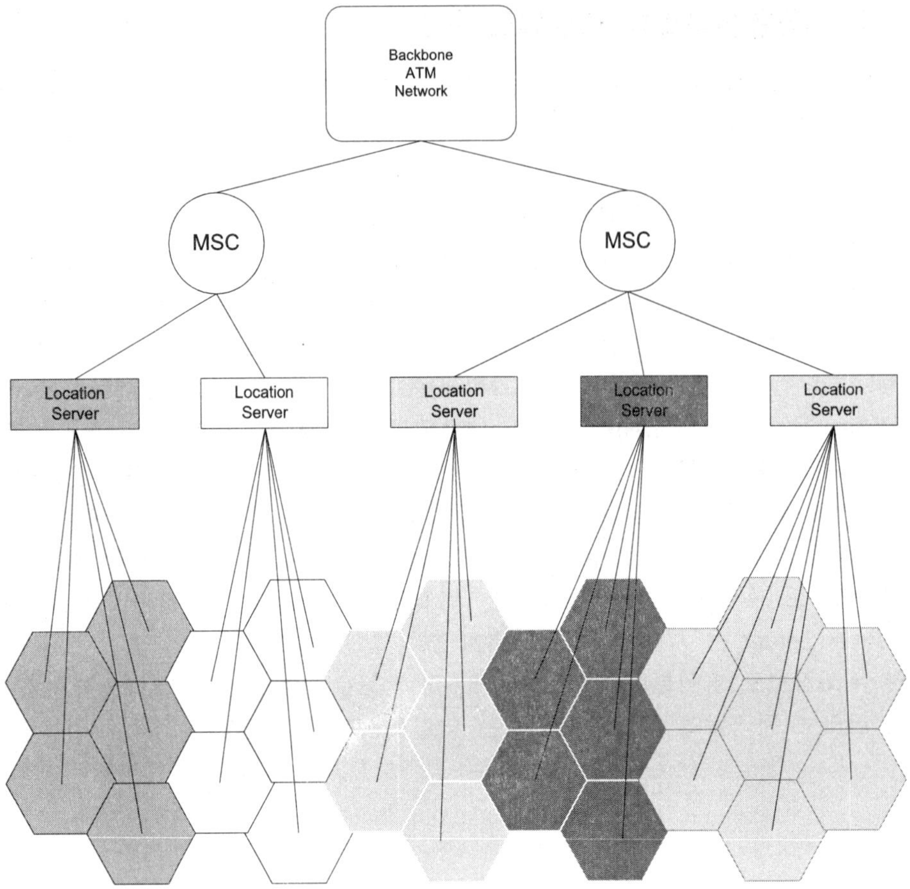

그림 9.1 이동통신 네트워크구조

9.1.3 위치관리의 구성

이동통신시스템에서 위치관리(location management)는 위치갱신(location update)과 이동국 또는 이동통신 가입자의 위치를 찾는 프로토콜(search protocol) 즉 페이징(paging)으로 구성되어 있다.

위치관리 비용에는 이동국 위치정보를 변경하는 위치갱신 비용과 이동국 위치를 찾기 위한 페이징 비용이 있는데, 이 둘은 상관관계를 가지고 있다. 그러므로 효과적인 위치관리의 목적은 두 가지의 비용의 합을 최소화하는데 있다.

1) 위치갱신

위치갱신이란 네트워크가 가입자(이동국)의 위치를 유지하기 위해 이동국은 자신의 위치를 네트워크에 보고해야 한다. 이러한 절차를 위치갱신이라 한다. 위치갱신의 순서는 다음과 같다. 여기서, 위치갱신은 이동국이 새로운 위치영역에 들어갔을 때 만 발생한다. 여기서 과거의 위치영역을 Old라하고, 새로운 위치영역을 New라고 하자.

(1) 이동 국이 New에 들어갈 때 즉 방송채널을 통해 수신하는 위치영역 식별코드가 변경되었다는 것을 확인하는 경우 새 기지국 New-BS(Base Station)에게 위치등록을 요구하는 메시지를 보낸다. 이 메시지에는 이동국의 주소가 포함된다. 그리고 New-BS는 New-LS(New의 Location Server)에게 이동국의 주소와 자신의 주소를 포함한 위치등록 요구 메시지를 전송한다.

(2) New-LS는 이동국의 새 위치를 알리기 위해 이동국의 HLS에게 메시지를 전송한다.

(3) HLS는 이동국의 위치정보를 갱신, 이동 국에 대한 정보를 New-LS에게 보낸다.

(4) New-LS는 사용자 프로필을 저장하고, 이동국이 자신의 위치영역에 있다는 것을 기록한다. 그리고 New-BS에게 응답 메시지를 전송한다.

(5) HLS는 Old-LS(Old의 Location Server)가 저장하고 있는 이동국의 정보를 삭제하도록 요구한다.

(6) Old-LS는 이동 국에 관한 정보를 삭제하고, HLS에게 확인 메시지를 전송한다.

2) 페이징

이동통신시스템에서 이동국사이의 통신을 위해서 즉 최초 송신자인 src(source)-이동국이 최초 수신자인 dest(destination)-이동국과 통신하기 위해 dest-이동국을 찾는 과정이 필요하다. 이러한 과정을 페이징이라 한다. 페이징의 순서는 다음과 같다.

(1) src-이동국은 자신이 있는 셀의 기지국 즉 src-BS에 dest-이동국이 있는 위치를 문의하는 메시지를 보내고, src-BS는 자신이 속해 있는 src-LS에게 dest-이동국이 있는 위치를 문의하는 메시지를 보낸다.

(2) src-LS는 dest-이동국이 자신이 담당하는 위치영역에 있는지 검사하고, 그곳에 있으면 위치정보를 돌려주고, 없으면 src-LS는 dest-이동국에 관한 위치를 문의하는 메시지를 dest-HLS 보낸다.

(3) dest-HLS는 dest-이동국이 마지막으로 갱신한 위치영역의 위치서버인 dest-LS에 대한 주소를 유지하고 있다. dest-HLS는 dest-LS에게 dest-이동국이 어느 셀에 있는지 문의하게 된다.

(4) dest-LS는 자신에 속해있는 BS들에게 dest-이동국을 찾을 라는 명령을 전송하게 된다.
(5) dest-LS에 속해있는 BS들은 페이징을 수행하게 된다. 페이징에 응답하는 dest-이동국을 관리하고 있는 dest-BS는 dest-LS에게 자신의 주소를 포함한 메시지를 전송하게 된다.
(6) dest-LS는 dest-BS의 주소를 dest-HLS에게 응답으로 전송한다.
(7) dest-HLS는 dest-LS로부터 응답을 받으면 src-LS에게 dest-이동국의 현재 위치 즉 dest-BS를 돌려주게 되고, 다시 src-LS는 src-BS에게 전송한다.
(8) 위의 수행단계가 정상적으로 종결되면 결과적으로 src-이동국과 dest-이동국은 통신을 수행하게 된다.

9.2 위치관리방식

이동통신시스템에서 사용자 서비스 향상을 위해서 위치갱신과 페이징의 상관관계를 파악하여 분할된 여러 위치영역에 대한 최적의 효율적인 관리 방법으로는 다음과 같이 고정영역관리방식(fixed location area strategy)방식, 위치이력을 통한 위치관리방식, 다중계층영역관리방식(multi-layer location area strategy)과 동적영역관리방식(dynamic location area strategy) 등이 사용되고 있다. 이들 방식들은 통신환경에 따라 성능이 차이가 있으며 따라서 통신환경을 정확하게 분석하여 목적에 맞는 위치관리방식을 사용해야 한다. 추가적으로 특별한 통신환경의 경우에는 위치관리를 미리 사용하지 않고 송신 이동국이 수신 이동국에 대한 통신 요구 시에 수신 이동국을 찾는 방식이 적용되어질 수도 있다.

9.2.1 고정영역관리방식

고정영역관리방식(fixed location area strategy)은 위치영역을 각 영역마다 같은 크기의 셀들로 구성하여 이동 국이 다른 위치영역으로 이동할 경우에만 위치갱신을 하는 방식이다. 이동국의 호 요청이 받아들여졌을 때, 위치영역 안의 관리 시스템은 모든 셀에 페이징 함으로써 각 셀에서 독립적으로 관리하는 방식 즉 기본적으로 위치관리를 미리 하지 않는 방식에 비하여 전체적인 시스템 부하를 줄일 수 있다. 하지만 고정영역관리방식은 이동국이 위치가 변경될 때 수행하는 위치갱신 비용이 있기 때문에 미리 위치관리를 하지 않는 방식에 비해서 전체적인 위치관리 비용이 증가할 수도 있다.

이 방식의 장점은 구조가 간단하고 단순하다는 것이다. 그러나 이동자의 특성에 대해 능동적으로 대처할 수 없어서 극단적인 경우에 두 셀 사이를 왔다 갔다만 반복할 때 위치 갱신을 할 필요가 없음에도 불구하고 위치영역의 경계를 지나면 무조건 위치 갱신을 하게 된다. 이런 현상을 진동효과(ping-pong effect)라 하는데, 고정 영역관리방식의 큰 단점이라고 할 수 있다.

9.2.2 위치이력을 통한 위치관리방식

위치이력을 통한 위치관리방식은 이동국의 현재 위치뿐만 아니라 이전의 위치 정보를 기본적으로 위치관리에 이용하자는 방식이다. 여기서 위치이력이란 현재 위치 이전의 위치 정보를 포함하는 정보를 말한다. 위치이력을 통한 위치관리방식은 IS-41(Interim Standard 41)과 HLS에 포워딩 포인터를 사용하는 위치관리 방식 등이 있다.

1) IS-41

IS-41(Interim Standard 41)에서 표준화한 방식으로 이동국이 새로운 위치영역으로 들어갈 경우, 새로운 위치영역에 대한 정보는 VLR(Visitor Location Register)에 등록되고 위치영역 안의 VLS(Visitor Location Server)는 이동 국의 HLS(Home Location Server)를 통해 HLR를 참조하여 갱신된 이동국의 위치정보를 포함한 모든 정보를 VLR에게 알려주는 방식을 사용한다. 이 방식은 비교적 네트워크의 트래픽이 적을 경우, 효율적인 관리 시스템이지만 트래픽의 양이 증가할 경우, 특히 이동국이 위치영역을 자주 이동할 시에 불필요한 위치등록을 발생시켜 네트워크의 트래픽 증가를 야기한다. 이를 위해 적은 비용으로 이동국의 위치를 저장할 수 있는 방안이 요구된다. 이동통신시스템에서는 이동관리를 효율화하는 방안으로 이동국의 트래픽과 이동패턴을 이용하여 신호 트래픽을 최적화하는 방법들이 있으며 IS-41 표준은 LA(Location Area)를 고정크기의 임의의 셀들을 모아 구성하였기 때문에 이동국의 이동특성을 전혀 고려하지 못하는 문제점을 가지고 있으며 IS-41 표준을 기반으로 이동국의 이동이력을 이용하여 LA의 인접 셀들을 LA에 선별적으로 포함시켜 새로운 동적 LA를 만들고, 이때 이동국의 이동속도에 따라 다시 LA의 크기를 조정할 수 있는 위치관리 방법 등도 있다.

2) HLS에 포워딩 포인터를 사용하는 위치관리방식

포워딩 포인터(forwarding pointer) 방식은 위치이력을 HLR에 저장하여 이동국의 위치 이동시 저장된 HLR을 참조하여 페이징이나 위치갱신 하는 비용을 줄임으로서 전체 시스템 효율을 증대시키는 방식이다. 고속으로 한 방향으로 진행하는 이동국에 대한 빈번한 위치등록으로 인하여 트래픽의 양이 늘어나고, 영역 경계에는 셀들이 중복되어 있으므로 페이징 트래픽의 양이 늘어나게 되는 문제가 발생된다.

9.2.3 다중계층영역관리방식

다중계층영역관리방식(multi-layer location area strategy)은 영역경계를 중복시키는 방안과 그룹화 개념을 함께 적용한 것이다. 영역경계를 중복시키는 방식은 이동 단말기가 영역경계 부근을 빈번하게 넘나드는 경우에 발생되는 진동효과(ping-pong effect)를 제거하기 위한 방식이다. 즉, 이동국을 속도에 따라 그룹화하고 그룹화 된 영역을 다시 계층화하여서 영역경계가 서로 일치하지 않도록 하여 영역경계에서 위치등록을 위한 트래픽이 집중되는 현상 방지를 위한 방식이다.

9.2.4 동적영역관리방식

동적영역관리방식에는 여러 가지 방식이 있겠지만 그 중 주된 3가지 방식인 시간 기반 위치영역방식(time-based location area strategy), 이동 기반 위치영역방식(movement -based location area strategy), 거리 기반 위치영역방식(distance-based location area strategy)에 대해서 설명하고자 하고자 한다.

1) 시간 기반 위치영역방식

시간 기반 위치영역방식은 그림 9.2에서 보는 것과 같이 이동국의 이동성과 들어오는 호 착신 율(call arrival rate)에 상관없이 고정된 시간 간격(fixed time interval)마다 위치갱신을 한다. 통신환경에 따라 성능에 다양한 변화가 생기는 방식이다. 기본적으로 고정된 시간 간격을 얼마로 할 것인지에 따라 통신 성능이 변화하게 된다. 고정된 시간 간격이 적을수록 위치갱신 비용은 줄어들지만 실제로 위치갱신이 되었음에도 불구하고 위치갱신이 안된 것으로 평가되어 시스템의 또 다른 비용을 증가시키는 요인으로 동작하게 된다. 따라서 통신환경에 적합한 고정신 시간 간격을 결정하는 것이 시간 기반 위치영역방식에 중요한 부분이라 할 수 있다.

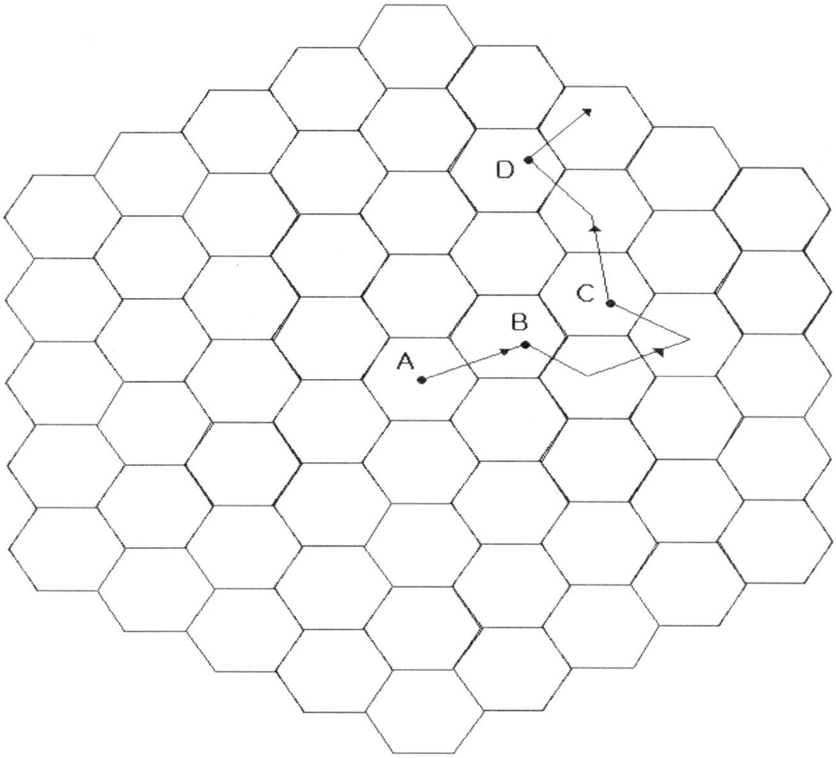

그림 9.2 시간 기반 위치영역방식

2) 이동 기반 위치영역방식

이동 국이 미리 정한 일정한 수(M)의 셀 경계를 지날 때마다 위치갱신을 하는 방식이다. 그림 9.3에서는 M이 3인 경우를 나타낸 것이다. 통신환경에 따라 성능에 다양한 변화가 생기는 방식이다. 그러나 이 방식은 이동 국이 미리 정한 수 M개의 셀의 경계를 지나면 무조건 위치갱신을 해야만 한다. 이런 경우는 진동효과가 발생하게 된다. 기본적으로 M을 얼마로 할 것인지에 따라 통신 성능이 변화하게 된다. M이 클수록 위치갱신 비용은 줄어들지만 실제로 위치갱신이 되었음에도 불구하고 위치갱신이 안된 것으로 평가되어 시스템의 또 다른 비용을 증가시키는 요인으로 동작하게 된다. 따라서 통신환경에 적합한 M을 결정하는 것이 이동 기반 위치영역방식에 중요한 부분이라 할 수 있다.

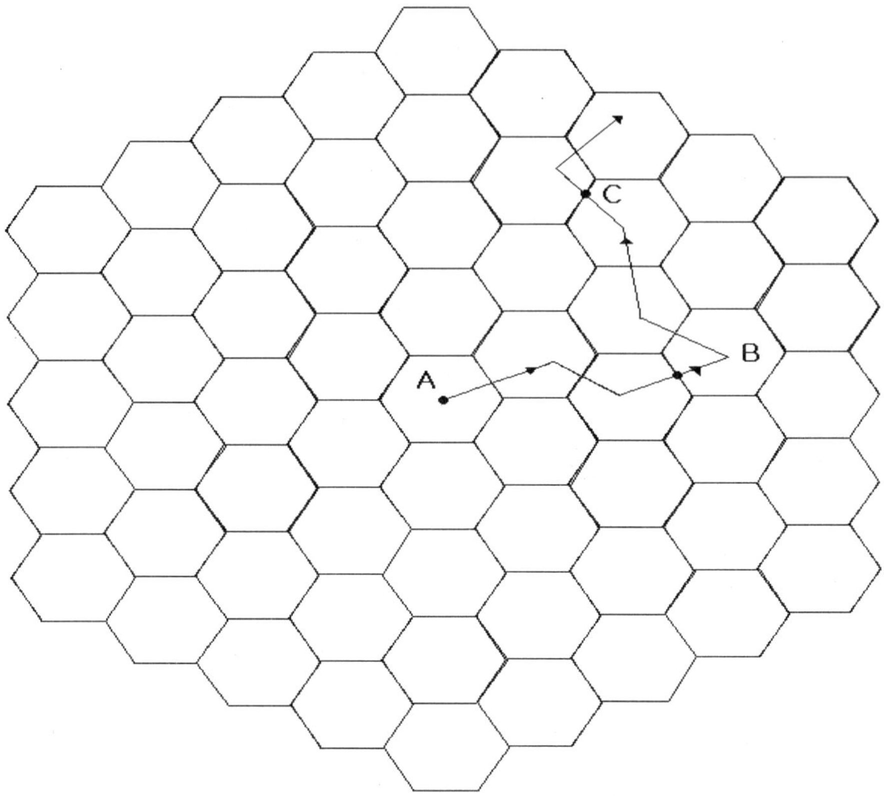

그림 9.3 이동 기반 위치영역방식

3) 거리 기반 위치영역방식

이 방식은 일정한 거리 D(threshold distance)마다 위치갱신을 하는 방식이다. 그림 9.4에서 색이 칠해져 있는 부분이 하나의 위치영역으로 이동국이 A부터 시작해서 중간 단계를 거쳐서 B까지 이동했을 때 실제로 A에서 B까지의 직선거리가 D를 넘는 경우에 위치영역이 변경되었다고 판단하여 위치갱신을 하게 되는 방식이다. 기본적으로 D를 얼마로 할 것인지에 따라 통신 성능이 변화하게 된다. D가 클수록 위치갱신 비용은 줄어들지만 이동국의 실제 이동거리를 계산하는 방식이 필요하여 이로 인해서 시스템의 또 다른 비용을 증가시키는 요인으로 동작하게 된다. 따라서 통신환경에 적합한 D를 결정하는 것이 거리 기반 위치영역방식에 중요한 부분이라 할 수 있다.

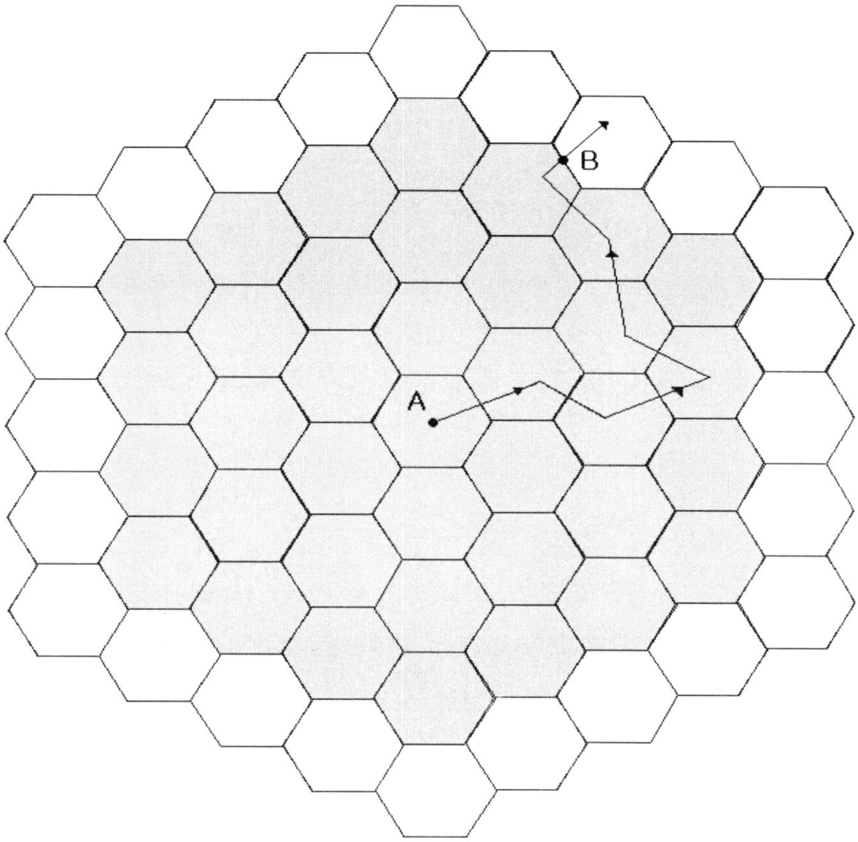

그림 9.4 거리 기반 위치영역방식

9.3 개선된 위치관리방식

앞에서 언급한 방식에 비해 개선된 위치관리방식도 모든 통신환경에서 성능이 우수한 것으로 증명되지는 않지만 대부분의 통신환경에서 성능이 향상되었다는 것을 확인할 수 있다. 개선된 위치관리방식은 위치영역의 경계를 지나는 것을 계산하기 위해서 'fluid-flow' 모델을 사용한다. 이 모델에서는 다음과 같은 3가지 가정을 둔다. 첫째로 이동 가입자는 한 영역 안에 골고루 분포한다는 것이다. 둘째로 각 가입자의 이동 방향은 0도부터 360도 사이에 골고루 분포한다. 마지막으로 이동국의 속도는 평균값으로 되어 있다고 가정한다.

9.3.1 최적의 위치영역을 설정하기 위한 수학식

단위 시간마다 영역을 떠나는 이동 국들의 평균 수($E[M]$)는 다음과 같이 계산될 수 있다.

$$E[M] = \frac{\rho E[V]L}{\pi} \text{ [MSs/area/hour]}$$

여기서 ρ 는 단위 영역마다 이동국의 밀도이고, $E[V]$는 이동국의 평균 속도, L 은 특정한 영역(special region)의 길이를 나타낸다.
VLR과 이동 국 교환국 영역의 크기가 같다고 가정하면, VLR 영역의 크기(d_{VLR})은 다음과 같다.

$$d_{VLR} = \sqrt{\frac{E_{MSC}}{\rho a}} \text{ [km]}$$

여기서 a[erlang]는 이동국의 차단 트래픽(terminating traffic)이고, E_{MSC}는 이동 국 교환국의 트래픽 운송 용량(traffic carrying capacity)이다.

무선(radio)채널에서의 총 페이징 비용(C_{Tp})과 총 LR비용(C_{TLR})은 각각 다음과 같이 계산된다.

$$C_{Tp} = \rho d^2_{VLR}\lambda\left(\frac{d_{LA}}{d_{cell}}\right)^2 C_{p1} + \rho d^2_{VLR}\lambda C_{p2}$$

$$C_{TLR} = \frac{4\rho E[V]d^2_{VLR}}{\pi d_{LA}} C_{LR}$$

여기서 λ[calls/hr/MS]는 착신호의 착신 율(arrival rate)이고, d_{cell} [km]은 셀의 한 변의 길이, C_{p1}은 이동 국에 대한 페이징 비용을 나타내며, C_{p2}는 페이징 응답비용(response cost)이다.[bytes/response] 그리고 C_{LR}은 LR 비용 [bytes/LR]을 나타낸다.
위의 식을 이용해서 총 비용(C_T)을 구할 수 있다.

$$C_T = C_{Tp} + C_{TLR}$$

즉, 무선 채널에서의 총 비용은 총 페이징 비용과 총 LR비용의 합으로 이루어진다.
VLR 영역에서 이동 국들의 수에 의한 총 비용으로 정규화 된 총 비용(C^N_T)은 다음과 같이 표현된다.

$$C_T^N = \lambda\left(\frac{d_{LA}}{d_{cell}}\right)^2 C_{p1} + \lambda C_{p2} + \frac{4E[V]}{\pi d_{LA}} C_{LR}$$

여기서 정규화 된 총 비용의 1차 도함수가 '0'이 될 때, 비용이 최소화되는 위치영역의 크기를 얻을 수 있다. 그래서 최적화된 위치영역의 크기(d_{LA})는 다음과 같다.

$$d_{LA} = \sqrt[3]{\frac{2E[V]d_{cell}^2 C_{LR}}{\pi\lambda C_{p1}}}$$

이상의 식들을 이용하여 이동가입자를 위치정보를 관리하기 위한 비용을 알 수 있고 속도에 대한 최적의 위치영역의 크기를 결정할 수 있게 된다.

9.3.2 알고리즘 개요

개선된 위치관리방식은 네트워크에서의 트래픽을 최소한 작게 하기 위해 즉, 위치갱신 비용과 페이징 비용을 감소시키기 위해 이동국의 이동특성을 이용한 동적 위치관리방식이다. 이 방식은 고정영역관리방식과 거리 기반 위치영역방식을 절충한 것이라 하겠다. 이 두 가지의 방식을 결합한 이유는 두 가지로 들 수 있다.

첫째, 고정영역관리방식은 다른 방식들 가운데 가장 단순한 방식이다. 그렇지만 위치영역의 크기를 수학식을 통해 최적화한다면 간단하면서도 비교적 성능이 우수한 방식이 된다.

둘째, 거리 기반 위치영역방식을 사용한 이유는 시간 기반 위치영역방식, 이동 기반 위치영역방식, 거리 기반 위치영역방식을 서로 비교했을 때 성능이 가장 우수한 방식이 바로 거리 기반 위치영역방식이기 때문이다.

이러한 이유로 고정영역관리방식의 단순함과 거리 기반 위치영역방식의 성능의 우수함을 결합하여 개선된 알고리즘은 동작된다. 개선된 방식은 이동가입자의 속도 변화를 많이 수시로 알고 있다고 가정한다. 이것은 대부분의 동적인 방식들이 이동국의 변화에 적응하기 위해서 감수해야 하는 문제인 것이다.

1) 위치관리

위치관리 방식의 순서는 다음과 같다.

① 각 이동가입자의 평균속도를 속도를 1[km/hr]씩 증가시켜 계산한다. 단, 이동가입자의 평균속도는 최대 120[km/hr]로 제한한다. 이것은 이동국의 평균속도가 120[km/hr]를 넘는 경우는 거의 없기 때문이다.

② 각 이동국의 평균속도를 위치영역의 크기가 1[km]씩 증가할 때마다 위치갱신 비용과 페이징 비용을 계산한다. 여기서 위치영역의 크기는 결국 2[km]부터 시작하여 3[km], 4[km] 등을 대입하게 된다. 위와 같이 1[km]를 증가시켜 계산한 이유는 셀의 한 변의 길이를 1[km]로 정했기 때문에, 위치영역의 크기를 쉽게 결정할 수 있기 때문이다.
③ 위의 계산된 비용을 통해 가장 효율적인 속도범위와 위치 영역의 크기 관계를 조사하여 속도범위와 그에 알맞은 최적의 위치영역 크기를 결정한다. 속도범위와 위치영역의 크기는 다음 표 9.1과 같다.

표 9.1 속도범위와 위치영역 크기

속도범위 [km/hr]	위치영역 크기 [km]
1 ~ 10	2
11 ~ 30	3
31 ~ 120	4

여기서, 이동가입자의 속도가 31[km/hr] 이상인 경우는 위치영역의 크기를 더욱 크게 늘이지 않고 4[km]로 고정시켰다. 그 이유는 두 가지가 있다. 첫 번째는 이동가입자의 평균속도가 80[km/hr]인 경우에 평균 통화 시간(average conversation time)이 120[sec]이므로, 평균 통화 시간 동안 이동가입자가 이동한 거리는 약 2.67[km]가 된다. 그러므로 이동가입자가 위치영역의 경계선 부근에 있는 경우를 제외하고는, 위치영역을 갱신하는 일을 거의 발생하지 않기 때문이다. 두 번째는 성능을 분석한 결과 고속인 경우는 위치영역이 커지더라도 절감되는 비용이 현저히 줄어들기 때문이다.
④ 위의 표를 통해 이동국의 평균속도를 조사하고 그 평균속도가 어느 속도 범위에 있는지를 선택하고 위치영역의 크기를 결정한다.

2) 위치관리의 순서도

그림 9.5는 개선된 위치관리 방식의 순서도(flow chart)를 나타낸 것이다.

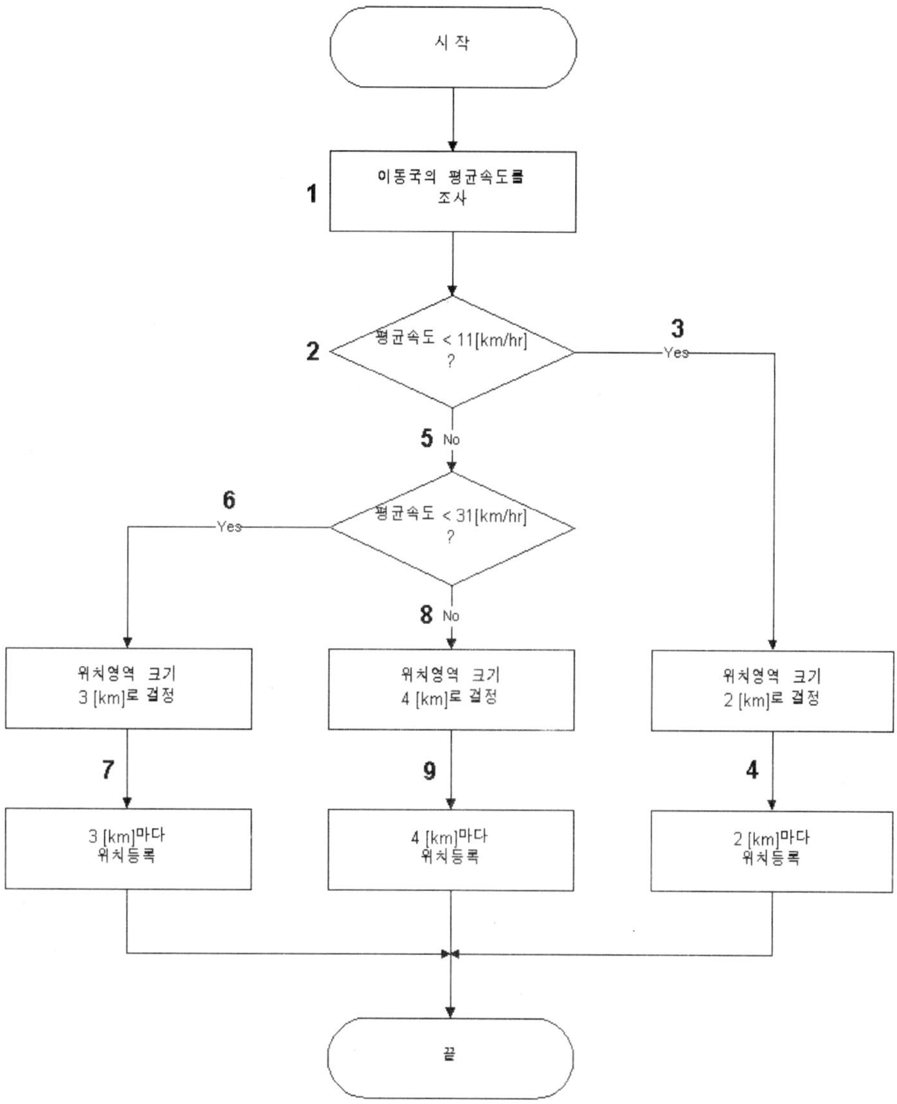

그림 9.5 개선된 위치관리방식의 순서도

이 순서도의 이해를 돕기 위해서 그림 9.5에 1부터 9까지의 수를 삽입하였다. 이 수를 기준으로 알고리즘을 설명하며 다음과 같다.

① 이동가입자의 속도 변화를 많이 수시로 알고 있다는 가정 하에 이동국의 평균속도를 조사한다.

② 평균속도가 11[km/hr]보다 느린지를 판단한다.

③ 평균속도가 11[km/hr]보다 느리면 위치영역의 크기를 2[km]로 정한다.
④ 거리 2[km]마다 위치등록을 하고 마친다.
⑤ 평균속도가 11[km/hr]보다 빠르고 31[km/hr]보다 느린지를 판단한다.
⑥ 평균속도가 11[km/hr]보다 빠르고 31[km/hr]보다 느리면 위치영역의 크기를 3[km]로 결정한다.
⑦ 거리 3[km]마다 위치등록을 하고 마친다.
⑧ 평균속도가 31[km/hr]보다 빠르면 위치영역의 크기를 4[km]로 정한다.
⑨ 거리 4[km]마다 위치등록을 하고 마친다.

3) 개선된 위치관리의 특징

이 방식의 특징은 다음과 같다.
① 고정 영역관리방식의 단순함과 거리-기초 위치영역방식의 성능의 우수함을 결합한 새로운 위치영역관리방식이다.
② 이동가입자의 속도 변화에 적응할 수 있다.
③ 이동 가입자의 속도에 따라 비용이 최소가 되는 속도의 범위를 구분했다.
④ 위치갱신 비용과 페이징 비용의 합이 최소가 되어 망의 부하를 줄일 수 있다.

9.4 세부적인 위치관리 소개

이동통신시스템에서 실제로 사용되고 있는 세부적인 위치관리 방법에 대해 간략하게 소개하고자 한다. 세부적인 구조로 인하여 다소 복잡하게 생각되어질 수도 있지만 이동관리의 실제 사항을 좀 더 분석하는 계기를 위해 소개한다.

9.4.1 위치갱신 기법

위치갱신 기법은 위치변경에 따른 갱신요구를 억제하기 위해서, 단말기가 이동할 때마다 위치갱신을 요구하지 않고, 일정조건을 만족할 때에만 위치갱신을 요구하게 하는 방식이다. 이 기법에는 일정한 시간마다 계속 위치갱신을 요구하는 방법(time-based), 지정된 수의 셀 경계를 넘어설 때마다 위치갱신을 요구하는 방법(movement based), 그리고 지정된 거리를 이동할 경우에 위치 갱신을 요구하는 방법(distance-based)등이 있다. 이밖에도, 호의 발생빈도와 이동가입자의 이동형태를 고려하여 동적인(dynamic) 등록지역을 설정하여 위치갱신 횟수를 감소시키는 동적 등록지역 설정기법과, 이동가입자가 특정지역에 있을 확률을 이용하여 가입자의 현재위치가 파악될 때까지 페이징 지역을 순차적으로 폴링(polling)하는 페이징 기법이 있다.

위에서 기술한 바와 같이, 위치관리 정보기법에는 위치등록, 호 전달, 위치갱신 및 페이징에 따라 여러 가지 방법들이 제안되어 있다. IS-41과 GSM MAP에서는 단말기의 등록지역 이동시의 위치등록과, 호 설정 요청시의 위치문의를 VLR과 HLR로 집중하게 되므로 신호 트래픽의 밀집과 호연결지연의 증가 등 문제점이 있을 뿐만 아니라, 가입자의 증가에 따른 가입자의 수용용량확대가 어렵고, 다양한 서비스요구에 따르는 HLR의 기능 확장에 대처하기가 어렵다. 한편, 캐쉬 기법은 별도의 캐쉬 메모리를 구축해야 하는 경제적인 문제가 있으며, 포워딩 기법은 단말기가 연속적으로 이동할 경우, 호 설정 시 여러 단계의 포워딩을 거치게 되므로, VLR 검색 횟수의 증가가 필연적이다. 또한, 위치갱신과 페이징에 관련한 기법들은 호의 발생빈도나 가입자의 이동형태 등과 같은 통계적인 데이터나 특정지역 내에 존재하게 될 단말기의 확률 등을 요구하기 때문에, 이러한 데이터들을 정확히 예측하거나 산출하여 정량화 하는데 어려움이 있어, 적용하기가 어려운 문제점이 있다.

분산기법은 중앙에 있는 데이터베이스로 집중되는 신호 트래픽의 과중한 밀집을 분산시킬 수 있는 장점이 있다. 반면에, 분산된 데이터베이스에서는 착 신호 설정을 위하여 타 교환기에 위치한 가입자의 위치정보도 갖게 되어, 데이터베이스의 크기가 커지게 된다. 이에 비하여, 계층구조는 기법은 나무형태를 가지며, 각 계층의 데이터베이스는 그 밑에 속하는 가입자의 위치정보를 갖고 있기 때문에, 중앙에 위치한 글로벌 데이터베이스로 신호 트래픽이 집중되지 않는 이점이 있다. 반면에, 착신가입자가 멀리 위치하는 경우, 많은 데이터베이스의 검색이 일어나 호 설정 지연이 우려된다. 따라서 분산기법에서는 증가하는 가입자에 대한 위치정보의 분산수용이 고려되어야 하며, 계층구조에서는 상위계층에서의 데이터베이스가 적정한 크기를 갖도록 위치정보의 구성과 배치를 하여야 한다.

9.4.2 이동성 관리 정보의 네트워크 배치

기존의 개인 휴대통신 시스템에서의 위치정보나 이동가입자의 정보는 하나의 중앙집중식(centralized) HLR에 다수의 개인 휴대통신 교환기가 접속되고, 각 교환기내에는 단말기의 이동성을 반영하는 임시 데이터를 저장하는 VLR과 HLR의 일부 데이터를 포함하는 구조를 갖도록 하고 있다. 이와 같은 이동가입자의 정보 관리방식은 이동가입자의 정보가 HLR로 집중되기 때문에, 통화량이 많은 시간(busy hour)에는 HLR의 신호 점 부하의 증가에 의하여 PCS 네트워크 전체에서의 HLR 검색시간이 길어져서, 호 처리의 지연이 발생할 뿐 아니라, 증가하는 가입자의 수용용량의 확대가 어렵다. 따라서 HLR의 부하용량을 줄이고, 가입자 데이터는 개인 통신네트워크 전체에 분산시켜서, 기능 확장의 용이성을 제공할 수 있는 이동가입자의 정보 관리가 필요하다.

개인 휴대통신 가입자의 위치관리 정보와 가입자 정보를, HLR과 VLR로 구성하지 않고, 두 정보를 모두 LR에서 관리한다. 따라서 LR에는 교환기가 관할하고 있는 영역 내에서 최초로 등록한 가입자의 서비스와 관련한 반영구적인 데이터와 이 가입자의 현재 위치정보를 저장하고 있으며, 또한 자신의 교환기 관할 영역 안으로 이동하여 위치등록을 한 가입자의 위치정보와 서비스정보도 저장하고 있다.

LR을 수용하는 분산된 개인 휴대통신 시스템에서의 각 구성요소들의 기능과 각 구성요소들 간의 인터페이스 규격 등은, HLR을 수용하는 개인 통신시스템과 거의 유사하다. 주요 차이점은 HLR을 수용하는 개인통신시스템에서는, No.7 신호네트워크 구성 시 신호 제어 점(SCP : Signalling Control Point)기능에 해당하는 개인 휴대통신의 데이터 서버(server)가 HLR 하나로 구성되는데 대하여, LR을 수용하는 개인통신 시스템에서는 다수의 신호제어 점을 수용하는 신호네트워크를 갖는다. 따라서 LR을 수용하는 개인 휴대통신 시스템에서는 HLR을 갖는 IS-41 HLR-MSC/VLR간의 인터페이스 C와 D에서의 처리 절차를 근간으로 하여 적용하였다.

LR에 저장되는 데이터 항목은 위치정보와 관련하여, 이동가입자의 식별수(MIN : Mobile Identification Number), 교환기의 경로배정 정보인 이동가입자의 로밍수(MSRN : Mobile Subscriber Roaming Number), 위치영역 식별수(LAI : Location Area Identification), LR 주소정보인 LR_Addr이 있다. 가입자 관련 정보로는 이동 국 등급, 동작모드, 선호, 부가서비스, 이동 국 상태 데이터 및 인증 관련 데이터가 있다. 이 밖에도 가입자 관련 정보로서 요금 정보, 운용 유지보수 등이 있다.

개인휴대통신 교환기는 가입자의 호 요구에 따른 교환기능을 수행하기 위해서, 본 가입자 HLR(Home Location Register)와 정보교환을 한다. HLR은 자신의 네트워크 내에 등록된 모든 이동 가입자에 대한 가입자 정보와 위치정보를 저장하고 관리하는 일종의 데이터베이스 관리시스템이다. 반면에 VLR(Visitor Location Register)는 개인휴대통신 교환기내에 위치하며, 자신이 관리하고 있는 지역 내에 위치하고 있는 가입자에 대한 정보를 저장하고 있으며, 새로운 가입자가 자신의 지역 내에 들어오면 가입자 데이터를 HLR과 같도록 해준다. 이동가입자가 위치관련 데이터베이스의 변경 없이 자유롭게 움직일 수 있는 영역을 위치영역(LA : Location Area)이라 하며, 위치영역은 여러 개의 셀(cell)로 구성되어 있다. 이동가입자가 자신의 현재 위치를 신고하거나 이동에 의해서 위치영역이 변하는 경우, 위치등록이라고 하는 자신의 위치정보를 갱신하게 된다.

위치정보의 관리는 데이터베이스를 이용하며, 이동가입자의 위치변경에 따른 위치등록과 호 설정을 위한 위치추적을 수행한다. 위치정보 및 가입자의 정보 관리를 위해서, 일반적으로는, HLR과 VLR을 이용하는 2 계층 구조의 중앙 집중형 정보관리기법을 사용하고 있다. 이와 같은 중앙 집중 형은 이동가입자의 다양한 이동성과 호 설정 요구 시, 중앙에 위치한 HLR로 과다한 위치정보의 갱신/문의에 대한 신호 메시지 유입을 가져오며, HLR에서 모든 이동가입자에 대한 정보를 갖고 있기 때문에, 대용량 데이터베이스가 필요하게 되고 많은 양의 데이터베이스 검색을 수행해야 하는 문제점들이 발생하게 된다. 분산구조방식에서는, 교환기마다 VLR을, 그리고 전체 개인 휴대통신네트워크의 중앙에 HLR을 두는 대신, 두 데이터베이스를 결합시킨 위치등록기(LR : Location Register)라는 새로운 데이터베이스를 갖도록 하였으며, 이 LR은 위치정보와 가입자 정보도 함께 관리한다.

분산구조방식에서의 LR은 자신의 영역으로 이동해온(또는 계속 위치하고 있었던) 이동가입자의 위치정보와, 이 이동가입자에 대한 정보도 갖고 있다. HLR과 같이 중앙에서 전체적으로 위치정보 또는 가입자 서비스정보를 관리하는 기능이 없으므로, 각 개인 휴대통신 시스템에 있는 LR이 전체 개인 휴대통신네트워크의 이동가입자에 대한 네트워크 주소도 갖는다.

따라서 각각의 개인 휴대통신네트워크의 LR에서는 자신의 교환기를 홈 교환기로 하고 있지만, 현재 타 교환기로 이동한 이동 가입자의 최종위치정보와, 현재 자신의 교환기에 위치하고 있는 이동가입자의 위치정보와 가입자 정보, 그리고 전체 개인 휴대통신 교환기의 이동가입자에 대한 본 교환기 주소도 함께 갖고 있다. 이와 같은 특성 때문에, 분산구조에서는 항상 본 교환기에 대한 중계 의존도가 높으며 본 교환기로의 위치정보를 질의하는 신호 트래픽이 밀집되는 결과를 갖게 된다. 반면에, 처리과정이 단순하여 쉽게 구현할 수 있는 장점이 있다.

한편, 계층구조방식에서는, 최하위 계층에 각각의 개인 휴대통신 시스템의 데이터베이스인 LR들이 있으며, 바로 상위계층(DIRectory_node : DIR_node_LR)에서는 하위계층의 여러 LR들을 묶도록 하였다. 그리고 상위계층에서는, 자신의 영역에 현재 위치하고 있는 이동가입자에 대한 위치정보만을 관리한다.

상위계층에서는 또 다시 여러 개의 DIR_node_LR들을 묶어 차 상위 DIR_node_LR을 구성하며, 이 과정을 반복하여 나무형태를 갖도록 하였다. LR에서는 자신의 영역 내에 현재 위치하고 있는 이동가입자의 위치정보와 이 가입자에 대한 가입자 정보를 갖고 있다. 상위계층(DIR_node_LR)에서는 자신이 관할하고 있는 LR들의 영역 내에 현재 위치하고 있는 이동가입자의 위치정보만을 갖고 있다. 또한 최 상위 계층(ROOT_node_LR)에서는 전체 개인 휴대통신네트워크에 속한 모든 이동가입자의 최종 위치정보와 가입자 정보를 관리한다.

이와 같이, 최하위계층의 LR과 최 상위계층의 ROOT_node_LR에 가입자 위치정보와 서비스정보를 관리하도록 하고, 중간의 상위계층에서는 자신의 영역에 위치하는 이동가입자의 최종위치정보만을 관리하도록 하여, 최 상위계층으로 모든 신호 트래픽이 집중되는 것을 완화시키고, 이전 방문 교환기와 최종 방문 교환기 간의 이동가입자 정보 전달단계도 가능한 한 줄인다.

1) LR 구성

개인 휴대통신 시스템은 가입자에게 실시간으로 호 서비스를 제공해야 하므로, 위치정보를 저장하고 있는 LR과 교환기간에는, 데이터 전달이 신속 정확하게 이루어져야 한다. LR은 호 요구에 대해서, 실시간으로 다량의 트랜색션(transantion : 변동자료)을 처리하여 응답하는 특성이 요구되기 때문에, 주 기억장치를 기반으로 한 데이터베이스 시스템을 서버의 형태로 하고, 클라이언트(client)인 응용 프로그램의 질의에 대응할 수 있는 구조를 갖는다.

위치관리정보 데이터베이스인 LR에는 가입자 위치 식별을 위한 정보와 가입자 서비스에 관한 정보로 나눌 수 있다. 개인 휴대통신 시스템에 있어서, 이동 가입자 또는 휴대 단말기에 할당되어서 네트워크에서 유일하게 식별할 수 있는 정보는 MIN과 단말기의 일련수인 ESN(Electronic Serial Number)가 있다. 이들 중, 네트워크에서 임의로 할당할 수 있는 정보는 MIN이다. 이 수는 스마트카드(smart card)를 사용하는 경우 이외에는 항상 특정한 가입자/단말기에 고정적으로 대응되어있다. 즉, 가입자와 휴대 단말기의 두 객체를 별도로 보지 않고 하나의 객체 가입자로 간주한다.

LR에서의 데이터구성은 분산구조와 계층구조에 따라 각기 달리 배치하도록 하였다.

(1) 분산구조를 갖는 LR의 구성

기존의 대용량 전 전자식 시분할 교환기인 TDX-10(Time Division eXchange) ISDN 교환기를 개인 휴대통신의 기반교환기로 설정한다. 따라서 개인 휴대통신 특성에 따른 무선 환경, 인증, 핸드오버, 호출 및 위치등록 등과 같은, 이동성 고유의 서비스 기능과, 하드웨어 장치의 부가 외에는 기본적으로 TDX-10 ISDN 교환기의 기능과 성능을 그대로 가지고 있다.

개인 휴대통신 교환기의 성능 목표치는 가입자를 기준으로 하며, 종단 용량 25만 이동가입자를 수용할 수 있다. 따라서 LR에는 본 교환기의 등록 가입자 25만명에 대한 위치정보와, 인증정보를 포함한 가입자정보, 그리고 전체 PCS 네트워크에 등록된 이동 가입자들이 최초로 등록한 LR의 주소도 함께 저장하고 있다.

(2) 계층구조를 갖는 LR의 구성

계층구조에서는 상위계층인 DIR_node_LR이 최하위계층에 있는 LR들을 일정 개수 단위로 모아서 관리하며, 다시 DIR_node_LR을 일정 개수 단위로 모아서 다음 상위계층인 DIR_node_LR에서 관리한다. 이 같은 과정을 반복하여 최 상위 계층인 ROOT_node까지 구성함으로서, 나무형태의 계층구조를 갖도록 하였다. 최하위 계층의 LR은 자신의 교환기를 본 교환기로 하는 이동가입자의 현재 위치 정보와 인증정보를 포함한 가입자정보, 그리고 타 교환기에서 자신의 교환기로 이동해 온 이동가입자의 최종위치정보와 가입자 정보를 갖고 있다.
DIR_node_LR에서는, 자신이 관리하고 있는 LR들의 영역으로 이동해온 이동가입자의 위치정보만을 갖도록 함으로서, 상위계층으로 올라갈수록 관리대상이 되는 정보량의 증가를 최소화할 수 있게 하였다. 그리고 위치정보 갱신 후, 이전 방문 교환기에서 새로운 방문 교환기로 가입자정보를 전달해야 하는데, 계층구조의 특성상 서로 다른 DIR_node_LR에 위치할 경우, 가입자정보의 전달 시, 여러 단계를 거쳐야 하는 문제가 발생할 수 있기 때문에, 이를 최소화하기 위하여, 최 상위 계층에서도 가입자정보를 관리하도록 하였다.

2) LR 분산구조 및 계층구조 비교

(1) LR 분산구조

LR 분산구조에서의 위치정보 L과 가입자정보 P를 PCS 네트워크에서의 처리 유형별로 나누면 다음과 같다. 이동가입자 모두 방문 교환기에 위치하고 있고, 각 이동가입자의 정보 L과 P는 본 교환기에 등록된 경우로서, 위치정보 검색이나 이동가입자의 인증은 원격 데이터베이스(Remote DB)액세스를 하기 때문에, 본 교환기에 있을 경우보다 액세스 시간이 더 소요된다. 액세스 시간을 줄이기 위하여 제안된 방법으로서, 본 교환기에 등록된 가입자서비스 정보를 방문 네트워크로 복제한다.

이 방법은 교환기간 신호 트래픽 량이 줄어드는 이점은 있으나, 본 교환기에서는 이동가입자가 어떤 교환기로 이동했는지에 대한 위치정보를 저장해야 한다. 만일, 이동가입자가 호를 요구할 경우, 가입자정보 P는 방문 교환기에 위치하고 있으나 위치정보는 본 교환기에 있기 때문에, 위치정보를 본 교환기로부터 액세스해야 하므로 액세스 시간이 많이 소요된다. 따라서 이 액세스시간을 줄이기 위하여, 위치정보도 본 교환기에서 방문 교환기로 이동시켜 놓고 위치정보도 방문

교환기에서 액세스하도록 한다.

(2) LR 계층구조

계층구조를 이용한 PCS 네트워크에서 다른 지역 교환기들은 중계네트워크를 통해서 상호 연결되며, 중계네트워크들은 전역 네트워크(Global network)을 통해서 상호 연결한다. 지역 교환기에 있는 데이터베이스는 자신의 교환기에 위치하고 있는 이동가입자에 대한 상세한 위치정보를 관리한다. 그리고 각각의 중계네트워크에 있는 중앙 데이터베이스는 중계네트워크에 위치한 지역 교환기의 이동가입자의 현재 위치에 대한 정보를 가지고 있으며, 전역 네트워크에 있는 글로벌 데이터베이스는 전체 네트워크에 위치하고 있는 이동가입자의 현재위치정보를 가지고 있다.

이동가입자는 착신이동가입자 a의 위치정보를 검색하기 위해서, 교환기 N_{A-i} 내부에 있는 데이터베이스 DB_A-i를 액세스한다. DB_A-i는 이동가입자 a가 교환기 N_{A-i}밖에 있음을 알려주고, 이어서, N_{A-i}는 상위계층인 중계네트워크 Net A에 있는 데이터베이스 B_A를 액세스하며, DB_A에서도 가입자 a의 위치정보를 액세스할 수 없으면, 계속해서 전역 네트워크에 위치한 전역 데이터베이스 G_DB를 액세스한다. 그리고 G_DB는 착신 이동가입자 a가 중계네트워크 Net_z의 영역 내에 위치하고 있음을 통보한다. 호 설정요구를 받은 착신 측 이동가입자의 개인 휴대통신 교환기는 착신 이동가입자의 최종위치정보를 얻기 위해서, $DB_{_z-k}$를 액세스하고, 착신 이동가입자 a로의 호 경로 배정을 끝냄으로서 호 설정을 완료한다.

(3) 구조 비교

새로운 네트워크를 추가할 경우, 분산구조방식에서는 모든 네트워크가 동시에 변경되어야 하지만, 계층구조에서는 새로운 기술이나 서비스를 개별 네트워크에 독립적으로 쉽게 도입할 수 있다. 서비스 측면에서는, 계층구조방식은 전 세계적인 서비스의 제공에 유리한 통합 서비스 관리기능을 제공하며, 분산 구조는 기능적인 분산 특성으로 인해서, 유연한 운영과 관리에 적합하다. 따라서 다음의 경우에는 계층구조가 분산구조보다 유리하다. 즉, 데이터베이스의 액세스나 신호처리와 같은 네트워크 자원의 이용에서, G_DB의 액세스 처리를 최소화할 수 있을 경우, 서비스의 유연성과 기술진화에서 G_DB에 대한 액세스 비용과 액세스 지연을 최소화할 수 있을 경우에 유리하다.

3) LR 액세스의 신호 흐름

개인 휴대통신 시스템에서 LR 액세스에 대한 신호흐름을 정의하기 위하여, 대상항목을 이동 호, 핸드오버처리, 그리고 위치 등록으로 하였다. 이동 호는 자국호와 출 중계 호로 나누고, 핸드오버처리와 위치등록은 교환기내에서의 수행인 intra LR과 교환기간의 수행인 inter LR로 각각 나누어서 수행하였다.
LR구조와 새로운 LR 분산구조와 LR 계층구조를 상호비교하기 위하여, LR 액세스에 대한 신호흐름을 세 가지 구조방식 각각에 대하여 각 항목별로 나누어서 정의하였다.

(1) 인증과 암호화

인증과 암호화 처리는 위치 등록을 수행하는 경우와 발신 이동 호, 그리고 착신 이동 호 처리 시 함께 수행하는 기능이다. 인증은 단말기의 불법 사용자의 도용으로부터 가입자를 보호하기 위하여, 가입자를 확인하는 절차와 기능을 말하며, 암호화는 정보의 도청을 방지하고 정보를 보호하기 위하여 수행하는 절차와 기능을 말한다.

인증센터에서는 인증을 위하여, 가입자 키와 난수 RAND(RANdom Data)를 인증 알고리즘 A3에 입력하여서, 부호가 있는 인증 값 SRES(Signed Response)를 생성한다. 생성된 SRES는 VLR에 전달되어서, 위치등록, 발신 호 처리, 그리고 착 신호 처리 시, 가입자 인증을 위하여 사용한다. 인증센터는 암호화를 위하여 가입자 키와 RAND를 암호화 알고리즘 A3에 입력하여서, 암호화키인 Kc(Key ciphering)를 생성한다. 생성된 Kc는 프레임 수와 함께 암호화 시퀀스(ciphering sequence)를 생성하기 위하여, A5 알고리즘에 입력한다. 암호화 시퀀스는 데이터를 암호화하는데 사용한다.

교환기는 가입자로부터 위치등록을 받으면, VLR로 인증을 위한 정보 RAND, SRES를 요구한다. VLR은 인증센터로부터 받아서 저장하고 있는 RAND와 SRES를 교환기로 전달하고, 교환기는 VLR로부터 전달받은 RAND를 단말기로 보내어, 단말기로부터 SRES를 생성하도록 요구한다. 단말기는 자신이 가지고 있던 가입자 키와 교환기로부터 받은 RAND를 이용하여, SRES를 생성하고, 이 값을 교환기로 전달한다. 교환기는 VLR로부터 받은 SRES와 단말기로부터 받은 SRES가 일치하는 가 비교함으로써 인증을 수행한다.

교환기는 가입자로부터 호 설정 요구를 받으면, 발신 가입자에 대한 인증을 위하여, VLR로 인증 정보를 요구한다. VLR은 저장하고 있던 인증 정보 RAND, SRES, Kc 값을 교환기로 전달하고, 교환기는 이 값들을 단말기로 전달하여, SRES를 요구한다. 단말기는 자신이 가지고 있던 가입자 키와 RAND를 이용하여, SRES를 생성하고 이 값을 교환기로 전달한다. 교환기는 VLR로부터 받은 SRES와 단말기로부터 SRES 값을 서로 일치하는 가 확인하여, 가입자의 인증을 수행한다. 인증 후, 교환기는 기지국 제어기로 사용자 데이터를 암호화하는데 필요한 암호화키를 전달한다.

(2) 자국 호 처리

자국 호는 이동가입자가 호를 요구한 착신 이동가입자도, 동일한 교환기에 위치하는 경우, 이 호를 자국 호라 한다. 자국 호 처리는, 호 처리 절차 자체를 정의하는 것이 아니라, LR 구조방식에서의 LR 액세스 흐름을 정의하는데 있기 때문에, LR 액세스를 중심으로 호 처리 절차를 나타내었다. 발신 이동 가입자는 호 설정 요구를 받으면, 발신 이동 가입자의 인증을 수행한 후, 암호화를 수행한다. 착신처리를 위하여 착신 경로 정보를 통보받아서, 자국호인지 중계호인지를 판정한다. 이어서, 착신 이동 가입자를 호출하고, 착신 이동 가입자로부터 호출 응답을 받으면 착신 가입자 인증과 암호화를 수행한다. 착신 가입자에게 통화 로를 연결한 후, 착신 가입자에게 호출음을 송출한다. 착신 가입자가 응답을 하면, 통화 중 상태가 된다. 통화 완료 후, 가입자로부터 통화 해제를 통보받으면 처음 호를 시도한 휴지 상태로 돌아간다.

자국 호 처리를 위한 신호흐름은 기존의 LR구조, 분산구조, 그리고 계층구조로 나누어서 각각에 대하여 정의하였다. 기존의 LR구조에서의 자국 호 처리를 위한 신호흐름은 다음과 같다. 교환기가 가입자로부터 호 설정을 요구를 받으면, VLR로 인증정보를 포함한 가입자 정보를 요구한다. 교환기는 VLR로부터 받은 가입자 정보를 이용하여, 호 제한 여부를 조사하고 가입자에 대한 인증을 수행한다. 교환기는 인증절차를 수행한 후, 가입자의 정보에 대한 보안을 위하여 기지국으로 암호화를 수행하도록 요구한다.

교환기는 착신가입자가 어느 교환기에 위치하는지를 조사하기 위하여, VLR로 이동가입자 로밍 수를 요구한다. 교환기는 로밍 수를 분석하여서, 착신가입자도 자신의 교환기에 위치하고 있는 가입자임을 알아낸다. 교환기는 착신가입자를 호출하기 위하여, 착신가입자 위치정보를 VLR로 요구하고, 위치정보를 이용하여 착신 가입자를 호출한다. 교환기가 착신가입자로부터 호출응답을 받으면, 착신가입자의 인증정보와 가입자정보를 VLR로 요구하여서 전달받는다. 교환기는 착신가입자의 호 제한 여부는 물론, 착신가입자에 대하여 인증을 수행한 후, 기지국으로 기지국과 단말기 간에 암호화를 지시한다. 이후, 교환기는 착신가입자에게 링(ring)을 보내어, 발신가입자로부터 호 요구가 있음을 통보한다. 이에 대하여, 착신 가입자가 응답을 하면 발신가입자가 착신가입자 간에 호설정이 끝나고 통화 중 상태로 들어간다.

(3) 출 중계호의 처리

출 중계 호는 발신 이동 가입자가 호출한 착신 이동 가입자가 발신 이동가입자와 같은 교환기에 위치하지 않고, 타 교환기에 위치한 이동가입자이므로, 해당 착신 이동 가입자로 호 경로를 설정하기 위해서, 타 교환기로 나가는(출 중계되는) 호이다. 출 중계 호 처리에서의 신호흐름은 기존의 LR 구조, 분산구조, 계층구조로 나누어서, 각각에 대하여 LR 액세스를 중심으로 정의하였다.

출 중계 호 처리에서의 LR액세스 흐름은, 교환기가 HLR로부터 받은 교환기 경로배정 정보를 분석하여, 착신가입자가 자신의 교환기에 위치한 가입자인지 또는 타교환기에 위치한 가입자인지를 조사한다. 착신가입자가 타교환기에 위치한 가입자라고 판명되면, 발신 교환기는 착신교환기로 착 신호 처리를 요구하며, 착신수를 전달한다.

LR 계층구조인 경우, 출 중계 호 처리에 대한 LR 액세스의 신호흐름을 살펴보면 다음과 같다. 교환기는 가입자로부터 호 요구를 받으면, 해당 가입자의 유효성을 확인하기 위하여 LR로부터 인증정보를 받아, 인증과 암호화를 수행한다. 이어서, 경로설정을 위한 착신 이동가입자의 위치정보를 LR로 요구한다. 자신의 LR에 위치정보가 없으면, 상위계층에 있는 DIR_node_LR로 위치정보를 요구하도록 한다.

발신교환기는 착신 이동가입자의 위치정보를 참조하여, 착신 이동가입자가 속한 교환기로 출 중계선을 점유하고, 착신교환기로 착 신호 처리를 하도록 요구한다. 착신교환기는 착신호의 처리를 위하여, LR로 착신 이동가입자의 가입자정보를 요구한다. 이어서 LR로부터 착신가입자 인증을 위한 인증정보를 전달받는다. 분산구조에서는 위치정보가 해당 LR에 없는 경우, 본 교환기에 있는 LR로 위치정보를 검색하여서, 위치정보를 받는 것이 다를 뿐이다.

4) 핸드오버

핸드오버(hand over)처리는 이동가입자가 통화 중에 다른 기지국 영역으로 진입하거나, 사용 중인 무선채널의 수신감도가 기준치 이하로 떨어져서 무선채널의 교체가 요구될 때, 통화중인 호가 계속 유지되도록 채널이나 회선교환을 수행하여, 통화회선을 절체 시키는 기능이다. 이를 위해서, 단말기와 기지국은 통화중인 채널의 상태를 계속 감시하고 있다.

이동가입자가 통화 중이던 기지국 BSCo(BSCold)로부터 새로운 기지국 BSCn(BSCnew)으로 이동하는 경우에는, Intra LR 핸드오버를 수행한다. 이 경우에는, 교환기 내부의 통화로 스위치와 무선채널을 새로 할당하여 연결하고, 기존에 연결된 통화로 스위치는 해제한다. 한편, 자신의 교환기 영역(MSCo)내에서 통화 중이던 이동가입자가 타교환기(MSCn)로 이동하면, MSCo에서는 새로운 출 중계 호를 설정해주기 위해서 출 중계 핸드오버 처리 절차를 수행하도록 한다. 기존의 통화 중이던 교환기에서는 핸드오버 요청을 받으면, 출 중계 핸드오버 처리를 수행하기 위한 절차가 시작되며, 그 처리는 출 중계 호 처리과정과 유사하다. 단지, 착신 이동가입자에 대한 인증처리는 생략하며 계속적인 호의 유지를 위해 새로운 착신통화로 설정과 기존의 통화로는 해제한다.

핸드오버처리는 동일한 교환기내에서 수행하는 intra LR 경우의 핸드오버처리와 교환기간에 수행하는 inter LR 경우의 핸드오버처리가 있다. 이들은 각각, 기존의 LR 구조, LR 분산구조, 그리고 LR 계층구조로 나누어서, LR 액세스에 대한 신호흐름을 정의하였다. 통화 중이던 가입자가 자신의 교환기영역 내에서 위치를 이동한 경우이므로, 위치이동에 따른 위치정보의 갱신, 새로운 통화로의 설정, 그리고 기존의 통화로 해제처리를 수행한다.

이동가입자가 새로운 교환기의 기지국 영역으로 이동하면, 새로운 방문교환기는 VLR과 HLR로 위치변경에 따른 위치정보의 갱신을 요구한다. 교환기는 새로 이동해온 가입자정보를 HLR로부터 전달받고, 이전교환기의 VLR로는 위치정보와 가입자정보의 삭제를 지시한다. 한편, 기존의 통화 중이던 교환기의 기지국에서는, 사용 중인 무선채널의 수신감도가 기준치 이하로 저하되면, 통화중인 호를 계속유지하기 위하여 교환기로 핸드오버를 요청한다.

이전교환기는 가입자가 새로 이동한 교환기로 핸드오버를 요청한다. 새 방문교환기에서는 교환기간의 회선교환정보인 핸드오버 수를 VLR로 요구하여 전달받은 후, 이전 방문교환기로 전달한다. 이전 방문교환기는 새 방문교환기와의 회선교환을 수행한 후, 이전의 통화 로를 해제한다.

LR 액세스 절차를 살펴보면, 다음과 같다.

먼저, 새로 이동한 교환기에서는 자신의 LR로 위치등록을 수행하고, 기존의 호를 진행하고 있던 이전 방문교환기에서는 새로 이동한 교환기로 호를 설정하기 위하여, 새로 이동한 교환기의 LR로 위치정보를 요구한다. 위치정보를 전달받은 후, 이 정보를 참조하여 이전 방문교환기와 새로 방문한 교환기간에 회선교환을 수행한다. 새 방문교환기는 착 신호 처리를 위하여 이전 방문교환기로부터 가입자정보를 전달받아, 자신의 LR로 저장하고, 이전 방문교환기의 LR로 정보 삭제를 요구한다. 이어서 새로 변경된 위치정보를 자신의 본 교환기에 있는 LR로 등록한다. 새로 이동한 교환기에서 이동가입자의 위치정보를 등록할 때, 자신의 상위계층에 있는 DIR_node_LR을 포함하여, 계속해서 최 상위계층인 ROOT_node에 도달할 때까지 등록하는 절차만이 다를 뿐이다.

5) 위치 등록

이동 가입자가 한 위치 영역에서 다른 위치 영역으로 이동할 때, LR로 위치 정보를 갱신하는 절차를 위치등록이라 한다. 가입자가 위치영역을 벗어나면, 기지국은 교환기를 거쳐서 LR로 위치등록을 요청한다. 교환기에는 여러 개의 위치 영역을 가지며, 각 위치영역에는 고유의 식별수인 위치영역 식별수가 부여된다. LR은 위치이동에 따른 위치영역 식별 수를 갱신함과 동시에, 그 위치 영역을 관장하고 있는 교환기인 MSC-B까지의 경로배정 정보인 이동 국 로밍 수를 생성하고, 가입자 정보를 전송한다. 가입자가 다른 교환기 영역으로 이동을 한 경우에는, 새로운 이동교환기의 LR은 이전 방문교환기의 LR로, 위치정보와 가입자 정보의 삭제를 요청을 한다.

위치등록은 가입자가 동일한 교환기내에서의 이동을 한 경우의 intra LR 위치등록과, 가입자가 타교환기 영역으로 이동을 한 경우의 inter LR 위치등록이 있다. 이들은 각각 기존의 LR 구조, LR 분산구조, 그리고 LR 계층구조로 나누어서 LR 액세스에 대한 신호흐름을 정의하였다.

기존의 LR 구조를 가지는 개인 휴대통신 교환기에서, 가입자가 자신의 교환기 내에서 이동한 경우의 위치등록을 나타낸 것이다. 교환기가 기지국으로부터 위치영역 변경에 따른 위치등록을 요구받으면, 해당 가입자의 인증을 수행한다. 인증 수행의 결과, 가입자의 유효성을 확인하면 변경된 위치영역 값으로 갱신한다.
기존의 LR 구조를 가지는 개인휴대통신 교환기에서, 가입자가 자신의 교환기에서 타교환기 영역으로 이동한 경우의, 위치등록의 절차를 나타낸 것이다. 교환기는 위치등록 요구받으면, 해당 가입자에 대한 인증을 수행한다. 교환기는 인증수행 후, VLR로 변경된 위치정보를 갱신하도록 요구하고, HLR로는 위치정보 갱신과 교환기 경로배정 정보를 저장하도록 요구한다. 이어서 교환기는 가입자 정보를 HLR로부터 전달받아서 자신의 VLR에다 저장하고, HLR은 이전 방문교환기의 VLR로 가입자정보와 위치정보를 요구한다.

교환기는 이동가입자의 유효성을 확인하기 위하여, 이전 방문교환기의 LR로부터 인증정보를 전달받아, 인증을 수행한다. 이어서, 새로 방문한 교환기가 이동가입자가 최초로 등록한 본 교환기인지, 새로운 다른 교환기인지를 조사한다. 새로 방문한 교환기가 바로 본 교환기로 판정될 경우, 본 교환기 LR로 위치정보등록을 하고, 이어서 이전 방문네트워크의 LR로 정보 삭제를 요구한다. 한편, 새로 방문한 교환기가 또 다른 새로운 교환기인 경우에는, 위의 과정에다 추가하여 이전 방문교환기의 LR로부터 가입자정보를 전달받도록 한다.

참고문헌

1. NCS 국가직무능력표준
2. 4세대 이동통신, 2013, 복두출판사
3. 이동통신입문, 2008, 한빛아카데미
4. 이동통신공학, 2005, 생능출판사
5. 이동통신공학, 2007, 도서출판 삼보
6. 무선국 검사제도 및 선진검사기법 도입 방안 연구, 1998, 부경대
7. 기록으로 본 한국의 정보통신 역사 2, 2012, 진한엠앤비
8. 이동통신 알고리즘, 2010, 오성미디어

이동통신시스템

2015년 10월 27일 인쇄
2015년 10월 30일 발행
저 자 강 경 인 · 박 경 배 공저
펴낸이 오 성 걸
펴낸곳 **오성미디어**
주 소 132-916 서울시 도봉구 창 3동 491-1
전 화 02)997-0136
FAX 02)997-0137
등 록 2000. 5. 12 제 7-212 호

ISBN 978-89-6628-251-7 값19,000원